香典

Xiang Dian

中国古代物质文化丛书

〔明〕周嘉胄 / 撰　陈云轶 / 译注
〔宋〕洪刍 陈敬 / 撰

重庆出版集团 重庆出版社

图书在版编目（CIP）数据

香典 /（明）周嘉胄，（宋）洪刍，（宋）陈敬撰；陈云轶译注. —重庆：重庆出版社，2017.10（2025.5重印）
ISBN 978-7-229-12398-7

Ⅰ.①香… Ⅱ.①周… ②洪… ③陈… ④陈… Ⅲ.①香料—文化—中国—古代 Ⅳ.①TQ65

中国版本图书馆CIP数据核字（2017）第144531号

香　典
XIANGDIAN
〔明〕周嘉胄 〔宋〕洪刍 陈敬 撰　陈云轶 译注

策 划 人：刘太亨　肖化化
责任编辑：刘　喆
责任校对：何建云
特约编辑：何　滟
封面设计：日日新
版式设计：梅羽雁　冯晨宇

重庆出版集团
重庆出版社 **出版**

重庆市南岸区南滨路162号1幢　邮编：400061　http://www.cqph.com
重庆建新印务有限公司印刷
重庆出版集团图书发行有限公司发行
全国新华书店经销

开本：740mm×1000mm　1/16　印张：26.25　字数：435千
2009年7月第1版　2017年10月第2版　2025年5月第2版第20次印刷
ISBN 978-7-229-12398-7
定价：88.00元

出版说明

最近几年，众多收藏、制艺、园林、古建和品鉴类图书以图片为主，少有较为深入的文化阐释，明显忽略了“物”应有的本分与灵魂。有严重文化缺失的品鉴已使许多人的生活变得极为浮躁，为害不小，这是读书人共同面对的烦恼。真伪之辨，品格之别，只寄望于业内仅有的少数所谓的大家很不现实。那么，解决问题的方法何在呢？那就是深入研究传统文化、研读古籍中的相关经典，为此，我们整理了一批内容宏富的书目，这个书目中的绝大部分书籍均为文言古籍，没有标点，也无注释，更无白话。考虑到大部分读者可能面临的阅读障碍，我们邀请相关学者进行了注释和今译，并辑为“中国古代物质文化丛书”，予以出版。

关于我们的努力，还有几个方面需要加以说明。

一、关于选本，我们遵从以下两个基本原则：一是必须是众多行内专家一直以来的基础藏书和案头读本；二是所选古籍的内容一定要细致、深入、全面。然后按专家的建议，将相关古籍中的精要梳理后植入，以求在同一部书中集中更多先贤智慧和研习经验，最大限度地厘清一个知识门类的基础与常识，让读者真正开卷有益。而且，力求所选版本皆是善本。

二、关于体例，我们仍沿袭文言、注释、译文的三段式结构。三者同在，是满足各类读者阅读需求的最佳选择。为了注译的准确精雅，我们在编辑过程中进行了多次交叉审读，以此减少误释和错译。

三、关于插图的处理。一是完全依原著的脉络而行，忠实于内容本身，真正做到图文相应，互为补充，使每一“物”都能植根于相应的历史视点，同时又让文化的过去形态在“物象”中得以直观呈现。古籍本身的插图，更是循文而行，有的虽然做了加工，却仍以强化原图的视觉效果为原则。二是对部分无图可寻，却更需要图示的内容，则在广泛参阅大量古籍的基础上，组织画师绘制。虽然耗时费力，却能辨析分明，令人眼目生辉。

四、对移入的内容，在编排时都与原文作了区别，也相应起了标题。虽然它牢牢地切合于原文，遵从原文的叙述主线，却仍然可以独立成篇。再加上因图而生的图释文字，便有机地构成了点、线、面三者结合的“立体阅读模式”。“立体阅读”对该丛书所涉内容而言，无疑是妥当之选。

还需要说明的是，不能简单地将该丛书视为“收藏类”读本，但也不能将其视为“非收藏类读本”。因为该丛书，其实比“收藏类”更值得收藏，也更深入，却少了众多收藏类读物的急功近利，少了为收藏而收藏的平庸与肤浅。我们组织编译和出版该丛书，是为了帮助读者重获中国文化固有的“物我观”，是为了让读者重返古代高洁的“清赏”状态。清赏首先要心底“清静”；心底“清静”，人才会独具“慧眼”；而人有了“慧眼”，又何患不能鉴真识伪呢?

中国古代物质文化丛书　编辑组
2009年6月

集历代香典之大成，窥中华香事之门径（代序）

中华香文化，浩如烟海，珍若珠玑。它是我们的祖先在长期的历史进程中，围绕香品的配制、使用及品鉴逐渐形成的一系列技法、习惯、制度与观念，既凝聚了华夏先民的生活经验与智慧，也散发出东方文化所特有的瑰丽异彩。中国是一个香的国度，中华民族是一个崇尚道德与馨香的民族。香文化渗透于中国古代社会生活的方方面面，侧面反映出中华民族在精神气质、美学鉴赏、理想胸襟、价值观念与思维模式上的独特神韵。光阴荏苒，时空变幻，中华香文化在今世又焕发出勃勃生机，展示出奇幻而华美的文化魅力。

中华香文化，渊源甚早，如北宋丁谓《天香传》所云，“香之为用，从上古矣”。殷商甲骨文中，既有关于先民“手执燃木”施行“祡（柴）祭”的记载，也有艾爇及酿制郁鬯（香酒）的记载。由此可知，中国的香文化自萌芽时代开始，就兼具了神圣祭祀与庸常生活的双重意义。西周至春秋战国时期，祭祀用香沿袭了远古传统，以燃烧香蒿，燔柴祭天，供奉香酒、谷物为主；生活用香所涉范畴也有扩大趋势，佩戴香囊、兰汤沐浴之习已成为日常礼仪的一部分，香品被广泛用于辟邪、除秽、驱虫、疗疾等诸多领域。《诗经》中关于“采艾”“采萧”的记载，以及屈原《离骚》中“扈江离与辟芷兮，纫秋兰以为佩”等诗句，皆展现了当时香品采制与使用的新风尚。

秦汉时期，华夏一统，香文化得到了更为广博的发展空间。汉人张骞出使西域，丝绸之路随之开通，沉香、青木香、苏合香、鸡舌香等域外香料得以陆续输入中原，大大丰富了中华香文化的内涵与外延，中国香文化发展史上的第一个高潮期随之而来。与道家、儒家、医家养生养性理念紧密融合的熏香之习在王室贵族中渐渐流传开来；香炉、熏笼等用具也开始普及使用，著名的“博山炉”即产生于此时；熏香、佩香、浴香已成为宫中寻常之事，用香也成为宫廷仪制的一部分，《汉官仪》中就有关于尚书郎奏事对答须“口含鸡舌香”的记载。

时至魏晋，香品鉴赏渐成风气。当时，香料是极其珍异的奢侈之物，用香、品香是贵族权门极为豪奢的享受。曹操生前修书给诸葛亮，“寄赠鸡舌香五斤，以表微意”；临终前，又将名贵香品遗赠诸位夫人，这就是历史上有名的“分香卖履”。东晋南北朝时流行熏香，士族子弟莫不熏衣傅粉，貌若神仙。随着香料品类的日趋繁多，合香（以多种香料配制而成的香品）普遍使用，并出现了范晔《和香方》等多部香方专书。香料被更广泛地应用于医疗领域，当时的名医葛洪、陶弘景等人皆曾以香料入药疗疾。这一时期，贵族对名贵香品的需求、道教的蓬勃发展及佛教的兴起，都在一定程度上推动了用香风气的盛行，促进了域外香料的传入。

隋唐时，国力强盛、民力富庶，为香文化的发展提供了优越的社会基础。香品用量远逾前代，不仅广泛用于佩戴、含服、熏烧，更出现了用香涂刷墙面、构建楼阁等奢侈之举。彼时，用香、品香之习渐从宫廷王公贵族阶层传入民间。随着香文化的普及与发展，用香仪制日趋完备，成为宫廷、政务礼仪的重要组成部分；香具也越发精美，材质多以瓷器为主；香品更是日渐丰富，香类划分也日益精细。

宋代是中国香文化发展史上的鼎盛时期。该时期造船技术发达，海上贸易繁盛，政府设立了专管海上贸易的市舶司，对香料贸易执行专卖制度，香料进出口量占对外贸易额的首位，甚至出现了专事海外香料运输贸易的“香舶”。宋代文人阶层普遍盛行焚香用香、搜集香方、合制香品、品鉴香类，并常互赠名香、应和酬唱，引为雅事。宋真宗宠臣丁谓一度官居宰相，曾亲撰《天香传》一文；大文豪苏轼亦曾亲自合制“印香”；诗人黄庭坚甚至自称“香癖”，《香谱》作者洪刍便是其外甥。宋元时期是香文化从贵族走向民间、从书阁走向市井的重要阶段，印香、香墨、香茶及添有香料的各种食品开始进入市井生活和百姓人家。

明清两朝，则是中华传统香文化的普及期。当时的制香技术、香具工艺及香品类型，较之前代有了长足发展：线香、棒香、塔香得以普遍使用；明代“宣德炉”以用料考究、工艺精湛、形态精美而著称香史。民间用香风气也更为繁盛，人们妆饰香膏，佩戴香囊，雅室熏香，沏饮香茶，沐浴香汤，调服香药。不知不觉，香已然浸入社会生活的方方面面，并以各种形式融入到古代中国人优雅而极富情趣的日常生活之中。

泱泱大国，天香一脉，历代传承，日趋繁富。香文化发展史上的每个时段，都有它独特的意义与成就。香事虽小，却大有可观。我国古代各类典籍，多有涉及香的：宋代李昉等编修的《太平御览》辑有“香部”三卷，专论香料及典故；明人李时珍《本草纲目》搜集香药名目达百种之多。香文化的盛行也衍生出一批专著，如洪刍《香谱》、范成大《桂海香志》、叶廷珪《名香谱》、沈立之《香谱》、武冈《公库香谱》、张子敬《续香谱》、陈敬《陈氏香谱》等。若论其中翘楚，首推明人周嘉胄之《香乘》，该书穷搜遍辑、包罗广阔，可谓集明代以前历代香谱之大成，以至“谈香事者必以是书称首焉”。对于广大读者来说，欲一窥中华香文化之门径，《香乘》可算得上是一本极为实用的参考书。

一、知人识文——周嘉胄与《香乘》

周嘉胄，淮海（今江苏扬州）人，字江左，斋名鼎足斋，出生于明万历十年（1582年），卒年约在清顺治十五年至十八年（1658—1661年）间，顺治年间寓居江宁（今江苏南京），曾与胡节轩、盛茂开并称“金陵三老”。嘉胄工于行书，长于书画鉴赏，与当时知名书画赏鉴家及装裱师素有交往。今存王宠书《千字文》，钤有其“周嘉胄印”、“鼎足斋书画记”等鉴藏印；朱熹行草书札卷上，亦钤有“周嘉胄印”藏印。其传世作品，除《香乘》外，有《装潢志》一卷，是中国最早最全面系统地论述书画装裱的专著，书中有关书画装裱的指导思想、原则和技法等，对于今世之书画装裱仍有一定的借鉴价值与指导意义。

周嘉胄其人，生平事迹鲜有记载。扬州城香风缭绕千年，明代尤盛，嘉胄浸淫其中，自有领悟，今据其《香乘》自序，可推知一二：

> 余好睡嗜香，性习成癖，有生之年，乐在兹，遁世之情弥笃。每谓霜里佩黄金者，不贵于枕上黑甜；马首拥红尘者，不乐于炉中碧篆。

作者有此嗜香之癖、遁世之情，方能费三十年光阴，将香之掌故穷搜遍辑，著成《香乘》。

“乘”者，春秋时晋国史书名。《孟子·离娄下》曰：“晋之《乘》，楚之《梼杌》，鲁之《春秋》，一也。”后因以为一般史书的通称。标名《香乘》，即指记载香名、香品、香类、香事诸门类的专业书籍。是书初纂于万历戊午年（1618年），只写到十三卷，请李维桢为之作序。后作者因病对文稿的编撰粗疏简略，参洪、颜、沈、叶四氏香谱，历二十四年续辑成书，于崇祯辛巳年（1641年）刊成，收集明万历四十六年（1618年）以前有关资料共二十八卷，凡香之名品、故实及赏鉴修合诸法，莫不详考备载。莫怪李维桢序言赞它“囊括古今殆尽矣”。

二、香典大成——《香乘》特点与价值

《香乘》原二十八卷，合九万三千余字，有：香品五卷，佛藏诸香一卷，宫掖香一卷，香异一卷，香事分类二卷，香事别录二卷，香绪余一卷，香炉一卷，法和众妙香四卷，凝合花香一卷，熏佩、涂傅之香共一卷，香属一卷，印篆香方一卷，印篆香图一卷，晦斋香谱一卷，墨娥小录香谱一卷，猎香新谱一卷，香诗、香文各一卷（现将此二卷集为“咏香诗文”）。其书赏鉴诸法、旁征博引、体例严谨、采摭繁富，确系历代涉香典籍中的集大成者。

《香乘》一书的集大成意义，首先体现在“广”字上。南宋以来，洪刍、叶廷珪所撰诸家《香谱》，或传或不传，然其传世者多篇帙寥寥。周嘉胄殚近三十年之力，方成此编。自有香谱类专书以来，仅陈振孙《直斋书录解题》著录《香严三昧》十卷，篇帙称富。周氏《香乘》，篇幅乃其三倍之多。故历来凡记香事的专书，若论搜罗之广、篇幅之巨，则莫过于此书。作为我国古代第一部系统的香论著作，凡香之名品诸如合香、清道引路香、黎仙香等，香之调制、鉴赏，咏香诗句、文章以及与香有关的逸事趣闻等，无不一一载录。所引材料，亦多有出处可循，堪补亡佚史籍之缺。同时，《香乘》对唐、五代、宋等朝饮食、装饰等情况亦有所涉及，尤其是关于用香料配制的食品（如香饼等）的记载，对于饮食民俗以及烹饪技法的研究均有一定价值。《四库全书提要》赞它：“凡香之品名、故实以及修合赏鉴诸法，无不博引，一一具有始末。

而编次亦颇有条理。读香事者固莫详备于斯矣。”从香文化资料载录的广博角度来说，即使在今世，《香乘》仍具有极高的参考价值。

《香乘》一书的集大成意义，也体现在“精”字上。书中编入与香料有关的史、录、谱、记、卷、志等文献，资料极其翔实：既有综合性的罗列，又有重点突出的内容；既旁征博引，又具有始末，标注出处。作为一部专业性较强的类谱，《香乘》对香品的介绍精确可靠，或举用佛界香名，或列出应用之香事并注明出处。如：沉香一则，引入考证十九条；生沉香之事，援引达三十条，并将生沉香种种异名解析详尽。至于所录香方，不仅载录广博，且记载精准，在当时具有较大的实用价值，直至今天仍然有其指导意义。同时，《香乘》一书虽为辑录之作，却凝聚了作者长期积累的用香、制香、储香、品香经验。《香乘》在编录古方的同时，辅以作者个人自身经验，对香方用料、剂量及合香技法都提出了自己独到的见解。由此可见，不论是香品的记载还是香方的载入，作者皆本着严谨、精细的著录态度，既追求考据的精准，也追求载录的精确，方著成《香乘》这部中国古代香文化史上的扛鼎之作。

《香乘》一书的集大成意义，还体现在“新”字上。《香乘》不仅载录历代涉香资料，且注意搜集当时最新的香业动态。其“墨娥小录香谱”一卷中，载有“取百花香水法”（直接用水蒸气蒸馏花之法），翔实具体地记载了我国在公元16世纪之前已认识并掌握蒸馏技术的具体情况。卷二十六收录“猎香新谱”，详细载录当时最新的香方应用情况。明代，自海外输入的香料已有膏香、油质、水、露等天然香料的提取物。因此，一些原有的传统产品所用香料，也尝试直接用膏、油、水、露等新剂型取代，随之也带来了合香工艺的更新。对此，《香乘》卷二十五俱有载录，如：直接将苏合香油、榄(香)油、玫瑰露等原料加入复合香方之中，并在加工过程中采用隔水加热、浸泡提取有效成分和色素的工艺，以及用纱袋装盛香料浸泡以提取油溶性香成分制成油质加香产品（如头油）等技法。这里记载的膏、油、水、露的直接应用以及溶剂的热法提取芳香成分等工艺，实可视为现代香料工业的先驱。可见，《香乘》及时反映了当时合香行业的最新动态，其求新求变的著录精神、敏锐洞察的专业视角，着实令后人钦佩。

古今学人，皆以为《香乘》一书乃集历代香谱大成的上乘之作，在我国香文化发展史上占据着首屈一指的地位，是全面反映我国古代香文化的代表性作品。《香乘》既为我们留下中华传统香文化的宝贵财富，也为香文化在当代的普及与发展奠定了理论基础，直至今日，仍具有不可忽视的历史与现实的双重意义。

三、香韵绵长——《香乘》版本流传与影响

一直以来，《香乘》被视为中华香文化的精粹之作，为文人雅士所青睐和推崇。然而，它却并未像作者周嘉胄的另一部著作《装潢志》那样广泛流传。它虽被收录于《四库全书》子部谱录类、《笔记小说大观》等丛书之中，其单行本却传世极少。今传世单行本，可分为刻本与钞本两大系统。其刻本有明崇祯十四年（1641年）周嘉胄自刻本与清康熙元年（1662年）周亮节重修本两种，皆为二十八卷。明崇祯十四年自刻本，周嘉胄辑，为九行十七字，小字双行，白口，四周单边，中国国家图书馆、中国科学院图书馆、首都图书馆、南京图书馆等处有藏。2004年，中国嘉德国际拍卖有限公司拍出著名藏家曹大铁所藏《香乘》二十八卷，亦系明崇祯十四年自刻本，四册合订一厚册，竹纸，九行十七字，有明万历戊午年李维桢序，钤有“惠栋之印”“定宇”“红豆斋攷藏”“曹大铁收藏记”等印，成交价达22000元人民币。《香乘》钞本则极为罕见，日本早稻田大学藏有一部，版面秀雅，字迹清丽，品相亦属上乘。

近世以来，江苏广陵古籍刻印社《笔记小说大观》、台北新文丰出版公司《丛书集成三编》等收录《香乘》，皆以明崇祯年间刻本为底本，采取影印形式，以飨读者求知之心。此举虽能保持古籍原貌，却不甚利于广大读者品读、识鉴。上海古籍出版社1992年推出的《生活与博物丛书》之“器物珍玩编”收录了《香乘》，其整理标点、简体横排的形式，颇受读者欢迎，但为体例所限，未能对相关术语予以笺释或说明，也让爱香之人深感遗憾。

有鉴于此，本书以常见《四库全书》本、《笔记小说大观》本为底本，参照他本，细心比较，择善而从，以今译形式展示此书全貌，意在使广大读者全面深入了解中国古代香文化的精髓，也更为深刻地理解中华传统文化的博大精深。书中还收录了《香谱》《陈氏香谱》的全文译本，以便有心的读者参照比对、互相印证，以全面了解中国古代香文化，从中体悟出《香乘》一书的历史价值与现实意义，更好地把握古代香文化发展的脉络与精神。相信这对于读者艺术视野的扩展，亦不无裨益。

古籍今译，自古以“信、达、雅”为旨归，《香乘》的译注也遵循这一理念，但仍难免存在谬误与不足，敬请广大读者批评指正。

编者

2009年4月于珞珈山问香阁

目 录

| 香谱 |

卷一 · 香之品与香之异

卷二・香之事与香之法

陈氏香谱

卷一

卷二

卷三

香茶 ……………………………………………（382）

事类 ……………………………………………（383）

明·周嘉胄 撰

香乘

Xiang Sheng

《香乘》总计二十八卷，自万历戊午年，至崇祯辛巳年，历经二十余年的搜集整理，才付诸印刷。作者所用精力，不可谓不诚挚。凡香中名品、掌故及各种品物的赏鉴，以及调香之法，本书无不囊括。考其陈述、编辑本末之明辨，较之《香严三昧》，更为全面。谈论香事的人，不能抛开此书而别求他解。这正如在沧海中采撷明珠，在邓林中砍伐树木。

原 序

我的朋友周江左编撰《香乘》一书，书中囊括古今，将与香有关的天文、地理、人事、物产几乎罄尽，在此我是再也说不出什么新鲜的东西了。宋人叶梦得《石林燕语》记载，章子厚从岭南归来，述说神仙飞升时因身体滞重而难以脱身，临行前必须焚烧名香百余斤，以助飞升。庐山有位道人，积攒香料数斛。一日，他将所积香料尽数取出，命弟子在五老峰下焚烧，自己则静坐一旁，香烟缭绕间，几乎无法看到他的身影。只忽然之间，道人跃升到峰顶之上。此为传言，与所谓的返魂香之说，都不可深信。然而《诗》《礼》中所谓祭天仪式上用来祭祀的艾蒿，蒸烹的芬芳祭品，飞升的椒馨香气，均上达神明之境，下通幽隐之界，其由来也算久远了。佛家有众香国，而养生炼形之人，也必须焚香，这些难道全是虚妄之说吗？古人将香、臭二字通称为“臭”，故而《大学》说：“如恶恶臭。”而孟子认为，鼻子嗅到香臭就是性，性之所欲而不得，遂安于天命。我的年纪也大了，命又太薄，不曾得到奇香。展读这本《香乘》，芳菲之气扑面而来。那些与我有相同爱好的人，是否在案头各放置一册《香乘》，以作如是鼻观？世人以香草比喻君子，屈原、宋玉诸君，骚赋累累，不绝于书，且均对香草情有独钟，所以楚人亦有好香之风俗。周嘉胄君，乃维扬人士，而扬州旧属楚地。若将我二人比作草木，真是臭味相投啊！

万历戊午年，中秋前二日，大泌山人李维桢本宁父撰

自序

我喜欢睡觉爱好香，已成了习性癖好。一生的乐趣在此，遁世的情怀更浓。我常说：用再好的护肤品，也比不上酣睡可贵；骏马之上坐拥红尘，也比不上坐在香旁赏炉中青烟快乐。

香的作用，多么大啊！通达上天，汇集灵异；祭祀先祖，供奉圣贤；礼敬神佛，借以表达诚意，祈仙以求升天，甚至返魂除病，辟除邪气，提升真气，功力可以回天。各种奇珍异物，难道只是幽窗之中驱除寂寥，绣阁之内聊以欢娱的工具吗？

我年轻时曾编撰此书，共搜集一十三卷。当时打算刊印，又觉多有遗漏。便又穷力搜集编撰，历经数年，共编得二十八卷。后来，先后得见洪、颜、沈、叶四氏香谱。每家香谱卷帙寥寥，似乎还没有广博搜集，且都让合香香方占去大半篇幅。而且，四家所纂，互相重复。至于幽兰、木兰等赋，与香谱无关，我采用较少。论辩精审，以叶氏谱为优，其中配合各种香方，确实有借鉴意义。后来，我又得到《晦斋香谱》一卷、《墨娥小录香谱》一卷，一并全文录入书中。算起来我编纂的这部书，也颇为浩大了，但仍期待有海底珊瑚，可以不辞劳苦地探求。然而，奇香之迹无穷，我的年纪、精力有限，遂将此书付诸刊刻，传播于艺林，以便三十年的精勤不会辜负。我还打算编纂《睡旨》一书，以完成早年心愿。

李先生为此书写序之时，正值一十三卷编成。如今先生辞世已二十年了。可惜他不能见到本书并畅快审读，令我倍感遗憾。

崇祯十四年岁次辛巳春三月六日，周嘉胄写于鼎足斋

钦定《四库全书》提要

臣等谨慎查考：《香乘》二十八卷，明人周嘉胄所撰。嘉胄字江左，扬州人士。此书最初纂成于万历戊午年，只有一十三卷，李维桢为其作序。后因作者嫌搜集疏略，续辑为二十八卷，于崇祯辛巳年刊刻成书。作者周嘉胄自作前后二序。

此书有：香品五卷，佛藏诸香一卷，宫掖香一卷，香异一卷，香事分类二卷，香事别录二卷，香绪余一卷，香炉一卷，法和众妙香四卷，凝合花香一卷，熏佩之香、香属一卷，印篆诸香一卷，印篆香图一卷，晦斋香谱一卷，墨娥小录香谱一卷，猎香新谱一卷，咏香诗文一卷，搜集采录，极为繁复。考校南宋以来，洪刍、叶廷各家香谱，现在有的传世，有的不曾传世。传世的香谱，也篇幅寥寥。故而宋人周紫芝所作《太仓米集》中称其征引香事，多在洪刍《香谱》之外。周嘉胄此书，殚尽二十余年之力，大凡香中名品、典故、史实以及修合、赏鉴等法，无不旁征博引，一一载其始末。自有香谱以来，唯有陈振孙《书录解题》所载《香严三昧》十卷，篇帙最为繁多。周嘉胄之作，几乎是其三倍。谈讲香事之书，再没有像《香乘》这样详备的了。

乾隆四十六年，恭谨校阅呈上。

总纂官微臣纪昀，微臣陆锡熊，
微臣孙士毅，总校官微臣陆费墀

卷一·香品（随品附事实）

沉 香

香树所结树脂，放入水中下沉者，称为沉水香、沉香，又名水沉；放入水中半浮半沉者，称为栈香；漂浮于水面者，称为黄熟香。《南越志》说，交州（越南北部、中部和中国广西部分地区）人称沉香树为蜜香树，皆因其香气如同蜜脾（蜜蜂酿蜜的蜂房）一样。梵书则称沉香为阿迦嚧香。

沉香按形成原因可分为四个品类：熟结，即香树自然病变死后，其树脂分泌所结的香；生结，即刀斧斫砍后，伤口渗出树脂所结的香；脱落，即枝干在朽落过程中结出的香；虫漏，即树虫、细菌等对树木的蛀蚀而结成的香。生结是香中的上品，熟结较之略次一等。同时又以沉香的颜色和质地来区分优劣，香中质地坚硬的黑色沉香为上品，黄色的次之。上品包括角沉、黄沉、蜡沉和革沉等。角沉为黑色，质地温润；黄沉为黄色，质地温润；蜡沉较柔韧；革沉纹理纵横。海岛所出产的沉香，有的像石杵，有的像肘子，有的像拳头，有的像凤、雀、龟、蛇等动物，有的像云气或人物，还有像南洋的马蹄、牛头、燕嘴、栗、竹叶、芝菌、梭子、附子等物的，都依照形状来命名。

栈香入水半浮半沉，乃沉香靠水而结的半结香，形似刺猬，又称作煎香，西洋名为婆菜香，也叫弄水香。诸香多以性状得名，如鸡骨香、叶子香。还有像斗笠那么大的，是蓬莱香；像山石枝杈的，是光香，可以入药。此外，黄熟香在香料中较为轻虚，俗称速香。生速是刀斧斫砍所得，熟速则是香木腐朽所得，大的速香可以用来雕刻，被称为水盘头，但它不能入药，只能用来焚香。这些香都不如沉水香。《本草纲目》

岭南各郡皆有香木，靠海的地方尤多。香木彼此间枝干交连，冈岭相接，绵延千里而不绝。它们的叶子像冬青，大的树干有数人合抱那么粗，木性虚柔。山民用香木来构建茅庐，修建桥梁，制成饭甑。一百棵香木中难得有一两棵结香。香木遇水结香，在断枝枯干之中，或有沉香，或有栈香，或有黄熟香。因枯死而结出的香，被称作水盘香。南息、高州、信宜等地方，只出产结香。山民进入山林，用刀斧将那些弯曲的树干和倾斜的枝杈砍掉，使树木形成了伤口，再经过雨水多年的浸渍，伤口处凝结成香。人们把它锯下来，刮去上面的白木，香已结成斑点状，即鹧鸪斑。它们焚烧时，气息极为清冽。质地优良的香，是产于琼州、崖州等地的角沉和黄沉。香结是由枝木所结，宜于入药使用。依在树皮上凝结成的香，称为青桂，气息尤为清新。埋在土壤中多年、不等割裂剔取而自己结成的薄片香，称为龙鳞。被刀削过以后自己会卷起、咀嚼起来有柔韧性的香，称为黄蜡沉，这种香尤其难得。《本草纲目》

真腊（柬埔寨）境内所产的沉香为上品，占城（印度支那半岛东南沿海地带）所产的次之，而渤泥（文莱一带）所产的最差。真腊出产的香又分为三个品类，其中以绿洋香最好，三泺香次之，勃罗间香最次。而沉香本身的品级，以生结为上品，熟结次之；角沉为上品，黄沉次之。各种沉水香的形态多不相同，其名称也不一样。有形状像犀牛角的，有像燕子口的，有像附子的，有像梭子的，皆以其性状来命名，其中坚硬细致而有纵横纹理的，称之为横隔沉。一般是以香的气味、色泽作为品评高下的标准，而不是以形体来定其优劣。《南番香录》

沉香、鸡骨香、黄熟香、栈香、青桂香、马蹄香、鸡舌香产自同一种香木。交趾（即今越南，古称交趾国）有一种蜜香树，树干像榉柳，花朵为白色，开得很繁茂，叶子像橘树的叶子。若要从中取香，则需将它砍掉，多年后，它的树根、树干、树枝和树的节眼呈现出不同的色泽。树心与树的节眼质地坚硬且呈黑色而能沉于水中者，为沉香；置于水中与水面持平者，为鸡骨香；树根为黄熟香；树干为栈香；枝杈细弱紧实而未腐烂的，为青桂香；树根的节眼轻且大的，为马蹄香；所结的果实香而所开的花却不香的，是鸡舌香，这是珍异香品的根本。《埤雅广要》

与我一同在太学做官的一位同僚，曾在广中做过官，他说：“沉香是杂木，腐朽虫蛀又浸以沙水，历经多年

□ 沉香的分类

沉香按其形成过程的不同可分为四个品类：生结、熟结、虫漏、脱落。沉香树因被刀斧砍伐受伤，流出膏脂凝结而成者称为生结；一块沉香，其树脂是在完全自然中因腐朽凝结而成者称为熟结；因虫蛀食，其膏脂凝结而成者称为虫漏；因木头自己腐朽后凝结而成者称为脱落。

生 结

在刀斧斫砍、蛇虫动物啮蚀等外力引起较深的伤口后，香树会渗出树脂以作自我防护，从而在伤口附近结香。这就是活沉生结。目前海南沉大多是生结，如板头、壳沉等。

虫 漏

又叫“虫眼”。指白木香树因遭受虫蛀而分泌出油脂来保护受伤的部位，其所受虫蛀的部位被这些自然分泌的油脂包裹住，从而形成“虫漏”。虫漏的香味多浓烈且富于变化。

才能结香。比如儋州、崖州海道边的居民所建的桥梁，都采用海桂、橘柚等香木，它们沉于水中多年才凝结得香，即沉水香，所以《本草》上说它像橘树。但是生采没有香气。”《续博物志》

沉水香产于南海，种类繁多。香木外层所结的香为断白，次外层为栈香，中间层为沉香。如今，在岭南崇山峻岭之中也有此香，只是不如海南所产的香气清婉罢了。南洋各国用香木制作食槽来饲养鸡犬。宋人郑文宝有诗云：“沉檀香植在天涯，贱等荆衡水面槎。未必为槽饲鸡犬，不如煨烬向豪家。”《陈谱》

沉香埋在土里的日子久了，不用挖刨就能获得结香。《谈苑》

品质上乘的香，出自海南黎峒，又名土沉香，这种香很少有大块的；而像牛角、附子、芝菌、茅竹叶的，皆为佳品，即使是那些像纸一样又轻又薄的香，放入水中也会下沉。香木的节眼因为长久地埋在土壤中，树脂向下流出而凝结成香，采时，其香面朝下，而香结带有木质的背面朝上。环布于海南岛上的四郡都出产这种香，且都比南洋各国所产的好，其中又以万安产的最好。有人说万安山在海南岛的正东方向，集聚朝阳之气，所产的香品尤其蕴藉丰美。总的来说，海南出产的香，香气都较为清淑，类似于莲花、梅花、鹅梨和蜂蜜之类。在博山炉中焚烧这种香，只用投放少许，稍稍翻动一下便会香气盈屋，即使烧至余烬也无焦臭之气。这是海南人识别香料的办法，北方人大多不怎么了解。即使在海南，这种香也难以获得。本省的人用牛与黎人换取香料，一头牛换一担香，然后再择选，一担香中沉水香还不到十分之一二。中原的人只用广州商船贩来的占城、真腊等地出产的香，近来又推崇从登流眉国（马来半岛洛坤附近）运来的香，我试了试，竟然还不如海南所产的中下品香。舶来的香料往往气息不怎么腥烈，气息腥烈的香味又短，香料中还杂有木质，尾烟必然焦臭。海北的香来自交趾，是交趾人从海外商船上购得，因聚于钦州而被称为钦香。其质地厚重坚实，多为大块，气息极酷烈，蕴藉全无，只能入药，南方人大多轻视这种香。《桂海虞衡志》

琼州崖县、万琼山、定海、临高等地都出产沉香，也出

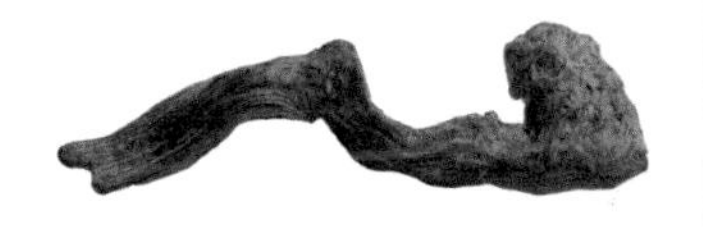

熟结

指生结达到一定年限枯死后，树根树干倒伏地面或沉入泥土，经过岁月风化，慢慢分解、收缩而最终留下的以油脂成分为主的凝聚物。又作熟沉。

脱落

指香树枯死以后，其枝干部分在腐朽过程中所结的香。一般为块状和碎片。

□ 沉 香

沉香是沉香树在特殊环境下经过千百年“结”出来的树脂与树胶、挥发油、木质等多种成分混合后的凝结物。瑞香科沉香属的几种树木，如马来沉香树、莞香树、印度沉香树等都可形成沉香。通常，天然香树要有十年或数十年树龄才会有较发达的树脂腺形成“香结”，之后，还需要经过漫长的时间才有可能形成沉香。马来西亚、印度尼西亚、越南、泰国、柬埔寨等国均有沉香出产。图为沉香树树枝。

产黄熟香等。《大明一统志》

香木折断后，经历一定的岁月，朽木糜烂，只有凝结于其中的香脂还在，将其投放到水中就会下沉。《大明一统志》

环布于海南岛上的四郡，以万安所采的香为绝品。万安香焚烧时气息馥郁而四处弥漫，烧至余烬而香气不绝。此种香与白银等价。《稗史汇编》

大致来说，沉水香以万安、东峒所产为第一品级。就海外来说，登流眉国出产的片沉香与黎峒所产的香不相伯仲。登流眉国的绝品香，乃千年朽木所结，形状有的像石杵，有的像拳头，有的像肘子，有的像凤凰，有的像孔雀，有的像龟蛇，有的像云气，有的像神仙人物，焚烧一片则满室香雾环绕，三日不绝。当地人称它为无价之宝，一般为两广帅府和权贵大家所有。《稗史汇编》

香木之中位列第一的是沉水香，其香脂含量高且沉厚质实。有人说，熟结是树木死后树脂自然凝结而成的香；生结是人们用刀斧斫砍后，香木伤口不断渗出树脂所结的香；脱落是枝干朽落之后又结出的香；虫漏是树木被树虫、细菌蛀蚀后，树脂凝聚形成的香。自然凝结的熟结和脱落是上品，因为它们的气息醇和；生结、虫漏气息较烈，稍次。除此以外，沉水香的品类还有半结半不结者，即弄水香，西洋话称之为婆菜香。半结香质地厚实而色泽较重，半不结香则不大厚实且呈褐色，也有人称此香为鹧鸪斑。

婆菜香中又有一种叫水盘头的，其中结实厚重的也类似于沉水香。这种香木一旦被砍伐后，其树桩树根处必会有树脂涌溢，故而也凝结成香。但是由于屡屡被雨水浸泡，它的气息比较腥烈，故而属于婆菜香中的下品。此外，还有一种香气不大凝实的香，被称为栈香。

一般来说，沉水、婆菜香和栈香常出于一种香木，但各有高下之处。这三类香，产于占城的不如产于真腊的，产于真腊的又不如产于海南黎峒的，而产于海南黎峒的，又不如产于黎母山（位于万安、吉阳两郡之间）的，后者为天下第一香。此外，海北高郡、化郡两地也出产香料，其品质与栈香中的上品相似。

海北所产的香类似于沉水，当地人称之为龙龟，高凉称之为浪滩。官府采购时常常选择其中的上品。试着焚一炷此香，其香味虽然浅薄，但有花朵的芬芳之气，香气柔美。《稗史汇编》

◎洗面香

唐永和公主美容香方

成分　鸡骨香90克，白芷、川芎、瓜蒌仁各150克，皂荚300克，大豆、赤小豆各250克。

用法　用此香粉洗脸，早晚各1次。

制作　将皂荚用火刨刮后去皮筋，与其他香料混合，共研细末，筛去豆壳备用。

功效　祛风活血、润肤泽面。

方解　方中鸡骨香为大戟科植物。鸡骨香的根，又名土沉香、木沉香等；其味芬芳、微苦，性温，可理气除湿，祛风活络。与大豆、赤小豆同用，能洁净滋润肌肤。配入白芷、川芎，则有祛风活血，美白润肤之功效。瓜蒌仁、皂荚可去除垢腻，清洁皮肤，有助于药物充分渗透肌肤，起到悦泽容颜的作用。

来源　《太平圣惠方》

◎沉香的品级与分类

沉香品种、等级的分类方法很多，《本草纲目》以沉香含油量的多寡、沉香的沉水程度来决定其品级的好坏，其记载道：“木之心节置水中，能沉水者名沉香，亦曰水沉；半沉者为

品名	成品图示	品级	成因
倒架		一品沉香。通常分为两级：一级品较硬，含油量比水沉大；二级品含油量相对少些。	受年代与自然因素的影响，沉香树倒伏后经风吹雨淋等腐化作用而形成沉香。
水沉		二品沉香。一级水沉多为黑褐色，也有偏暗的青黄色，颜色越深、毛孔越细腻的越好；二级水沉油脂很重，但摸着却不脏手，也感觉不到油。	沉香树倒伏后陷埋于沼泽，经微生物分解腐化而成。
土沉		三品沉香。一、二级的土沉香味醇厚，但不及蚁沉猛烈，多为黑色；三级以下的土沉颜色灰黑，毛孔较细腻，毛孔上可见少许油脂覆盖，但比不上二级的水沉。	沉香树倒伏后埋进土中，受地下微生物分解后腐朽而成。
蚁沉		四品沉香。上品蚁沉，常被用来冒充二级或三级土沉。	香树活体被人工砍伐，倒伏后经虫蚁蛀蚀而成。
活沉		五品沉香。含油量不如蚁沉。	活沉是从活香树上砍伐、采摘下来的结香。
白木		六品沉香。具有一定的药用价值。	白木是树龄在十岁以下的香树所结的香。

栈香；不沉者为黄熟香。”此外，还有以沉香结香原因的不同，以及香树结香部位的不同进行分类的。以下沉香六品便是按不同结香情况作出的分类：前三种为熟沉，指自然状态下便能散发出不同香味的沉香；后三种为生沉，指只有在点燃时才会散发出香味的沉香。

性味	说明
淡黑略带土黄色的黄种，远闻清醇甜美，味似奇楠，近闻却浓而微苦；青黑色的青种，远闻味道似水沉，但较清透，近闻甜苦混杂。	不能和味重的物品放置在一起，否则其味会被扰乱，香味变得不醇正。
香味温醇，大多体量较小，佳者质地较密、坚硬，表面不平整。颜色多为青黑，油脂部偏深色，木质部为偏浅的黄白色，混成各种纹理。	优质的水沉易燃，由于含油高，燃烧时甚至能看到沸腾的油珠。
多为黑色、黑灰色，偶呈青色。其香味醇厚、猛烈，表面毛孔多比水沉粗大，因此香味也较水沉厚重，持续时间却相对较短。土沉没有油脂的反光感，因油脂堆积在毛孔口，故触其表面有明显的凹凸感。	同一块沉香，有可能上面部分是土沉，下面部分是水沉，因此有时它们的分界不是很明显，但性状、功效和气味仍有一定差异。
香味清扬，但只有燃烧时才能散发出来。用一种秘密配方浸泡，可让蚁沉在自然状态下也能散发香味，但其味稍烈。	所谓蚁沉，实际上大多不是被蚂蚁咬食，而是因虫噬而形成。
活沉因醇化时间不够，在含油量上不如死沉；熏燃时香味较高亢，有些会带有一丝原木气味。	多用作焚香的香料，或碾碎后入药。
颜色和香味都较淡，熏燃后仅有一股清香味。	常有用白木浸泡药水后，冒充二级土沉者。

南方属火行，其气带火，所产的药物受此影响，皆味道辛辣、气息芳香，如沉香、栈香之类，世人称其为香，以示喜爱之情。世人都说两广之地出产香料，然而广东的香是海上舶来之物，广西的香产自海北州，也是普通的品级，只有海南所产的香料最好。《桂海虞衡志》

沉香之属

生沉香即蓬莱香

蓬莱香产自海南山的西边，初呈连木状，像尖刺密生的板栗总苞。当地土著称之为刺香，用刀刮去附于其上的木质成分，香结就会露出。这种香质地坚实密致而富有光泽，士大夫们称之为蓬莱香，其香气清正绵长，品质与真腊所出产的香相当。但因为当地出产本来就比较少，又被此地官宦据为己有，所以一般商船很少能够获得。故其价格常常是真腊香的两倍。《香录》

蓬莱香就是沉水香中未能完全结成香的部分，多呈片状，形似小斗笠或大菌子，其中有直径一二尺的，质地极其坚实。这种香色泽与外形都与沉水香相似，但入水即浮。若是刮去其香结背面的杂质，则大多也能沉到水里。《桂海虞衡志》

光香

光香与栈香属同一品级，出产于海北州与交趾，常在钦州聚集销售。这种香多呈大块状，形似山石枯枝，气味粗烈，就像焚烧松树与桧树（又名圆柏）所发出的气息一样，不能与海南所产的栈香相比。南方人在日常生活和祭祀先祖时常常使用它。《桂海虞衡志》

海南栈香

海南栈香外形酷似刺猬皮、板栗刺和渔翁所着的蓑衣，其荆棘状的尖刺森然而立。想必是在修冶时雕镂而成。而海南栈香的精华就在这些刺尖上。这种栈香的香气与其他地方的栈香香气迥然不同。出产于海北、聚售于钦州的栈香，品第极其普通，与广东商船上贩运来的生熟速结等香差不多。海南栈香之下，又有虫漏、生结等稍次的

□ **沉香雕山形笔筒　明朝**

沉香木作为名贵的木料，是制作工艺品最上乘的原材料。但其多为朽木细干，用之雕刻，鲜用大材，雕刻技法以圆雕、浮雕等为主。又因其木色深沉，质地较粗，雕琢不宜过于细腻，所以成品大多风格古朴凝重。图为明朝时期的沉香雕山形笔筒。

香品。《桂海虞衡志》

番香（又名番沉）

番香出产于渤泥三佛齐（印尼苏门答腊岛上的古国），香气粗犷而浓烈，其价钱比真腊、绿洋所产要少三分之二，较之占城所产则少一半。《香录》

占城栈香

占城栈香是沉香中较次一等的，其气味与沉香相似。因其杂有木质成分，质地不甚坚实，故比不上沉香，但比熟速要好些。《香录》

栈香与沉香生于同一香树，凭借纹理中的黑色脉络与沉香相区别。《本草拾遗》

黄熟香

黄熟香也属栈香一类，其质地轻虚，枯朽不堪，如今的合香中都要使用到它。

黄熟香夹杂着栈香，产于南洋各国，真腊所产为上品，因其是黄色且是熟生，所以人们才这么称呼它。这种香外皮异常坚实，但腐朽中空，形状像桶一样，所以又有黄熟桶之称。其中有通身全黑的，其香气尤其美妙，此香虽是泉州人日用之物，但在杂有栈香的黄熟香中，居于上品。《香录》

近来东南省份喜好香事的人家所盛行的黄熟香，并非此类而是南粤土著所种植的香树，就像江南人家盛行种茶一样，用以谋利。香树树冠低矮，枝叶繁茂，香结生于根部，剔挖树根取香后所留下的空洞，有数升的容量，将肥沃的泥土填充于内，数年之后又能结香。因香年代越久香气越浓，故又有“生香”“铁面油光”之称。《广州志》说：“东莞县的茶园村所

□ **黄熟香**

黄熟香是一种结了香的，且埋在土中极为久远的黄色熟香。它的显著特征就是松软如土，一碰就碎，因为其木质纤维组织结构早已松散掉了，只剩下蜂窝状的香腺组织留存。

产的香树是人为种植的，不如海南出产的自然天成。”

速暂香

速暂香以产自真腊国的为上品。砍伐香树，去除其中木质成分而取得的香叫生速；树木死去，木质腐烂而生的香叫熟速；树木半存的叫暂香；黄色且熟的称为黄熟；通体发黑的是夹栈；还有一种香外皮坚实而中间腐朽，外形如桶，称为黄熟桶。《一统志》

速暂、黄熟即今人所说的速香，俗称鲫鱼片，以带有雉鸡斑点的为佳品，以质地厚重密实的为美。

白眼香

黄熟香别名，香上泛有白色，不能入药，只能用来调制合香。

叶子香

叶子香又名龙鳞香，是栈香中最薄的，其香气比栈香更好。

水盘香

水盘香与黄熟香相似，却比黄熟香的块头要大一些。此香常被雕刻成香山、佛像，由海外商船贩运而来。

◎净身香

唐永和公主美容香方

成分 沉香30克，麝香15克，白芷60克，白蔹、白及、白附子、茯苓、白术、鹿角胶各90克，桃仁、杏仁各0.5升，大豆面5升，糯米2升，皂荚5挺。

用法 常以此香净身洁面。

制作 桃仁、杏仁汤浸去皮，麝香细研；以粟米（玉米）煮饭，取其清汁制成浆水3大盏，令沸，纳鹿角胶溶于浆水中，和糯米煮作粥，薄摊晒之令干，一起和药，捣细罗为散，取大豆面重和之，搅拌均匀；又取白酒半盏，白蜜60克，加热，令蜜消熔。同时倾入澡豆内，拌之令匀，晒干。

功效 润泽肌肤、祛斑增香。

方解 沉香、麝香芳香辛散，为古代美容方中常见的增香辟秽之品，其中麝香又有活血通络之功，故可祛除面上黑斑；用白酒意在促进药物的吸收，加入皂荚有消除垢腻以清洁润滑皮肤的作用；大豆以黑大豆为佳。《延年秘录》谓之可“令人长肌肤，益颜色”。此方有润泽肌肤、祛斑增香的功效，经常用之净身，可使人肌肤白净、细腻而富有光泽。

来源 《太平圣惠方》

水盘香树大概本身是没有香味的，必须待其株干枯朽、倒伏于地，使之得以连接地脉、靠近水泽，退去木性，结出香结。

沉香事实

火山烧沉香

隋炀帝时，每到除夕之夜，在殿前设火山，预备几十车沉水香，每座火山焚烧几车沉香，再浇上甲煎，火光燃起，高达数丈，几十里之外都能闻到香气。一夜间要用去沉香两百车、甲煎两百余石。房室之中不点油脂灯火，悬挂一百二十颗宝珠用以照明，珠光堪比白昼明亮。《杜阳杂编》

太宗问沉香

唐太宗曾经询问高州首领冯盎：“爱卿离沉香产地可远？”冯盎奏答道：“微臣居所周围都是香树。然而，活着的香树是不香的，只有朽木才结香。”

沉香为龙

五代十国时期，南楚君主马希范构建九龙殿，用沉香制成八条龙，各长百尺，绕柱相向，作趋捧状，马希范坐在八龙中间，自称一龙。其所戴幞头硬脚长达丈余，与龙角相似。马希范凌晨坐殿之时，先让人在龙腹中焚香，烟气悠然而出，就像是从龙嘴里吐出的一样。近古以来，诸侯王再奢侈僭越，也没有像他这样奢靡的。《续世说》

沉香亭子材

长庆四年，唐穆宗驾崩，长子敬宗即位。九月丁未日，波斯大商人李苏沙进献制造沉香亭子的木材。拾遗李汉谏言道：“用沉香木来做亭子，无异于天上的瑶台琼室。”敬宗当下大怒，事后却听取了他的意见。《旧纪》

沉香泥壁

唐代诗人宗楚客建造了一座新宅，梁柱全用一丈多高的柏木制成，并将沉香与红粉混合，用以糊墙。门一打开，香气扑鼻。太平公主造访了他的家宅后，叹道：“看了宗楚客的行走坐卧处，才知我们都白活一世了啊！”《朝野佥载》

外观

不规则，凹凸不平，表面多呈朽木状，有刀痕，偶有孔洞。

色纹

表面多为黄棕色或灰黑色，密布断断续续的棕黑色细小纵纹，有时可见黑棕色的树脂斑痕。

油脂

含油量高的水沉颜色较深，看起来好似覆了一层油，但摸着不脏手；其质地润泽，易燃，燃烧时甚至能看到沸腾的沉油。土沉则无油脂的反光感。

气味

水沉在自然状态下能散发出香味，其味温和醇厚，断断续续；其香颇有穿透力，闻起来如线般钻鼻。土沉在熏燃时散发持续而厚重的香味，其香亦有穿透力，但不若水沉的香味细。

沉水

质硬而重，入水下沉或半浮半沉，其下沉者多为进口香。

真沉香

外观

其状多规整，无朽木感，由于其表面上的孔洞、刀痕是人为所致，故多不自然。

色纹

表面漆黑，呈油漆剥落状，置于水中会有黑色染料流出；制假技术好的会在表面或剖面加木纹、木斑，但不如真沉香自然、流畅。

油脂

摸起来有油腻感，表面油路（油线、油丝、油斑）不清晰或油脂层不干洁。

气味

燃烧时有香水或香精味，有些带有类似酒精挥发的气味，还有完全无香味的，嗅之无法令人身心愉悦。

沉水

基本上都是沉于水的，但密度比正常水沉大很多，手感不自然。

假沉香

□ 真伪沉香辨

宋代时，沉香由朝廷贡品逐渐演变为商品。此后需求量大增，过度开采之势愈演愈烈，甚至达到“一片万钱”的程度。如今，真正的沉香已是十分罕见，而赝品越来越多，因此，沉香爱好者了解真、假沉香鉴辨的知识很有必要。例如，把真假水沉放入温度达30℃以上的环境中时，其表面油脂都会熔掉。但真品的油脂会缩回香木体内，香气暂时减弱，表面黑色褪去，变成青灰色，如果将其与毛料摩擦，则马上能恢复色泽，手上不会有任何油污痕迹；而伪品表面的油脂熔解后，不但无法恢复其色泽与香气，还会在手上留下油污。

◎沉香的妙用

沉香作为宗教用香、熏香香料，多为人们所了解。除此之外，其药用价值和实物原料之功用也不可小觑。中药沉香的历史悠久，自古就是治疗胃寒、腹胀、气喘、肾虚的良药，此外还可作为镇静剂。李时珍在《本草纲目》中对沉香在香料和中药中的地位大加赞赏。现今人们对沉香进行了更加深入的研究和运用，根据其香味特点和药用价值，制作出各种保健品、日用品，如空气清新剂、佛珠、家具等。

沉香佛珠

●礼佛香

沉香既是礼佛的上等供品，也是“浴佛”的主要香料之一，被列入密宗“五香”（即沉香、檀香、丁香、郁金香、龙脑香）。佛教将沉香末、片用于静坐参禅或诵经法会中的熏坛、洒净、燃烧，或用其熬香汤浴佛，或雕刻成佛珠佩挂于身上。念经时拨动佛珠，沉香受体温加热，会散发出香气以养性安神。

相关记载 在《佛说戒德香经》中，佛陀以沉香来比喻持戒之香，不受顺、逆风的影响，能普熏十方。沉香或正檀香制成的香在供佛中都是上品，以沉香油涂香是更为殊胜的供养。《瑜伽师地论》中阐释了香的种类，将香分为四种：沉香、窣堵鲁迦香、龙脑香和麝香。在《中阿含经》卷十五、三十喻经，以及《法华经·法师功德品》中都详述了沉香对于修学一切善法的重要性。

沉香屑

●熏焚香

沉香是熏焚香的上等用香之一。盛唐时公认的熏焚香上品为伽楠，次为沉香，再次为檀香。沉香燃烧时所发出的香味高雅、沉静、清甜，能使人心平气和，进入祥和的状态，起到调节人体气血运行、疏通人体气机的作用，是治疗与预防疾病的天然佳品。

相关记载 正史中关于日常熏焚沉香的记载，最早出现在西晋。《晋书·王敦传》载：“石崇以奢豪矜物，厕上常有十余婢侍列，皆有容色。置甲煎粉、沉香汁。有如厕者，皆易新衣而出。客多羞脱衣，而敦脱故著新，意色无怍。”又有《晋书·吴隐之传》载：“（吴隐之）后至自番禺，其妻刘氏赍沉香一斤，隐之见之，遂投于湖亭之水。”权臣石崇与王恺斗富，搜集并使用了沉香一类奢侈物；良吏吴隐之，因其妻带上沉香而引以为耻。这两个相反的典故，皆说明了熏焚珍贵的沉香，在西晋的上层社会已十分盛行。

●祭祀香

香最早用于宗教场所与祭祀活动中，成了人与神联系的神妙之物。虔心焚香拜祭，可上达天庭，下及幽冥。商周时，古人祭天有一个重要的仪式，即在灵台上堆架燔柴，焚椒升香，借缕缕清香之烟与上苍对话。第一位以沉香祭天者，乃南朝的梁武帝，他用沉香建造明堂，取与上天纯阳正气相宜之意；在北郊则用土与香混合，以表示人与土地的亲近之意。

相关记载　宋代丁谓《天香传》云："有唐杂记言，明皇时异人云：'醮席中，每爇乳香，灵祇皆去。'人至于今传之。真宗时新禀圣训：'沉、乳二香，所以奉高天上圣，百灵不敢当也，无他言。'上圣即政之六月，授诏罢相，分务西雒，寻迁海南。"

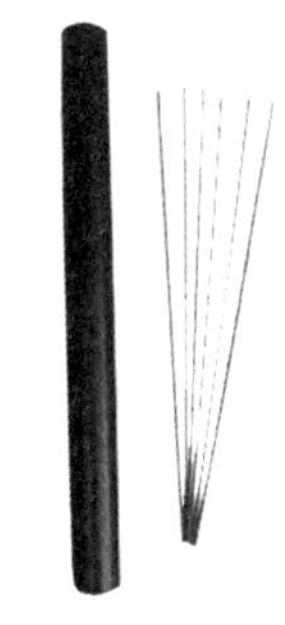

沉香柱香

●药用香

沉香具有行气止痛、温中降逆、畅通气脉、纳气平喘的神奇功效，自古被视为珍贵的中药材。沉香药用的方法很多，可熏燃，也可研粉内服、外用，或是制成沉香片冲泡饮用。如把沉香研成细末或切块，置室内熏炉里点燃，紧闭门窗，则香药弥漫。其香气能净化空气，除湿、去秽、祛四时不正之气，或祛阴雾瘴气、潮湿地气等，也可以治痘疹引发的周身瘙痒。

相关记载　古代医学典籍中关于沉香疗疾的记载颇多，如《本草备要》曰："沉香能下气而坠痰涎，能降亦能升，气香入脾，故能理诸气而调中，其色黑。体阳，故入右臂命门，暖精助阳，行气不伤气，温中不助火。"《本草纲目》曰："治上热下寒，气逆喘急，大肠虚闭，小便气淋，男子精冷。"《大明本草》曰："调中补五脏，益精壮阳，暖腰膝，止转筋吐泻冷气。"

药用沉香

●家居香

自沉香融入宋人日常生活以来，明、清两代的宫廷皇室、文人士大夫阶层及富裕百姓，皆崇尚沉香制品，他们以沉香制成各类家居、文房器物，其工艺之精细，堪与犀角雕品相媲美。由于沉香生成状态及结构非常特殊，故很难完成大件的沉香雕品。现今多见一些制作精良的小件雕品，而作为家具出现的大件沉香雕品则无比珍贵。

相关记载　宋代苏轼曾作《沉香山子赋》，以安慰被贬至雷州（位于广州市）的苏辙，其写道："古者以芸为香，以兰为芬，以郁鬯为裸，以脂萧为焚，以椒为涂，以蕙为熏；杜蘅带屈，菖蒲荐文，麝多忌而本膻，苏合若芗而食荤。嗟吾知之几何，为六入之所分。方根尘之起灭，常颠倒其天君。每求似于仿佛，或鼻劳而妄闻。独沉水为近正，可以配詹匐而并云。矧儋崖之异产，实超然而不群。既金坚而玉润，亦鹤骨而龙筋。惟膏液之内足，故把握而兼斤。顾占城之枯朽，宜爨釜而燎蚊。"苏轼以沉香山子为鉴，勉励深处逆境的苏辙——君子身上的超然之气，应如沉香山子淡而不衰的芬芳般永恒。

沉香木雕灵芝如意

沉水香末布象床上

西晋时豪侈之士石崇将沉水香制成尘末，铺撒在象牙床上，让他素日所宠爱的姬妾在上面踩踏。没有留下痕迹的赏赐珍珠百串，留下痕迹的则令她们节制饮食，使身体轻弱。故而，石家姬妾在闺中互相戏谑说："没有细骨轻躯，哪里能得到那珍珠百串呢？"《拾遗记》

沉香叠旖旎山

高丽商船主人王大世择选了近千斤的沉水香，垒造为旖旎山，模拟衡山七十二峰。吴越国王钱弘俶出价黄金五百两欲购买之，被王大世拒绝。《清异录》

沉香翁

有一次，贩运香料的商船带来一尊沉香翁，高一尺有余，其雕刻技艺如同鬼斧神工。船主将其进献给吴越王钱镠。钱镠为其命名为"清闻处士"，取自杜甫诗中的"心清闻妙香"一句。《清异录》

沉香为柱

番禺有海獠（古时对信仰伊斯兰教者的称呼）杂居，其中最富庶的是浦姓一族。他们自称白番人，原为占城国的权贵，因出海遇风浪，惧怕返航，便滞留在中国，定居于番禺城中。其房舍装饰侈靡，超过宫廷。房舍正中的厅堂有四根柱子，都是沉水香。《桯史》

沉香水染衣

周光禄十分奢靡，他的家妓抹头发用郁金油，搽脸用龙香粉，染衣服用沉香水，每到月底，还能得到一只金凤凰作为赏赐。《传芳略记》

炊饭洒沉香水

龙道千在积玉坊选择居室，用藤编成凤眼窗，用千年的木莲根支床，煮饭时洒上沉香水，泡酒用山凤髓。《青州杂记》

□ **鹧鸪斑沉**

鹧鸪斑多因虫蛀蚀后引起油脂不规则的变化而形成，只剩下外层皮材附有油脂，所以鹧鸪斑沉一般为空心，那些实心且未被蛀蚀的木头则很难产生鹧鸪斑。如果香木本身树龄较高，木头老硬，油脂体部分就会转化为沉香挥发油，使微生物难以蛀蚀。因此，实心的鹧鸪斑沉一刀下去，里面应该都是深色的油脂。而空心鹧鸪斑的品种多样，平时一般无香味，燃烧时味道清婉似莲花的为上品，味道无变化的为次品。

◎祭祀香

在我国，香用于祭祀的历史可追溯至石器时代。先祖们在祭祀时燔木升烟，告祭天地，可谓是后世祭祀用香的开始。据考古发现，在六千年前的祭祀活动中，已经出现了燃烧柴木及烧燎祭品的燎祭。在距今六千至五千年前的红山文化晚期遗址中，发现了规模宏大、燎祭遗存的祭坛。商周时的燎祭继承了远古祭祀观念。至周代，周文王订立了禋祀祭天的典制。从此，焚香祭祀天地、神灵、祖宗、圣人的礼仪沿袭至今。焚香祭祀要求祭祀时要有整洁的服装、端庄的仪态，还要有诚心、敬畏心等，这是敬香和所有祭祀活动中最重要的因素。同时，用相应的姿势和动作强化自己的信念，如低头、合掌、作揖、跪拜、匍匐等。

●柴 祭

最早的祭祀仪式是柴祭，早在殷商时期的甲骨文上已经出现了“紫（柴）”“燎”“香”字，“紫（柴）”，即“手持燃木”以祭天。《后汉书·祭祀志下》载：“封者，谓封土为坛，柴祭告天，代兴成功也。”

●香植物祭

向神明敬献谷物也是一种古老的祭法，“香”字即源于谷物之香。甲骨文中的“香”，形如“一容器中盛禾黍”，指禾黍的美好气味。篆文变作“从黍从甘”，“黍”表谷物，“甘”表甜美，因此《尚书·君陈》有“至治馨香，感于神明。黍稷非馨，明德惟馨”一说。

●酒 祭

香酒也是祭祀的必需品之一。商代有一种香气浓郁的贵重香酒，名为“鬯”，多用于祭祀，也常用作赐品或供贵宾享用。鬯酒是商周时期最重要的祭品（礼品）之一，使用频率很高。西周还有专职的“郁人”和“鬯人”负责用鬯之事，如《周礼·春官》载：“郁人掌祼器。凡祭祀、宾客之祼事，和郁鬯以实彝而陈之。”一般认为这种鬯酒是用郁金、黑黍等芳香植物制成。

●家 祭

祭祀烧香是从古代的祭礼中继承下来的，这种做法后来在民间逐步演变为烧香以示敬重。不仅佛教提倡用香，道教的仪式中也普遍用香，而且有严格的敬香规程。但民间的烧香却没有那么严格，只以虔诚为要，仪式也较为简单。后世所焚的香，也使用改进后方便的线香和盘香等。

◎香之形

原态的香材一般不直接使用，因其在经过人工处理后，香味会更加醇正，同时还可使香材形成美丽的形态。原态香材经过蒸煮炒炙后，通常会磨成细粉，再加入其他附着剂，便可制成线、塔、盘、丸等多种形态；将原态香材经过蒸馏萃取，还可提炼出花露等香水。

●原态香材

原态香材也称片瓣香，即经过清洗、干燥、切割等基础加工后，较完整地保留了材质外部形态和特征的香料，比如沉香、檀香的大块木片。有的原态香材可直接切割用来焚香。香料的切割也极为讲究，顺向、逆向、横向所获得的不同纹理会产生不同的香气。

●线 香

该香形状如线，呈极细的长条状，是以香料粉末调糊，干燥定型而成。竖直燃烧的线香叫“立香”，横倒燃烧的线香叫“卧香”。在古代，线香不仅可以用来敬奉神明，还可以用于针灸治疗，“线香点灸”便是中医治疗中的常用灸法。

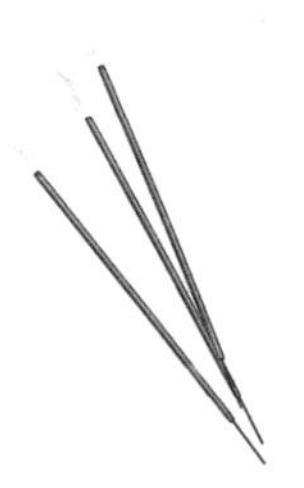

●棒 香

棒香又称签香、芯香，其香芯子用细的竹梗或木梗做成，呈直线型。竹签芯的棒香又称为竹签香或篾香。使用时十分方便，直接点燃即可。

●盘 香

盘香又称“环香”，为螺旋形盘绕的熏香，可挂起，或用支架托起熏烧，一些小型的盘香也可以直接平放在香炉里使用。

●锥 香

锥香是由一种或多种香料磨制成粉后，制成的圆锥形香。因其悬挂燃烧时垂挂如塔而又名“小塔香”。但其大多直接放于炉内竖立点燃熏焚。

●塔 香

佛寺等宗教场所多用塔香，其形如盘香，悬挂燃烧，垂挂如塔状；另有塔状粒香，可直接置于香炉中烧用，一称锥香，又称“小塔香”。此二者皆可称为塔香。

●香 炭

香炭是在木竹炭中加入香料后经人工制作而成。香炭吸附力强，可以除湿祛臭；其散发出的芳香还可净化空气。

●香 膏

香膏，又称"膏香"，即将香料研磨成细粉，再加入蜂蜜等膏状物混合而成。香膏常直接涂敷于皮肤，附着力较香粉更强。

●香 饼

香饼是将一种或多种香料磨成粉末后制成的饼状香。香饼既可直接烧焚，亦可隔火熏焚。焚烧时，因着火面积大，故香气浓郁。

●香 丸

香丸是将一种或多种香料磨制成粉后制成的丸状香。多用于熏炉焚烧，也可入药。《红楼梦》中用于宝钗治病的冷香丸，就是用白牡丹花、白荷花、白芙蓉花、白梅花花蕊和四季雨露制成。

●香 珠

香珠是将一种或多种香料磨制成粉后，制成的圆珠形的香球，或直接用香木雕成，可串成香串，道家、佛家多用作配饰。

●香 水

香水是将香料植物蒸馏后获得的香露，既可单独使用，亦可几种花露混合。我国早期所用的花露多靠进口，亦有少量为藩国贡物。

●香 灰

香灰，又称"末香"，为粉末状的香。点香末时，应先于净香炉底铺香灰，然后把粉铺成细长状或环状，再点燃即可。此方法较为方便且香粉密实，厚薄均匀，点燃后原味较醇。

●印 香

印香，也称香篆，即在焚香的香炉内铺上一层沙，将干燥的香粉压印成篆文形、字形或图形绵延不断，一端点燃后循线燃尽。另有一种篆香又称百刻香，是将一昼夜划分为一百个刻度，寺院常将其作为计时器来使用。

●香 粉

香粉是将香料磨碎后经过筛滤，再混合铅粉或米粉制成。香粉多为白色，亦可加入红蓝花、朱砂等植物以及矿物色素，制成敷面的胭脂。

◎香身方

十香丸

成分 沉香、麝香、白檀香、青木香、零陵香、白芷、甘松香、藿香、细辛、芎䓖、槟榔、豆蔻各30克，香附子15克，丁香10克。

用法 用此香粉洗脸，早晚各一次。

制作 研末，加炼蜜制成梧桐子状香丸。

功效 令人身体百处皆香。

方解 古人云："咳唾千花酿，肌肤白和香。"人除了能分泌天然的体香外，还可通过食物或药物，使身体散发各种独特的香味。此种使人身体产生香味的方法，在古代称为"香身"，被广泛应用于宫廷中的妇女美容。本方内含十四味辛香味中药，具有芳香祛臭的功效，能使人口及身体均香。

来源 《千金翼方》卷五。

沉香甑（二则）

某商人到林邑（古国名，象林之邑的简称，在今越南中部，9世纪后期改称占城）去，借住在一对老夫妇家中。每日在食用这家的米饭时，他都闻到有浓郁的香气弥漫于整个房间，但不知为何物。后来，当他偶然见到这家蒸饭的甑，才恍然大悟，原来这个甑竟然是用沉香雕制的。《清异录》

北宋人陶谷家中的甑用沉香雕制而成，其酒盏用鱼的脑骨制成，中现园林美女之景象。黄霖说："陶翰林家甑中熏香，盏中游妓，真可以算得上是雅事了。"

桑木根可作沉香想

唐朝名相裴休手拿一块桑木根，说："你若当它是桑木，它就是桑木；你若把它当作沉香，闭上眼睛，便能闻到沉香味儿。你手里拿着沉香，若从心底里不肯承认，只当它是桑木根，便真的闻不到沉香味儿。可见，各种现象所表现的形态都是由心而生的。"《常新录》

鹧鸪沉界尺

沉香中带有斑点的，叫鹧鸪沉。华山道士苏志恬偶然得到一根一尺多长的鹧鸪沉，修制成一柄界尺。《清异录》

沉香似芬陀利华

后周显德末年，进士贾颙在九仙山遇见了唐代名臣李靖，行走之间，疾如骏马奔驰。贾颙知道其中有异，拜而求道，并取出竹箱中所剩余的沉水香焚告。李靖说："沉香与在斜光下生长六天的芬陀利华（指大白莲花，也是佛的另一名称）完全一样，你这个人有道骨，但是尘缘未了。"随即赐给他一颗仙丹，让他把柏子当成粮食食用。直至北宋初年，贾颙的身体依然健康。《清异录》

研金虚镂沉水香纽列环

后晋天福三年，后晋皇帝石敬瑭赐给僧人法城跋遮那（袈裟环）一件，并说："法城爱卿是佛国栋梁、僧人领袖，今日特令宦官赐给爱卿研金（一种用金研碾于器物上的工艺）虚镂沉水香纽列环一柄，等法师到来，便可领取。"《清异录》

沉香板床

晋代医僧支法存有一件长达八尺的沉香板床，刺史王淡息想要将其占为己有，但遭到支法存的拒绝。随后，王淡息杀了支法存而得到板床。但王淡息后来也被灭族，据说是支法存的灵魂在作祟。

□ **迦南雕花卉纹沉香杯　清朝**

此沉香杯用上等迦南香木雕刻而成，其材质皮色古朴，包浆浓厚。杯的造型为上侈下敛，杯身为荷花纹浮雕，草叶丛中，花开朵朵，叶瓣清晰，层次分明。古老的沉香木经久弥香，每举杯浅酌，有淡香溢出，沁人心脾。

沉香种楮树

唐高宗永徽年间，定州有个僧人想写《华严经》，便用沉香种植楮树，再以此树为原料造纸。《清赏集》

沉香观音像

西小湖（位于安徽省五河县）天台教寺，过去叫观音教寺。相传，唐代乾符年间，该寺曾拥有一尊沉香观音像。此像泛太湖而来，天台教寺的僧人们前往迎接而得。当时，有藤草缠绕在观音像的足部，僧人随手将草投进小湖，竟生出千叶莲花来。《苏州旧志》

沉香煎汤

宋真宗时，宰相丁晋公在临终前半月便不能进食。他终日焚香危坐，默默诵读经文，又用沉香煎汤，不时呷服少许。至其奄然逝世时，神志始终保持不乱，衣冠端正。《东轩笔录》

牛易沉水香

海南出产沉水香，中原人必须用牛才能换得此香。当地黎人用沉水香换来的牛，全部用于祭祀鬼神。中原人则用换得的沉水香供奉佛像、天帝，以祈求赐福。这实际上是在烧牛，哪里是在祈福呢，悲哀啊！《东坡集》

沉香为供

高丽使节仰慕倪云林（元代名画家）的高洁人品，屡屡造访，却不得一见，倪云林只开了云林堂供他参观。高丽使节观后蔚为惊叹，便向上遥拜以示敬意，还留下沉香十斤作为供奉，后叹息而去。《云林遗事》

沉香烟结七鹭鸶

有个浙江人出海经商，因货物不合时宜而没能卖出，随后又因染病而将所带财物耗尽，叹息着要寻死，被同行的海客们劝慰再三，才登船返航。途中这位商人见水面上漂浮着一块朽木，有钵盂那么大，便捞起来闻了闻，发现很香，心想这一定是香木了，就顺手取来枕在头下。回家之后，商人与妻子相对而泣，重新置办货物，准备着待到明年再次出海。一天，从邻居家飘来不堪入鼻的污秽之气，商人立即让妻子焚烧那块朽木来驱除异味。朽木燃起后，其香烟结成了七只鹭鸶，飞至几丈远，才渐渐散去，商人大为惊奇，从此开始珍视这块香木。几年后，明宪宗下令征求异香，如有上供非同寻常者将得到大的赏赐。商人便将香木进呈上去，宪宗大为赞叹，授予其锦衣卫百户的职位，并赐以黄金百两。有认识香木的人说，沉香生于水边，有七只鹭鸶日夜在上面食宿，天长日久，其精神化入木中，因而焚烧时能结成这种形状的烟云。《云广记撰编》

仙留沉香

明朝道士张三丰，与蜀地僧人广海交好，在开元寺寓居七日后，临别赠诗留念，同时留下沉香三片、草鞋一双。广海将之一并进献给永乐皇帝，获得丰厚赏赐。

檀 香

唐人陈藏器（唐四明人，713—741年间任京兆府三原县尉）说："白檀香产于海南，其树像檀木。"

北宋大医家苏颂说："檀香分为很多种，其中黄檀、紫檀和白檀之类，是今人流行使用的。江淮、河朔（泛指黄河以北）一带所生长的檀木与其相类似，只是没有香味罢了。"

李时珍说："檀香是一种树木。所以其字从亶。亶，'善'之意。佛祖释迦牟尼称其为旃檀，用它来洗浴，能去除污垢，印度人诡称其为真檀。"

金元大医家李杲说："白檀调和香气，与其他香料巧妙搭配起来，能使其香气达到极高的境界。"

檀香出产于昆仑盘盘国（今泰国南万伦湾沿岸一带）。又有一种紫真檀，研磨出粉后，可以用来涂治风肿。《本草》

叶廷珪说："檀香出产于三佛齐国，气息清劲而容易发散，焚烧时能侵夺诸香的香气。其中，表皮尚存且为黄色的，称为黄檀；表皮腐烂且呈紫色的，称为紫檀。二者香味基本相同，只是紫檀的香味更好闻一些。檀香中质地轻脆的，称为沙檀，此檀香常作药用。由于檀香材质过长，商人为了方便贩运而将其截成短节。为防止香气外泄，他们就用纸将其封包，以便保持湿润。"《香录》

秣罗矩咤国（今印度半岛南端）的南滨海有秣剌耶山，山中崇山峻岭，洞谷深涧，山中既生长有白檀香树，也有旃檀你婆树（即牛头旃檀）。二者极为相似，难以区分。盛夏时登高望远，见上面有大蛇缠绕的，便是白檀香树。因其木性偏寒，所以蛇会盘踞在上面。遂用射箭作记号，待蛇冬眠后，方可前往采伐。《大唐西域记》

印度人身上涂着的各种香料，是旃檀和郁金。《大唐西域记》

听说剑门山左边峭壁的岩石间，有大树生长在石缝隙中。其粗大者树干可达数围，枝干为纯白色。人们纷纷传说，此乃白檀香树。树下常常有大蛇盘踞，保护着香树，使人不敢前去采伐。《玉堂闲话》

檀香出产于广东、云南等省和占城、真腊、爪哇、渤泥（东南亚的一个古代国名）、暹罗（东南亚国家泰国的古称）、三佛齐、回回（指伊斯兰教徒和伊斯兰教国家）等地。《大明一统志》

诸溪峒出产紫檀香，质地坚硬。新出

□ 檀 香

用作香料的檀香为白檀。白檀为半寄生常绿乔木，为檀香科檀香属植物，主要分布于印度、印度尼西亚及太平洋的一些群岛。其香取自树木的油脂。檀香树的根、干、枝、果实等都含油脂，越靠近树芯和根部的材质含油量越高。檀香广受世人喜爱，是主要香料之一。因其气息宁静、圣洁而内敛，颇受佛教推崇，不但被用来制作熏香，还常用来雕刻佛像、念珠等。据说，佛教中的大德（德行高尚的人）能从劳宫等窍穴中散发出类似檀香的香气。

◎檀香木的鉴别及分类

檀香木是檀香的芯材部分，不包括无香气的白色边材。檀香是一种半寄生小乔木，主要产于南亚及东南亚。檀香树的成熟时间较长，一般需要二十年以上。由于人们持续地大量砍伐，现已存世很少，故其价格极其昂贵。在高额利润的驱使下，诸种仿冒的檀香木大量涌现，因此，在选用时须小心辨认。

性状辨

檀香木一般呈黄褐色或深褐色，时间越长颜色越深，光泽好，但包浆不如紫檀或黄花梨明显。檀香木质地坚硬、细腻、光滑，手感好，纹理通直或微呈波形，生长轮（年轮）或明显或不甚明显。

香味辨

香气醇厚，初闻虽不甚明显，但用刀片刮削后，则香气又恢复浓郁，与香樟、香楠刺鼻的浓香相比略显清淡、自然。用人工香精浸泡或喷洒木材来冒充的檀香木，往往带有明显的药水味，不能持久。

伪檀香木

最好的檀香木大多产自印度，其次为印尼。国际市场上用檀香属的其他木材或不同科属但外表近似檀香木的木材，或有香味的木材等来冒充檀香木。假冒者多是将白色椴木、柏木、黄芸香、桦木、陆均松经过除色、染色，然后用人工香精浸泡、喷洒以冒充檀香木，最后将其大量制成扇、佛像、佛珠等雕刻件。

种类	产地	特征	品级
老山香	亦称白皮老山香或印度香，产于印度。	材色近似浅咖啡色，一般条形大、直，材表光滑、致密，香气醇正。	檀香木中的极品。
新山香	多产于澳大利亚。	条形较细，香气较弱。	略逊于老山香，与雪梨香相当。
雪梨香	多产于澳大利亚或近澳大利亚的南太平洋岛国。	香气较老山香弱，颜色亦更浅。	次于老山香。
地门香	多产于印度尼西亚和东帝汶。	浅咖啡色，弯曲较多，香味辛辣，多分支、节疤。	次于雪梨香。

的香呈红色，旧生的香呈紫色，有蟹足一样的纹理。新香用水浸泡后，可以染物。旧香揩涂在粉壁之上，呈紫色，故有紫檀之名。檀香最香，可以用来制作軺带、扇骨之类的东西。《格古论》

檀香事实

旃檀

《楞严经》里说："用白旃檀涂抹身体，能除一切热毒，如今西南地区各部族的酋长，都用各种香料涂抹身体，取的就是这一用途。"

檀香出产于海外各国以及滇、粤等地。檀香树即今人所说的檀木。因为这些地方阳光炽烈，汇集天地之灵气，故结得此香。紫檀即黄白檀香中呈紫色的；而今人所说的紫檀，则是《格古论》中所说的制造各种器物的木料。

檀香只可供上真

道家之书说："檀香、乳香为真香，只能用来焚烧祭祀上真仙人。"

旃檀逆风

林公说：白旃檀的香气并非不浓烈，但逆风哪里能闻得到呢？而《成实论》（佛教论书，古印度诃梨跋摩著，后秦鸠摩罗什译）中则说："波利质多天树（系忉利天宫之树名）的香气即使是逆风，也能闻到。"

白檀香龙

唐玄宗曾下诏让术士罗公远与僧人不空一同祈雨，以比较二人功力。下雨后，玄宗将二人召来询问，不空说："臣昨日祈雨时焚烧了白檀香龙。"玄宗命令侍从们掬来庭中的雨水闻嗅，果然有檀香气息。《酉阳杂俎》

◎香粉方

《太平圣惠方》香粉方

成分　白檀香、白附子（生用）、白茯苓、白术、白芷、白蔹、沉香、木香、鸡舌香、零陵香、藿香各30克，麝香（细研）6克，英粉（研碎以生绢囊盛）3000克。

用法　可用此香粉傅身。

制作　将药捣碎后筛出细粉，加入麝香研匀，将粉囊置入盒子内，用药粉包裹，密闭七日。

功效　令人身体百处皆香。

来源　《太平圣惠方》

白檀香末

大凡将相授官的凭信，皆采用金花五色绫纸制成，上面都撒有白檀香末。《翰林志》

白檀香亭子

唐代名臣李绛的儿子李璋任宣州观察使时，宰相杨收建造了一座白檀香亭子。亭子刚一建成，杨收就邀请亲朋好友前来观赏。在这之前，李璋早已悄悄派人测量亭子的面积，织成地毯，等到宴会那天进献给杨收。后来，杨收败落，李璋也因此事受到牵连。《杜阳杂编》

云檀香架

宫人沈阿翘向皇上进献白玉磬，说："这本是唐宪宗时叛将吴元济所赠与的东西。"此白玉磬光明皎洁，可以照亮方圆数十步的范围。其犀牛角做的槌子，即响犀，会对所有物体发出的声响有所响应。

◎妙用檀香

檀香木除了制作檀香，还因木质坚硬、木纹清晰美观、香味持久而成为制作家具和工艺品的上等材料。檀香木家具摆放家中，芳馨经久，虫蠹不生。檀香木制成的工艺品，如佛像、念珠、笔筒、檀香扇等，造型古雅，气味香浓，是工艺品中的上品。

檀香木礼佛香盒

●礼佛香

檀香在宗教领域被称为“神圣之树”，佛家称之为“旃檀”，素有“香料之王”“绿色黄金”的美誉。最古老的梵语手稿中指出，檀香是引导人与神交流的神秘物质，虔诚的佛教徒在敬佛拜神时，点燃小块檀香木或含有檀香成分的香烛，向佛祖祈福。在他们看来，檀香会发挥不可思议的能量，推动人们实现美好愿望。用檀香所雕刻的神像、圣品，能够集聚天地灵气，使人们在祥和的气氛中达到与神灵相通的境界。

相关记载 《佛说戒德香经》中，以檀香为世间上等的香，用来比喻持戒之香，能使诸魔远离。由于佛寺常用檀香礼佛，因此佛寺也常被尊称为“檀林”。

檀香木粉盒

●傅身香粉

檀香香味浓郁且持久，历来被视为制作香料的首选。古代女性常以檀香等香料制成的香粉遍搽身体。

相关记载 宋代文献中所记录的当时女性的傅身香粉——“梅真香”是用零陵香叶、甘松、檀香、丁香、白梅末及脑麝等混合研末而成。据记载，宋代后妇女使用的乌发香水、洗澡的澡豆、敷足的莲香散等都或多或少用到檀香。

檀香木

●祭祀香

檀香也是祭祀祖先的上等香料。古时每逢清明、除夕，人们都会烧檀香以祭祀祖先，以致大街小巷都弥漫着淡淡的檀香味。

相关记载 许多西方国家在婚嫁祭祀时都有焚烧檀香木的习惯。在古老观念中，檀香可通神灵，在婚嫁时可为新人祈福，在为亡者祭祀时可使亡者灵魂超脱。中国人用檀香祭祀的原因,大概也是因为它能洗涤人的心灵，向神灵传达一种虔诚的祈祷。皇家盛典中，檀香是必备物品，因为它象征着一种专注的意念和最至诚至圣的希望。

●熏焚香

檀香也是熏焚香的上等香料之一。檀香燃烧时所散发出的香味清甜而带异国情调，余香袅绕，其高雅、沉静之气，可使人祥和、平静。檀香还可使人呼吸舒缓，增加防病能力。

相关记载 《慧琳音义》载：“旃檀，此云与乐，皆是除疾身安之乐，故名与乐也。”此处的“与乐”即给人愉悦之意。品茶会友之时，燃熏檀香能给人宁静、圣洁、愉悦之感。古今多有爱好檀香的文人，如近代学者闻一多便有焚檀默坐的习惯，他认为凝神静气焚檀香易使人思绪飞扬，乃东方人所特有的妙趣。故其经常随身携带黄铜香炉，以备不时之需。

八宝旃檀香

●文房清供

明清时，檀香木被大量用于制造家具和文房清供，如几案、书桌、画案、笔筒、笔管、砚盒、文具匣、香扇、印章等。这一时期的檀香木制品，或依其天然形状略加雕琢，或精雕细刻，纹样繁多。剩下的边角料则用作书房熏燃的香料。

相关记载 清代康熙和乾隆两位皇帝均酷爱书法，他们写字的毛笔笔管多用檀香木制成，笔管装饰精美，有镂雕、彩绘等。乾隆皇帝还曾命人用檀香木刻成“皇帝之宝”印，在诏书上使用，由此可见檀香木的珍贵。现存的大量清宫文物中，许多文房用具都是用檀香木制成。

檀香山子

●家具香

檀香木材质坚韧致密，色泽红润，花纹瑰丽，香气持久，常用于制作高级家具、乐器和雕刻工艺品。许多古代的庙宇和家具，都是用檀香木所造，因为檀香除了气味芳香外，还可防蚁。

相关记载 我国使用香木做建筑及家具材料的历史可谓悠久，战国时屈原的《九歌·湘夫人》中就曾记载湘君用各式香木、香草盖起一座华堂，等待湘夫人的到来。《杜阳编》中亦有载，唐朝文臣杨收曾用檀香木修建亭阁、制作家具。明代郑和远航，从印度和东南亚国家带回大量的檀木，开启了我国大规模用檀香木制作家具的时代。

紫檀木床

◎疗疾方

乳香散

成分　松节30克（细锉如米粒大小）、乳香3克。

用法　每服3~6克，用热木瓜酒服下。

制作　将料置入银器内，慢火炒焦，研细。

功效　可治脚转筋、疼痛挛急。

来源　《普济方》

鸡舌香散

成分　丁香100个，甘草15克，良姜30克，白芍药60克。

用法　每服2克，空腹时用陈米饮调下。

制作　将药混合捣成末。

功效　可治心腹猝痛、泄泻、不思饮食。

来源　《元和纪用经》。

其支架是用云檀香涂彩成云霞形状。香气一旦沾染到人身上，经久不散。这种制作工艺极其精妙，不是中原出产之物。《杜阳杂编》

雪檀六尺

南夷（旧指南方边远地区）香木运到文登后，全部用来交换织物。后唐同光年间，有商船运来檀香，色泽纯白，称为雪檀，长约六尺。当地人买下来，制成寺庙前的幡杆。《清异录》

熏陆香

熏陆香即乳香，因其垂滴如乳头状而得名。熔塌在地上的，是塌香，与熏陆香为同一种香。佛经中称之为“天泽香”，因其质地润泽，又有多伽罗香、杜鲁香、摩勒香、马尾香之称。

唐代医家苏恭说：“熏陆香，形似白胶香，出产于天竺国的呈白色，出产于单于国（即匈奴国）的夹有绿色，品质不佳。”

宋代医家宗奭说：“熏陆木，叶子类似棠梨。南印度境内的阿吒厘国出产这种香，并称之为西香。南番出产的品质尤佳，称乳香。”

陈承说：“熏陆香西出于天竺，南出于波斯等国。西方出产的呈黄白色，南方出产的呈紫红色。天长日久形成重叠状态的，不具乳头形态，且杂有沙石。形成乳头状的，乃是新生而出，未杂沙石。熏陆是其总名，‘乳’是指熏陆生成的乳头形状。如今的松脂、枫脂香中，有很多这种形状的。”

李时珍说：“如今的人，大多将枫香混杂在乳香内，只有烧香时才能分辨。南番各国都出产乳香。”《宋史》说：“乳香有一十三等。”《本草》

大食勿拔国（位于阿曼南部的米尔巴特一带）位于海边，气候非常温暖，此地出产的乳香树，其他国家都没有。人们每天用刀斫破它的树皮，以汲取乳汁状的液体。其液体或凝结在树上，或滴落在地下。在树上自然凝结成透明状的，是明乳，当地人用玻璃瓶盛放它，并称之为乳香；在地下的称为塌香。《埤雅》

熏陆香是树皮上鳞甲状的物质，采香之后，能再次生长。熏陆香出产于南海，是波斯松树的香脂，呈紫红色，像樱桃一样，以透明者为上品。《广志》

乳香，即树脂香，出产于祖法儿国

□ 熏陆香

熏陆香，又叫卡氏乳香，是一种香气浓郁的香料。熏陆香树主要产于红海沿岸至利比亚、苏丹、土耳其、伊朗等地。熏陆香为该树渗出的树脂。春、夏季可收采，春季最好。收采时，于树干皮面由下向上切伤，并开一狭沟；树脂渗出，入沟中，数日干硬可收采。古埃及人与希伯来人常在祭祀中燃此香以敬神，至今仍有部分教堂在宗教仪式中采用此法驱赶邪灵。乳香现多用于制作香水，亦作医用熏香，可减轻烦躁和忧郁。

（今阿曼，位于阿拉伯半岛东南海岸），形似榆树，叶尖长大，只需斫破树皮就能取出香脂。《华夷续考》

熏陆，出产于大秦国（亚洲西端及地中海东岸地区）。在该国的大海边，生长着一种大树，其枝叶如同古松，生于沙中。盛夏时节，树胶流出，积在沙上，形状似桃胶。当地人采取此胶后，或卖给商人，或自己食用。《南方异物志》

熏陆香出产于大食国（原系一波斯部族的名称。唐代以来，阿拉伯帝国被称为大食）南面的数千里深山幽谷之中，其树与松树类似。人们用斧子斫破树皮，使树脂溢出，凝结成香，聚积成块。然后用大象驮着，运到大食国。大食国用船将其运载到三佛齐国（大巽他群岛上的一个古代王国），用来交换其他货品。因此，此香常常聚集在三佛齐国。三佛齐国每年用大船将其运到广州、泉州。广州、泉州的商船，视其香品多少，评定其价格、品质。此香分为以下品级：其中最上品的为拣香，又圆又大，像指头一样，即今人所谓的滴乳香；稍次的是瓶乳，其色泽不及拣香；再次一点的为瓶香，即采收时量取重量，放入瓶中有上、中、下之别；次于瓶香的叫袋香，即说采收时，需放置在袋中，其品类也有三等；次于袋香的叫乳塌，因其熔化在船面上，故杂有沙石；再次一品的叫黑塌，为黑色的香；又次一品的叫水湿黑塌，因此香在舟船之中被水浸渍，故香气改变，香色败坏；品质混杂且香品破碎的，叫砍硝；被风扬起时呈尘末状的，叫缠香。以上，就是熏陆香的类别。《香录》

伪造的乳香，是用白胶香搅入糖制成的。烧香时香烟较散，杂有叱叱声的，便是伪造的。真正的乳香与茯苓一同咀嚼，会变成水。皖山石乳香，形态玲珑而有蜂窝的是真品。每次焚香时，先焚乳香，再焚沉香之类，则香气为乳香之气。香烟稳定，难以消散的是乳香；反之，则为白胶香。

熏陆香树，《异物志》载："枝叶如同古松。"《西域记》又载："叶子如同棠梨。"《华夷续考》载："形似榆树，叶片尖长。"《一统志》又载："类似榕树。"也许是因为各地所产的熏陆香树的叶子、枝干有差异，而各家论述多出自传闻，所以缺乏确切的依据。但熏陆香确为树脂液凝结而成。对此，《香录》中有详尽的论述。唯有《广志》中言："熏陆香为树皮鳞甲，采香之后能再生，乳头香是波斯松树的树脂。"这里似乎说的是两种香，应当依从前述各家论说才是。

斗盆烧乳头香

曹务光治理赵州，用斗盆焚烧十斤乳头香，说："钱易得，佛难求。"《旧相泽学录》

鸡舌香

陈藏器说："鸡舌香与丁香同种。花瓣与果实丛生，其中心最大的为鸡舌。击破果实后，沿着顺向的纹理破为两瓣，如鸡舌一般，因而得名鸡舌香，亦即母丁香。"

苏恭说："鸡舌香树的雌树叶子和表皮都像栗，花朵形如梅花，果实像枣核，这是雌树，不能当作香料。雄树只

花

秋季开花，聚伞圆锥花序顶生，花萼肥厚，由绿色转为紫红色，管状；花冠白色稍带淡紫。

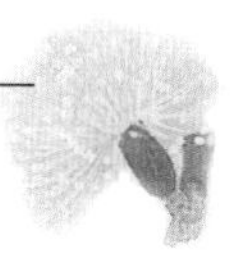

果

浆果红棕色，椭圆形；种子1至数粒。

叶

叶对生，少数轮生，叶片革质，叶柄细长，叶片为长方倒卵形或椭圆形。

鸡舌香树

桃金娘科常绿乔木或灌木。树皮灰白、光滑，为热带植物，喜温暖潮湿。

鸡舌香

性辛、味温，入肺、脾、胃、肾四经。温中、暖肾、降逆，治心腹冷痛。热痛及阴虚内热者忌用。

□ 鸡舌香

鸡舌香又名丁香，是一种古老的香料，因其形状像钉子，有强烈的香味而得名。丁香有公丁香、母丁香之分。人们常把未开放的花蕾称为“公丁香”，其花蕾晒干后可制香料；把成熟的果实称为“母丁香”，其熟果晒干后也可作香料用。我国古代用的鸡舌香，大多从东南亚国家进口。

开花，不结果，采取其花，酿制成香。鸡舌香出产于昆仑山以及交州、爱州（中国古代行政区，从隋朝起，治所在今越南清化）以南。”

五代词人李珣说：“丁香生长在东海及昆仑国，二三月开花，花朵为紫白色，七月结果，小的是丁香，如巴豆大的，是母丁香。”

宋代医家马志谓：“丁香生长在交州、广州、南番等地。按：广州地区的丁香，树高一丈多，树形如桂树，叶子像栎叶。花片圆细，呈黄色，凌冬也不凋谢。丁香子生于枝蕊上，形状像钉子，长约三四分，呈紫色。其中有种像山茱萸一样粗大的，俗称为母丁香。分别在二月和八月采摘丁香子和根。”又一说是：“隆冬时节，丁香开花结子。到了次年春天，才能采摘。”

南朝宋医学家雷敩说：“丁香有雌雄之分。雄的颗粒较小；雌的像山茱萸那么大，称为母丁香，入药最好。”

丁香，因其形状像钉子而得名。鸡舌香是丁香中较大的一种，即今人所说的母丁香。《香录》

关于丁香，各家论述不一。按：出产于东海、昆仑的，花呈紫白色，每年七月结子；出产于交州、广州及南番的，花呈黄色，每年八月采收花子；盛冬时开花的，次年春天采摘。这是因为各地土壤、气候条件各有不同，就像现今的桃花、李花在闽、越、燕、齐各地开放的时间大不相同。我认为：这里说的丁香花，也有紫色与白色两种；或者就是一种，只因产地环境不宜生长，不能长大成香罢了。

辨鸡舌香

沈括《梦溪笔谈》中说：“我集录《灵苑方》，根据陈藏器《本草拾遗》的说法，鸡舌香是母丁香。如今考据，并非如此。鸡舌香，就是丁香。”《齐民要术》中说：“鸡舌，俗名丁子香。”《日华子》说：“丁香，可以治疗口气。”这与让大臣口含鸡舌香奏事，使其口气芬芳的说法相吻合。《千金方》中的“五香汤”用丁香、鸡舌香最为灵验。《开宝本草》中重又开出丁香，是谬误。如今世人将丁香中像山茱萸那么大的称为鸡舌香，这种香没什么气味，也不能治疗疾患。

《老学庵日记》中说：“辩说鸡舌香为丁香，累累数百言，竟然全是依靠己意猜度，唯有魏人贾思勰所作《齐民要术》第五卷中有调和香泽之法，使用了鸡舌香，注解中说，‘俗人因其形似丁子，故而称之为丁子香。’这是最为切实可引的论证，而沈括反而不提及此说，由此才知道博学之难啊！”

沈括辨别鸡舌香，已引用《齐民要术》，而《老学庵日记》中载“存中反而不提及此说”，这又是为什么呢？ 总而言之，丁香、鸡舌本是一种香，何必众说纷纭。

含鸡舌香

尚书郎口含鸡舌香，伏地奏事，黄门侍郎拱手致礼，跪着接受。故称尚书郎怀香握兰。《汉官仪》

汉桓帝刘志时，侍中刁存年老口臭，皇上拿出鸡舌香，赐给他含在口中。鸡舌颇有些辛烈涩口，因而刁存不敢咀嚼吞咽，他怀疑是因为自己犯有过错，被赐予毒药，回到家中与家人辞诀，哀伤哭泣，人们都觉得莫名其妙。同僚请求看看他含在口中的药，待他吐出来一看，原来是香，便纷纷嘲笑他。

嚼鸡舌香

饮酒的人，咀嚼鸡舌香，则酒量变大；服半天回（一种草药）则始终不醉。《酒中玄》

奉鸡舌香

魏武帝曹操写信给诸葛亮说："今日奉上鸡舌香五斤，以表微意。"《五色线》

鸡舌香木刀靶

张受益所珍藏的篦刀，刀靶黑如乌木，乃西域的鸡舌香木。《云烟过眼录》

丁香末

圣寿堂，为后赵皇帝石虎所建。堂上垂有玉佩八百块，大小镜子两万枚，将丁香末和成泥，用来刷瓦，四面垂有金铃一万枚。（圣寿堂）距离邺城三十里。《羊头山记》

安息香

安息香，梵书称之为拙贝罗香。

《西域传》记载：安息国（即帕提亚帝国）距离洛阳两万五千里，往北直至康居（位于安息国西北方、大月氏国北方），该国出产的香料为树皮胶，焚烧此香，能通达神明，辟除各种邪恶。《汉书》

安息香树，出产于波斯国。波斯人称之为辟邪。树长二三丈，皮色黄黑，叶片有四角，经冬不凋。每年二月开花，花朵为黄色，花蕊微微带碧色，不结果实。割破其树皮，树胶像饴糖一般，名为安息香。到了六七月，香体坚实凝固，便可以取香。《酉阳杂俎》

安息香出产于西方少数民族地区。树形类似松柏，树脂为黄黑色，呈块状，新生的安息香质地柔韧。《本草》

三佛齐国有安息香树脂，其形状、颜色类似核桃瓤，不适宜作为焚烧用香，却能诱发众香，人们用它来调制香品。《一统志》

安息香树形似苦楝，又大又直。树叶修长，像羊桃叶子，树心有树脂，可以制成香品。《一统志》

辨别安息香

焚香时，将厚纸覆盖在上面，香烟能透过纸散发出来的，是真正的安息香，反之则为假安息香。

安息香事实

烧安息香咒水

襄国（今河北邢台县，秦为信都县，汉称襄国县，隋改名为龙岗县）护城河水源暴竭，西域僧人佛图澄坐在胡床（可以折叠的轻便坐床）上焚烧安息香，发咒许愿数百言，如此施行三日，河水泫然微流。《高僧传》

烧安息香聚鼠

真正的安息香，焚烧时能吸引老鼠聚集，其香烟为白色，缕缕直上，不散。

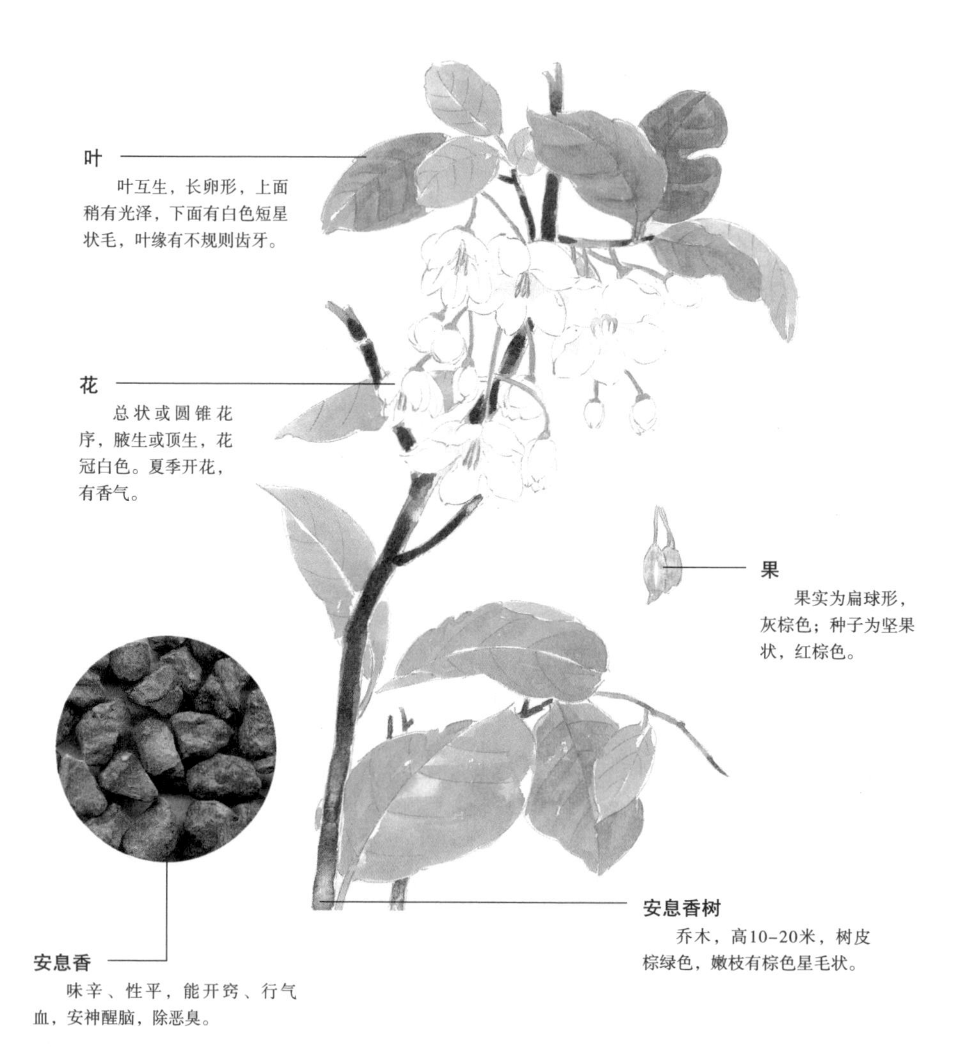

□ 安息香

安息香最早载于唐代的《新修本草》，是安息香科植物青山安息香或白叶安息香的树干受伤后分泌的树脂。苏门答腊的安息香是著名安息香树脂的主要来源。安息香树树干经自然损伤或于夏、秋二季割裂树干，收采溢出的树脂，阴干即成。

诸香六品

笃耨香

笃耨香出产于真腊国，是树脂。其树形与松树相似，也有人说像杉桧。香藏在树皮内，长老了，就会溢出。白色而透明的，叫作白笃耨，盛夏时也不会融化，香气清远。土著人将其采取后，夏季用火烤树，使液态的香脂再溢出来，到冬天凝结成形，便再一次收取香脂。再次采取的香夏季熔化，冬季凝结，但如果用瓠瓢之类的容器装盛，放置在阴凉处，就不会熔化。混杂有树皮的黑色者，叫作黑笃耨。还有一种说法，若用瓠瓢盛放此香，把敲碎的瓢拿来焚烧，也有香气，故此香被称为笃耨瓢香。《香录》

瓢香

三佛齐国用瓠瓢装蔷薇水，运到中国。敲碎瓢，焚熏瓢末，其香味与笃耨瓢香大略相同。此香又叫干葫芦片，用来蒸香效果最妙。《琐碎录》

詹糖香

詹糖香，出自晋安（今福建南安东晋江北岸地区）、岑州、交州以及广州以南地区。詹糖树形似橘树。用其枝叶煎制成的香料，像糖一样，呈黑色。如今的詹糖香，多有树皮、虫粪混杂其中，难有纯正，唯有质地柔软的为佳品。詹糖树所开之花也有香气，其香气如同茉莉花一般芬芳。《本草》

馝齐香

馝齐香，出产于波斯国，东罗马帝国称之为顶勃梨他。长约一丈，径围一尺多。树皮呈青色，较薄，又极其光亮洁净，叶子形似阿魏（新疆的一种药材），每三片叶子生长在一根茎条底端，不开花也不结果。西域人常在八月将其砍伐，至腊月，它又生长出新的繁茂的枝条，如果不修剪，反而会枯死。七月，砍断枝条，内有黄色的汁液，呈蜜状，微微带有香气。入药，能治疗百病。《酉阳杂俎》

麻树香

麻树生长在斯调国（今斯里兰卡），汁液肥润，光泽如同膏脂，馨香馥郁，可以熬制成香，香气甚于中原麻油。

罗斛香

暹罗国出产罗斛香，其香味极其清新，略逊于沉香。

郁金香

郁金香，《金光明经》中称之为荼矩么香，又叫紫述香、红蓝花草、麝香草、郁香，可以佩戴，宫中妃嫔常将它戴在佩巾上。

许慎《说文》中说：“郁，是芳草，十叶成串，将一百二十串捣碎煮制，就是鬯。”也有人说：“郁鬯，是百草之英，调和后用来酿酒，以延请神明降临，乃是远方郁人所进贡，故而称之为郁。”郁，指现在的郁林郡（位于广西桂平西部地区）。

郁金香生长在大秦国，二三月开花，花朵的形状如同红蓝花（即红花），四五月采摘花朵，即香料。《魏略》

郁金香产于罽宾国（为汉朝西域国名，位于印度北部，即今克什米尔一带），当地

□ **职贡图　明朝**

渤泥国，加里曼丹岛北部文莱一带的古国，又称佛泥、婆罗，盛产龙脑香。该国“宋太宗时始通中国”“每年令人入朝贡，每年修贡”。明史中亦有“乃遣使奉表笺，贡鹤顶、生玳瑁、孔雀、梅花大片龙脑、米龙脑、西洋布、降真诸香”的详细记载。至清朝时，虽不复朝贡，但商人往来不绝。

三佛齐国，又作室利佛逝、佛逝、旧港，简称三佛齐，是临马六甲海峡的一个古代王国。该国土产丰富，盛产鹤顶鸟、玳瑁、龙脑、沉速暂香、降真香、沉香、金银香、黄蜡之类。“自唐天祐始通中国”，其国王每以方物进献中国朝廷，修贡不绝。

人种植此草，用它来供佛，待其枯萎后，才取来使用。其色泽纯黄，与芙蓉花果和嫩莲相似，可以使酒香。《南州异物志》

唐太宗时，伽毗国向唐朝进献郁金香。其叶子像麦门冬，九月开花，花的形状如同芙蓉，呈紫碧色，香气远播，数十步之外也能闻到。郁金香开花而不结果实，移栽其根部便可种植。

赛玛尔堪（即撒马尔罕，在今乌兹别克东部），为西域大国，该地出产的郁金香花色正黄，如同芙蓉花。《方舆胜略》

柳州罗城县，出产郁金香。《一统志》

伽毗国所献叶象花，色泽与当时众花迥异。彼处用来充作贡品，定然又是珍异之品，也名叫郁金香吗?

郁金香手印

天竺国娑陀婆恨王，许有夙愿。每年将征收的细布，一并重叠堆积。手染郁金香，拓在布上，千万层布，用手印过即透。男子穿着它，手印在背上；女子穿着它，手印在胸前。《酉阳杂俎》

龙脑香

龙脑香即片脑，《金光明经》称之为羯婆罗香，香膏叫作婆律香。

西方的秣罗短吒国（为南印度古国名，位于印度半岛之南端，是古潘底亚王朝所据之地），生有羯婆罗香树。其树干像松树，叶子却不似松叶，花果也与松树有别。这种香木最初采伐的时候是湿的，且不香，等到木材干燥后，顺着木材的纹理剖开，木中有香，形状似云母样，色泽如同冰雪，即所谓的龙脑香。《大唐西域记》

成阳山有神农鞭药的遗迹，山中有座紫阳观，观内生有千年龙脑，树叶为圆形，叶背呈白色，无花和果实，香在树心中。割断树木后，香膏流出，在地上凿一个洞，用以承接香膏，其气息之清香，乃众香之祖。

龙脑香树，出产于婆利国（即今文莱加里曼丹岛），婆利人称其为固不婆律，波斯国亦有出产，其树高八九丈，大约有六七人合抱那么粗，树叶为圆形，叶背呈白色，没有花朵和果实。这种树有肥有瘦，较瘦的生有婆律膏香。也有人说瘦者出产龙脑香，较肥的则出产婆律膏香。香生在木心之中，砍断树，劈开树材，香膏从树端流出，挖洞以承接香膏。《酉阳杂俎》

渤泥、三佛齐国的龙脑香，出自深山幽谷中那些枝干未受损害的千年老杉树。若枝干受损，则真气外泄而不能生成龙脑香。当地人将此树剖为木头，龙脑香便从剖开的缝隙中涌出。大的龙脑香有一斤多重，称为梅花脑；稍小的是比梅花脑略次一等的速脑，速脑里又有金脚，其中碎的被称为米脑；锯下的杉树屑与米脑相混杂，称为苍脑。取净香脑的杉树木头，称为脑木札。将其与锯屑一同捣碎，混合放置在瓷盆里，上面用斗笠覆盖，封严，用热灰煨烤，其烟气上升后凝结成块，称之为熟脑，可用来制作面花、耳环、配饰等。还有一种像油的香，称之为油脑，其香气胜于龙脑，可以用来浸泡各种香。《香谱》

龙脑，是树根中固态的树脂；婆律香是树根下液态的树脂，因产于婆利国而得名。还有人说，龙脑和婆律香的树形像杉木，而香脑则像白松脂。香气清明纯净的

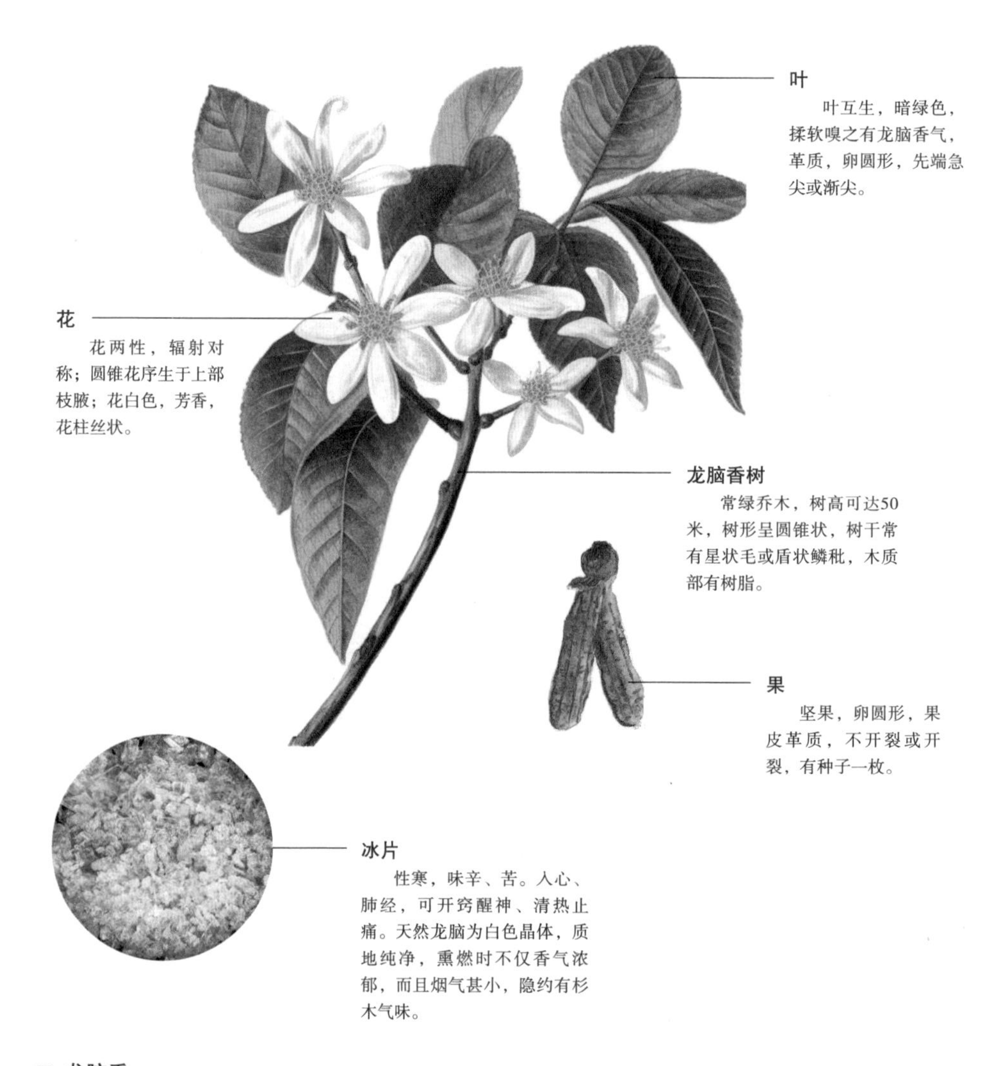

□ 龙脑香

龙脑香是龙脑香树树脂凝结成的晶体。中医使用的冰片，就是龙脑香树的干燥树脂。因其最早为婆利国进贡之物，所以古称“膏香”“婆律膏”；又因上等的龙脑白莹如冰，类似梅花片，故又被称为梅花脑。龙脑香在古代是一种非常名贵的香料，普通人家断难常用。《红楼梦》第二十四回中写到宝玉去袭人家，见袭人“用自己的脚炉垫了脚，向荷包内取出两个梅花香饼来，又将自己的手炉掀开焚上”，此处的梅花香饼即龙脑香饼。

龙脑为佳品；久经风吹日晒，或像鸟粪的则为次。也有人说，结子如豆蔻、树皮上有错裂甲纹的，是松脂。《新修本草》

龙脑，是西海婆利国婆律树的树脂，形状像白胶香。龙脑油原产于佛誓国（7—13世纪印度尼西亚苏门答腊古国），从树木中取得。《本草》

片脑香产自暹罗各国，只有佛打泥国（古为马来半岛上的一个土邦，现为泰国南部府治之一）出产的是上品。其树木高大，树叶与槐树叶子相似，但较之略小，树皮上的纹理则与沙柳有些类似。片脑是其树皮间凝固的液体。这种树喜欢生长在幽谷之中，岛民入谷中，用锯子割其树干，从其断口中剥采出片脑。其中有像指甲那么大、两枚铜钱那么厚的，其香味清新热烈，形状莹洁可爱，被称为梅花片，贩运到中国来以后，价格高涨。除此之外，还有数种龙脑香片可以入药，但都是较次的香品。《华夷续考》

渤泥国的片脑香，其树形状像松桧，采香的人必须事先斋戒、沐浴过才能前往采集。片脑香中结晶成冰体、形状像梅花的为上品。另外还有金脚脑、速脑、米脑、苍脑、札聚脑等，以及像油一样的脑油。《一统志》

龙脑香事实

遇险得脑

有人出海时落水，依附着一卷篷席，在大洋上漂浮了三天三夜，命悬一线。后来，他漂至一座小岛，才得以爬上陆地。上岛后，他发现了一种结在树上的大果子，其形状像梨子，味道像芋头。他吃了一两天这种果子之后，觉得浑身有了力气。夜里他睡在大树下面，听到树根下有东西顺着树干爬上去，其声音玲珑悦耳，一直到树顶才停止；到了五更时分，这种东西又从树上爬下来。此人便用手去击树，这东西受惊逃走，留下的掌印却非常香。此人认为，此物必定为香物。于是到了晚上，等它再上树时，他便脱下衣服，铺在地上。到天亮时，这东西便离去，此人得到一斗多的片脑。从此以后，此人每天晚上收获香料，积攒到后来大约有百余斗之多。某日，他坐在水边，见到海船经过，便大声呼救。他获救之后，在返航的途中贩卖所获香料，虽将获利的十分之一分给船上的人，但仍然成为大富之人。《广艳异编》

藏龙脑香

将龙脑香与糯米炭、相思子一同贮藏则不会耗散挥发。也有人说，将龙脑香与鸡毛、相思子一同放到小瓷罐里密封收藏比较好。《相感志》上则说，宜用杉木炭收藏，以免挥发。

相思子与龙脑相宜

有一种蔓生的相思子，与龙脑香最相适宜，能使其不挥发耗散。这其实就是人们所说的相思树。《搜神记》

龙脑香御龙

罗子春打算为梁武帝下海寻觅宝珠，杰公问他："你有西海龙脑香吗？"罗子春答："没有。"杰公说："那怎么驾驭龙呢？"梁武帝说："此事不能顺利进行啊！"杰公说："西海有大船，可以去求得龙脑香。"《梁四公记》

□ 职贡图　明朝

契丹国，中国历史上由契丹族在中国北方地区建立的王朝，辽太宗时期改国号为“辽”。图为契丹国使者进京朝贡的情景。一路上山峰延绵，白云缭绕，树木成荫，朝贡者身着契丹族服装，扛着大旗，牵着驮有宝物的骏马缓慢行进。他们向朝廷进献的物品主要为马匹、香药、苏木等。

昆仑国，没有确切的定位，它所指的范围不止一处，是广西附近的昆仑关；南绍附近的昆仑国；婆罗洲、爪哇、苏门答腊附近诸岛，以及缅甸、马来半岛等地的昆仑国；非洲东岸以及马达加斯加岛等地的统称。昆仑国向中国各朝进献的物品主要有绢、布匹、香料、玳瑁、犀角、珍珠等。

瑞龙脑香

唐玄宗天宝末年，交趾国向唐朝进贡龙脑香，其形状像蝉。波斯人说，只有老龙脑树的树节才生有此香。宫中称之为瑞龙脑，其香气能达十余步之远，玄宗只赐予杨贵妃十枚。玄宗夏天时曾与亲王对弈，让贺怀智弹奏琵琶，杨贵妃站在一旁观战。落子数枚后，眼看玄宗将要输棋，杨贵妃将怀中的康国猧子狗放到座位上，狗爬上棋盘，搅乱棋子，玄宗大悦。彼时，微风将杨贵妃的领巾吹到贺怀智的头巾上，待贵妃转身后，领巾才落了下来。贺怀智回家后，闻到自己的头巾有奇香，便将头巾珍藏在锦囊之中。安史之乱后，玄宗作为太上皇返回宫中，不停地追思已逝的杨贵妃，贺怀智便将珍藏的头巾进献于他，并一一奏明往事。玄宗打开锦囊，哭着说道："这是瑞龙脑的香气啊！"《酉阳杂俎》

遗安禄山龙脑香

杨贵妃私令驿使将玄宗所赐龙脑香赠与安禄山三枚，其余的则全部送往寿王李瑁宫中。杨国忠听说以后，进宫对贵妃说："贵人妹妹你得到了上好的香料，为何独独对我一个人吝惜呢？"杨贵妃回答道："兄长若能得到宰相之位，将胜过这十倍。"《杨妃外传》

食龙脑香

唐敬宗宝历二年，浙东国进贡了两名舞女。此二女冬天不用穿棉衣，夏天肌肤无汗，平时都是食用荔枝、榧子、金屑、龙脑香之类。宫中便流传说："宝帐香重重，一双红芙蓉。"《杜阳杂编》

◎龙脑香方

方1　用龙脑末一两，每天点眼三至五次。

主治　因眼内外障眼病，导致视线遮蔽，从而影响视力的症状。

方2　用龙脑末半两、南蓬砂一两，频繁置于两鼻孔中。

主治　风热上攻头目。

方3　用龙脑香5克，卷入纸中做成捻子，烧烟熏鼻。

主治　头痛，吐出痰涎即愈。

方4　用灯芯5克、黄檗2.5克，并烧存性，白矾3.5克（烧过）、龙脑香1.5克，共研为末。每次服用，分两次吹入喉中患处。

主治　风热喉痹。

方5　用龙脑香、天南星等分，每服1~1. 5克，擦牙二三十遍。

主治　中风牙闭。

方6　用龙脑香、朱砂各少许擦牙。

主治　牙齿疼痛。

翠尾聚龙脑香

孔雀毛一旦附着上龙脑香，就会相互吸附。宫中用孔雀翠尾做扫帚，每当君主行幸各处台阁，宫人就掷撒龙脑香以驱邪辟秽，待圣驾离开，再用翠尾制的扫帚一一扫过，龙脑香便全部聚集在扫帚上。这就如同用磁石吸引铁针，用琥珀捡拾尘芥之物一样，是同类事物之间的自然感应。《墨庄漫录》

龙脑浆

南唐保大年间，得到进贡的龙脑浆。据说，用细绢锦囊来贮藏龙脑，悬挂于琉璃瓶中，片刻之后，龙脑香滴沥成水，其

◎养发香方

龙脑膏

成分 龙脑、沉香、白檀香、苏合香、鸡舌香、零陵香、丁香、甘松、木香、藿香、白芷、白附子、细辛、当归、芎䓖、天雄、辛夷、甘菊花、乌喙豆、防风、蔓荆实、杏仁（汤浸去皮尖）、秦椒（微炒去水汽）各一两，乌麻油五斤。

用法 用手将药抹至头顶发际。

制作 上二十四味，除油并细锉，以新绵裹，放锅中入油同煎，等到白芷变黄即可，去滓，装入瓷器内。

功效 治头风痒白屑，令长发乌黑。

方解 龙脑气味芳香，通窍辟秽散郁；鸡舌香有温中散寒之功；诸香芳香走散、行气辟秽、祛风化湿，当归、芎䓖、杏仁活血散淤；白芷、防风、辛夷、细辛辛温，上行头面，祛风燥湿；乌喙豆、天雄均为辛热之品，散寒除湿；诸药与油同煎，使药性渗入油中，并可润泽乌发。

来源 《圣济总录》。

香气馥郁浓烈，能大补元气。《江南异闻录》

大食国进献龙脑

南唐时，大食国进献了龙脑油，国主把它当作珍稀的宝物秘藏。女道士耿先生见过以后，对国主说："这并非佳品，请让我来为主上提取上好的香料。" 于是，她就缝制多层的绢囊，将一斤白龙脑放在里面，垂挂在栋梁之上，把胡瓶放在下面，接取香料。片刻之后，香流如注。国主大惊，叹服不已，命人用酒浸泡，味道比大食国所进献的龙脑油还要好。《续博物志》

焚龙脑香十斤

孙承佑是吴越王妃的兄长，以亲贵近臣的身份执掌国政。吴越王曾赐给他大片的生龙脑香十斤，孙承佑当着使者的面，要来大银炉，将生龙脑香聚在一处焚烧，并说："聊以此物为我王祈福。"后来，他归顺宋朝，担任节度使，受俸禄收入的限制，生活不如往日豪侈，但是其卧室之内，每晚必点两根烛火来焚烧二两龙脑香。《乐善录》

龙脑小儿

尘世间，有用龙脑雕制佛像的，但未曾见过上色的龙脑像。汴都（今河南开封地区）龙兴寺的僧人惠乘藏有一尊龙脑小儿像，雕制巧妙，彩绘也甚为可爱。《清异录》

松窗龙脑香

李华烧三城绝品炭，用龙脑香裹着芋头块煨在火中，并敲着炉子说："芋头好造化啊！"《三贤典语》

龙脑香与茶宜

龙脑以其清香的气息，位居百种香药之首，与茶配合相宜。只是，若用龙脑香太多，则会掩盖茶的气味。世间万物，论起香味，没有比龙脑香强的了。《华夷花木考》

焚龙脑归钱

青蚨虫，又名钱精。杀母虫取血，涂在钱上，在串钱的绳子上撒上一点龙脑香，一并放置在柜中。焚一炉香祷告，钱就会全部归拢到绳子上了。

麝香

麝香，又叫香獐、麝父，梵书上称之为莫诃婆伽香。

麝生于中台山的山谷之中，益州、雍州山中也有。春分时节取香，生香更好。

南朝梁时道人、大医家陶弘景说："麝外形像獐子，只是体形更小些。通体为黑色，以柏树叶子为食，偶尔吃蛇。在麝的生殖器前方的皮囊内，另有膜袋包裹着。若是五月取香，其内往往有蛇皮蛇骨。如今，人们用蛇蜕下来的皮包裹麝香，以使其更香。这是蛇皮与麝香相互作用的结果。麝在夏天吃蛇和虫子比较多，到了最寒冷的时候，囊香就积满了。开春以后，其脐内会急剧疼痛。它自己便用爪子剔出香，再用其排泄物将香覆盖，常常堆在一处不移动。有人曾遇到过多达一斗五升的麝香堆积在一处，这种香比杀麝所取的香要好。过去，人们说这种香是由香麝的精液、尿液凝结而成的，其实不然。如今，羌夷出产的香大多是真正的佳品；随郡、义阳、晋溪等蛮夷之地所产略次一等。益州出产的香，形状扁平，虽然用皮膜裹着，但大多是伪制品。有人将整香，一份分成三四份，刮取血膜，掺入别的东西，用麝的四肢和膝盖上的皮包裹起来出售。售卖的人还会进行再伪造。当地人说，打开一片香，如果皮毛都裹在其中，便是上品，今人只要得到此真香，必定完全视为完整的真香了。"《本草》

苏颂说："如今陕西、益州、河东各地山中皆有麝，而秦州、文州等蛮夷居住之地尤其多。蕲州、光州等地偶尔也有，虽然出的香最小，只有弹丸那么大，但往往是真货，因为当地人不怎么造假。"《本草》

麝香分为三等。第一等是生香，又叫遗香，是麝用自己的爪子剔出来的，此香堆聚之处，附近的草木都变得焦黄。这种香极其难得。今人带着真正的麝香经过果园，瓜果都不结果实，这是检验真香的方法之一。第二等是脐香，乃捕杀麝后取得的香。第三等是心结香。麝被大型兽类捕杀追逐，惊畏失心，狂奔于大山之巅，坠落崖谷而死。人们拾到了它的尸体，打开其心室，血流凝结成香块。这种香较干燥，不宜使用。《华夷草木考》

嵇康说："麝吃柏树叶子，所以结香。"

麝香有两种，即番香和蛮香。在黎人官市上，征求动辄就以数十计，哪里能满足征取之令呢？所谓真香有三种说法：麝群奔行于山中，有麝香之气而不见其形的，是真香；入春以后，麝用脚将香剔入泥水之中，藏着不让人看见的，是真香；杀死麝，取其脐下香囊（每只麝只有一只香囊），内为真香。《香谱》

⊙香囊香方

成分　麝香、沉香、干松香各100克，丁香50克，藿香200克。

用法　将其挂于帐中、轿中，或随身携带。

制作　混合诸香料，捣碎后用细筛分开，再包入绢袋中。

功效　令人身体百处皆香。

来源　《外台秘要》。

□ 麝 香

麝，又叫麝獐、香獐，是产于中亚山地的一种小型的粗腿鹿类动物，外形像鹿，却不是鹿。雄麝有麝香囊，在鹿类中是唯一具有此囊的，能分泌麝香。麝香囊大小如鸡卵，位于腹肌与皮肤之间，囊口在尿道口前约0.2厘米处。泌香期持续约一周，香囊内贮满香液后逐渐浓缩成半固体状的麝香。

麝香，又称寸香、元香，既是制造高级香料的主要原料，又是名贵的中药。它对中枢神经系统起兴奋作用，外用能镇痛、消肿。

商汝山中，有很多麝所遗留的粪便。麝常在一个固定的地方排粪，因此人们极易捕获到它。麝极其爱惜自己的香囊，被人追得急了，便投岩而死，同时举起爪子踢裂自己的香囊，死后还拱着四条腿死死护住脐下的香囊。李商隐诗云：“投岩麝自香。”《谈苑》

麝香不能凑近鼻子去闻，否则会有一种白虫子钻到人的脑子里，使人患上癞病。长期佩戴麝香，也会使人染上怪病。

水麝香

天宝初年，渔民曾经捕获水麝，玄宗皇帝下诏好生养育。水麝脐下只有液体，滴沥在斗中。将这种液体洒在衣服上，衣服直到穿坏了，香气也不消散。每当用针去刺它，或用真正的雄黄去逼迫它，它所散发的香气会比肉麝浓烈几倍。《续博物志》

土麝香

从邕州（今广西南宁市）溪洞来的麝香，名叫土麝香，其香气燥烈，比不上其他地区所产。《桂海虞衡志》

麝香事实

麝香种瓜

我曾经在会客时吃瓜，因而谈及瓜最忌讳麝香。在座的宾客中，有个叫延祖的，说：“这就大错特错了。我家用麝香种瓜，所出的瓜称冠邻里。只是人们不了解用麝香种瓜的方法罢了。先将两钱多麝香怀藏起来。十天后，把它与药末搅拌在一起，每种一棵瓜苗，就在苗根部放一份香药。等到瓜成熟，切开来，麝香之气扑鼻而来。第二年，将这种瓜的种子播种下去，所结的瓜便被称为土麝香，只是其功效不如药麝香罢了。”《清异录》

瓜忌麝

瓜类植物忌讳香，尤忌麝香。唐文宗太和初年，太医郑注前往河中任职，随行姬妾一百多人，她们所带之香远飘数里，扑人口鼻。这一年，从京城到河中，郑注一行人所经之路的瓜类植物全都枯死，一片叶子也不曾留下，一个果子也没有收获。《酉阳杂俎》

唐僖宗广明年间，黄巢进犯关中，唐僖宗避难蜀中。关中道路两旁的瓜都枯死，因为宫中妃嫔大多佩戴麝香，瓜被香熏得全部枯落。《负暄杂录》

麝绝噩梦

麝香不仅能散发奇香，还能辟除邪恶。将一枚真品麝香放置在枕中，可以免于做噩梦。

麝香塞鼻

钱方义上厕所的时候，碰到一个怪物。怪物对他说：“我以阴气侵犯阳气，贵人您虽然福力正强，不至于生疾病，但也会稍有不适。您最好马上服用生犀角、生玳瑁，并用麝香塞住鼻孔，这样就不会感到不适了。”钱方义依怪物所言一一施行，果真无事。《续玄怪录》

麝遗香

圣人定下规矩，逃生的麝只要留下了麝香，就不要再捕杀它。《续韵府》

麝香鼠

麝香鼠身体呈椭圆形，身长约35厘米，尾长约25厘米，体重约1千克。头稍扁平，颈短，耳小，隐于被毛中，眼圆小，嘴钝圆，有稀须，上下均有突出于唇外的门齿。四肢短小，前足有四趾；后肢较长，趾间有蹼；前腿小，状如人手。尾基圆，远端侧扁，上有圆形角质鳞片和稀短黑毛。皮毛为黑或栗黄色，腹部为棕灰色；夏季被毛色淡，冬春被毛色深。

取 香

在雄性麝香鼠发情期间，将小型容器置于麝香鼠的生殖器口，再按摩其腹部的香腺囊，使其麝香液顺着生殖器口流出。这时容器中得到的乳白色黏稠物即是麝香液。

□ 麝香鼠

麝香鼠，又名青根貂，原产于北美洲。其毛皮油润，相当名贵，可制作高档裘皮服装。处于繁殖期的成年雄麝香鼠分泌的麝香中含有与天然麝香相同的麝香酮、降麝香酮、烷酮等主要成分，具有抗炎、耐缺氧、降血压、消炎、抗过敏、抗衰老等作用，是天然麝香理想的替代品，可提炼高级香水。此外，麝香鼠的粪便有驱蚊蝇的作用，是制作蚊香的最好材料。

□ **麝香真伪辨**

麝香作为一种名贵香料，自古就是商家追逐暴利的工具。市场上的麝香鱼龙混杂，虽不乏真品，但假冒伪劣品一直大行其道。为此，我们有必要掌握一些辨别麝香真假的方法，以防上当受骗。

1.眼观法：真麝香粉粒呈棕褐色或黄棕色，团块中偶有方形柱八面体或不规则晶体，无锐角，并可见圆形油滴，偶尔也可见毛及皮层内膜组织。

2.手捏法：用手压捏不带毛的皮囊，会有柔软的感觉，而无异物感。被压捏下陷后的皮囊，放手后可弹起，恢复原状。

3.手搓法：麝香仁外表多带有一些脱落的内膜或皮毛，颜色偏棕色，且气味浓烈，带有特异的香气，颗粒自然疏松。可取麝香仁少许放在手心里加少量水润湿，然后用手捻搓。真品不黏手、不结块。搓成团状后，一放开手就立即散开，或弹之即散，而香味会在手上经久不散。

4.口尝法：取少许麝香放在舌尖与齿门之间，进行咬尝，真品会感觉黏牙，但没有砂子类杂质等硌牙的感觉，味道微苦且麻辣，香气浓烈，扩散迅速，立即蹿入鼻腔。

5.火烧法：取麝香放在金属片上，在下面用微火燃烧，开始时麝香会崩裂跳动，发出爆裂声，随之熔化膨胀，冒出黑色的油泡。尔后麝香开始燃烧，香气四溢。烧尽后的麝香灰呈白色或灰白色。伪劣品在燃烧过程中会出现火焰、火星，并伴有烧焦的味道。

6.水溶法：将麝香放入盛有开水的杯中，可见水被染成淡黄色，水质清澈，若有沉淀物出现，则说明有矿物掺杂。如果水质混浊，则说明有淀粉类或植物类物质掺杂。

7.墨移：用上等墨锭在玻璃上研出少许墨汁，再将小粒麝香放在墨汁旁边，有驱墨移动现象者为真品，否则为假货。

8.纸吸：用吸水力强的干净纸一张，取少许麝香于纸上，将纸折合，稍用力压，真品则不会在纸上留下水迹或油迹，纸亦不染色。若纸上现水迹，则为发水香或没有干的麝香；若出现油迹，则为浸油麝香；若纸染色，则为掺了假的麝香。

麝香月墨

南唐宰相韩熙载爱好书画笔墨。各地胶煤大多不称其心意。他请歙砚匠人朱逢在书馆之中制造了一种墨，供自己专用，即麝香月墨，又名玄中子。《清异录》

麝香墨

唐代书法家欧阳通每次写字时，其所用之墨必用古松烟末掺以麝香，方下笔。《李孝美墨谱》

别类麝香三品

麝香木

麝香木出产于占城国。此木老死倒地后，埋于土中，渐渐腐烂，外层呈黑色，内层呈黄赤色。因其香气类似麝香，故得名。麝香木中较次一等的，是砍伐活树所取得的香，其香气低劣而劲健。麝香木在宾童龙国（今越南东南的藩朗，古为中西海上交通要地）尤其多见。南方人大多用它来制造器皿。《香录》

麝香檀

麝香檀，又名麝檀香，是海南西山的桦树根。将其焚烧，气息如同煎香。有人说，衡山也有这种香，只是不如海南的好。《琐碎录》

麝香草

麝香草，又叫红兰香、金桂香。产于苍梧（位于广西梧州）、郁林（今广西桂平西）二郡。如今，吴中也有麝香草，与红兰相似，非常香，最适合配制合香。《述异记》

降真香

降真香，又名紫藤香、鸡骨香（与沉香一样，因其形状像鸡骨而得名）。世人将外洋商船上运来的降真香称为番降香。

降真香生长在南海的山中及大秦国，其香气与苏方木相似。此香焚烧之初，香气较淡，与各种香料调和之后，其香气才变得十分甜美浓郁。若为药用，则以质地润泽的紫色番降香为上品。

广东、广西、云南、安南（越南古称，包括今广西一带）、汉中、施州、永顺、保靖等地，以及占城、暹罗、渤泥、琉球（今日本冲绳县）等国都有降真香。《本草》

降真香长于密林之中，当地土著人取香颇费砍斫之功。此香位于树心，其外皮为白色，香的厚度约为八九寸或五六寸，焚香时，香气劲健而幽远。《真腊记》

烧降真香，可辟除天行时气和住宅发生的怪异之事。《海药本草》

降真香与各种香料相混合，所焚烧的香烟笔直而上，感引仙鹤降临。祭祀星辰时，焚烧此香为最妙。小孩子佩戴这种香，能辟除邪气。道教中接受秘箓功德时焚烧此香，也极为灵验，降真香之名也由此而来。《仙传》

三佛齐国出产的降真香最好，其香气劲健幽远，能辟除邪气。泉州人每年除夕之夜，不论家中贫富，都像古代燔柴祭天仪式那样焚烧降真香。各地所出的降真香都不如三佛齐国的好。现今的降真香分为番降、广降和土降三等。

木香

木香，是草本香料，与前面谈到的木本类木香不同。木香本名蜜香，因其香气与花蜜相似而得名。但因为沉香类中已有蜜香，遂改称此香为木香。后又因世人称马兜铃的根茎为青木香，所以此香又改称为南木香、广木香，以与前者相区别。《本草纲目》

木香是芦蔓的根条，采取二十九日后，它才会变得像朽骨一样坚硬。其中，尖头呈青色的芦蔓的根条，是木香神。《本草纲目》

五香，即青木香。此香一株有五根茎条，每根茎上分五个枝条，一根枝条上有五片叶子，每片叶子裂为五个部分，所以得名五香。焚烧此香，能通达九星之天。《三洞珠囊》

□ 降真香

降真香，又名紫藤香、鸡骨香。降真香树一般要五十年以上才能结香，在藤的丫叉部位、受伤部位都易结出油脂，而且油脂香气清烈。降真香主要为印度黄檀的芯材，即《本草纲目》中所谓的“番降”。历史上的降真香是较为名贵的香料，我国用的降真香多从国外进口。

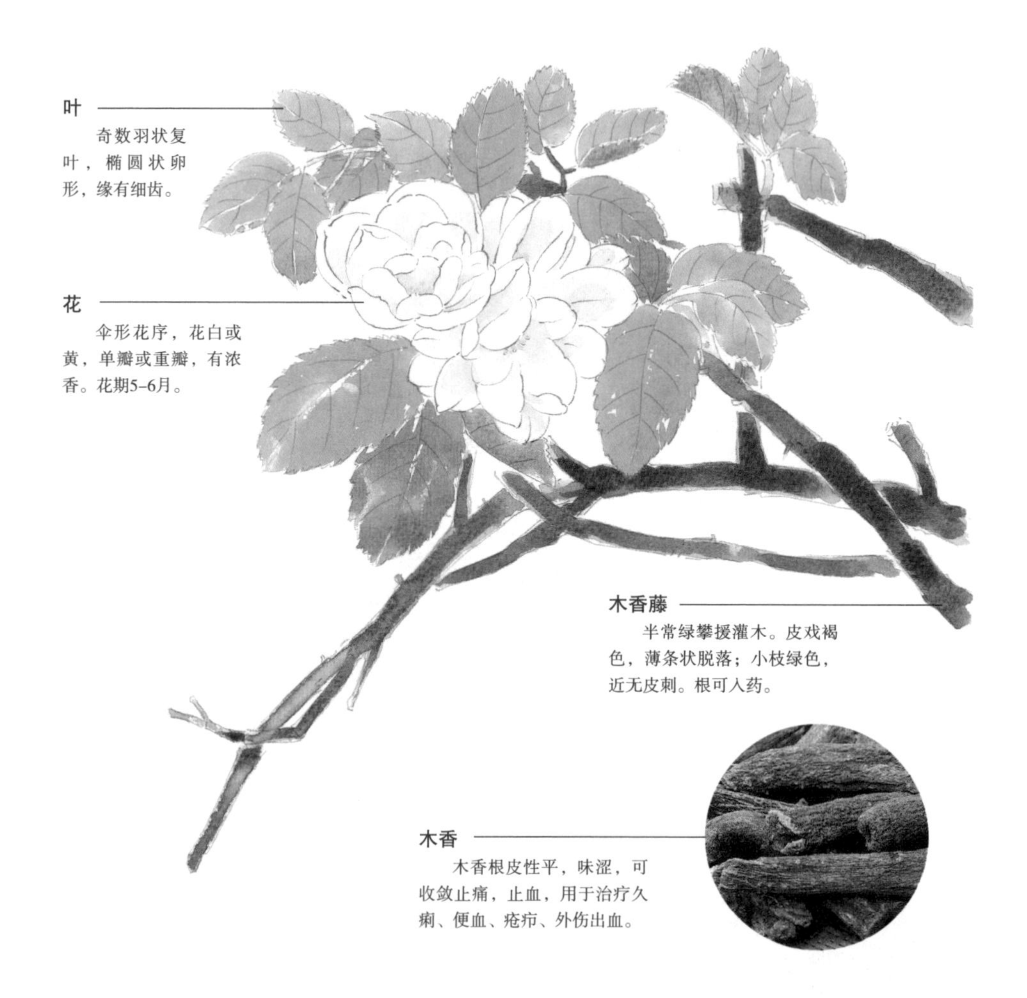

□ 木香

木香，为菊科植物川木香、云木香(广木香)的干燥根。其香味与花蜜相似。我国历史上的木香多为东南亚国家的贡品或自南亚、东南亚进口而来。至20世纪中期，我国才从国外引进栽种，主要产区为云南、四川、广西等，生溪边、路旁或山坡灌丛。

梦青木香疗疾

崔万安任职扬州时，因脾脏不好而患上腹泻之疾，颇为苦恼。其家人前往后土祠，为他祷告除病。当晚，崔万安梦到一个妇人，她从头到脚皆装饰有珠玉，身着五重衣裳，也都是由珍珠串编而成。妇人对崔万安说："您得的这种病可以治好，现在，赠您一个方子，须选取相等分量的青木香、肉豆蔻，掺以枣泥，制成药丸子，服食二十丸可愈。"又说："此药药性太热，病一旦治好了就要立即停止服用。"崔万安依言行事，果然病愈。《稽神录》

苏合香

苏合香，因产自苏合国（今伊朗）而得名。梵书称之为咄噜瑟剑。

如今，从西域和昆仑来的苏合香，呈紫红色，与真品的紫檀香类似，质地坚实，芳香异常。香质像石头一样厚重，焚烧后变成灰白色的为佳品。

大秦国人采到苏合香之后，会将其煎出汁水，用以凝结成香膏，并将煎剩的渣滓卖给各国商人。所以，辗转贩卖到中国来的苏合香都香气不浓。那么，广南贩运来的苏合香是否就是煎剩下的渣滓呢？事实上，现今被当作膏油来使用的苏合香，乃是诸种香料调制成的香品罢了。《本草纲目》

天竺国出产的苏合香，是由各种香料的汁水煎制而成，不是自然一体的香料。苏合油出自安南、三佛齐等国家。苏合香树生出的油膏，可以制成香料，以膏质浓厚、没有渣滓的为上品。

⊙醒脑方

苏合香丸

成分　苏合香油（入安息香膏内）50克，安息香（粉末，用无灰酒一升熬膏）、沉香、麝香、丁香、白术、青木香、乌犀屑、香附子（炒，去毛）、朱砂、诃黎勒（煨，去皮）、白檀香、荜拨各100克，龙脑（研）、熏陆香（另研）各50克。

用法　先将安息香磨成末，再用酒熬成膏状，加入苏合香油和炼白的蜜搓成小丸，如弹子大（约3克重），以蜡封固。服用时，去蜡壳，每服0.5~1丸，温开水送下。

功效　温中行气，开窍醒脑。

主治　1.中风、中气或感觉时行瘴疠之气，以致突然昏倒不语、牙关紧闭、不省人事。2.中寒气闭，心腹猝痛，欲吐泻而不得，甚至昏厥。3.小儿惊厥、昏迷。4.冠心病、心绞痛。

来源　《太平惠民和剂局方》。

大秦国，又名犁鞬，因位于大海之西而称为海西国。该国方圆数千里，有四百多座城池。其人文风俗与中国相似，所以称为大秦国。这里的人们调和各种香料，称之为香，煎煮其汁水制成苏合油，而煎熬所剩下的渣滓就是苏合香。《西域传》

苏合香油，出自大食国，气味类似笃耨香，以油质浓厚纯净且没有渣滓为佳。当地人多用它涂抹身体，而闽中之地患麻风病的人，也效仿这种做法治病。苏合香油可以调制软香（盛行于南宋明的一种高档香佩，在端午节时佩戴），也可以入药。《香录》

现今的苏合香，呈红色，像坚木一样。又有苏合油像木胶一样，较常使用。刘禹锡《传言方》上说："苏合香生薄叶，果实为金色，一按就瘪，松手又弹起

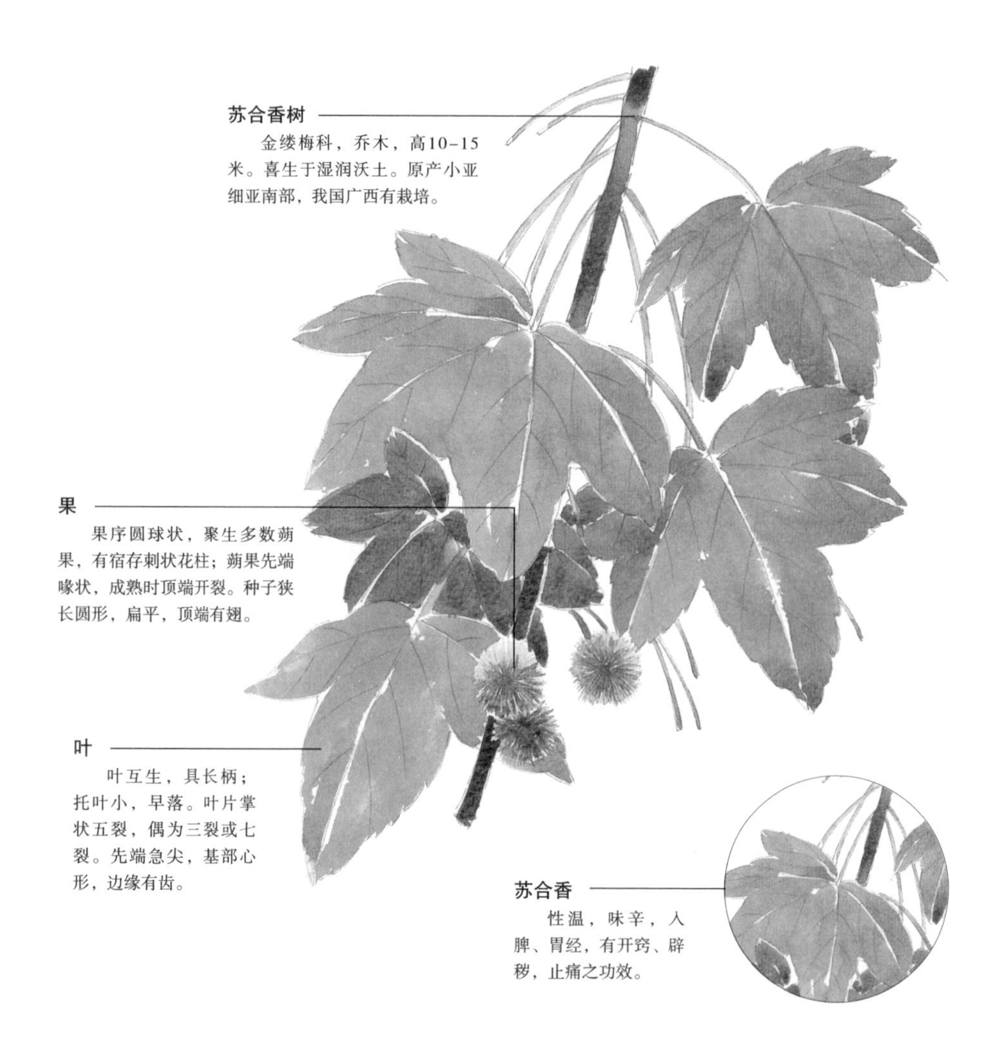

□ 苏合香

苏合香，又名帝膏、苏合油、苏合香油、帝油流，为金缕梅科植物苏合香树所分泌的浓稠液体，黄白色至灰棕色，半透明，挑起会连绵不断。香，入水则沉。气芳香，味略苦而香。以黄白色、半透明、香者为佳。《唐本草》中记载，苏合香为紫赤色，与紫真檀相似，木坚实硬，极芳香。据《梦溪笔谈》记载，用苏合香制成的苏合香酒有保健作用。

来，长按则像虫子般蠕动。香气浓烈的苏合香为上品。”《梦溪笔谈》

苏合香出自香树，各家论述互不相同。有人说：“像紫真檀的，是树的枝节；像膏油的，是树脂膏。苏合香与苏合油是一种树的两个品类。”还有人说：“由各种香汁煎成的苏合香乃伪造品。既像苏木又重若石英的，是山葡萄。”陶弘景甚至说：“苏合香是狮子粪。”《物理论》说：“苏合香是兽便。”这都是极为错误的。因为苏合油为白色，而《本草》载：“狮子粪极其臭，呈红黑色。”刘禹锡则说：“金色薄叶当是苏合香树的叶子，也或许是番禺这地方的珍异之物各不相同，还有比这些品类奇特的吗？”

苏合香事实

赐苏合香酒

北宋太尉王文正（即王旦）羸弱多病，宋真宗赐给他一瓶药酒，让他空着肚子喝下去，称可以和气血、辟除外邪。王旦饮药酒后自觉身体健康了许多，便感谢君主的赏赐。真宗皇帝说：“这是苏合香泡制的酒，每一斗酒中加入一两苏合香丸。此酒极能调理五脏，去除腹内各种疾病。若有胃寒之症状，只需早上起床的时候饮用一杯。”随后真宗拿出几瓶来赐给左右近臣。从此以后，官民之家都纷纷仿制该酒，苏合香丸也因此盛行一时。《墨客挥犀》

市苏合香

东汉史学家班固说：“窦侍中令装载各色彩缎二百匹，去换取月氏马和苏合香。”又有人说：“用华丽的白素三百匹，去换取月氏马、苏合香。”《太平御览》

诸香十二品

金银香

金银香，中原各地皆无此香。其香气与榄糖的味道相似，香里面有像白蜡一样的白色块状物。上好的金银香中白色块状物较多；品质低下者中则较少。焚烧此香，其气味美妙异常。旧港（今印度尼西亚苏门答腊岛巨港）产金银香。《华夷续考》

南极

南极，是一种香木。《华夷续考》

金颜香

金颜香与熏陆香类似，呈紫红色。其香烟似凝固的油漆煮沸，香气不仅不浓，还有些许酸气。将金颜香与沉香、檀香调和在一起焚烧，则香气清婉。《西域传》

金颜香出产于大食国与真腊国。而三佛齐国出产的金颜香，都是由上述两国贩运至此，再由该国贩运到中国来的。金颜香是树木的油脂，颜色较黄，香气劲健，能聚集众香。现今，人们多用此香来制作佩戴在身上的龙涎软香。当地土著则用它制作合香，涂抹在身上。

真腊国出产金颜香，分黄色、白色、黑色三种，以白色为上品。《方舆胜略》

贡金颜香千团

元朝至元年间，马八儿国（位于今南印度一带）进贡各种珍品，其中有金颜香一千团。这种香本是树脂，有淡黄色和黑色两种；劈开为雪白色的金颜香者，方为上品。《解醒录》

◎道教上香

道教祀神时常用香、花、灯、水、果五种祭品敬献于神坛之上，称为斋供。这五种供品是十分讲究的，各有规定和禁忌。香是道士及信徒通感神灵之物，是求神时的必需品。上香前，上香者须衣冠整洁、双手洁净；上香时，持香者要手指干净，切忌“信手拈香，触以腥秽”。敬神所用鲜花，须清香芬芳，全无芳香者，或香味强烈令人生厌者忌。常以梅、兰、菊、竹为上品，水仙、牡丹、莲花次之。醮坛所用之灯，须用一色芝麻油燃点，忌用六畜脂膏之油，否则会触秽神灵。道门称敬献斋坛之水为七宝浆，此水忌用生水及不洁之水。供果必须是时新果实，宜精洁，忌用石榴、甘蔗之类，以及秽泥之物。除此之外，食过之物及冬瓜、番石榴、芭乐、李子、单碗菜等也都不能用于祭神。

●拈香

平心静气，敬对神位。手持三炷香，忌用右手拈香，须左手持香，右手护香，用神位左边的蜡烛将香点着。如果香头有火苗，切不可用口吹灭，而应水平持香，轻轻前迎。

●上香

上香时，用左手把香插入香炉内，三炷香之间的距离要相等，并且“香不过寸”，即相互的距离不超过一寸。如着长袖大口道袍，则用右手拉住左手袖口。

●敬香

面对圣像，右手手指拈香，左手包着右手，举于额前。

●清理香脚

家中香炉里的香脚时间久了就会堆积，为安全起见，可于每月的农历初一、十五前（即廿九日或三十日及十四日晚上九点左右）清理神案时顺便拔取香脚，但不可完全取出，须剩三炷。

流黄香

流黄香，外形像流黄，气味芳香。《吴时外国传》载："流黄香，出于都元国，该国在扶南国南面三千里的地方。"流黄香，产于南海各国。现今中国所使用的流黄香，都是从西戎（中国西部各民族）贩运来的。《南州异物志》

亚湿香

亚湿香，产于占城国。这种香不是自然生成的，而是当地土著用十种香料捣碎混合而成。亚湿香质地湿润而呈黑色，其燃烧起来的香气温和而绵长，焚烧起来胜过其他香料。《香录》

近来，有从日本来的客人赠给我一种香。此香质地湿润而呈黑色，香气温和而绵长，全然没有沉香、檀香、龙脑香和麝香的气味，也许这就是亚湿香。

颤风香

颤风香是占城国所出产的香品中最好的。颤风香的生成，是由于香树之间枝条交连，枝干之间两两摩擦，日积月累，树木渍液的精华凝结而成。砍伐香树便于采得香料，采取香结油脂透亮者最佳。颤风香质地润泽，像是用蜜浸渍过一样，最适宜用来熏衣服。经此香薰过的衣服经过数日之后，衣服上的香气也不会消失。现今，江西道临江路清江镇将它视为各种香品之中最佳的品种，其价格往往是其他香品的几倍。

迦阑香

迦阑香，又叫迦蓝水香，因出产于迦阑国而得名。此香属于占香一类。也有人说，迦阑香出产于南海普陀山，是香中至宝，其价格堪比金子。

特遐香

特遐香，出产于弱水（今克什米尔西北部吉尔吉特附近的印度河北岸支流）之西。形似雀卵，颜色较淡，呈白色。焚烧此香，能辟邪去秽，驱除鬼怪。《五杂组》

阿勃参香

阿勃参香，出产于拂林国，树皮颜色青白，叶子细长，两两对生。所开之花似蔓青花，呈纯正的黄色；其子像胡椒，呈红色；研磨其子，渗出的油脂、汁水极香，还能治疗癞病。

兜纳香

《广志》载："兜纳香，产于南海剽国。"《魏略》载："兜纳香，出产于大秦国。"兜纳香属草本香一类。

兜娄香

《异物志》上说："兜娄香与都梁香一样，出产于海边国家。"此香也可用来调和香料，其茎叶像水苏。

按：此香与现在的兜娄香不同。

红兜娄香

按：此香为麝檀香的别名。

草本香草

艾纳香

艾纳香，出自西洋国家，外形像细艾。松树皮上附着的绿衣，也叫艾纳，可以用来调和诸香，焚烧时能聚烟，香烟为青白色，不消散。

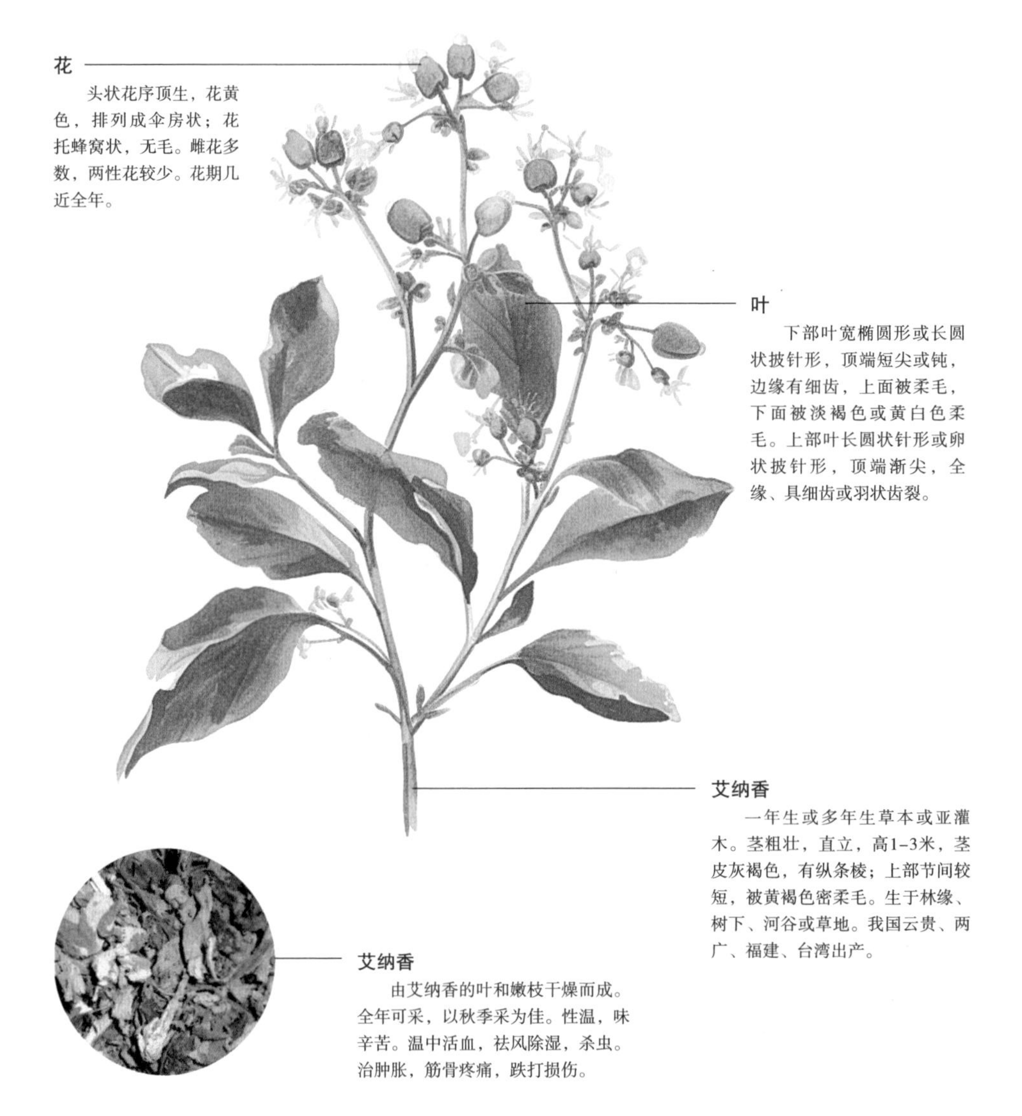

□ 艾纳香

艾纳香，又名大风艾、牛耳艾、大风叶、紫再枫，12月收采，把地面茎叶割下，鲜用或晒干，或蒸馏得艾粉。古书记载用艾纳香制作的香料有聚烟作用。此外，艾纳香还是著名的药用植物，可以提炼药用的冰片。 我国古代所用的艾纳香大都由他国进口而来。

艾纳香，出产于骠国（古藏缅的一支，亦可认为是今缅甸的一部分），此香焚烧的时候能聚敛香气，使之不散失，清烟直上，像细艾一样。《北户录》

《异物志》载："艾纳香的叶子像棕榈，但略小，其果实像槟榔，可以食用。"

迷迭香

《广志》载："迷迭香，出产于西域。"《魏略》载："迷迭香，出产于大秦国。"这种香佩戴在身上，可使衣服沾上香味。焚烧此香，可以驱鬼。魏文帝曹丕时，曾将迷迭香从西域移植到宫院之中，并赞叹道："我将迷迭香种植在中庭，喜爱它轻扬的枝条，迷醉于它吐露的馥郁的芬芳。"

藒车香

据《尔雅》载，藒车，又名乞舆，为香草。生长在海南的山谷之中，彭城亦有出产。其草可高达数尺，叶子为黄色，开白花。《楚辞》载："过去的人常常种植畦留夷（香草名。一说即芍药）和藒车香，它与如今的兰草相似。"《齐民要术》载："大凡各种树木被虫子所蛀，煎熬藒车香，待其放凉之后，淋到树身上，便能驱除虫害了。"

都梁香（考证三则）

都梁香，又称兰草、蕳、水香、香水兰、女兰、香草、燕尾香、大泽兰、兰泽草、煎泽草、雀头草、孩儿菊、千金草。

都梁县有一座山，山下有流水，水质清浅，山中生有兰草，故名都梁香。《荆州记》

蕳，即兰草。《诗经》载："方秉蕳兮。"《尔雅翼》载："茎叶像泽兰，宽广而生红色，有长节，高达四五尺。"汉代池馆及许昌的宫院之中，都种植此草。把它磨成粉末包好，放入衣服书籍中，能驱除蛀虫。它就是今人所说的都梁香。《稗雅广要》

都梁香就是兰草。《本草纲目》引用了各家说法达数千字之多，大都是虚浮之论。兰类植物是有分别的。古代所谓的可佩戴、可搓成绳子的兰草，其实指的是泽兰。而真正的兰草，就是今人所说的孩儿菊。泽兰，俗称奶孩儿，又名香草，其香味酷烈，居住在江淮地区的人夏季采摘其嫩茎，可以为头发增香。现在所谓的兰，指的是幽兰，是花而不是草。兰草与兰花是两类不同的植物。兰草与泽兰也属于不同的品种。兰草的叶子光滑润泽，根茎略带紫色，于夏季采集并阴干，即都梁香。古今采用的香自有不同，其类属也各有区别，何必烦琐记载？藒车、艾纳、都梁都是小草，常常为诗人所重视。而"氍、毹、毾和㲪"则分别指五木香、迷迭香、艾纳香和都梁香。

零陵香（考证五则）

薰草的叶子像麻叶，为罗布麻的干燥叶子，方茎，红花，黑果，气味似蘼芜，可以治疗麻风病。熏香就是零陵香。《山海经》

零陵香生长在零陵山的幽谷之中，现在的湖州、岭南等地都有生长。多生于低凹湿地，常在七月中旬开花，花香浓郁，即古人所说的薰草。也有人说，蕙草即零陵香。又有人说，这种草的茎叶叫作蕙，根叫作薰。三月份采摘脱去草节的蕙草，

花

花对生，少数聚集在短枝顶端成总状花序，蓝紫色、白色、粉红色等。花期11月。

叶

丛生，叶片线形革质，上面稍具光泽，近无毛，下面密被白色绒毛。

迷迭香

多年生木本植物，高可达2米。茎及老枝圆柱形，皮暗灰色，有不规则纵裂，块状剥落；幼枝四棱形，密被白色星状绒毛。

干枝叶

其枝叶蒸馏，可取迷迭油，外用有通经之效。另5—6月采收其枝叶，洗净，切段，晒干药用；其性温，其味辛，能发汗、健脾、安神、止痛。

□ 迷迭香

迷迭香是一种名贵的天然香料植物，在其生长期会散发一种清香气味，有清心提神的功效。它的茎、叶和花具有宜人的香味，少量干叶或新鲜叶片用于食物调料。花和嫩枝提取的芳香油，常被用作调配空气清洁剂、香水、香皂等；迷迭香还可用于饮料、护肤油、生发剂、洗衣膏中。此外，迷迭香也可作观赏植物，有地栽和盆栽两种。

迷迭香原产于地中海地区，后在美洲温带地区和欧洲广泛种植。

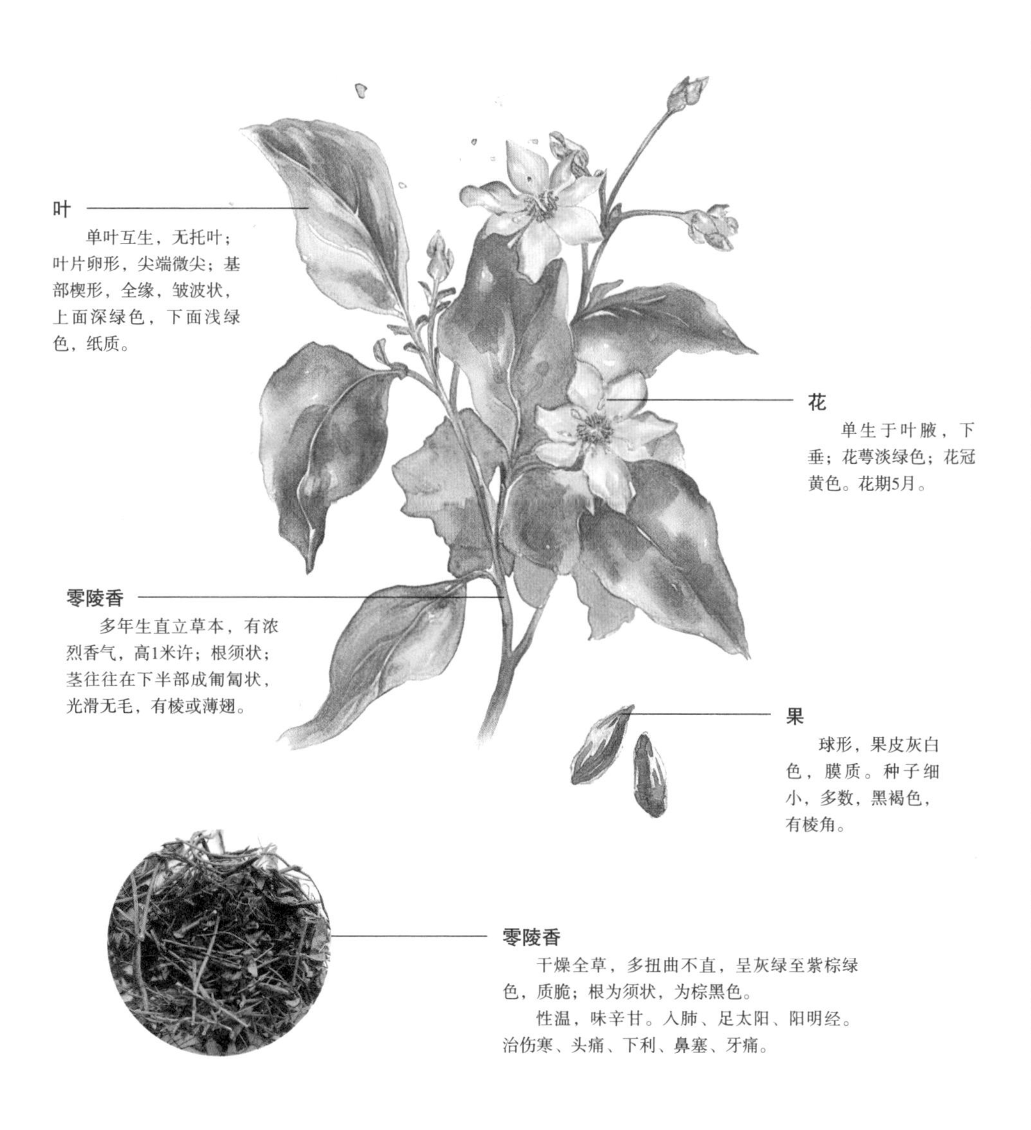

□ 零陵香

零陵香之名始见于《嘉祐本草》，即《名医别录》中记载的薰草，为报春花科植物灵香草的带根全草。零陵香带有特殊的香味，使人闻之轻松释然。据唐代的药典记载，零陵香很早就被当作香料使用。

我国四川、云南、贵州、湖北、广东、广西等地有分布，多生于山谷、河边林下。

品质优良。现今，岭南各地收得此香，都垒起窑灶，用火炭烘烤，使之干燥。烘焙至黄色的，是佳品。江淮等地也有土生的零陵香，同样被制成香品使用，但不如岭南出产的气息芬芳罢了。古代配方中只用薰草，不用零陵香；今人在制作合香、调制面膏时则两者兼用。

古代焚烧香草以祈求神明降临，故而称之为薰、蕙，“薰”是“熏”的意思，“蕙”是“和”的意思，也就是《汉书》中所说的“薰草燃烧自己，释放芳香气息”。有人说：“古人熏焚此草以辟除不祥，故而称其为薰。”《虞衡志》载：“零陵即现在的永州，此地不出产薰草。只有融州、宜州等地有很多这种草，当地土著用它来编织草席，其成品温和宜人。”

全州（按：零陵旧治在现在的全州）乃湘水的源头，很多地方生有此香。如今被人们称为零陵香的，是真正的薰草。永州、道州、武冈州等地皆为零陵的属地。如今镇江、丹阳等地都种植此草，收割以后，将酒洒在上面制成香货，使其芬芳之气更加浓烈，故又称它为香草，与兰草并称。零陵香一直到干枯之后还留有香气，可以入药，但浸在油中，用来装饰头发是最好的。

芳香（考证六则）

芳香，即白芷。

许慎说：“晋地称之（芳香）为‘虈’，齐地称之为‘茝’，楚地称之为‘蓠’，或称之为‘药’，也有称它为‘莞叶’‘蒚麻’的。”

芳香生长在低凹的湿地中，其芬芳品质与兰草相似，所以诗人常以兰、茝为歌咏对象。而《本草》中，它又有“芳香泽芬”之名，古人称之为香白芷。

北宋王安石说：“茝的香气可以滋养鼻子，也可以滋养身体。故而‘茝’字从‘𦣞’，‘𦣞’字与‘怡’同音，是‘养’的意思。”

陶弘景说：“现在白芷随处可见，东南地区更是常见。它的叶子可以用来合香。道教中人用此香洗去尸体上的虫子。”

苏颂说：“我所居住的地方有这种草，吴地尤其多。其根为白色，有一尺多长，粗细不等。其枝干离地五寸以上，春天长叶，叶片对生，为紫色，宽约三指。它的花朵为白色中略带微黄。进入伏天以后结子，立秋后枝苗枯萎。每年于二、八月采得其根部晒干，以黄色、质地润泽者为佳品。”

蜘蛛香

蜘蛛香出产于四川西部茂州、松潘等地的山中，是一种草根。这种草根呈黑色，生有粗须，形状像蜘蛛，故而得名。因为其气味芳香，故深受当地人重视。《本草》

甘松香（考证四则）

《金光明经》中称其（甘松香）为苦弥哆香。此香出产于姑臧、凉州等地的山中，叶子细长，搭着架子牵引藤蔓，聚集生长。可以用来调制各种香料，也可用来收藏衣物。

现在，贵州、四川等地和辽州都有这种香草。它丛生于山野之中，叶子像茅草

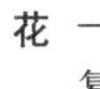

花

复伞形花序顶生或侧生，花瓣倒卵形，花白色，膜质；无萼齿。花期7–8月。

果长圆形至卵圆形，黄棕色，偶显紫色，无毛，背棱扁，厚而纯圆，近海绵质。

叶

叶较大，有长柄，边缘有锯齿；茎生叶小，急尖，基部为鞘状抱茎；花序下方叶简化成无叶的膨大囊状叶鞘，外面无毛。

根

根具纵皱纹、支根痕及皮孔样横向突起，断面为白色或灰白色，有棕色层环。皮部散见棕色油点。

白芷

多年生草本，高可达2.5米；根粗大，圆柱形，有分枝，外皮黄褐色至褐色，有浓烈气味。茎基部带紫色，中空，有纵长沟纹。

根切面

性温，味辛，气芳香，微苦。能祛风，燥湿，消肿，止痛。阴虚血热者忌。

□ 芳香

芳香即白芷，与泽兰一样是我国最早使用的香料之一，《楚辞》中写道：“联蕙芷以为佩兮，过鲍肆而失香。”白芷是一味很好的中药材，《本草纲目》谓白芷“长肌肤，润泽颜色，可作面脂”，是历代医家喜用的美容药，故有“芳香泽芬”之名，又称“香白芷”或“芳白芷”。

白芷在我国东北、华北、浙江、四川等地多见，常生于林下、林缘、溪旁、灌丛及山谷草地。产于河南禹县者称“禹白芷”，产于河北安国者称“祁白芷”，产于杭州、四川者分别为“杭白芷”和“川白芷”。

□ 甘松香

甘松香为多年生植物甘松和宽叶甘松的根及根茎。甘松生于海拔3500至4000米的高山草原地带。由于其味甘，所以称为甘松香。其根及茎干燥之后，可以作药用及香料之用，尤其是根部芳香的成分居多。藏传佛教中，多以甘松香混合白檀香、沉水香供养佛部。

一样细长，根茎极其繁茂密集，每年八月采摘。用来泡澡，可以使人身体带香。

甘松香能治脾郁之症。

出产于川西松州境内，因其味道甘甜，故而得名。《本草》

藿香（考证四则）

《法华经》称之（藿香）为摩罗跋香，《楞严经》称之为兜娄婆香，《金光明经》称之为钵怛罗香，《涅盘经》谓之迦算香。

藿香出产于海辽国，形似梁香，可以用来熏衣服，使衣服带香。《南州异物志》

藿香，出产于交趾、九真、武平、兴古等国，为当地人自己种植。藿香喜丛生，一般五、六月采集，晒干之后，芳香浓烈。《南方草本状》

顿逊国（东南亚古国）出产藿香，插下枝条就能生长，叶子像都梁香，可以用来熏衣服。该国有区拨花等十余个品种，无论冬夏，花开不歇，每天装载数十车出售。花晒干后，气息更为芬芳馥郁，也可将花研磨成粉，用来涂抹身体。《华夷草木考》

芸香（考证二则）

《说文解字》说："芸，是香草，像苜蓿。"《尔雅翼》说："仲春之月，芸开始生长。"《礼图》说："（芸）叶子像邪蒿。"又说："芸蒿，气息芳香美妙，可以食用。"《淮南子》说："芸草，死而可以复生。采摘此草，放置于衣服、书册之中，可以驱除蛀虫。"《老子》上所说的"芸芸各归其根"，指的是事物众多的意思。沈括说："芸像豌豆。一般聚集生长，叶子极其芳香，秋天复生长，叶子中间微微泛白，像粉一般。"东汉经学家郑玄说："芸香草，世人一般将其种植于中庭。"

芸香去虱

采摘芸香叶子，放置在席子下面，能驱除跳蚤和虱子。《续博物志》

櫰香

櫰香即杜蘅，能使人衣香体香。此香生在山谷之中，叶子像葵科植物，形状像马蹄，俗名马蹄香。此香在药方中很少使用。

陶弘景说："只有道家之人才服用此香，服之使人身体与衣服都带香。嵇康与卞敬均作有《櫰香赞》。"

香茸

福建汀江上游的汀州生有很多香茸，闽中人称之为香莪。有人问："哪种名称比较准确？"我说："《左传》中说，'熏草与莪草都是经十年而留香的'；杜预说，'莪，是香草'；《汉书》则说，'熏草燃烧自己释放芬芳气息'；颜师古说，'熏，是香草'。《左传》用熏草与莪草来相比，是不把它视为香草。现在的香茸，不管是芽还是花，放入到佳肴之中，都香气馥郁，因此可以称之为香草吧！《本草》中说，'香薷，指的是薷香品质柔软'。注者说，这种香家家都有，主治霍乱。如今医家所用的香茸，正是治疗这种疾病的，味道辛香。只是淮南称之为香茸，闽中称之为香莪。两者不合之处，应当以《本草》为准。"那人说："我信服了。"《孙氏谈圃》

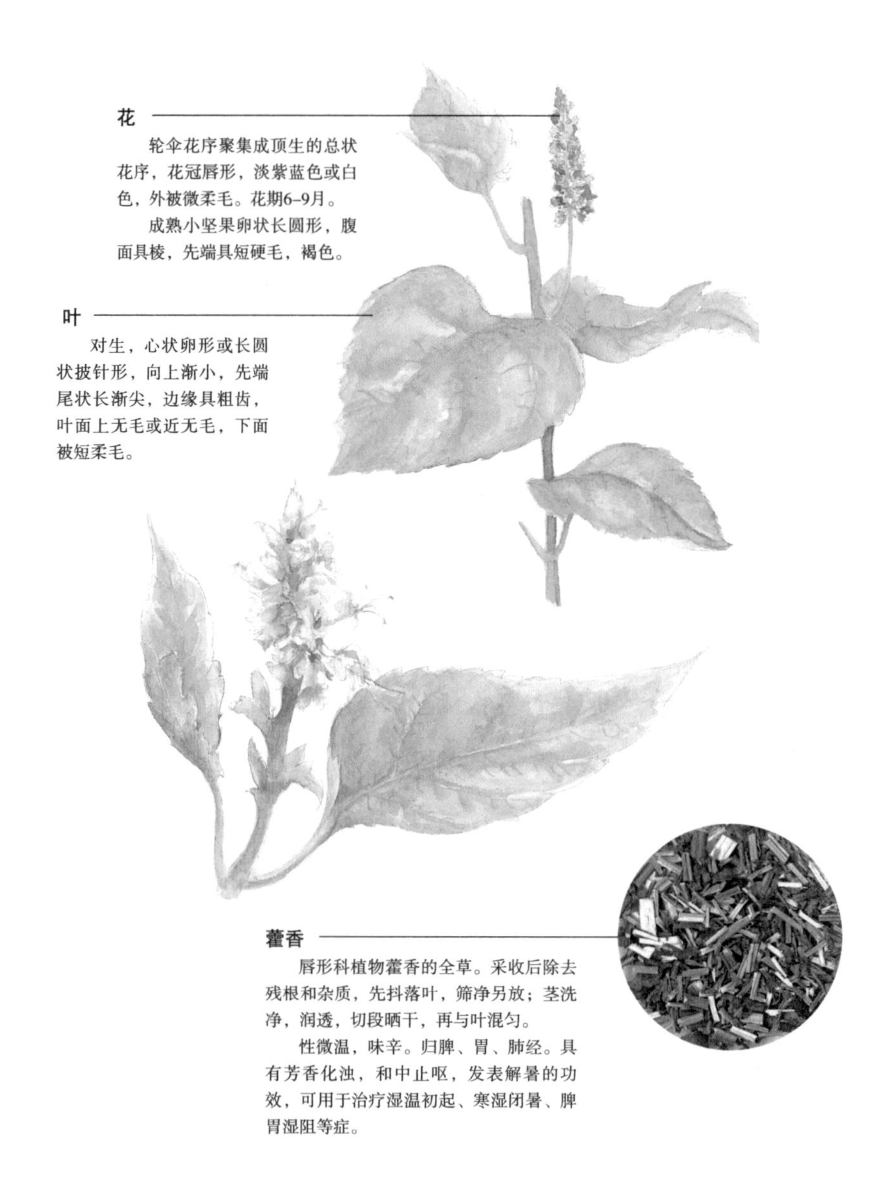

□ 藿香

藿香为一年生或多年生草本，生于山坡或路旁，多人工栽培。其为唇形科植物广藿香和杜藿香的地上部分，常于夏、秋季枝叶茂盛或花初开时采割。运用于医药中，中医常选用藿香防暑、解暑、化湿浊。藿香也可作烹饪作料。

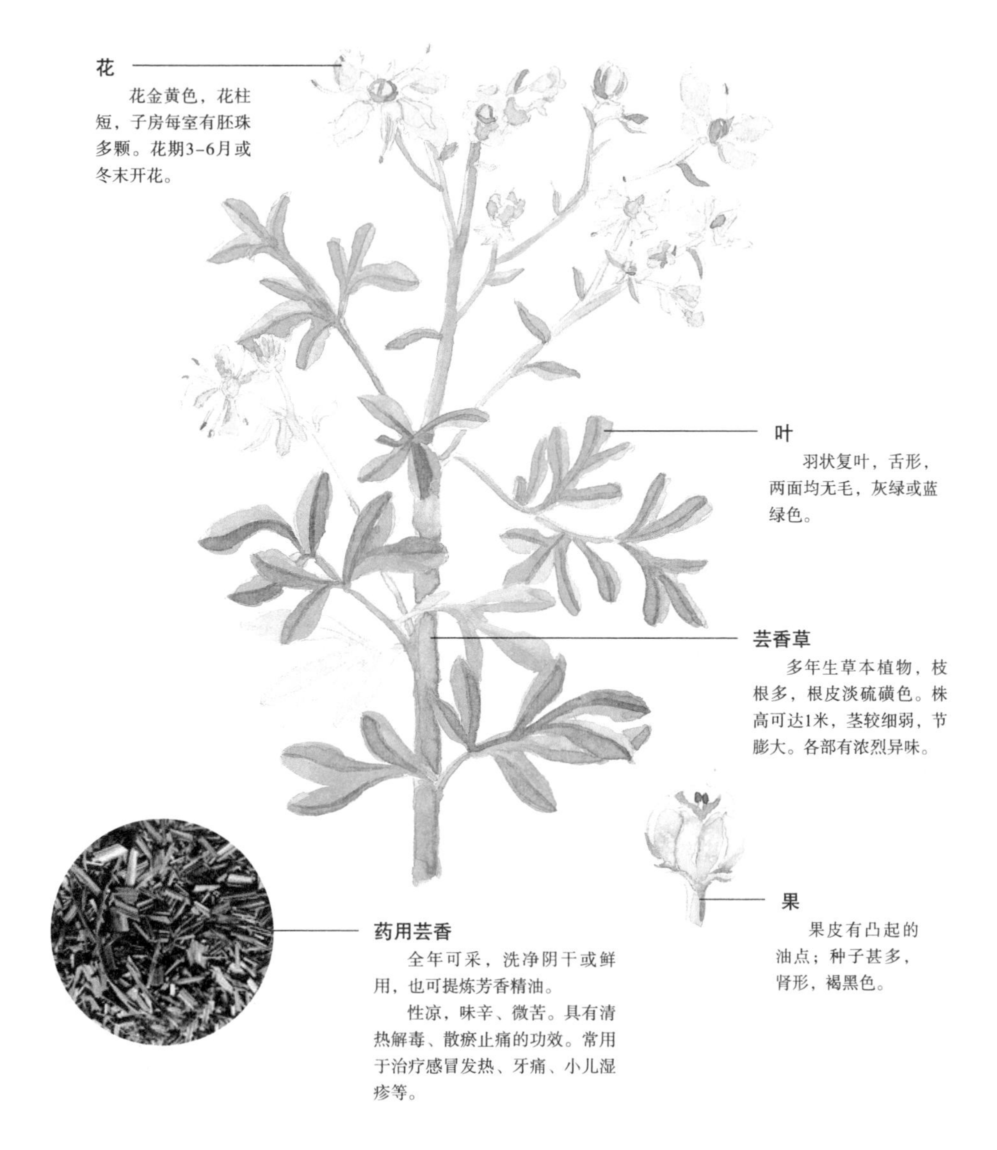

□芸 香

芸香，别名臭草、香草、七里香，主要分布于中国西南地区的云南和四川，陕西和甘肃南部有少量分布，印度及尼泊尔也有少量分布。古代多用来防虫。《梦溪笔谈》曾载："古人藏书避蠹用芸香。"因芸香与书结缘，所以古代有些与书有关的事物，就以芸香为名，如校书郎就有个很好听的名称——芸香吏。又因古代书室中常备有芸草，所以书斋又有"芸窗""芸署""芸省"等。

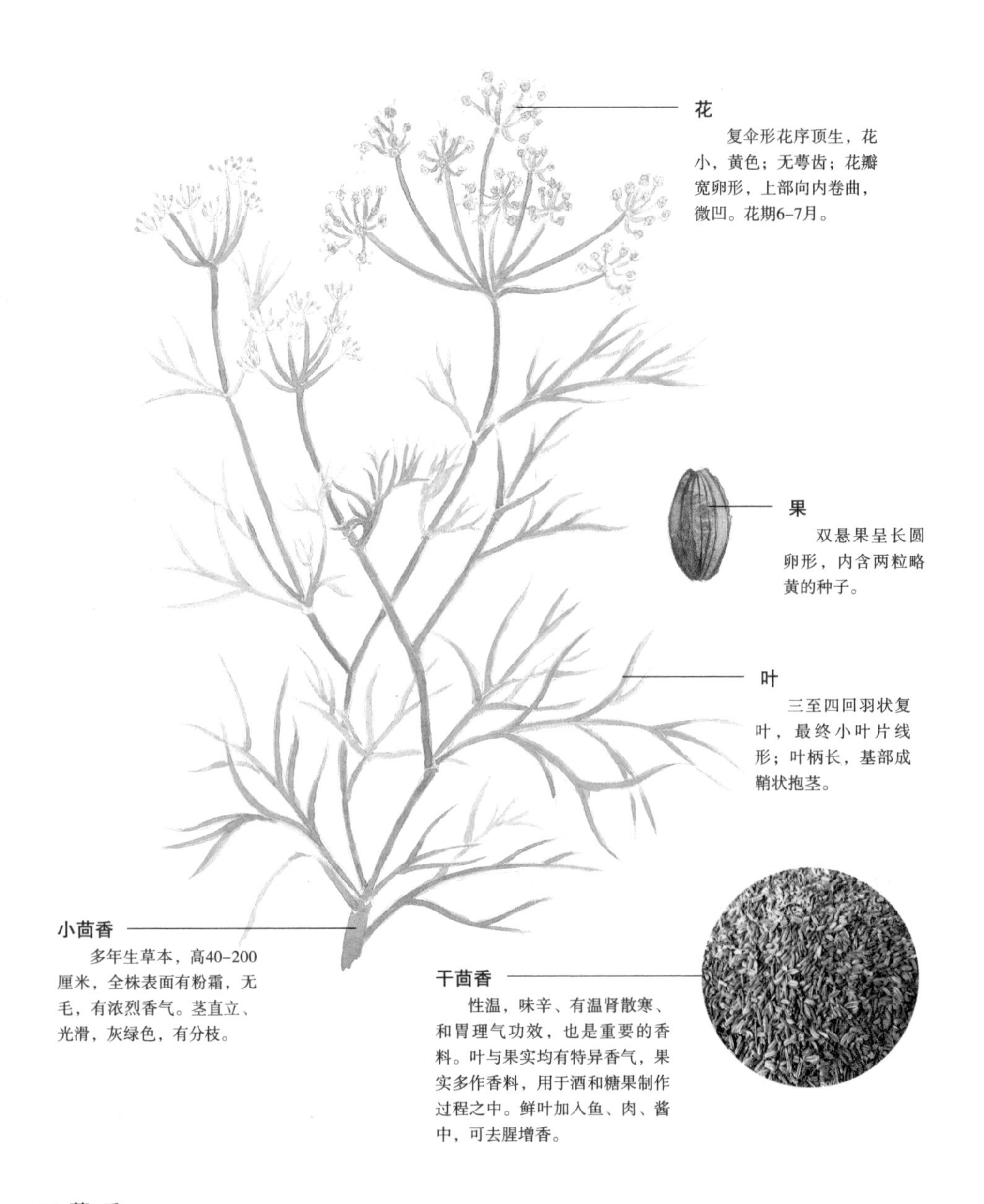

□ 蘹香

蘹香又名小茴香，是一种蔬菜，南方，特别是西南地区常用作作料，北方多用于做包子和饺子馅料。古时常用它来制作食用香料或作药用，《药性论》首载其可入药。

香茸，又称香薷、香菜、蜜蜂草，其味芳香，叶子柔软，所以又名香菜。香薷、香菜本就是一种东西，只是因产地不同而有不同的命名罢了。生长在平地的叶子较大，生长在岩石之间的叶子细长，两者可以通用。《本草》

茅香

茅香的花、苗和叶子都可以煎煮成浴汤，用汤沐浴，不但能辟除邪气，还能令人身体香。此香生长在剑南道各州，其茎叶为黑褐色，花朵为白色，但非白茅香。这种香的根像茅草，只是比茅草明洁纤长，与藁本香一同使用，效果尤佳，可放入印香之中，用于调和香附子。茅香大概有两种，此为一种香茅。而前文所说的白茅香，则是南番之地的另一种香草。

白茅香

白茅香，生长在广南山的幽谷之中，安南也有此香，其形状像茅根，属于现今的排草类，而不是近人所说的白茅和北方的茅香花。道家用此香来煎成浴汤。此外，此香还可以用来调制各种名香，比外洋商船贩运来的要好。

排草香

排草香主要出产于交趾国，岭南现也有人种植。排草香是一种白色草根，形状似细柳根，人们经常将后者混杂于排草香中。

《淮海志》说："排草香形状像白茅香，香气像麝香芬芳浓烈，人们也用它来合香，是为各种香料所不及。"

耕香

耕香，茎生植物，叶细，出产于乌浒国（广西壮族先民的居住地）。

按：茅香、白茅香、排草香与耕香，应是同一类香草。

雀头香

雀头香，即香附子。其叶子与茎秆皆为三棱形，根部像附子，周围多毛。此香大多生长在低凹的湿地中，故而有"水三棱""水巴戟"之名。此香以出产于交州的为佳品，有枣核那么大。生长在道路两旁的，则有杏仁那么大。生于荆湘两地的，称之为莎草。其根部可以用来制合香。

玄台香

陶隐君说："玄台香生长在道路两旁，根部发黑，有香味，道家用其合香。"

荔枝香

取荔枝的壳制成的合香，香气最为清新馥郁。《香谱》

孩儿香

孩儿香，又名孩儿土、孩儿泥、乌爹泥，是乌爹国（今缅甸境内）蔷薇树下的土。本国人称之为"海"，今人讹传为"孩儿"。蔷薇开花的时候，被雨水滋润，花香滴于土上致土香，凝结成菱角块状的孩儿香为最佳。

藁本香

古人用藁本来调和香料，故得名。《本草》

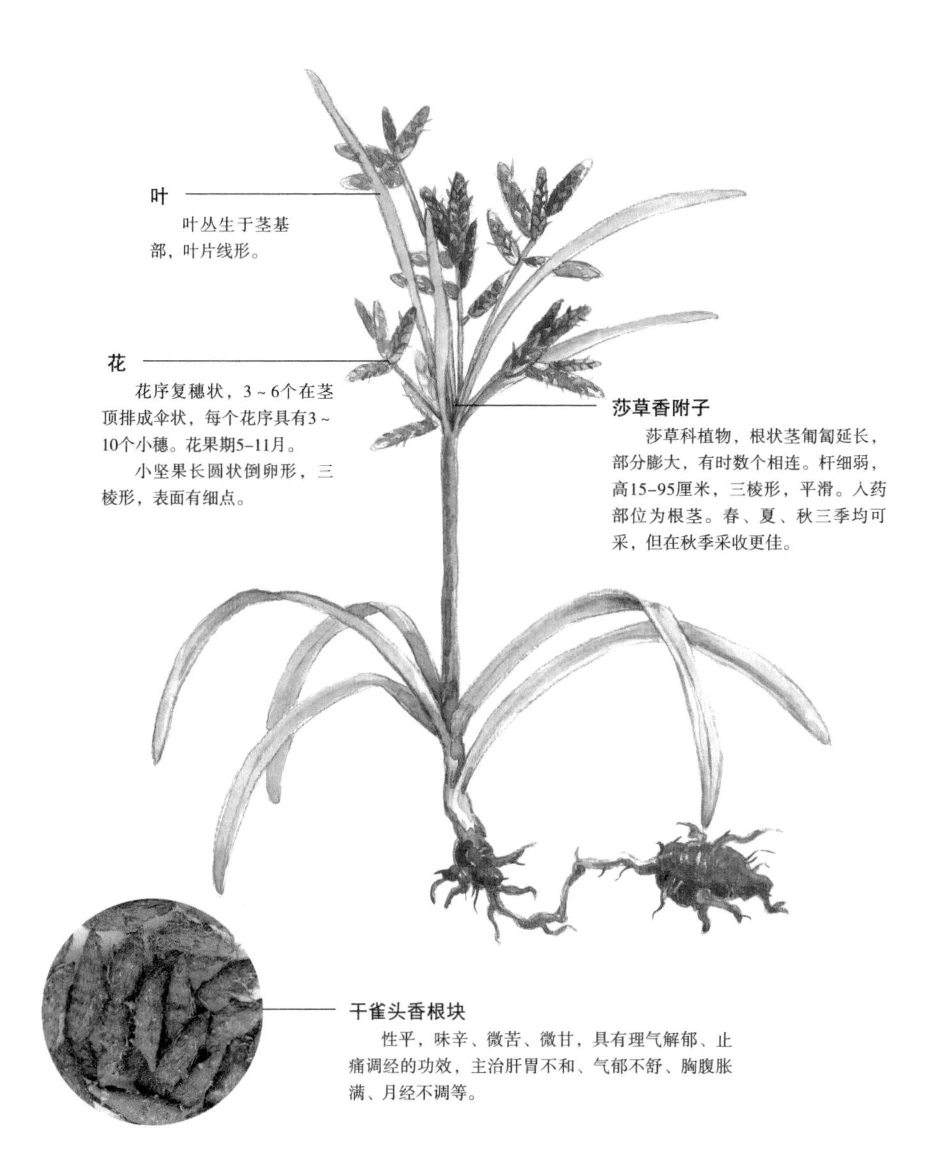

□ 雀头香

雀头香原名“莎草”，始载于《名医别录》，被列为中品。《唐本草》始称“香附子”。《本草纲目》将其列入草部芳草类，名“莎草香附子”，并云：“莎叶如老韭叶而硬，光泽有剑脊棱，五、六月中抽一茎三棱中空，茎端复出数叶，开青花成穗如黍，中有细子，其根有须，须下结子一二枚，转相延生，子上有细黑毛，大者如羊枣而两头尖，采得燎去毛，暴干货之。”雀头香在中国古代常被用作香料，但现为不易清除的杂草，位居世界十大恶性杂草之首。

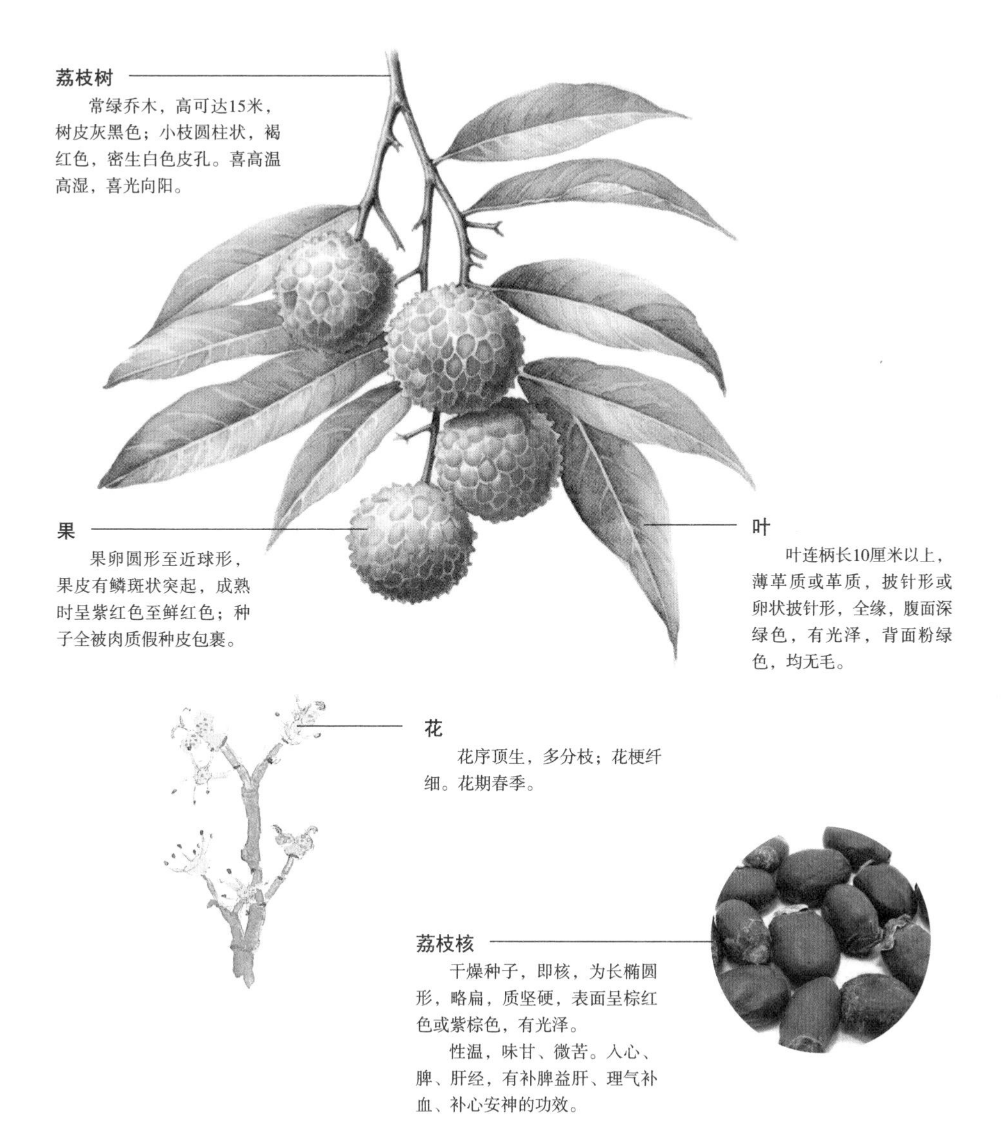

□ 荔枝香

荔枝香是用无患子科植物荔枝的外果皮制成的香料。古人常将吃完的水果所剩下的果皮晾干，放入熏炉中熏焚，使果皮中的香腺散发香味。荔枝香就是将荔枝外果皮晾干后碾末成粉的香品。

荔枝性温，味甘，有养血、生津、理气、止痛之功效。药用也常选荔枝核。

龙涎香

龙涎屿独自矗立在南巫里（即蓝无里国，在今印度尼西亚苏门答腊岛西北角亚齐河下游班达亚齐一带）洋之中，距苏门答腊向西一昼夜的行程。龙涎屿飘浮在潋滟的海面，海浪翻滚，云气蒸腾。每到春天，一群群抹香鲸聚集在屿边，相互嬉戏，留下涎沫。于是当地人驾着独木舟登上这座岛屿，采得龙涎香。如若遇到风浪，人们就下到海中，一只手攀附着舟舷，一只手向岛屿的岸边划去。龙涎最初似胶脂，呈黑黄色，有较重的鱼腥气，经久结成大块。还有人从抹香鲸的肚子里刺出像斗笠那么大的香，闻上去也有鱼腥味。但调制成香品以后，焚烧起来气息十分怡人。此香在苏门答腊的市场上出售，官秤一两龙涎香，需用该国金钱十二枚交换，一斤龙涎香售价则为该国金钱一百九十二枚（古时，1斤等于16两），换算成中国钱则为九千文，价格可谓不低。《星槎胜览》

锡兰山国（即锡兰）、卜剌哇国（即今索马里）、竹步国（即索马里朱巴）、木骨都束国（今索马里首都摩加迪沙）、剌撒国（位于索马里西北部）、矢佐法儿国（今阿旻）、忽鲁谟斯国（在今伊朗东南米纳市附近）、溜山洋国（即古锡兰岛西偏南之珊瑚岛国）均出产龙涎香。《星槎胜览》

各种香品中，数龙涎香最为贵重。广州市面上，要价每两不下百千文，次等的也要五六十千文。此是番国专卖之物，出产于大食国。该国近海，常常云气蒸腾，笼罩山间，定有抹香鲸睡在海底。或者半年，或者两三年，当地人轮流守候观测。一看云气散去，就知道抹香鲸已经离开了。立即前往探寻，定能得到五七两龙涎香，甚至十余两。然后依照守候观测抹香鲸的人数平均分配，若分配不均，则会引起仇杀。也有人说，抹香鲸常盘踞在海中的大石周围，偶尔吐出涎沫，有鱼群聚集食用。当地人也会深入水中取香。《稗史汇编》

大海之中，有旋涡出现的地方，其下就会有抹香鲸出没，它吐出的涎沫，被太阳的光芒晒成片状物质，被海风吹着，飘浮到岸边。人们拾到此香，交纳给官府。《稗史汇编》

白色的龙涎香，像白药煎，肌理极其细腻；黑色的略次一等，像五灵脂（一种药），富有光泽，但香气较燥。黑色的龙涎香像海上的浮石，质量较轻，但并无损益，只是能聚集香烟罢了。用真品的龙涎香合香，焚烧时则翠烟浮于空中，纠结不散。坐在香烟中的人可以用一把剪子来分开烟缕。龙涎香之所以有这样的特性，是因为它有蜃气楼台的余韵。《稗史汇编》

抹香鲸出没于大海之上，所吐出的涎沫有三种：泛水、渗沙、鱼食。泛水轻浮于水面之上，善于游泳的人掌握到抹香鲸的出没规律，尾随并取得此香；渗沙，则是随着波浪漂浮到洲屿之上，凝结多年，被风雨所浸湿，其气味都渗入到沙土之中；鱼食，则是抹香鲸所吐的涎沫，被鱼群竞相争食，作为鱼的粪便排泄出来，散落于沙碛之中，气息里虽然带有腥臊之味，但香仍然存在。用泛水调制的香料是最好的。《稗史汇编》

泉州、广州等地制作合香的人说：用龙涎调和诸香，能聚敛龙脑、麝香的气

抹香鲸

属齿鲸亚目抹香鲸科，其体型巨大，雄性体长可达23米，雌性长可达17米，重40～60吨。抹香鲸身体呈圆锥形，其头部尤其巨大，故又被称为“巨头鲸”。

龙涎香

本品呈不规则块状，表面呈灰褐色、棕褐色或黑棕色，形态似固态蜡，质轻易碎，独具香气。

性温，味甘、酸，主治行气散结，可化痰平喘。

□ 龙涎香

龙涎香在西方又称灰琥珀，为抹香鲸的消化道分泌物，即抹香鲸消化鱿鱼、章鱼的喙骨后，在肠道内与分泌物结为固体后再吐出的产物。刚吐出时黑而软，气味难闻，后经阳光、空气和海水的长年涤洗而变硬、褪色并散发出美妙香气。龙涎香为四大名香之一，历史上主要用来当作香水的定香剂。

味，历经数十年而香味仍然保存。《稗史汇编》

龙涎香出产于大食国。西海有许多抹香鲸，它们枕着礁石睡觉，所吐出的涎沫飘浮在水面之上，日积月累，变得坚硬。捕鱼者寻觅到此香，将其奉为至宝。新生的龙涎香为白色，年代略久的是紫色，年代最久的为黑色。《岭外杂记》

岭南人说："龙涎香不是抹香鲸的涎沫，而是雌雄抹香鲸相互交合时，其精液飘浮于水面之上所结成的香块。"

龙涎香由外洋商舶贩运到中国来，执掌香事的官员最初并不知道它的用法。那些外国商人将其视为珍宝，并以香品的高下来划定价格的高低。居住在南粤的友人曾经赠给我少量的龙涎香，其形状像沙块一般，呈青黑色，像木难（珠宝名）那么珍贵。其香味带有鱼腥味儿，与各种香料调制在一起焚烧，酝酿出美妙的气息，香烟袅袅，蜿蜒而上，在封闭的密室之中，经久不散。若在旁边置一盂水，烟气与之互相授补，水能吸纳其灵气。这样看来，抹香鲸涎沫，果然不一般啊！

龙涎香事实

古龙涎香

宋代，奉宸库（库名）曾得到两枚龙涎香和两大箱琉璃缶、玻璃母。玻璃母就像现今的铁滓一样，其块形大小犹如小孩儿的拳头。没有人知道它的用法，因为年岁久远，无人知道它的由来。有人说它是后周世宗柴荣显德年间大食国所进贡的；也有人说是宋真宗时的物品。宦官们让人用火煅造熔化，制成珂子（注：植物形态，落叶乔木，果草质）状，青、红、黄、白，各随其色，不加人力，自然成形。这些龙涎香大多被分赐给了大臣、近侍。它的块形很大，外观看起来较为普通。每次取豆大的一点，用火焚熏，便花香四溢，芬芳馥郁，充满座间，终日不散。太上皇大为惊奇，命令统计被赐予人手上所剩下的香品，无论多少，重新收回，归入宫中，并称其古龙涎，以示珍贵。当时，宫中当权的诸位宦官各自争得一饼龙涎香，可值百缗（缗，量词，成串的铜钱，每串一千文），用金玉穿孔，用青丝带串起，佩于颈项前，露于衣领之间，不住抚摩，以示炫耀。此即为佩香。现今的佩香便是从古龙涎开始的。《铁围山丛谈》

龙涎香烛

宋代宫廷将龙涎香置入蜡烛中，用红罗缠绕蜡烛表面，点燃蜡烛，则香灰飞腾，香气弥散，有时香烟还可以幻化成五彩楼阁或龙凤纹理。《华夷花木考》

龙涎香恶湿

琴、墨、龙涎香和乐器，都忌讳潮湿，只要常接触人气就可以了。《山居四要》

广购龙涎香

明代成化、嘉靖年间，妖僧继晓、陶仲文等人，竞相奏献方术，大肆采购龙涎香，使其价格上涨。于是众人从远方运来此珍物，以取媚宫廷。

甲 香

甲香，螺类，大的如瓦盆，正面一边直缠，大约有几寸长，壳面交错不平，生有尖刺。甲香与其他香料混杂焚烧，其气息更加芳香；单独焚烧则香味不佳。甲香又名流螺，在各种螺里，属中流，味道最为厚重。生活在云南的甲香有手掌那么大，呈青黄色，长约四五寸。一般取其壳烧灰，用作香品。南方人也把它的肉煮着吃。今人常用它来制作合香，因为它能发出香味，又能聚集香味。甲香必须用酒、蜜来煮制，去除其腥味和涎沫后方能使用，具体方法参见后文。

广东出产的甲香品质最佳，河中府（今山西省永济县蒲州镇）出产的只有一寸来宽，嘉州出产的则大约像铜钱那么大，把它在木材上摩擦热了，投入味道醇厚的浓酒之中，二者自然成趣。如果制作合香时没有甲香，则最好用鲎鱼腹部的甲壳来代替，其作用与甲香相似。

酴醿香露（蔷薇露）

酴醿，以海国（位于欧洲北海上）所出产的为佳品。大西洋国家所出的酴醿，其花的形状似中原的牡丹。每逢天气寒冷之时，露水凝结成冰珠，附着在郊野之地的草木之上，即水化作的木冰（自然界雨雪霜沾附树上，遇寒而凝结成的冰），皆无芳香味。唯有蔷薇花上的冰露晶莹剔透，芳芬袭人，仿佛甘露一般。外国女子将它收集起来，用来泽养身体和头发，其芳香历经数月而不散失。本国人用铅制的瓶子将它贮藏起来，贩运到其他国家。

暹罗国人尤其喜爱此香，竞相用重金购买，毫不在意其价高。海外商船贩运到广州来的酴醿价格上涨，极其昂贵，大多用作闺中梳妆修饰之物。五代时，酴醿同猛火油（中国古代战争中使用的一种以火为武器的燃烧物，即石油）一起充当贡品，被称为蔷薇水。《华夷续考》

西域的蔷薇花，气息异常馨香浓烈。因此，大食国所出产的蔷薇水，虽然贮藏在琉璃瓶之中，又用蜡蜜封严，但香气仍然外泄，十几步之外就能闻到。一旦沾附在人的衣裳上，历经数十天而香气不散。广州人效仿外国之法炮制香水，但因没有蔷薇而选取素馨花和茉莉花为原料，其香气太过浓烈，袭人口鼻。此与大食国所出产的真正蔷薇水比起来，如同奴婢。《稗史汇编》

蔷薇水，即蔷薇花上面所凝结的露水，此蔷薇花和中国所产蔷薇不一样。西域人多用浸渍过蔷薇花的水来代替自然凝结的蔷薇花露，即伪造的蔷薇水。将蔷薇水装在琉璃瓶中，翻滚摇动数下，全瓶能生成丰富泡沫的为正品。

三佛齐国出产的蔷薇水为上品　。《一统志》

西洋客商说，蔷薇露，又名大食水。本地人每天清晨起床后，用手指在蔷薇花上蘸取一滴香露，搽在耳轮内，则口眼耳鼻都带有香气，终日不散。

蔷薇露事实

贡蔷薇露两则

五代时，番将蒲诃散将五十瓶蔷薇露贡献朝廷，此后极少有蔷薇露入贡。今人一般用茉莉花蒸制成的香水作为其替代品。

后周显德五年，昆明国贡献十五瓶蔷薇水入朝，据说是从西域得来的。将这种蔷薇水洒在衣服上，其香气直到衣服穿破也不会减弱。

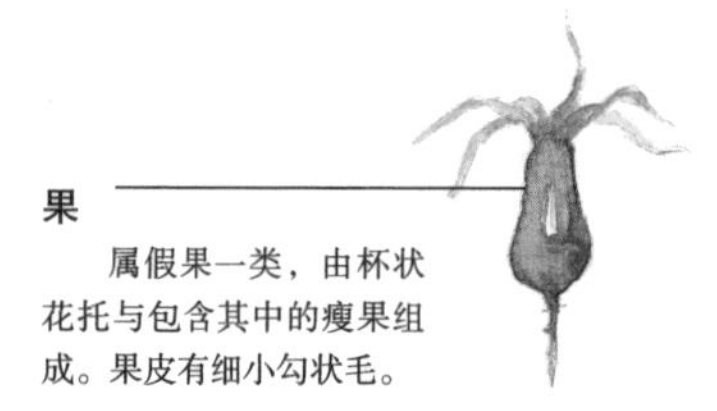

果

属假果一类，由杯状花托与包含其中的瘦果组成。果皮有细小勾状毛。

花

圆锥状伞房花序，顶生，每年开一次，有白、黄等多种颜色。

叶

互生，奇数羽状复叶，小叶近卵形，叶缘有锐齿，叶片平展，有柔毛。

野蔷薇

攀援灌木，茎青色，多刺，高可达2米。小枝圆柱形，无毛。喜生于路旁、田边或丘陵地的灌木丛中。

蔷薇根

根、果实、花均可入药。根、果实，性凉，味苦、涩，有活血、通络、收敛之功效。花，性寒，味苦、湿，可清暑热、化湿浊、顺气和胃。

□ 蔷薇

蔷薇别名野蔷薇、刺蘼、刺红、买笑、雨薇，蔷薇科蔷薇属植物，约100种，多年生灌木或藤本。花芳香而美丽，常为白色、黄色、橙色、粉红色或红色，多作为庭院栽培花种。蔷薇是最早用于提取花露的植物之一，在五代时，蔷薇花露传入我国。

① **蔷薇花墙**

用蔷薇的茎和花搭建的矮墙，既有分割空间的作用，又能增香。宫中的嫔妃们常将蔷薇花瓣采下，置于沐浴或洗脸的水中，以保养皮肤。

② **白玉兰**

庭中高树上所开的白花为白玉兰。玉兰花是名贵的观赏植物，其花大俏丽，幽香四溢，可用于提炼芳香精油。其花瓣亦可供食用，肉质较厚，具清香。清代《花镜》谓："其（花）瓣择洗清洁，拖面麻油煎食极佳，或蜜浸亦可。"

③ **牡　丹**

牡丹是古代宫妃最常用的香花之一，据载，杨贵妃最喜用牡丹花瓣汤沐浴。

□ **庭院观花**

清代陈枚所绘的《月曼清游图册》，描绘的是清代宫廷嫔妃们一年十二个月的深宫生活，此图为其中的一幅——四月"庭院观花"的情景。庭中蔷薇、牡丹、玉兰等竞相怒放，争奇斗艳。这些盛开的鲜花随时可以摘下来制作花露。

按：这两则记载，说的也许是同一件事。

饮蔷薇香露

榜葛剌国（今孟加拉国一带）的人不饮酒，恐其迷乱心性，（他们）只饮用蔷薇露和香蜜水。《星槎胜览》

野悉蜜香

野悉蜜香出产于拂菻国，波斯国也有出产。其苗径长达七八尺，叶片像梅树叶子，四季茂盛，其花为五瓣，白色，不结果实，花开之时，芳香遍野。与岭南的詹糖相似。西域人常采摘野悉蜜花压制出油，这种油非常香滑，唐朝人用它制作合香，就像蔷薇水一样。

诸香十六品

橄榄香（考证二则）

橄榄香出产于广海北面，是橄榄树木节所结成的胶饴（即饴糖，补中益气之品）状物质。焚烧时香烟清新，味道醇厚，没有普通香品的柔媚之气。诸香中，唯有此香与素馨、茉莉、橘柚的香气宛如真正的花木。《稗史汇编》

橄榄香是橄榄木的香脂，形状像黑色胶饴。江南人多选用黄连木和枫木的树脂仿制成橄榄香，只因二者与之类似。橄榄香因为出自橄榄树，故而独有一种清烈脱俗的气息，其品级在黄连与枫香之上。桂林、东江等地也有橄榄生长，当地居民采摘此香贩卖，但出产不多。其中，不曾混杂有木皮的纯树脂是橄榄香中的佳品。《虞衡志》

榄子香

榄子香出产于占城国中。占城国中的香树被虫蛇蛀空，而凝结在树心之中的香脂精华却完好无损，因其形状似橄榄核，故得名“榄子香”。

思劳香

思劳香出产于日南郡（今越南中部地区），形状像乳香、沥青，呈黄褐色，香气与枫香相似，交趾人用它来调和诸香品。

熏华香

按：此香是将海南的降真香劈成薄片，置于甑内，先用大食国的蔷薇水浸渍，再用文火蒸干煨制。此香的气息最为清扬，以樟镇所售卖的最好。

紫茸香

此香出自沉香、速香之中，质地非常薄，纹理滑腻，呈纯正的紫黑色。焚香时，几十步之外依然能闻到它的香气。也有人说，它是沉香中品质最优良的一种。近来有人用此香祭祀鬼神，作祷告。在山上焚烧此香，山下数里之内都能闻到它的香气。

珠子散香

此香为滴乳香中最晶莹纯净的一种。

胆八香

胆八香树生长在交趾、南洋各国。其树形像幼小的桂花树，叶子为鲜红色，像秋天的枫叶。将它的果实压出油来，与诸香料一同焚烧，能辟除恶气。

白胶香（考证四则）

白胶香，又名枫香脂。《金光明经》中称其为须萨析罗婆香。

枫香树形状像白杨，叶片圆而呈分裂状，能产生香脂。其果实有鸭蛋那么大，每年二月花谢，始结果，果实要到八九月份才成熟，晒干以后可作熏香。《南方异物志》

枫香树的果实只有九真（位于今越南北部）才有，用它能产生神奇的效果，是难得的宝物。枫香树脂就是白胶香。《南方草木状》

枫香和松脂都可以用来冒充乳香，只是枫香为淡淡的白黄色，一经焚烧，即可辨认真伪。枫香的功效虽然不如乳香，但也可以起到相似的效果。

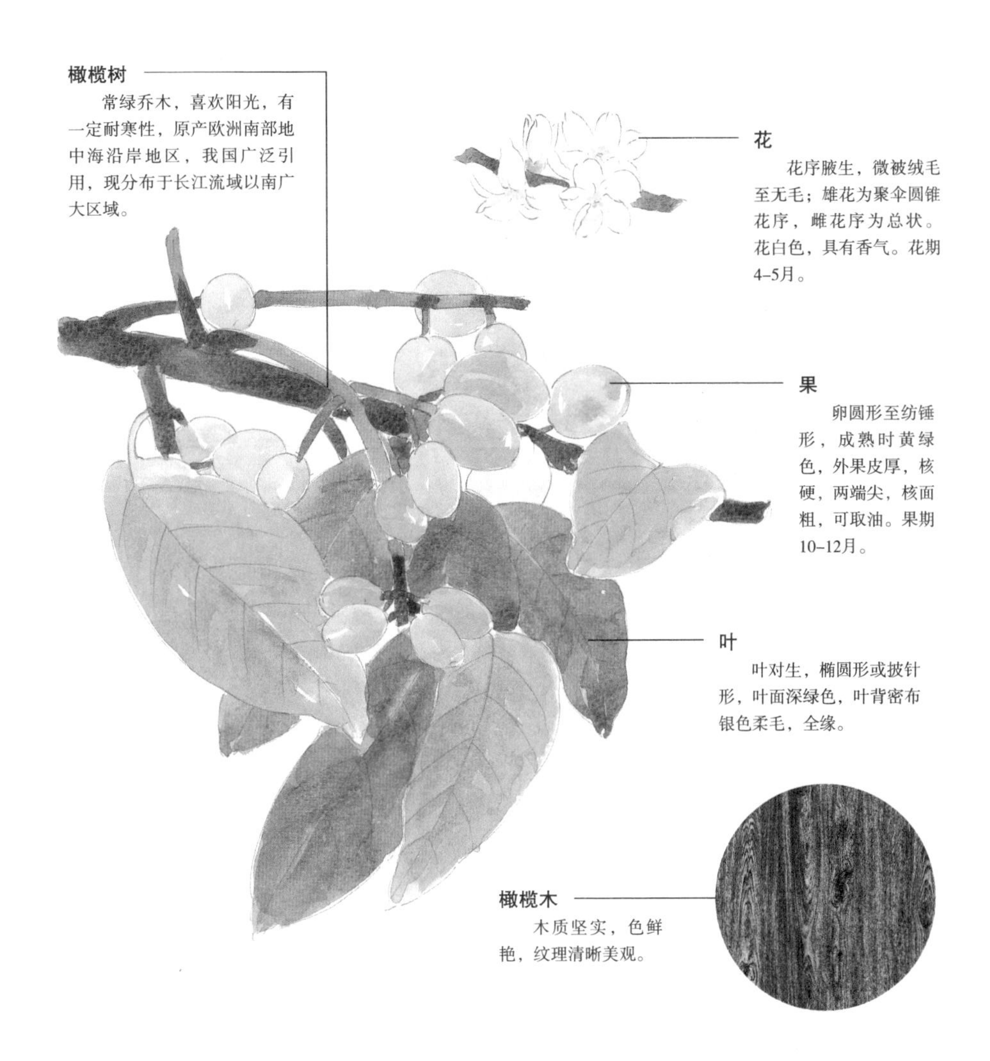

□ 橄榄

橄榄，又名青果，是一种硬质肉果，初尝橄榄味道酸涩，久嚼后方觉满口清香，回味无穷，可生食或渍制。李时珍称："橄榄治咽喉痛，咽汁，能解一切鱼鳖毒。"

橄榄药用，性平，味甘、酸，入脾、胃、肺经，有清热解毒、利咽化痰、生津止渴的功效。

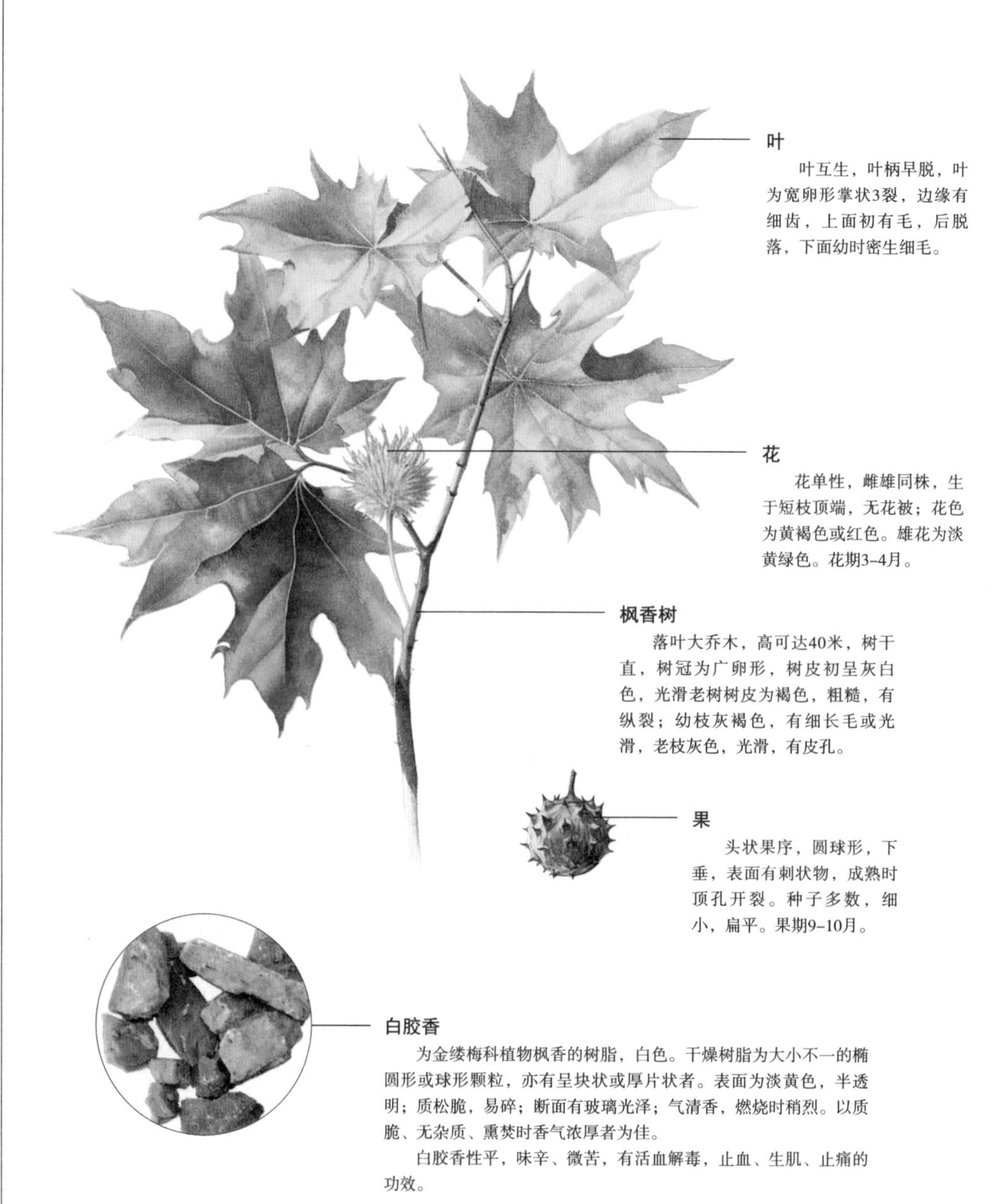

□ 白胶香

白胶香原名“枫香脂”，别名枫木、枫树、香枫、三角枫、鸡爪枫。始载于《唐本草》，为金缕梅科植物枫香的树脂。其植株可作为庭院、道旁的观赏植被。干燥的树脂或木质部分古时多用作熏焚的香料，亦可药用，有活血、解毒、止痛之效，可治痈疽、疮疥、瘾疹、瘰疬、金疮、齿痛等症。

乞达香

江南一带的山谷之中，生长着一种奇特的树木，名叫麝香树。焚烧此树的陈年老根，其气息清新浓烈，被称为乞达香。《清异录》

排香

《安南志》上说："喜好香事的人种植它（排香），五六年后就能结香了。"（按：此香也是占香之中较大片的，因它常被用作祝寿，又称寿香。）《香谱》

乌里香

乌里香出自占城的属国乌里城。当地人砍伐其香树，劈开树干，取得香木，用火烘焙，使香脂溢出来，将它卖给大小商人。因为是剖开树木而取得的香脂，所以品级比其他香料略次一等。《香谱》

豆蔻香（考证三则）

豆蔻树，像李树那么高大。每年二月开花，花上连着果实，豆蔻子相互簇连，其核、根气息芬芳，呈壳状，七八月份果实成熟，晒干后剥食果核，味道辛香。《南方草木状》

豆蔻生长在交趾国，其根部像姜那么大，果核像石榴，味道辛烈，带有芳香。《异物志》

唐传奇《霍小玉传》中霍小玉用豆蔻香熏衣。作者按：豆蔻不是用来焚烧的香料，它的果核和根部味道辛烈，只能用来制作合香。霍小玉用来熏衣的，应该是另一种香料。这种香料因形状似豆蔻而得名，就像鸡舌、马蹄等香名一样。都梁、郁金之类，原来也不是名贵的香品，而豆蔻也只不过是一种小草，人们提笔作文之时，常常借它来铺排辞藻，追引名典雅事，递相援述，不再考证其是非。

奇南（蓝）香（考证六则）

占城国的奇南香，皆出自同一座山中，当地酋长禁止人们采摘此香，违反禁令者会被斩断手臂。人们因此而视其为贵重香品，而乌木、降香之类却被砍来当柴烧。《星槎胜览》

宾童龙国也出产奇南香。《星槎胜览》

奇南香品类繁杂，出产于海上各国的山中。那些枝茎内层暴露在外面、树木枯死而根部尚存的奇南香木，因其气性温和，故而被大蚂蚁营造成巢穴。蚂蚁在外面吃了花蜜回到巢穴中，将蜜渍遗留在香木上，香木日久便浸入花蜜。为蜜香所浸染的香木结实、坚固而润泽，结成了香。香未死、蜜气未老的，被称为生结，是奇南香中的上品；香树枯死而根尚存、蜜气凝结在干枯的根部的，质地润泽，宛若糖片，被称为糖结，是奇南香中的中品；被称为虎皮结、金丝结的，因其结香时间尚短，香木与花蜜之间的气息尚未交融幻化成一体，其木性成分较大，而香味较少，是奇南香中的下品。奇南香有时用来制作带鞓。此香大多是凑合而成，但看似天然生成。事实上，想要得到纯正完整的奇南香是很难的。《华夷续考》

奇南香与降真香的香木皆黑润。天下难寻奇南香，因此价格极高。此香只出产于占城国。《华夷续考》

上古时并没有关于奇南香的记载，它是近来才贩入中国的，故而音译为奇蓝、茄蓝、伽南、奇南、棋楠等，这些名字使用起来都没有确切的依据。此香有绿结、

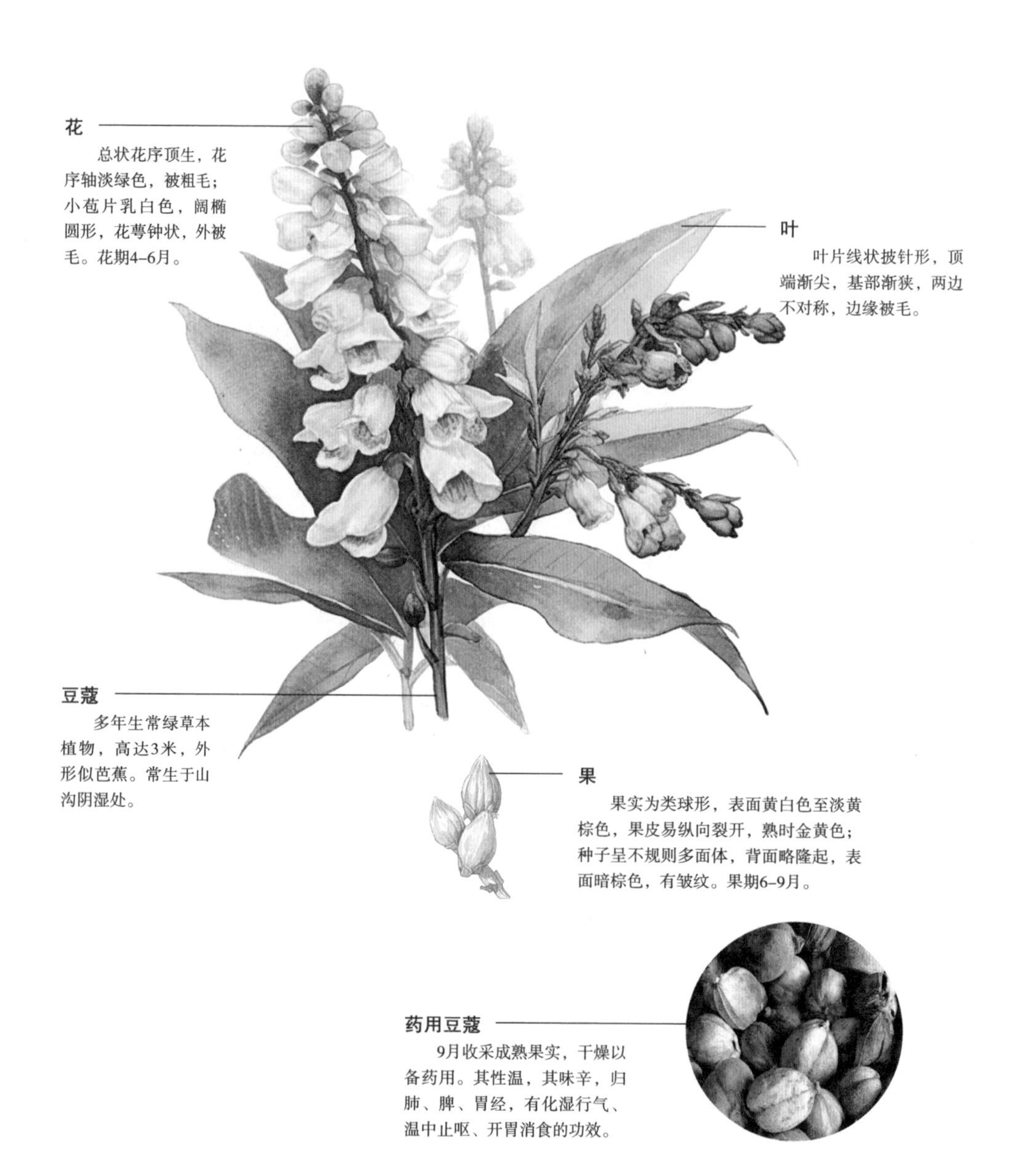

□ 豆蔻香

豆蔻别名白豆蔻、圆豆蔻、原豆蔻，为姜科植物白豆蔻爪哇白豆蔻的干燥成熟果实。根据产地不同分为原豆蔻和印尼白蔻。文学作品中，豆蔻常用来比喻少女，杜牧《赠别》（其一）中的“娉娉袅袅十三余，豆蔻梢头二月初”就以豆蔻形容少女。

绿奇楠

色如莺毛，横切面绿多黄少，香气闻起来很舒服。绿奇楠盛产地位于越南，因其香味清甜带有丝丝凉味，又含有丰富的油脂，再加上拥有随性的外形而颇受各位收藏者的喜爱。绿奇楠的外形给人一种豪放之感，其气味有令人通体舒畅、去除烦躁的效果。

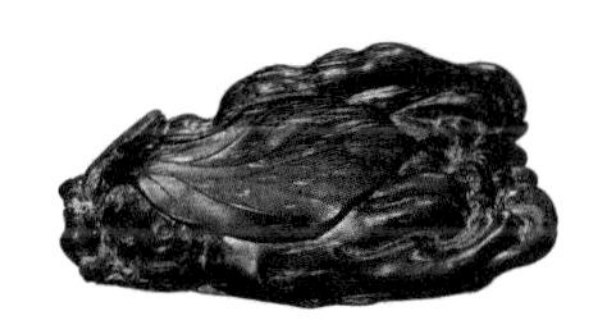

紫奇楠

为越南盛产的一种熟沉香，其肉质红褐色，口感麻涩有苦味。油脂高而均匀者为上品。从外观上可分为两种：一种肉质灰紫色，呈板片状；一种肉质红紫色，呈丝条扭曲状。

黄奇楠

整体颜色微黄，香味虽好但不持久。

白奇楠

白奇楠并不是白色的，其油脂颜色偏褐色，油线极细，所以整体看起来表面颜色通常偏浅，因此俗称为白奇楠。其质地非常柔软，奇香无比，香味持久，较为稀少。

糖结、蜜结、生结、金丝结、虎皮结等品类，以呈黑绿色、能用指甲掐出油来、品质柔韧者为最佳。佩戴此香，能够提养真气，使人不思小便。真品奇南香的价格是黄金的数倍，但极少能获得。只消佩戴少许奇南香，便能使满堂充盈馥郁的香气，且经久不散。今人所见的奇南香，都是当地酋长禁山后外面所出产的。世人所用的端溪砚，未尝不是端砚，而价格与平常的石砚也差不多。然而真正的端溪砚，必须是宋坑（北宋时发现采石，故名）、岩水底等处，如苏轼所谓“千夫挽绠，百夫运斤”之所出者，才可以视为珍宝。奇南香真品之难得，也正同此理。倘若得到了奇南香真品，必须慎加保护。如果将它制成了扇坠、念珠等用品，当空气过于干燥，或风寒暑湿之时，不能将之取出来使用。平时拿出使用数日之后，应收藏起来，以免损耗其香气。其具体的收藏方法为：使用锡制的匣子，在里面填充以奇南香本身的香末，匣子外再套一个匣子，外层的匣子里放置少许蜂蜜以滋润香末，这样的香末便能很好地养护香品。香匣若为方形，蜜匣则选择圆形的；蜜匣若为圆形，香匣则选用方形的。香匣不用盖子，外层的蜜匣则须用盖子盖严。这就是藏香之法的真谛。

奇南香一旦见水，则香气散尽。通常用热水来蒸香的做法，是大错特错的。

按：有关“奇南香”的记载，各书均有不同，其名字的中间一字的写法，亦有不同，但均为同一种香品。基于对原书的尊重，本处皆遵循原书记载，未在此统一写法。

唵叭香

唵叭香出产于唵叭国（在中南半岛）。色泽乌黑而带有红润的为最佳。此香焚烧时不是特别香，但比较好闻，可以用来调和诸香，又能辟除邪气鬼魅，此香以质地柔软纯净、色泽明亮的为上品。

唵叭香辟邪

燕都（明代都城北京）有一处空置的房舍，房内居住着鬼怪，没有人敢进去居住。有个人偶然住宿在房内，焚烧唵叭香。当天夜里，听到一个声音说：“是谁在焚烧这种

香？害得我们头痛，这里不能居住了！”从此，这处房舍就再也没有鬼怪了。《五杂俎》

朝贡唵叭香

西番各国与蜀地相通，其进贡之道必须经由成都。有三年一朝贡的，也有一年一朝贡的。其朝贡的各种宝物之中就有唵叭香。《益部谈资》

作者按：唵叭香，以前从未听说过。《五杂俎》和《益部谈资》是两部新近问世的书。

撒馥兰

撒馥兰出产于夷方（今山东、江苏一带），像广东的兰子香，气味清和，适用于制作合香。吴恭顺的“寿”字香饼中只增加了这一种香料，就成为了各种香品中的王者。

乾岛香

乾岛香出产于滇中，其树木像榆树，选取其根部的表皮，加以研磨，制作成印香，味道极其清远。宁静的夜晚，幽窗之下，每每闻到这种香气，能使人产生超凡脱俗的幻想。

卷二·佛藏诸香

释 香

象藏香

南方有一位贩卖香料的老人，善于识别各种香料，能探知所有极品香的出产地。

有一种叫象藏的香，因龙缠斗而生。将此香焚烧一丸，即能升起浓厚的香云。此香能令众生百病不侵。《华严经》

又有人说：焚烧一丸象藏香，便能兴起大光明，细腻的香云覆盖其上，弥漫着甘露般的气息，播降甘雨七天七夜。《释氏会要》

无胜香

大海之中，有一种无胜香，经它涂抹的战鼓和各种海螺、贝壳，敲击时所发出的声响能使所有敌军自行撤退。《华严经》

净庄严香

善法天（佛教用语，即忉利天，欲界第二层天）中有一种香，名叫净庄严香。焚烧此香一丸，诸天中人闻之，都会在心中念佛。《华严经》

牛头旃檀香

此香从离垢地（佛教中菩萨修行五十二阶位中十地位之第二位）中生出，用它来涂抹身体后，火不能烧身。

香严童子

香光庄严童子对佛祖说："我看到比丘（梵文，又作比呼。指年满20岁，受了具足戒的男子）在点燃沉水香，香气寂然无声地飘进我的鼻孔。我观察这袅袅的香气，它既不是木头，也不是虚空；既不是烟，也不是火。它飘走的时候毫不迷恋，飘进我的鼻孔的时候也不知从何而来。我的意识也和沉香的香气一样，一时销之清净，以此证得无漏（修持无漏法所得的正果，又指阿罗汉果）的果位。佛陀印证了我

◎旃檀佛像

佛经记载，释迦世尊成道后，应帝释天之邀，上忉利天宫为其母亲演说佛法。人间的优慎王思念他，就命工匠用牛头旃檀木雕造了释迦牟尼佛立像。释迦世尊从天界返回人间后，亲自为旃檀像开光，并预言在他圆寂一千年后，旃檀像将到中国利益众生。此后，任何材质制成的此样式的佛像都称为旃檀佛像。在佛教造像中，旃檀佛像右手屈臂向上伸，表示能解除众生苦难。

①莲 座

佛教莲花座都做成六角形，下部做一个须弥座，其上枋、下枋都做三重或四重，束腰部分每面刻台门，上下做仰莲与俯莲。在转角部位还做出束腰柱，并用力士支顶，上、下枋都绘制彩云。在这个须弥座的顶部，再做一层大莲瓣座。

②明 灯

明灯是礼佛时常用的器具。

③香 炉

炉中有正在燃烧的香球。香是礼佛的必需品。

④珍宝盘

内盛水果、香草，代表供奉世间美食。

⑤香 花

佛教将优昙花、曼陀罗花、莲花、山玉兰视作四大吉花。其中莲花在佛教中极受推崇，被视为圣洁之花。

⑥贝 壳

内盛草本植物制成的香水，用于供奉旃檀佛，作涂身之用。

的修行，赐给了我‘香严’的名号，尘俗意气化为乌有，自性妙香周密圆满。我说是从香气的庄严证得阿罗汉的果位，佛陀叫我报告如何圆满通达佛法，如果依我所证得的，以香气的庄严为第一。”

兜娄婆香

在祭坛前另外安放一尊小炉子，用此香所煎取出的香水来淋湿炭块，燃烧时能使炭火猛烈勃发。《楞严经》

烧沉水

焚烧沉水香时，不能让火外露。《楞严经》

三种香

三种香，即根香、花香、子香。此三香遍及每个角落，有风无风的时候都能够闻到。《戒香经》

世有三香

世间有三种香，即根香、枝香、花香。它们只能随风播散香气而不能逆风传播香气。难道有哪一种高雅的香，既能随风也能逆风播洒香气吗？《戒德香经》

旃檀香树

神说，此树为旃檀，其根茎与枝叶能治疗人类百病。它的香气在极远的地方也能闻到，是世上奇异之物。人们对它的贪求自不在话下。《旃檀树经》

旃檀香身

世尊（对佛陀的尊称）对弟子阿难陀说：“有陀罗尼名为旃檀香身。”《陀罗尼经》

持香诣佛

是时，难头和难龙王（佛经人物）各自舍弃了本来的居所，都拿着泽香、旃檀、杂香等，去佛陀所居住的地方诣见。来到新岁场（佛经中的圣地），他们皈依听命于佛陀与圣众，稽首跪拜，献上旃檀、杂香，供养佛陀和众比丘。

传香罪福响应

佛说：“过去摩诃文佛时，普达王是大户人家的子弟，其父供养三尊佛。父亲命他传香供佛，一名胁侍者成佛前，常在佛陀的身边，协助佛陀弘扬佛法，教化众生，普达王对他有轻慢之意，便不给他香品。然而，因果报应，普达王后来遭受祸殃。在他暂时受人驱使期间却时刻不忘奉守佛法。如今才得以为王，领导人民。应当知道，这是他平时施舍的结果，不要有不平之意。当年的那位胁侍，虽不曾得到香品，却没有憎恨之意，甚至许下誓言说：‘如果我能得道，当来度此人成正果。’如今福愿果能应合，现在就来度化普达王和他的人民。”《普达王经》

多伽罗香

多伽罗香，此处即根香。多摩罗跋香，此处即藿香、旃檀香。佛说：“与乐（佛家习称檀香为‘旃檀’，意思是‘与乐’，给人愉悦），就是白檀香，能治疗热病。赤檀香则能治风肿之症。”《释氏会要》

法华诸香

须曼郝华香、阇提华香、波罗罗华香、青赤白莲华香、华树香、果树香、

◎三尊佛像

三尊佛是由主尊及左右两胁侍组成的佛像形式。三尊佛中，主佛通常盘腿打坐，左手横放，右手向上屈指作环形，即佛教中的“说法相”。上图为药师三尊：以药师如来为主尊，左右两胁侍为日光与月光二菩萨。

① 药师如来

药师如来，全称药师琉璃光如来。此佛于过去世行菩萨道时，曾发十二大愿，愿为众生解除疾苦，使具足诸根，导入解脱，故依此愿而成佛，住净琉璃世界，其国土庄严如极乐世界。

② 月光菩萨

月光菩萨，又作月净菩萨、月光遍照菩萨，与日光菩萨同为无量菩萨众中之上首，立于药师如来之右侧。“月光遍照”在佛法上表静定，映现明澈清辉，容摄大千世界芸芸众生，使其免受贪、嗔、痴三毒之苦。

③ 日光菩萨

日光菩萨，又作日光遍照菩萨、日曜菩萨。“日光遍照”在佛法上表智慧，放射无量光明，普透一切宇宙生命，使昏昧迷蒙醒觉。其与右胁侍月光菩萨在东方净琉璃国土中，为药师如来佛的两大辅佐。

旃檀香、沉水香、多摩罗跋香、多伽罗香、拘鞞陀罗树香、曼陀罗华香、殊沙华香、曼殊沙华香，以上香品均为法华香。

殊特妙香

佛陀之生父净饭王命令蜜多罗教太子读书。当时太子刚刚入学。净饭王将最上等的牛头旃檀香做成书版，用七宝（即藏传佛教中的“西方七宝”：玉髓、蜜蜡、砗磲、珊瑚、珍珠、金、银）来装饰书四周的边缘，用各种殊特妙香来涂抹书背。

◎引路菩萨

引路菩萨，即引导亡者往生净土的菩萨。其名号在诸经典中未见，但敦煌千佛洞之出土文物中有其图像及名号。宋代以后，引路菩萨逐渐演变成民间信仰。在丧事出殡行列中，常有人手持书写“往西方引路王菩萨”的挽旗走在行列的前面，以引导亡者往生西方。

①香 炉

引路菩萨右手持一柄香炉，炉中升起香烟一缕，烟中有五彩云，云中现引路的目的地连净土宝楼阁。

②璎 珞

菩萨头戴莲花冠，双足踏莲花尊，身佩璎珞，天衣庄严。

③巾 幡

引路菩萨左手持莲花，花上有巾幡。巾幡是死者出殡时引路的旗帜。此处菩萨为净土世界领路人，表达对死者的祝愿。

④贵 妇

此为菩萨引导之人。其恭敬地跟随引路菩萨，在菩萨的带领下到达净土宝楼阁。

石上余香

帝释天、梵王用牛头旃檀来涂抹装饰佛身，直到今天，佛身上仍留有馥郁余香。《大唐西域记》

香灌佛牙

僧伽罗国（今斯里兰卡）的王宫侧面，有一座佛牙精舍。国王一日灌洗佛牙三次，使用香水、香末，或洗沐，或焚熏，竭力寻找珍奇，极力供养。《大唐西域记》

譬言

佛以乳香、枫香为泽香，以椒、兰、蕙、芷为天末香，并言："天末香，莫若牛头旃檀。天泽香，莫若詹糖、熏陆。天华香，莫若馨兰、伊蒲。"后汉时期的"伊蒲（素食供品）之供"与此同。

青棘香

佛经上说："终南长老入定的时候，梦见天帝赐给他青棘之香。"《鹤林玉露》

风与香等

佛经上说："人的嗅觉所感受到的，是风与香等。"《鹤林玉露》

香从顶穴中出

唐代时，西域名僧僧伽居住在长安荐福寺。僧伽大师经常独居一室，他头顶上有一个洞穴，白天总是用棉絮塞住。夜晚，他拿掉棉絮，香气立刻从他头顶的洞穴中飘散出来，烟气满屋，异常的芬芳馥郁。到了拂晓，香气回到穴中，仍旧拿棉絮将它塞好。《本传》

结愿香

有一位郎官，梦到自己前往松树林里拜谒一位老僧人，僧人面前有一尊香炉，散发出微弱的香烟。僧人对他说："这是施主您的结愿香，香烟尚且存在，表明檀越（指'施主'）您已有三世荣显、身着朱紫色服的命运了。"北宋诗人陈去非（陈与义）有诗云："再烧结愿香，稍洗三生勤。"

所拈之香芳烟直上

会稽山的阴灵宝寺内有一座木制佛像，乃是东晋雕塑家戴逵雕制。东晋人郗嘉宾拈香祝告说："倘若世事有常，将再来拜谒，重睹圣颜；如世事无常，愿将来与您相会于弥勒佛前。"话音刚落，其所拈之香就在手中自己燃起来了，芬芳的香烟飘然直上，直到云际。余留下的芬芳气息，在整座寺院中萦绕不散，散播着馨香之气。当时，僧、俗人等没有不感奋激励的。这尊佛像至今仍被供奉在越州的嘉祥寺中。《法苑珠林》

香似茅根

唐高宗永徽年间，终南山龙池寺的沙门智积，在谷中闻见一股香味，不知从何而来，深感讶异。后来，他发现香味是从涧底的沙里飘出来的，就拨开沙子细看，只见一种像茅根一样的东西被沙土裹夹着，散发出极其芬芳馥郁的气味。于是，他就着涧水抖去沙土，轻轻拨弄清洗，整条水涧之中，都沾上了香气。智积把此物带回龙池寺的佛堂之中，整座佛堂顿时溢满香气。《神州塔寺三宝感通录》

香熏诸世界

莲花藏，香味与沉水香类似，出产于阿那婆答多池（唐言无热恼。相传为阎浮提四大河之发源地，意为清凉池）边。此香每丸有麻子（麻类植物的子实）那么大，其香能熏染阎浮提界。又有人说："白旃檀香能使众生感觉清凉；黑色沉香能熏染整个法界。"还有人说："天界中的黑旃檀香，只需焚烧一铢，便能熏遍整个小千世界。三千世界中的奇珍异宝，都不及它的价值那么高。"

◎观音菩萨

观音菩萨，又称观世音菩萨、观自在菩萨、光世音菩萨等，从字面解释就是“观世间民众的苦难”的菩萨，是四大菩萨之一。在佛教中，观音菩萨是西方极乐世界教主阿弥陀佛座下的上首菩萨，与大势至菩萨同为阿弥陀佛身边的胁侍菩萨。观音菩萨与阿弥陀佛、大势至菩萨一起并称“西方三圣”。

观世音大约在三国时传入我国，是大慈大悲的化身。唐朝以前，观世音的像都属于男相，印度的观世音菩萨也属男相。佛教经典记载，观音大士周游法界，常以种种善巧的方法度化众生。其女性形象可能由此而来，但也可能与观音菩萨能够“送子”有关。

观音相貌端庄慈祥，手持净瓶杨柳，具有无量的智慧和神通，大慈大悲，普救人间疾苦。当人们遇到灾难时，只要念其名号，他便前往救度。

信众事实

香印顶骨（考证二则）

印度国用七宝制成小窣堵波（即佛塔）以供奉如来佛顶骨。佛骨周长一尺二寸，连头发孔都看得很分明，呈黄白色。佛骨被盛放在宝函之内，供奉于窣堵波中。有想求知善恶等相的信众，用香料的碎末和成香泥，印在顶骨之上，随着佛的福感指引，香泥上生出焕然的纹理。

还有为染病婴孩祈求康复的，涂抹香泥，撒香花，至诚向佛祖祈求，很多婴孩蒙佛的法力得以治愈。《西域记》

◎神传二十四香谱

佛教上香，以三支为宜，以表示戒、定、慧三无漏学，也表示供养佛、法、僧常住三宝。这是最圆满文明的烧香供养之法。上香不在多少，贵在心诚，正所谓“烧三支文明香，敬一片真诚心”。二十四香谱，则是根据上香后三炷香燃烧过程中的形状来预测吉凶的文谱。

平安香

香的形状：左、中、右三香始终保持香头平行。

意义：平安无事。

小天真香

香的形状：左右都低于中间，且左右持平。

意义：有神仙降临。

大天真香

香的形状：左右持平，且低于中间三分之一。

意义：有佛祖降临。

小莲花香

香的形状：左右持平，且高于中间一个香头。

意义：三日内有吉事。

大莲花香

香的形状：左右持平，且中间低半个香头。

意义：七日内有财运喜事。

长生香

香的形状：左中持平，且低于右四分之一。

意义：三日内有人来相邀。

天地香

香的形状：左中持平，且右高于左中，悬殊较大。

意义：天地采香，急焚香火。

疾病香

香的形状：右高，左稍低，中间最低。

意义：七日之内有人患疾病。

禄 香

香的形状：左右都低于中间，且左比右高半个香头。

意义：官禄将会出现忽高忽低的情况。

口舌香

香的形状：左右持平，且中间短。

意义：七日之内有凶人来争是非。

献瑞香

香的形状：左右持平，且中间高度为左右高度的三分之一。

意义：三日之内有吉祥之兆。

催供香

香的形状：右中持平，且左比右中低一个香头。

意义：三日内会有祖宗来，须准备供品。

孝服香

香的形状：左中持平，且右稍低。

意义：七日内家有命终之人。

增福香

香的形状：左中持平，且高于右边四分之一。

意义：十日内有吉祥如意祝福降临。

催命香

香的形状：左中持平，右较短，悬殊较大。

意义：一月中有命终之人，或半年内伤小口。

催丹香

香的形状：左低，中右高出左边一倍。

意义：身体健康，愚人增智。

功德香

香的形状：从左到右，呈阶梯形增高。

意义：功行全备，有神灵保佑。

极乐香

香的形状：从左到右，呈阶梯形降低。

意义：有喜庆之事即将来临。

成林香

香的形状：左高于中右一个香头，中右持平。

意义：做任何事都有守护神护卫。

增财香

香的形状：中最高，右次之，左最低。

意义：十日之内有进财之兆。

恶事香

香的形状：左最高，右低于左边三分之一，中间最低。

意义：七日之内有人来打斗是非。

消灾香

香的形状：左高于中右，且中右持平。

意义：消灾解难、远离祸害、圆满幸福。

贼盗香

香的形状：左低于中间一个香头，右低于中间一个半香头。

意义：近日将有小偷或强盗入门。

寿 香

香的形状：左中持平，且低于右一个香头。

意义：左边的香灰搭在右边的香上就是增寿，右边的香灰搭在左边的香上就是减寿。

买香弟子

西域僧人佛图澄让一弟子去西城买香。该弟子立即出发。不久，佛图澄对其他的弟子说，他在手掌中看到买香弟子在某个地方被强人抢劫，正处于垂死之际。他忙烧香祝告，遥相救护那弟子。买香弟子平安回来后，说某月某日在某个地方，被强盗所劫，正当要被杀害时，忽然闻到一股香味，贼人莫名其妙地惊叫道："救兵已经来了"，便丢下他仓皇逃走。《高僧传》

以香熏身

圣帝驾崩之时，用一千张劫波育毡缠绕周身，将香露浇灌其上，使之透彻全身，再将身体上下四面都堆上香，放火焚烧。火化后，拣取骨头，用香水清洗，盛放在金瓮之中，用石材制成匣子收藏。《佛灭度后棺敛葬送经》

戒香

燃烧戒香，能熏染佛家慧缘。戒香芳香馥郁，香气持久，以应我佛法轮常转之意。《龙藏寺碑》

戒定香

佛家有定香、戒香。唐代诗人韩偓《赠僧》诗中写道："一灵（人的灵魂）今用戒香熏。"

多天香

波利质多天树（佛教植物中的树中之王，又名天树王），其香气在逆风时能闻到。《成实论》

如来香

但愿此香的烟云能遍布于十方界无边的佛土之中。无量香气息庄严，具足成佛之道，成就如来之香。《内典》

浴佛香

用牛头旃檀、芎䓖、郁金、龙脑、沉香、丁香等香品煎熬成汤，放置于洁净的容器之中，慢慢洗浴。《浴佛功德经》

作法事实

古殿炉香

有人问："什么是古寺一炉香？"宝盖约师回答道："历来无人嗅。"那人又问："嗅到香味的人又如何？"宝盖约师回答道："六根（即眼根、耳根、鼻根、舌根、身根、意根）俱不到。"

买佛香

有人问："'动貌沉古路，身没乃方知'当做何解释？"法师答道："这就好比是偷佛祖的钱去购买佛香。"那人说："我不会这样。"法师回答道："那就烧香供奉你的父母吧。"

万种为香

高僧永明寿公（唐末五代禅宗永明延寿禅师）说："捣碎万种香料而调制成香品。焚香时，只需要一点点，就能嗅到众多香品的气息。"《无生论》

合境异香

杯渡和尚（南北朝刘宋时代的佛教僧人）到广陵城去，途中与村舍一李姓人家相遇。之后，村中人竟都能闻到奇异的香味。《仙佛奇踪》

◎佛教上香

以香礼佛，重在“诚敬”二字。供佛、供香虽有种种仪轨，而究其实质，都旨在唤起、培扶修持者的诚敬心。若无诚敬之心，则一切外在的举止言行无论如何严整，也是刻板无光，难增智慧功德。据《华严孔目章》卷一记载，以身仪之端正、内心之虔诚与否，而分礼佛之态度为三种。一、成过礼。礼佛时，身仪不正，与轻慢相应，必有过失。二、相似礼。礼佛时，身仪虽似端正，而与杂觉相应。三、顺实礼。礼佛时，身仪端正，并与正智相应。

以香礼佛，始于印度。据《大智度论》卷三十记载，天寒时多行烧香、涂香则通于寒时、热时。其后，烧香用于迎请、供养佛菩萨之行事中。诸经中多有烧香供养的记载。在佛教中，烧香的仪轨至关重要。

供香前，要洗手、漱口、端正仪轨，身心寂静安定。点香时不可用口把明火吹灭，点好后将香举置胸前，香头平对菩萨圣像。将香插好后，退半步问询即可，不用一直点头。上完香后，应面对佛像，肃立合掌，恭敬礼佛。

1. 点香

将香点燃，用两手的中指和食指夹住香炷，大拇指顶着香的尾部。

2. 上香

上香时，用大拇指、食指将香夹住，余三指合拢，双手将香平举至眉齐。

3. 插第一支香

用左手分插。第一支香插中央，插时默念：供养佛，觉而不迷。

4. 插第二支香

第二支香插右边，插时默念：供养法，正而不邪。

5. 插第三支香

第三支香插左边，插时默念：供养僧，净而不染。

九龙吐水

在佛教故事中，释迦牟尼出生时天空有九龙出现，龙口吐出香水为他沐浴。后世的浴佛节便来源于此。每当佛陀诞辰，各地模仿九龙吐水沐浴，以象征佛教弟子信守佛法。

佛盘香汤

佛陀诞生与莲花关联密切，步步生莲的故事以及莲花座台都是典型的象征。每当浴佛节时，各佛寺在寺院摆设佛桌，上面安置大佛盘，盘中莲台立有释迦牟尼像，盘中盛满“香汤”，诸信众舀汤浴佛。

□ **香汤浴佛**

香汤是指添加诸种香料烧制而成的温热汤水，多用于洗净身体。浴佛节时，必须用多种香料制成香汤洗浴佛像。《浴佛功德经》记载：“若浴佛像时，应以牛头旃檀、白檀、紫檀、沉水、熏陆、郁金香、龙脑香、金陵、藿香等于净石上，磨作香泥，用为香水，置净器中。于清净处以好土作坛，或方或圆，随时大小，上置浴床，中安佛像，灌以香汤，净洁洗沐。”

每年的农历四月二十八日为佛诞日，以香汤浴佛像，即依据上述所说而来。常用的香汤是七香汤，用陈皮、茯苓、肉桂、当归、甘草、地骨皮、枳谷七味草药和香料煎制而成。

烧香咒莲

西域佛图澄大师取来一盆清水，并对着它烧香念咒，顷刻之间，青莲从盆中清水里长出来。

香光

乌窠禅师（唐代杭州人，名道林）的母亲朱氏，梦见阳光入口，因而有了身孕。母亲诞他之时，满室的异样香气，故而给他起名为香光。《仙佛奇踪》

◎莲花手菩萨像

传说有一头大象去摘池塘中的莲花，不幸滑进烂泥中，便痛苦地大喊并祈祷那拉衍那（为毗湿奴的一个身形）。正在丛林中的圣观音听到求救声后，立即变成那拉衍那的样子，将大象从沼泽中解救出来。为表达感激之情，得救的象将采得的莲花献给观音。观音则将莲花献给了释迦牟尼佛，释迦牟尼又将此花献给他的本尊无量光佛。为了赞扬观音的慈悲行为，无量光佛让观音手持莲花，继续做有益于众生的事。此后，观音就以“莲花手”著称。

① 与愿印

莲花手菩萨通体红色，象征火焰和激情。右手施与愿印（佛教姿态之一，布施、赠予、恩惠、接受之印），以满足众生愿望。

② 宝 瓶

宝瓶内插满资粮树，资粮树须修行才能获得。

③ 五彩莲花

观音立于彩色莲座之上，左手牵一枝五彩莲花，莲花形于左肩。莲花本是佛的象征，这里还代表本尊观音。

自然香洁

伽耶舍多尊者（西天二十八祖之第十八祖）的母亲怀孕七日后便诞下了他，尚未沐浴，尊者的身体就自然馨香、洁净。《仙佛奇踪》

临化异香（两则）

唐代僧人慧能大师跏趺坐化时，异样的香气袭人口鼻，日月周围的白色晕圈出现在大地之上。《仙佛奇踪》

又有智感禅师将要坐化时，室内弥漫着奇异的香味，历经数十天而不散去。

附：佛教香经

佛教诸经

《佛说戒德香经》

［经文提要］本经主要讲述：贤者阿难思索世上是否有一种香品能不受风力影响，自在传播香气。他以此向世尊释迦牟尼佛请教。世尊说，如果有人修持十善，敬事三宝，他就能拥有一种妙香，此香能不受风力影响，自在传播香气。这是释迦牟尼佛在用香来比喻戒德。

我是这样听佛说的。一次，释迦牟尼佛游历到舍卫国的祇树给孤独园。当时，贤者阿难悠闲地生活着，并独自思索道："世间有三种香，一是根香，二是枝香，三是花香。这三种香只能随风播洒香气，不能逆风传播香气。难道世上没有一种高雅的香，既能随风传播香气，又能逆风播洒香气吗？"

贤者阿难不得其解，就从座上起立，来到释迦牟尼佛那里。阿难稽首行礼，拜倒在佛祖脚下，长跪叉手（佛教术语，指合掌十指交叉），对释迦牟尼佛说："我独自一人思索，世间之上，有三种香，一是根香，二是枝香，三是花香。这三种香都只能顺风播洒香气，而不能逆风传播香气。难道世上没有一种高雅的香，无论顺风还是逆风，都能传播香气吗？"

释迦牟尼佛告诉阿难说："问得好啊！正如你所问的，有一种香，确实既能顺风又能逆风传播。"

阿难对释迦牟尼佛说："希望听您讲授此香的奥秘。"

释迦牟尼佛说："如果在某郡国，某县邑，某村落，有信奉佛法的男人或女人，修行十善：身不行杀生、偷盗、邪淫之事，口不说谎言，不挑拨是非，不说粗俗之语，不说浮华无益的言辞，心无嫉妒、恨怒之意，能孝顺父母，奉事三尊，道德仁慈，礼节威仪。东方无数沙门、梵志（婆罗门教）就会歌颂他的功德。同时，南方、西方和北方，四维上下的沙门、梵志也都歌颂他的功德道：'某郡国，某县邑，某村落，有信奉佛法的男人、信奉佛法的女人，奉行十善，敬事三宝，孝顺仁慈，道德恩义，不失礼节。'此香就会顺风或逆风播洒香气，遍照十方宣德，一切蒙其恩惠。"言毕，释迦牟尼佛称颂道：

虽有美香花，不能逆风熏。不息名旃檀，众雨一切香。

志性能和雅，尔乃逆风香。正士名丈夫，普熏于十方。

木蜜及栴檀，青莲诸雨香。一切此众香，戒香最无上。

是等清净者，所行无放逸。不知魔径路，不见所归趣。

◎阿难像

阿难是佛陀最得意的弟子之一，常和佛陀探讨佛法。《佛说戒德香经》中有记载：阿难认为，世间的根香、枝香和花香这三种香，只有顺风才能传播香味，而逆风则不能。于是他请教佛祖，是否有雅香不管是顺风还是逆风都能传播香气。佛祖以香喻德，告诉他，一个人若行善积德，他的德行将声名远扬，如同不受顺风、逆风影响的雅香一样。

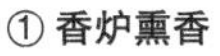

① 香炉熏香

案上置有一狻猊形熏炉，以营造清雅的修炼环境。佛家把香引为修持的法门之一。其中最著名的是《楞严经》中的香严童子，以闻沉水香，观香气出入无常而悟道，所以修行者常在打坐、诵经等修持功课时使用熏香。

② 香 草

阿难所坐的尊下，周围有香草，不但表示环境的幽雅，也喻示阿难的德行高尚。

此道至永安，此道最无上。所获断秽源，降伏绝魔网。

用上佛道堂，升无穷之慧。以此宣经义，除去一切弊。

释迦牟尼佛对阿难说：“此香所成就的布施，不会被须弥山川、天地阻碍，不会被地、水、火、风这四种物质阻碍，能够通达八极和上下。无穷世界，都在歌颂它的功德。身不行杀生的，世世长寿，在他的生命中，就不会遭遇横祸。不盗窃的，世世富饶，就不会丢失财宝，常有布施，修为道根。不淫色的，别人也不侵犯他的妻子，如同化生于莲花之中，不染尘垢。不妄言的，口中气息芳香美好，说出的话都能使人信服。不挑拨是非的，家庭和睦，没有别离之苦。不说粗俗之语的，口才好，言辞富于辩才而又学问渊博。不说浮华无益言辞的，对于他说的话，人们没有不接受的，并把他说的话视为珍宝。不嫉妒人的，生生世世都被众人所敬重。不生恨怒的，生生世世相貌端正，人人见了他都十分欢喜。除去天生愚痴者，世上生灵，凡有智慧的，无不前往咨询请教，舍弃邪见，常存正道。遵从此法施行，收获自然而生。所以，应当舍弃邪见，顺从真理。”以上，就是释迦牟尼佛的宣说。

当时，众比丘听了此言，十分欢喜，行礼离去。

《六祖法宝坛经》（忏悔第六）

［经文提要］此段经文主要讲述六祖慧能大师用香来比喻戒、定、慧、解脱及解脱知见等“五分法身”。大师阐释戒香是心中无是非、无善恶、无嫉妒、无贪瞋心、无劫害；定香是眼观一切善恶境相，心不动摇；慧香是常用智慧观照自性；解脱香是心中无所攀缘，不思善恶，无所挂碍；解脱知见香是广泛学习、多听多闻，通达佛理，接引万物。

“无论何时，念念都要自净其心。此中法门要自己修，自己行，要见自己的法身（即自性），要见自己内心的真佛，要自己度脱自己，自己守持戒律。这样，才不辜负各位来到此山。既然大家自远方而来，在此地有这样一场聚会，这都是因为彼此有缘。现在，请各位行互跪礼。我先传给你们自性法身五分香，然后再授予无相忏悔。”于是，众人纷纷互跪。

大师说：“第一戒香，就是自己心里无是非，无善恶，无嫉妒心，无贪心、瞋心，无劫害。第二定香，就是眼观一切善恶境相，心不动摇。第三慧香，就是不要给自己的内心设置障碍，自己跟自己过不去，常用智慧观照自性，诸恶不作。虽然广修众善，内心却不执着于功德。既尊敬父母师长等长辈，又体念地位比自己低下的人，悯恤周济孤贫之人。第四解脱香，就是心中无所攀缘，不思善也不思恶，内心自在，无所挂碍。第五解脱知见香，就是自我的内心既不攀缘善也不攀缘恶，但也不可执着于沉空守寂，要广泛学习，多听多闻，识自本心，通达一切佛理，和光同尘，接引万物，明白真义，直至菩提，真性也不变异。各位善知识（正直而有法行的人），这五分法身香是在个人自性里边熏，不要向外寻求。现在，我向你们传授无相忏悔，灭现在世、过去世、未来世这三世之罪，使身、口、意三业都清净。各位善知识，请跟着我说：‘弟子等，以前的念、现在的念及今后的念，念念不被愚痴所迷染。以前所造的恶业、愚迷等罪，全都忏悔，祈愿它们在一刹那间消灭无余，从今以后，再不复起。弟子等，以前的念、现在的念及今后的念，念念不被嫉妒所染。从前所有恶业、嫉妒等罪，全都忏悔，祈愿它们在一刹那间消灭无余，从今以后，再不复起。'诸位善知识，以上就是无相忏悔。以上我所说的，就是无相忏悔的法门。"

《俱舍论颂疏讲记》第一

［经文提要］此段经文主要阐释香的种类，有"好香""恶香""平等香"等差别。能使肉体有所增益的是好香，使之减损的是恶香，无增益也无减损的是平等香。

此处单另解说香的种类。所嗅名香，《大毗婆娑论·十三》也说香分四种，与此论相同。四香之中，好、恶两种，囊括了全部香品。在此两种之中，又有等与不等之分。等、不等香又有两种解释。第一种解释：指增益、损减肉体的差别。（这种解释为："等"为平等之义，指香力均平，增益人的肉体。"不等"指香力太强以至损害肉体，香力太弱又无益，损减肉体。在好、恶两种香中，又分增、损两种，名为等、不等香，其余的则是无益无损的香品。）第二种解释：指香气微劣与增盛的差别。（这种解释为："微劣"是等，"增盛"为不等。）正好用于理解本论。

香分三种，也有两种解释。第一种解释为：如果能使诸根长养的，就是好香；能使诸根减损的，就是恶香。既不能使诸根长养，也不能使之减损的，称为平等香。《入阿毗达摩论》也认同这种解释。（这种解释为：即使是恶香，但凡它能使诸根长养的，也被称为好香；纵使是好香，如果会损减诸根的，也被称为恶香。这位上师的意思是说：但凡能长养诸根的，就是"好香"；但凡会损减诸根的，就是"恶香"。既不能使诸根长养，也不能使之损减的，就是"平等香"。）第二种解释为：如果是增长福业所生的，便称为好香；如果是增长各种罪业所生的，便称为恶香。只有地、水、风、火四大种势力所生的，称为平等香。这位上师是从胜、劣、中之别的角度予以解说的。

《五事毗婆娑论》说：各种悦意之香，称为"好香"；不悦意之香，称为"恶香"，顺舍受处者称为"平等香"。

问：四种香、三种香之说，各有两种解释，如何囊括？

解释为：正理四香中的第一种解释，与三种香的第一种解释相似，增益与长养同义，损减与非长养同义，无益无损与平等同义。三种香中的好香，相当于四种香中的等香。三种香中的恶香，相当于四种香中的不等香。三种香中的平等香，相当于四种香中的好香与恶香。而在好香与恶香之中，增益肉体的名为等香，损减肉体的名为不等香，其余不能增益、损减肉体的，名为好香、恶香。此义与平等香相同。又解释为：三种香中的好香，囊括了四种香中的全部等香及部分好香、恶香。三种香中的恶香，囊括了四种香中的全部不等香及部分好香、恶香。三种香中的平等香，囊括了四种香中的部分好香、恶香。四种香中的好香、恶香，囊括了全部香品。从中分出了等香、不等香。三种香中，等香囊括了四种香中的部分好香、恶香。正理四香的第二种解释，与三种香的第二种解释统一。增益与因罪、福业同义，肉体既然增益，故知业感。微劣与四大种势力（地、水、风、火）所生意义相当。肉体既然微

◎燃灯佛授记释迦图

在佛教供养物中，香品不可缺少，因其能祛除世间一切臭味、不净，且能使人身心舒畅，故常用来供养佛祖、菩萨。燃灯佛为过去佛中最著名者，佛教诸典中多以他为中心来演说诸佛的出现。燃灯佛曾为释迦牟尼授记，上图表现的正是该场景。众神、菩萨、力士供养人手持不同香品侍奉于燃灯佛周围。

① 佛的右后面为供养人，他们和旁边的罗汉各手执一柄炉，以供佛祖。

② 燃灯佛后面的菩萨，双手捧盘，盘中置有盛开的牡丹花。

③ 燃灯佛右手边的菩萨，右手持莲花。在佛教故事中，释迦牟尼曾以五茎莲花供养燃灯佛。佛教徒认为，莲能反映修行程度，如果高僧诚心念佛，则西方七宝池中即生莲花一朵；若能精进，则其花渐大；倘若退惰，则其花萎落。

劣，故知其非亲业感，只能是四大种势力所生。以此微劣、增盛二种香，囊括了好香、恶香。所以说，三种香的分类方法，全部囊括了四种香的分类方法。

又解释为：三种香中，如果因增长福业所生的，叫好香，囊括了四种香中的全部好香、部分不等香；三种香中，如果因增长罪业所生的，叫恶香，囊括了四种香中的全部恶香、部分不等香；三种香中，如果是四大势力所生的香，叫平等香，囊括了四种香中的等香，与微劣意义相当。所以，在四种香中，单另解说不等香。在好香、恶香之中，单另列出有增益鼻根效果的香，如沉香、麝香等。

《瑜伽师地论》卷三（节录）

［经文提要］此段经文主要阐释香的种类，有将香分为两种的，有将香分为三种的，有将香分为四种的，有将香分为六种的，有将香分为八种的，有将香分为九种的，也有将香分为十种的。

有人认为香只有一种，因为他们都是借鼻根施行法义。有将香分为两种的，意在说明香气由内及外。有将香分为三种的，指可意香、不可意香及处中香。有将香分为四种的，称为四大香：一是沉香，二是窣堵鲁迦香，三是龙脑香，四是麝香。有将香分为五种的，指根香、茎香、叶香、花香、果香。有将香分为六种的，指食香、饮香、衣香、庄严具香、乘香、宫室外香。有将香分为七种的，指皮香、叶香、素泣谜罗香、旃檀香、三辛香、熏香、末香。有将香分为八种的，指俱生香、非俱生香、恒续香、非恒续香、杂香、纯香、猛香、非猛香。有将香分为九种的，指过去、未来、现在诸香等，第如同前文所述。有将香分为十种的，指女香、男香、一指香、二指香、唾香、涕香、脂髓脓血香、肉香、杂糅香、淤泥香。

《大方广佛华严经》卷六十七（节录）

［经文提要］此段经文主要讲述善财童子参访鬻香长者的故事。后者善于区别香，也知道调和诸香的方法，并了解香的产地。他知道一切知天香、龙香、夜叉香、乾闼婆神香、阿修罗香、迦楼罗香、紧那罗香、摩睺罗伽香，以及人之香、非人之香等各种香，善于区别审知治疗各种疾病的香。以上种种香，其形态质地、功效作用及其本质，长者皆了然于心。

“信奉佛法的人啊！由此处往南，有一国土，名为广大。该国有一位鬻香长者，名为优钵罗华。你可以前往他那里，问他怎么才能学习菩萨的功德，修习菩萨的功德。”

于是，善财童子顶礼膜拜佛足，环绕无数圈后，殷勤瞻仰，告辞而去。

当时的善财童子因受善知识的教引，不顾个人身家性命，不执着于金银财宝，不喜欢众人，不沉溺于五欲，不恋家眷戚属，不看重王位；只愿驯化度脱一切众生，只愿使诸佛国土庄严洁净，只愿供养一切诸佛，只愿证知种种法门实性，只愿修习一切菩萨大功德，只愿修行一切功德无所退转，只愿在一切劫中以大愿之力修菩萨行，只愿身入一切诸佛会众讲说佛法的道场，只愿进入一切三昧法门，普现一切三昧法门的自在神力，只愿从佛的一个毛孔中窥见一切佛的心态厌足，只愿得一切佛法的智慧光明，能通持一切诸佛法藏，专门寻求诸菩萨的功德。

善财童子渐渐游历前行，来到广大国，拜谒鬻香长者的住所，顶礼佛足，环绕数圈后，合掌站立，对长者说：“圣人啊，我已经发心去求证一切真理之总持智慧，求证一切佛的等觉智慧，想圆满具备一切佛的无量广大愿行，想成就像一切佛那样无上美好的肉质之身，想去现示一切佛无比清净纯粹的法身，想了解一切佛的广大智慧之身，想去净心治行一切菩萨的功德，想去体验证明一切菩萨所施行的法门，想去主持一切菩萨的最高智慧法门，想除灭一切障碍，想游行整个十方世界，可是我不知道菩萨怎样学习菩萨的功德，修习菩萨的功德，从而能生出一切佛智慧。”

长者告诉善财童子说：“好啊，好啊！信奉佛法的人啊！你已经能发心去求证一切真理的无上智慧。信奉佛法的人啊！我善于区别一切香，也知道调和一切香料的方法。所谓一切香，指一切烧熏之香，一切涂抹之香，一切呈末状的香。我也知道这些香所出产的地方。我还知道一切知天香、龙香、夜叉香、乾闼婆神香、阿修罗香、迦楼罗香、紧那罗香、摩睺罗伽香，以及人之香、非人之香等各种香。我还善于区别治疗各种疾病的香，譬如断灭各种恶行的香，令人生出欢喜心的香，增长烦恼的香，灭除烦恼的香，让人对有为欲行而生欢乐的香，让人对有为欲行生厌离的香，让人舍弃各种骄慢放逸之心的香，让人发心念佛的香，让人证解法门的香，圣佛所享用的香，一切菩萨享用的香，以及一切菩萨修习地位所用的香。以上诸香，其种种不同的形象质地、功德成就、清净安隐的作用，随机缘而生的善巧方便作用，其力量、意志的作用以及其本质，我都了然于心。信奉佛法的人啊！世上有一种香，名叫象藏，由龙缠斗所生。如果将这种香焚烧一丸，就能兴起广大的香云，覆盖王都，接连七日，天上降下细柔的香雨。这香雨若是淋在身上，身体就会变成美好的金色；若是沾在衣服、宫殿、楼阁之上，一样也会染上金色。如果香气随风吹入宫殿里，那么嗅到香味的众生，在七日七夜之内，内心必定充满欢喜，身心快乐，百病不生，不会相互侵害，远离忧苦，不生惊恐，不生迷乱，不生嗔恚，能以慈悲之心相互来往，心意自在清净。我了解这些，就为人们演说佛法，使其决定发起心念去求证一切真理之总持智慧。信奉佛法的人啊！摩罗耶山出产旃檀香，名为牛头香。如果用此香来涂抹身体，那么即使身体投入火坑，也不会被火烧坏。信奉佛法的人啊！海中有一种香，名为无能胜香。如果用这种香来涂抹战鼓及各种螺贝，当鼓声、螺号声发出时，一切敌军都会自行溃散。信奉佛法的人啊！在阿那婆达多池边，出产一种沉水香，名为莲华藏香。这种香，一丸就如芝麻大小。焚烧此香，香气普熏人间世界。众生闻到此香，能远离一切罪恶的行为，持戒清净。信奉佛法的人啊！雪山上出产一种香，名为阿卢那香。如果有人能闻嗅此香，他就会脱离各种邪见的熏染。我为他们演说佛法，都能证得离垢法门。信奉佛法的人啊！罗刹世界有一种香，名为海藏香。这种香只有护持佛法的国王可以享用。如果熏烧一丸这种香，国王及其军队顿时证入虚空境界。信奉佛法的人啊！善法天有一种香，名为净庄严香。如果烧熏一丸此香，能使一切天神发心学佛。信奉佛法的人啊！须夜摩天有一种香，名为净藏香。如果熏烧一丸此香，一切夜摩天神都会云集到天王住所，聆听佛法。信奉佛法的人啊！兜率天有一种香，名为先陀婆香。在一切菩萨座前熏烧一丸此香，能兴起广大的香云，覆盖整个法界，香雨普降在一切庄严美好的器具之上，供养一切诸佛菩萨。信奉佛法的人啊！善变化天有一种香，名为夺意香。熏烧一丸此香，七日内香雨普降在一切庄严美好的器具之上。信奉佛法的人啊！我只知道菩萨调和香品的方法。如果像各位大菩萨一样，远离一切恶习气，不被世俗欲望所染，永远断绝烦恼与众魔的羁绊，超诸有趣，以广大智慧之香来修洁身心。对于世间一切，皆无所沾染，具足成就，无所着戒，净无着智，行无着境。于一切处皆无执着，心怀平等。我又是怎么能知道这一切功德的修习，演说其功德，显示其所有清净戒门，显示其所作无过失，辨别其离染身、语、意、行呢？信奉佛法的人啊！由此处向南，有一座大城，名为楼阁。城中有一位船师，名叫婆施罗。你可以前往他那里，去问他，菩萨，怎么才能学习菩萨的功德，修习菩萨的功德呢？”

于是，善财童子顶礼膜拜佛足，环绕无数圈后，殷勤瞻仰，告辞而去。

涂香、烧香、浴香

《苏悉地羯啰经·涂香药品第九》（节录）

［经文提要］此段经文主要阐释分别用于供养佛部、莲花部、金刚部及诸天使者的涂香。

选用各种草香、根汁、香花，将三者调制成涂香，用于供养佛部。用各种香树皮以及白旃檀香、沉水香、天木香、前香等，加入香果，依照前面的方法，分别调和成涂香，用于供养莲花部。再用各种香草、根、花、果、叶等，调和成涂香，用于供养金刚部。如果有先人用各种根香、果香调和成的涂香，香气妙胜，也可通用于供养三部。也有人用沉水香加入少量龙脑香，制成涂香，用于供养佛部。或只用白檀香加入少量龙脑香，制成涂香，用于供养莲花部。或只用郁金香加入少量龙脑香，制成涂香，用于供养金刚部。又可将紫檀制成涂香，通用于供养一切金刚等。用肉豆蔻或湿沙蜜等，制成涂香，用于供献诸天使者。

将甘松香、湿沙蜜、肉豆蔻制成涂香，用于供献明王妃后。将白檀香、沉水香、郁金香制成涂香，用于供献明王。将各种香树皮制成涂香，用于供献诸天使者。随意用各种香制成涂香，用于进献地居天（五类天之一）。或只用沉水香制成涂香，通用于供献三部、九种法等及明王妃处。若有另作扇底迦法，选用白色香品；若行补瑟征迦法，选用黄色香品；若行阿毗遮噜迦法，选用紫色无气之香。若欲修成大悉地成就的，用前汁香及香果；若欲修成中悉地成就的，用坚木香以及花；若欲修成下悉地成就的，选用根、皮、香、花、果，制成涂香用于供养。甲香、麝香、紫香、钦香等分香，以及苦酒或香气过分者，都不可用于供养。由分香调制的聚合香不应用于大众之身。另外，四种香是指：涂香、末香、颗香、丸香。随意使用一种香品，用花装饰法坛，日日供养。供献香品之时，念诵涂香真言。此香气息将芬芳馥郁，如同天界妙香，清净护持。如今我奉献此香，唯垂纳受，令心愿圆满。

涂香真言为：

阿歌罗阿歌罗（一）萨萨嚩苾地
（二）耶驮罗（三）布尔瓶　莎嚩诃

念诵此真言，涂香后再念诵。所修持的真言，净持如法，奉献于尊前。如果不能访求到上述香品，随意取用涂香，用真言赞诵，再念诵本部涂香真言，此香同样奉献本尊。

《苏悉地羯啰经·分别烧香品第十》（节录）

［经文提要］此段经文主要阐释分别用于供养佛部、莲花部、金刚部及诸天、药叉、地居天时所用的烧香及烧香法以及不同合香及香丸的调制方法。

下面再依次演说三部烧香法，即沉水香、白檀香、郁金香等，随其次第，取用供养。有用三种香，通用于供养三部的；也有取一种香，随意通用于供养各部的。香名为：室唎吠瑟吒迦、娑折啰娑（云罗沙膝）、乾陀罗娑香、安息香、娑落翅香、龙脑香、熏陆香、语苦地夜日剑、祇哩惹蜜、诃梨勒、砂糖、香附子、苏合香、沉水香、缚落剑、白檀香、紫檀香（五叶）、松木香、天木香、囊里、迦钵哩闭摞缚乌施蓝、石蜜、甘松香及香果等。若想成就三部真言法的，应调制合香。室唎吠瑟吒迦树汁香，可通用于供养三部，奉献诸天。安悉香通献药叉，熏陆香通献诸天天女，娑折啰娑香献地居天，娑落翅香献女使者，乾陀罗娑香献男使者。而龙脑香、乾陀罗娑香、娑折啰娑香、熏陆香、安息香、娑落翅香、室唎吠瑟吒迦香，以上七胶香，调和熏烧，遍通九种。上述七种香品，最为美妙。胶香为上品，坚木香为中品，其余花、叶、根、果等为下品。

苏合香、沉水香、郁金香等，是第一香。再加入白檀香、砂糖，为第二香。另加入安息香、熏陆香为第三香。以上三种合香，使用任何一种，皆可通用于供养诸事。

地居天及其护卫，应当用娑折啰娑、砂糖、诃梨勒，调和成香，供养他们。

还有五香，指砂糖、势丽翼迦、萨折啰娑、诃梨勒、石蜜，调和成香。通用于供养三部一切事。

还有一种香，通用于供养一切。以上各种美好香品，是众人所珍视的美妙合香。如果不能获得此香，随意所得的香品，也可通用于佛部、莲花部、金刚部三部供养，其注意事项如上。

合香制法、香品调配法应仔细区别，以尽其用。根香、叶香、花香、果香，依时供献。还应了解以下四种香的分类，即所谓自性香、筹丸香、尘末香、丸香。还应当了解其使用范围，如：扇底迦法，用于制作筹丸香；阿毗遮噜迦法，用于制作尘末香；补瑟征迦法，用于制作丸香。可摄通一切用法。自性香与筹丸香混合，加入砂糖、尘末香、树胶香，应当使用上好的蜂蜜合制丸香，也可用苏乳、砂糖以及蜂蜜调配香品。

自性香上，应放入少许苏乳及所供养的部类所烧之香。如不能求得，可随意使用手头上能得到的香品。先通当部，念诵此部香真言香咒，然后念诵所持真言。调制合香的法则是，不加入甲香、麝香、紫香、钦香等，供养时也不使用它们。末香之类也是如此。调制合香，也不过分使用以上诸香，以免产生不好的气息，使香气丧失。林野之中，树香、胶香，能转一切人之意愿，是诸天常常进食的香品，如今，我将它们献上，诸天慈悲哀愍，愿垂纳受。

烧香真言为：

阿吠罗阿吠罗　萨嚩　苾地耶　驮罗　布尔瓶　莎嚩诃

◎供香的真言与手印

香是佛教主要的供养之一，每天真诚地上香供养、祈愿，能成就无上菩提；此外，也能使一切心愿圆满，幸福如意，世间的修行、智慧、慈悲等一切菩提事业都如愿成就。

烧香真言

行者手先结烧香印，将右手的食指、中指放在香炉下，拿起香炉移置左手阏伽半印上，以右手小三聐印作加持，以阏伽印作供养。

并诵真言：南么　三曼多勃驮喃 达摩驮睹弩蘖帝莎诃

涂香真言

双手先结涂香印，右手五指并立，拇指横放掌中，立臂向外，以左手握右腕，如在本尊身上涂香，轻轻下垂。

并诵真言：南么　三曼多勃驮喃 微输驮健杜纳嚩莎诃

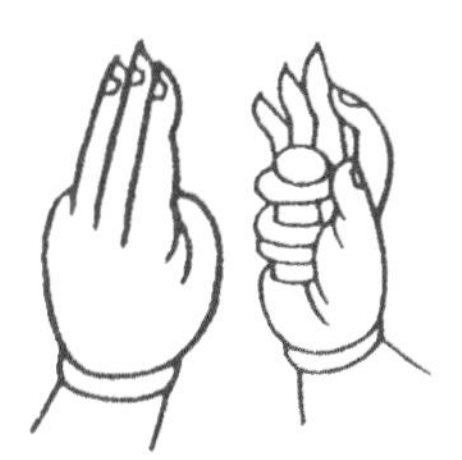

涂香真言

行者手先作涂香印，左手作金刚拳置腰上，以右手大拇指、中指取涂香器，在烧香上旋转三遍熏香。

左手作阏伽半印，将香器移置，以右手作小聐三印，行三次加持，念真言“喃”字，双手作阏伽印，其上置涂香器，捧起念真言“嗡”字。

并诵真言：南么　三曼多勃驮喃　微输驮健杜纳嚩莎诃

烧香真言

双手先结烧香印，两只手掌向上并齐，中指以下三指背对背立起，二食指侧面相接，伸直二拇指。

并诵真言：南么　三曼多勃驮喃 达摩驮睹弩蘖帝莎诃

念诵以上真言。真言香必须念诵所持之真言。真言香烧，依法供献。

《蕤呬耶经》卷中（节录）

［经文提要］此段经文主要阐释供养所用的涂香及烧香的配方，并提示不要使用那些被秽恶之虫咬食过、没有香气的原料，而应选取美好洁净的香品。

涂香制作，原料选用白檀香、沉水香、迦湿弥嘌香、苾唎（二合）曳应旧香、多迦罗香、优婆罗香、苾唎（二合）迦香、甘松香、丁香、桂心香、龙华香、禹车香、宿涩蜜香、石南叶香、芦根香、瑟萈（二合）泥（去）耶汁香、乾陀罗（二合）沙汁香、沙陀拂瑟婆香（回香）、婆沙那罗路迦香、势（去）礼耶香、阇知皤怛罗（二合）香（婆罗门豆蔻叶）、香附子香、吉隐（二合）底香、隐摩豆唎迦香、胡荽香以及各种树汁类香。如果选用合香，则依法调和，随意制成合香，加入龙脑，调入未落地的雨水，用于涂香。真言持诵，依次供养内外诸尊。

涂香之中，不要放入众生身体及紫铆，不要使用那些被秽恶之虫咬食过、没有香气的香料，应当选取上好、洁净的原料，也不要用水研制香品。如果是用来供养诸佛的涂香，应当选用新鲜上好的郁金香或黑沉香，调入龙脑香，制成涂香。如果是用作供养观世音菩萨的，应当选用白檀香制成的涂香。如果用于供养执金刚及眷属之类，应当选用紫檀香制成的涂香。其余诸尊，可随意调配香品以供养。

……

烧香的选择：用白檀香、沉水香调和，供养佛部；用尸利稗瑟多迦等各种树汁香，供养莲花部；用黑沉水香及安息香，供养金刚部。以下再讲说普通合香，不加入众生身体，取白檀香、沉水香、龙脑香、苏合香、熏陆香、尸利稗瑟吒迦香、萨阇罗（二合）沙香、安悉香、婆罗枳香、乌尸罗香、摩勒迦香、香附子香、甘松香、闼伽跢哩（二合）香、柏木香、天木香及钵地夜（二合）等香，用砂糖调和，名为普通合香，次第供养诸尊。或随意取如前述香品，调和供养；或汇总前述香品配制，或取香气美好的香品调配。

如此，即可明辨使用涂香、花香及烧香诚心供养的方法。

《金光明最胜王经大辩才天女品第十五》（节选）

［经文提要］此段经文主要讲述大辩才天女演说咒药洗浴的方法：选取香药三十二味，研制成香末，咒念一百零八遍；设置坛场，用香末制成的香汤沐浴身体，再发下弘誓大愿，永远断绝各种恶行，常常修持各种善行，对诸众生大悲之心。以此因缘，当获无量随心福报。

那时，大辩才天女在大众之中，从座位上立起，顶礼佛足，对佛说："世尊！如果有法师演说这部《金光明最胜王经》，我当增益其智慧，使之具备满足庄严言说之辩。如果有法师对于此经中文字、句义有所遗忘疏失，都能让他回忆起来，持此经文，善于开悟，再使之得陀罗尼（一种记忆术）总持无障碍。

这部《金光明最胜王经》，为那些已经受持百千佛所种善根的众生在南赡部洲广为散布流传，不使其隐没。再使无数众生知晓这部经典，皆得不可思议捷利辩才无尽大慧，善于解释众家论说及各种技术，能出生死速趣（四生六趣）、无上正等觉，在现世之中，延长寿命，资身之具（饮食、衣服、卧具、汤药），皆得圆满。世尊！我将为那些修持此经的法师以及其余乐于听闻此部经典的众生，讲说其咒药洗浴之法。人的所有恶星灾变，与初生之时的星属相违，疫病之苦、征战斗争、噩梦、鬼神、蛊毒、厌魅、咒术起尸，以上各种邪恶制造的灾难，都能灭除。各位有智之人应当依照如下洗浴之法，取香药三十二味，即：

菖蒲（跋者）、牛黄（瞿卢折娜）、苜蓿香（塞毕力加）、麝香（莫迦婆迦）、雄黄（末椓眵罗）、合昏树（尸利洒）、白及（因达啰喝悉哆）、芎䓖（者莫迦）、枸杞根（苫弭）、松脂（室利薛瑟得迦）、桂皮（咄者）、香附子（目窣哆）、沉香（恶揭噜）、

◎金刚界法中的真言与手印

金刚界法是供养金刚界曼荼罗诸本尊的修法。金刚界略称金界，根据《金刚顶经》《大教王经》所说，金刚界由佛部（中）、金刚部（东）、宝部（南）、莲华部（西）、羯磨部（北）等五部组成。金刚之名源于它代表大日如来的智慧法身，体坚固犹如金刚，能摧破一切烦恼。

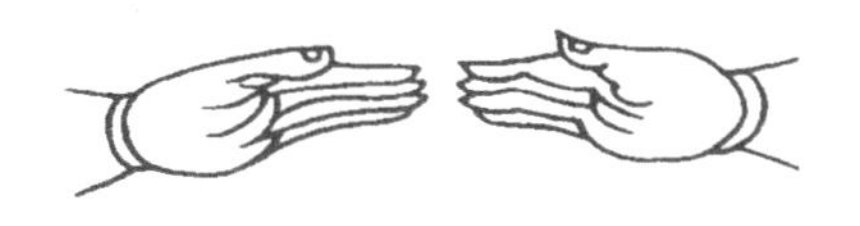

金刚涂香菩萨

双手结手印：双手外缚，而后解开外缚，右在上，左在下，向左右拉开，表示将香涂在佛身。

并诵真言：苏巘唐似

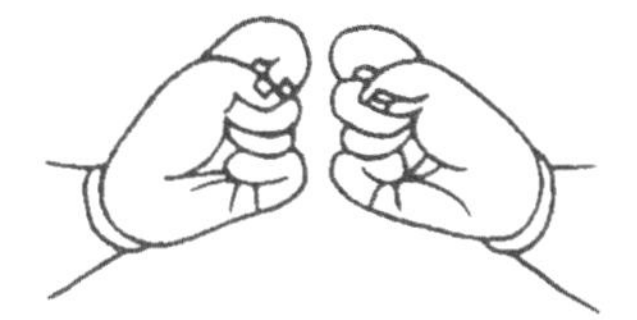

涂香

双手结手印：双手作金刚拳仰上，开掌涂胸。

并诵真言：唵 萨婆怛他揭多 健陀布穰暝伽三慕达啰 窣发呐拏三末曳 吽

金刚香菩萨

双手结手印：两手金刚拳相并，向下散开，如香云遍布。

并诵真言：嚩日啰度闭

金刚香

双手结手印，并拳向下散开涂香。

并诵真言：嚩日啰度闭

金刚涂

双手结手印：两手外缚，解开摩胸，如涂香状。

并诵真言：嚩日啰巘提

栴檀（栴檀娜）、零凌香（多揭罗）、丁子（索瞿者）、郁金（茶矩么）、婆律膏（揭罗婆）、苇香（奈剌柁）、竹黄（（左勿右鸟）路战那）、细豆蔻（苏泣迷罗）、甘松（苦弭哆）、藿香（钵怛罗）、茅根香（嗢尸罗）、叱脂（萨洛计）、艾纳（世黎也）、安息香（窭具攞）、芥子（萨利杀跛）、马芹（叶波儞）、龙花须（那迦鸡萨罗）、白胶（萨罗折婆）、青木（矩瑟佗），以上诸味，各取相等分量。

选择布洒星（星名）日，将以上香药调和到一起，捣制过筛，取其香末，并用以下咒语咒念一百零八遍。咒语为：

恒侄他　苏讫粟帝　旋粟帝讫粟帝劫摩怛里　缮怒羯啰滞　郝羯喇滞　因达啰阇利腻　铄羯嘲滞　钵设侄晒　阿伐底羯细　计娜矩睹

◎香象菩萨

在佛国中，皆有一生补处菩萨，意即经此生的系缚即可补佛位处。在娑婆世界里也有一佛二菩萨，二菩萨是文殊和普贤；在极乐世界则是观音、势至；在阿閦佛国则是香首菩萨和众香首菩萨（亦即香象菩萨和妙香象菩萨）。顾名思义，香象菩萨是以香教化众生，以香气喻佛法，使众生嗅此法香皆发菩提善心的菩萨。

①香器

菩萨左臂微举，手持莲花，莲花上有一香器。右手施与愿印，以满足众生愿望。

②香雾

菩萨头戴宝冠，半结跏趺坐于莲座上，有火焰纹背光。莲花座下有一香烟袅袅的香炉，莲座在香雾中隐现。

③男供养人

男供养人手持莲花，虔诚地瞻仰着菩萨。

④女供养人

女供养人手持香火正旺的香炉，正在恭敬地进香，炉中香烟升腾。

矩睹　脚迦鼻晒　劫鼻晒劫鼻晒劫毗啰末底（丁里反）　尸罗末底那底度啰末底哩　波伐雉畔稚晒　室晒室晒萨底悉体羝莎诃

若乐如洗浴时，应设置坛场，方围八肘。可将坛场安置于寂静安隐之处，在心中默念所求之事。

还应用牛粪涂制成坛，在坛上撒满各种彩色的花朵，并用洁净的金银器皿盛满美味食物以及乳、蜜制品。在这坛场四门之处，让四人依照寻常方法镇守护法，让四位美好庄严的童子，各立一角，手持一瓶水。其间，常常烧熏安息香，五音乐声，不会断绝。幡盖庄严，上悬绘彩，安置于坛场四周。再在坛场中放置明亮的镜子、锋利的刀及箭各四枚，在法坛的中心位置埋下大盆，应当将漏板安放在上面。用前面制成的香末与水调和，也安置在坛内。将以上布置完成之后，念诵咒语结其坛。结界咒为：

恒侄他　頞喇计　娜也泥（去）呬晒弭晒祇晒　企企晒莎诃

如此念诵结界咒之后，才进入坛内。咒水三七二十一遍，将其散洒至四面。然后可咒诵香汤，念满一百零八遍，在坛场四面安置幔帐，最后香汤洗浴身体。咒水咒汤的咒语为：

怛侄他（一）　索揭智（二）　毗揭智（三）　毗揭荼伐底（四）　莎诃（五）

如此洗浴之后，将用于洗浴的香汤以及坛场中供养的饮品、食物弃于河池之内，再将其余用具全都收起来。如此洗浴之后，才能穿上洁净的衣服，走出坛场，进入净室之内。由咒师教引他发下弘誓大愿，永远断绝各种恶行，常常修持各种善行，对于诸众生大悲之心。以此因缘，当获无量随心福报。”

又演说颂语道：

若有病苦诸众生，种种方药治不差，若依如是洗浴法，并复读诵斯经典。

常于日夜念不散，专想殷勤生信心，所有患苦尽消除，解脱贫穷足财宝。

四方星辰及日月，威神拥护得延年，吉祥安隐福德增，灾变厄难皆除遣。

再念诵护身咒三七二十一遍，咒语为：

怛侄他　三谜　毗三谜　莎诃　索揭滞毗揭滞　莎诃　毗揭茶伐底莎诃娑揭啰　三步多也莎诃　塞建陀　摩多也莎诃　尼攞建佗也　莎诃　阿钵啰市哆

毗梨傈耶也　莎诃　呬摩盘哆　三步多也莎诃　阿儞蜜攞　薄怛啰也　莎诃

南谟薄伽伐都　跋啰甜摩写莎诃　南谟萨啰酸（苏活）底　莫诃提鼻裔莎诃　悉甸睹漫（此为成就我某人之意）　曼怛啰钵拖莎诃　怛喇睹仳侄哆跋啰甜摩奴末睹莎诃

彼时，大辩才天女演说洗浴之法及坛场咒语毕，上前顶礼佛足，对佛说：“世尊！如有比丘、比丘尼、信男、善女，受持、诵读、书写、流传此《金光明最胜王经》，如此施行者，如果是在城邑、聚落、旷野、山林等僧尼住所，我将让亲近随从作天伎乐，去往他的居所，扶持守护，将各种病苦、流星变怪、疫疾斗争、王法拘禁、噩梦恶神障碍、蛊道厌术等，全都消除，造福修持此经之人。比丘等人及各听讲信众，皆使之速渡生死大海，不退菩提之心。”

彼时，世尊听闻此说，赞美辩才天女说：“好啊，好啊！天女！你为使无数

◎普贤菩萨

普贤菩萨辅助释迦佛弘扬佛道，且遍身十方，常为诸佛座下的法王子，他和释迦牟尼、文殊菩萨合称为“华严三圣”，密号真如金刚。

①法器

普贤菩萨代表大行，右手持如意棒，表四如意：欲如意，念如意、精进如意、慧如意，意即行为如意，事事通达。

②莲花座

菩萨头戴宝冠，身披璎珞，结跏趺坐于白色香象托起的巨大莲花座上，象征菩萨圆满清净的德相与智慧。

③白象

普贤菩萨的坐骑为灵牙仙的六牙象。白象代表愿行殷深，勤劳不倦；六牙则表示六波罗蜜：布施、持成、忍辱、精进、禅定和智慧。佛教称六牙白象乃菩萨的化身，以显威灵，并有“愿行广大，功德圆满，之意。”

众生得到恩惠与幸福，身心安乐，演说此神咒以及香水、坛场法式，其果报难以思量。你应当拥护《金光明最胜王经》，不要让它隐没，要使之永远流传。”

当时，大辩才天女顶礼佛足毕，回归本座。

佛国香器

《大方广佛华严经》卷第十三（节录）

［经文提要］此段经文主要讲述毗卢遮那如来升至兜率天宫一切宝庄严殿上，天王用无量清净庄严的器具来使之庄严。其中涉及有百万亿黑沉水香、百万亿不可思议众妙杂香，普熏十方一切佛刹。

彼时，因为佛的威神法力，十方一切世界，诸四天下，一切人间世界，皆有如来坐菩提树，无不显现。诸位菩萨，承接佛的神力，演说各种佛法，都自以为身在佛的居所。

彼时，如来以自在神力，身不离菩提树下的法座，来至须弥山顶到达妙胜殿，又升向摩天宫宝庄严殿，趋向兜率宫（梵语，犹言天宫）一切宝庄严殿。

当时，天王远远望见如来佛到来，就在殿上安设如意宝藏狮子座，用各种天宝来装饰它。过去修习善根所得，一切如来威神护持，无数无量善所生，一切诸佛净法所起，一切众生所供庄严，无量功德所成就，离开一切恶行，清净业报，一切乐观无有厌足，出离世间诸法所起，清净无污，一切世间因缘所起，一切众生所见不能尽，无量庄严具备，使之庄严。

这就是所谓：百万亿栏杆、百万亿宝网，覆盖在上；百万亿顶华丽的幔帐，张盖在上；百万亿华鬘，垂在四边；百万亿顶香帐，普熏十方；百万亿顶宝帐，张盖在上；百万亿华盖，由诸天执持；百万亿华鬘盖，百万亿宝盖，张盖在上；百万亿宝衣，覆盖在上。

百万亿美妙宝物装饰的楼阁、百万亿如意宝网，覆盖在上；百万亿美好的杂网、百万亿珍宝璎珞，间错垂下；百万亿美妙的珍宝、百万亿网盖，覆盖在上；百万亿珍宝网衣、百万亿妙宝莲花，盛开光耀；百万亿无压香网，普熏十方；百万亿大宝帐网，覆盖在上；百万亿宝铃，微微颤动，奏出优雅的音乐；百万亿顶旃檀宝帐，普熏十方十界。

百万亿各样珍宝、美妙花朵，散落在上；百万亿各色宝衣，覆盖在上；百万亿顶菩萨大帐、百万亿各样珍宝制成的盖帐、百万亿清新洁净的金帐、百万亿顶洁净的琉璃帐、百万亿顶各样珍宝制成的藏帐、百万亿顶宝帐，覆盖在上。

百万亿各样珍贵美妙的花朵，围绕四周；百万亿顶宝形象帐，百万亿众美妙的宝鬘，百万亿香鬘，普熏十方。百万亿天曼陀罗旃檀，色香俱美，普熏十方。百万亿庄严器具、百万亿妙宝华鬘、百万亿胜妙宝藏、百万亿胜宝藏鬘、百万亿清净宝鬘、百万亿海宝藏鬘、百万亿因陀罗金刚妙宝、百万亿美妙珍宝绘彩，作为垂带。百万亿无量自在妙宝、百万亿真金宝藏，清新洁净微妙。百万亿毗楼那宝，作为照耀；百万亿因尼罗宝，杂宝装饰；百万亿首罗幢宝，光耀明净；百万亿火珠宝，发出大光明，普照十方。百万亿天坚固宝，制成窗户。百万亿洁净功德宝，含着无数美妙色泽；百万亿杂宝偏阁，清净妙藏。百万亿大海月宝、百万亿离垢藏宝、百万亿心王宝，无量欢喜。百万亿狮子面宝、百万亿阎浮檀宝、百万亿一切世间清净藏宝、百万亿一切世间因陀罗幢宝、百万亿罗阇藏宝、百万亿须弥山王殊胜幢宝、百万亿解脱妙宝，百万亿琉璃鬘网，从四周垂下。

百万亿种各色宝鬘、百万亿乐摩尼宝、百万亿清净乐宝、百万亿众杂宝藏、百万亿赤色解脱乐见妙宝、百万亿无量色宝鬘、百万亿无比宝鬘、百万亿净光明宝、普照殊胜；百万亿摩尼宝像、百万亿因陀罗宝、百万亿黑沉水香，普熏十方。百万亿不可思议各种美妙香品，普熏十方一切佛寺。百万亿十方妙香，普熏世界。百万亿最殊胜香，普熏十方。百万亿香像，香彻十方。百万亿随所乐香，普熏十方。百万亿净光明香，普熏众生。百万亿种种色香，普熏佛寺，不退转香。百万亿涂香、百万亿旃檀涂香、百万亿香熏香、百万亿莲花藏黑沉香云，充满十方。百万亿丸香烟云，充满十方。百万亿妙光明香，永久熏燃不绝。

百万亿妙音声香，能转动众心。百万亿明相香，普熏各种香味。百万亿能开悟香，远离瞋恚，寂静诸根，香气充满十方。百万亿香王香，普熏十方。百万亿天华云雨、百万亿天香云雨、百万亿天末香云雨、百万亿天妙莲花云雨、百万亿天种种宝华云雨。百万亿天青莲花不断云雨，百万亿天宝花云雨、百万亿天分陀利花云雨，百万亿天曼陀罗花云雨，百万亿天一切杂花云雨，百万亿天种种衣云雨，百万亿天杂宝普照十方云雨，百万亿天种种盖云雨，百万亿天无量色幡云雨，百万亿天冠云雨，百万亿天种种庄严天冠云雨，百万亿天庄严具云雨，百万亿杂色天鬘云雨，百万亿种种大庄严天鬘云雨，百万亿种种色天旃檀云雨，百万亿天沉水香云雨。

百万亿天宝幢、百万亿天杂幡、百万亿天带垂下，百万亿天和香，普熏十方。

香炉及香印修持之法

《观自在菩萨大悲智印周遍法界利益众生薰真如法》一卷

［经文提要］本经主要讲述观自在菩萨演说以香炉及香印修持之法。他讲，应当将香炉视为自在周遍法界之相，将香印制成纥利字样，代表本尊，无论香印顺向还是逆向熏燃，都能相应显示香印之文。这香印，名为大悲拔苦。香印次第熏燃，能显现出真实之理；香印燃尽，则表示诸法归空。修证此法，能获无量福，所出生之处，皆能生出妙香，一切圆满。

我蒙毗卢遮那佛（大日如来）法旨，演说观自在摩诃（意为大）枳娘曩（意为智）母怛罗（意为印）法。如果有修持瑜伽（佛教修行方法之一）之人，欲往生西方极乐世界，使众生随顺佛法而获得恩惠及幸福，即众位导师有智熟之人，受持《莲华经》《金刚经》法仪，广陈供养，行念诵之法。在法坛之中，安置香炉，此香炉含摄观自在周遍法界之相，以什么为相？其香印应做成纥哩（又作纥利，为阿弥陀佛或观音菩萨之种子）字样。智业不可得理，囊括四种义，[illegible]，合成一字，即为梵文[illegible]。贺字指诸法因不可得，罗字指清净无垢染，伊字指自在不可得，恶字指本不生不灭，这是香印顺向熏燃显现之义。本不生不灭，自在不可得，清净无垢染，诸法因不可得，这是香印逆向熏燃显现之义。无论是逆向还是顺向，皆能相应显示香印之文。

我作此图，这美妙香印，名为大悲拔苦。为什么这么说呢？因为香印次第熏燃，能显现出真实之理。香印燃尽时，表示无论顺还是逆，诸法皆归于空。悉心观察，从纥哩（二合）一字，生出“唵、嚩、日、啰、达、磨”等五字，每个字中都生出无量字门，每个字门又化作一切佛菩萨身，一一化身周遍法界利益众生。依照经文修行的人能得到无量福力，悉地圆满，蒙诸佛加护，行者得以获现世安稳，无有障碍。如美妙莲花一般，见到的人，莫不爱惜。转而得生极乐上品莲花之中，其有利根智慧方便，现身见香，得名陀罗尼，不染尘世。所生之处，身出妙香，遍布十方佛国，众生得以熏染，皆证不退。如此功德，不可一一演说。

可在此香炉盖上雕刻“嚩日啰达磨”字样，其首加上“唵”字，合成五字（可以旋转顺应）。

香炉盖的中央位置，应立起三昧耶形（指密教诸尊手持的器物及手结的印契），在独钴金刚杵上安设八叶莲花，将以上五字围绕于三昧耶形边缘。三昧耶，是诸佛菩萨本誓的形相。见此三昧耶形，行礼念诵，即可证莲花性，生于极乐世界，不染凡世。来至世间，度脱众生，使其如莲花一般，出污泥而不染。这都是由于过去本誓愿力（指普度众生，令众生离苦得乐之愿望的力量和能力）的缘故，得证此果界。因此，修行之人立此三昧耶形，应当专心作此念想，是梵文的香烟呈现三昧耶形，此形更是本尊形体，表示诸佛菩萨在因地所立之根本誓约，遂为果地形色，这就是三昧耶义。

烧香之时，结佛本尊印契，念诵此本真言印证，即可成就，其香炉盖如此图形。

得入此轮，至无上菩提，若想不间断地常诵真言，然而未离攀取缘虑之意，心有懈怠的，只须依此妙印，熏烧旃檀莲等香。如此每日施行烧香之法，即成常业，诵持金刚法明。何以如此？因为以上真言字义，皆能从此印香中显现出来。

根本印为：二手呈金刚缚，两手中指合如莲花叶状，二手大指并立，即成此印。

真言为：“倘若有人持此一字真言，能消除一切灾祸、疾病，生命终结之后，当得往生极乐上品，其余各种愿求，世间、出世大愿，随持得成，何况是依照此教法修行之人，一切成就不久即可圆满。”

观自在菩萨薰真如香印之法，演说完毕。

香积国

《维摩诘经·香积佛品》第十

［经文提要］此段经文主要讲述香积国的故事：香积国住着一位香积如来，用香气演说佛法。国中一切，亭台楼阁乃至饮食之物，全用香制成。维摩诘显化菩萨，到香积国求得香饭，供大众食用。大众食用香饭后，感觉身心安适快乐，如同一切快乐庄严佛国中的菩萨一般。同时，他们的毛孔都散发出美妙的香气，就像香积国土及香树的香气一般。

于是，舍利弗心中忖念道：“中午快到了，这些菩萨该在何处就食呢？”

这时，维摩诘知道了他的心意，便对他说：“佛祖宣讲的八种解脱法门，仁者

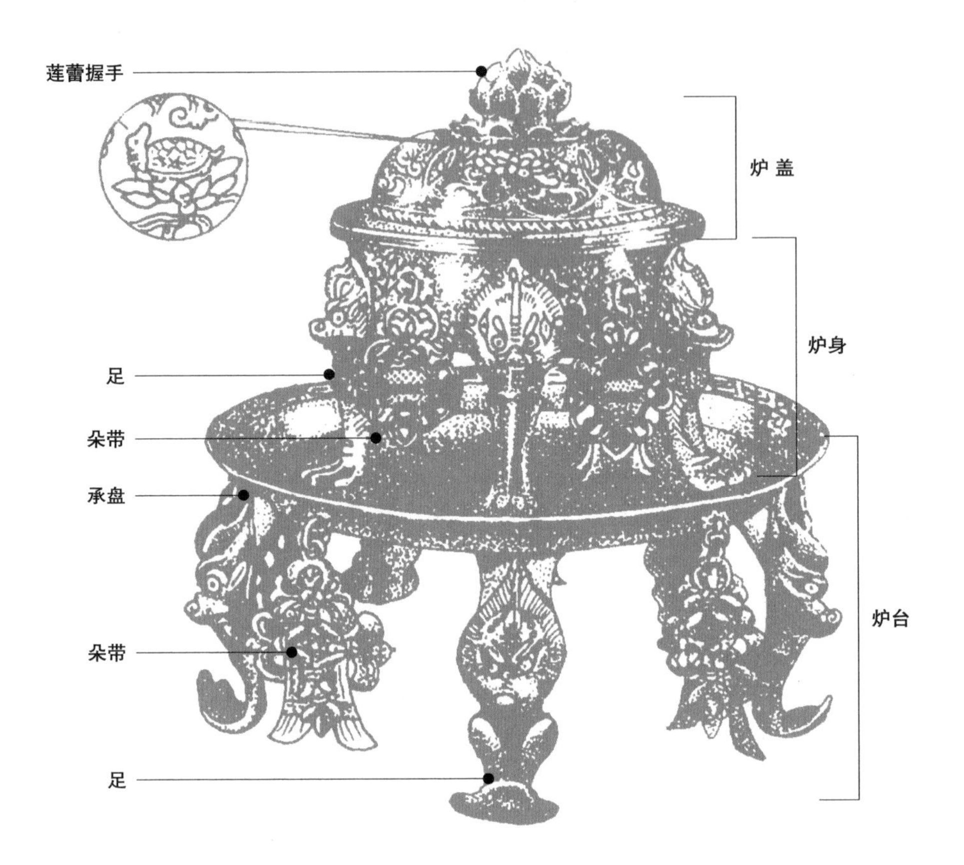

您应该奉行，怎能一面心中想着吃饭的事，一面听讲佛法的奥妙呢？若是诸位想用饭了，请稍待一会儿，会让诸位看到从未吃过的食品。”当时，维摩诘便进入三昧禅定的状态，用自己的神通力，将上方世界显现于大众面前，在四十二恒河沙数的佛土之外，有一个香积国，此处住的佛，称为香积佛。香积佛此刻正在那里主持教化。该国馨香浓郁，与十方世界一切佛国中人世天界的任何香气比起来，都是第一。该国没有声闻小乘，没有辟支佛独觉的说法，只有许多清净的大菩萨众，香积佛为他们演说佛法。该国亭台楼阁，全用香制成；经行之处，脚踩香地；庭苑林园，都有香气；食用之物，也是芳香。这香味传遍十方无量世界。维摩诘以法力为众人显现香积国时，香积佛正与诸位菩萨同坐进食，此外还有好多天人，名字都叫香严，他们全都发心要求无上菩提道，供养香积佛与诸位菩萨。这一幕，被维摩诘身边众人亲

□ 鎏金卧龟五足朵带银香炉并炉台

此香炉、炉台成组配套出土于我国陕西省扶风县法门寺地宫。二者皆为锤击成型，附件浇铸，纹饰鎏金。香炉由炉盖、炉身组成。炉盖宽沿下折，与炉身扣合，沿面錾饰背分式忍冬纹；炉身直口，平折沿，方唇，深腹，平底；腹壁饰流云纹，并铆接五只独角天龙兽足。足为浇铸，足爪四趾，以销钉套接绶带盘结的朵带环于两足之间的腹壁外。炉台为侈口，浅腹，平底，有五足及朵带，香炉置于其上，即炉台和香炉可以组合使用。

眼看见。

当时，维摩诘问众位菩萨道："诸位仁者，有哪一位可以吃到香积佛的饮食呢？"因为文殊师利的威神力量的缘故，众人全都沉默着。维摩诘说："在座的诸位仁者，无人应声，这不是有点儿耻辱吗？"文殊师利说："如佛祖所言，不要轻视未成就佛法的后学。"

于是，维摩诘没有从座位上起身，就在诸位会众面前显化菩萨相，法相光明，威严德相，遮蔽了在座会众的光彩。维摩诘对所显化菩萨说："你到上方世界，渡过四十二恒河沙数佛国，有一个被称作香积的国家，主持该国的佛，法号香积。香积佛正在与众菩萨一同用饭，你到那里去，按我教你的言辞，对他说：'维摩诘向世尊恭敬致礼，表达无限的敬意，问候您起居安泰，愿您没有病痛烦恼，气力舒匀。希望世尊您能将吃剩下的食物施舍给娑婆世界，用来举办斋供佛事，让那些仅乐于修持小乘之法的人，得以弘扬大道，也使我佛如来的名声遍传娑婆世界。'"

当时，维摩诘所化菩萨，在众多会众面前升起，会众都看到他离去，前往香积国，顶礼香积佛的足面。还听到菩萨说："维摩诘向世尊恭敬致礼，表达无限的敬意，问候您起居安泰，愿您没有病痛烦恼，气力舒匀。希望世尊您能将吃剩下的食物施舍给娑婆世界，用来举办斋供佛事，让那些仅乐于修持小乘之法的人，得以弘扬大道，也使我佛如来的名声遍传娑婆世界。"

香积国诸位会众看见维摩诘所化菩萨，感叹道："真是前所未有，如今所见的菩萨，从何处来？娑婆世界，又在哪里？为什么说是乐于修习小乘之法呢？"会众将这些问题提出来，香积佛回答说："在下方，渡过四十二恒河沙数那么多的佛土，有一个被称作娑婆的世界，主持那里的佛是释迦牟尼佛，此时正在主持教化。他为五浊恶世中乐于修习小乘教法的众生讲说菩萨大道的教法。娑婆世界中有一位居士菩萨，名叫维摩诘。这位居士已然安居于不可思议解脱的境界之中，因为要向众位菩萨讲说佛法，故而派遣他的化身前来称扬我的名号，赞美我的佛土，使娑婆世界中的诸位菩萨增加功德。"香积佛座前诸位菩萨又问："这位维摩诘居士是什么样子呢？竟能作如此化身，威德之力无边，神通如此？"香积佛说："维摩诘法力非常大。一切十方佛国，他都能派遣化身前往，并在那里施行佛事，饶益众生。"于是，香积佛便用众香钵盛满香饭，递给维摩诘所化菩萨。彼时，九百万菩萨一起开口说道："我想前往娑婆世界，供养释迦牟尼佛，还想看看维摩诘等诸位菩萨。"

香积佛说："可以前去。带上你们的身香，不要让娑婆世界众生起疑惑执着之心。你们还应当舍弃本来的形态，以免娑婆世界中那些求为菩萨之修行者生惭愧自耻之心。你们还得注意，不要对那里的众生怀有轻贱之心，而生出妨碍觉悟的想法。这是为什么呢？因为十方世界的国土本来就像虚空一般，而且，诸佛如来为了化度那些乐于修习小乘教法者，不会完全向他们展示自己佛土的无比清净。"

那时，维摩诘所化菩萨，得到了钵

◎佛教中的香器

香器是指焚香用的器皿或用具，除了香炉之外，还有香囊、熏球、柄炉、香球、香筒、香盒等用香的器具。这些不同种类的香具，主要是为了配合不同形态的香焚烧或熏蒸。除了实用外，基于美观的考虑，香炉的材质、形制、纹饰等种类多样、琳琅满目。

类型		材质	香型	使用方式	适用场合	实物
香炉	普通香炉	陶瓷、石、金属	线香、香块、香丸、香粉	燃烧或熏灸	供养、祭祀	
	博山炉	青铜等金属	香块、香丸、香粉	燃烧或熏灸	供养	
	柄炉	玛瑙、玉石等石材或青铜等金属	香块、香丸、香粉	燃烧或熏灸	祭祀	
熏球		铜或金银	香丸、香粉	燃烧或熏灸	供养	
香筒		陶瓷、木、竹、金属	线香	燃烧或熏灸	供养、祭祀	
香篆		陶瓷、石材或金属	香粉	燃烧或熏灸	供养	
香盒		陶瓷、木、竹、金属	香块、香丸、香粉	熏灸或自然散发	供养、祭祀	
香囊		玛瑙、玉、金银及丝绸	香粉或干花	自然散发	供养	

中的香饭，与香积国那九百万菩萨一起，得香积佛的威德神力和维摩诘法力的帮助，忽然从众香国佛土消失不见。片刻之间，出现在维摩诘室中。这时，维摩诘化出九百万菩萨的狮子座，铺设完备，其庄严美好，与先前所变化出的那些狮子座无异。于是，香积国九百万菩萨端坐于狮子座上。当时，化菩萨将盛满香饭的洁净饭钵交给维摩诘，饭的香气遍布于毗耶离城及三千大千世界。这时，毗耶离城中的众位婆罗门、众位在家居士也都闻到这扑鼻的香气，感到身心欣悦，都感叹这是从未经历过的。于是，城中豪门望族公认的首领，名叫月盖，率领着八万四千人，来至维摩诘的住所，看到室中有这么多菩萨及这么多狮子座，高广而庄严美好，皆大欢喜。纷纷向诸位菩萨以及大弟子致礼，然后退到一边。还有那些土地神、虚空世界的天神以及欲界色界的诸天人，闻到了香气，也来至维摩诘住所。

这时，维摩诘对舍利弗诸大弟子说："仁德之人，可以食用如来带有甘露气味的饭。此饭是大悲所熏，不要怀着有限的心意食用此饭，那样是无法消化的。"有个人怀着声闻小乘之心，忖念香饭如此之少，而眼前要吃饭的大众如此之多，怎么会够呢？维摩诘所化菩萨就说："不要用小乘声闻那点儿小小德行智慧来称量我佛如来无限量的福德智慧。四海终有枯竭之日，这香饭却是吃不完的。倘若世上所有的人都来吃这香饭，每个人搓捏的饭团有须弥山那么大，哪怕历时一劫，香饭也是吃不完的。原因何在呢？因为具足了戒、定、智慧、解脱及解脱知见等功德之人吃剩下来的斋饭，始终是吃不完的。"于是，这钵香饭让所有会众人人吃饱后，仍有富余。那些大菩萨、声闻众、天人，食用这香饭后，感觉身心安适快乐，如同一切快乐庄严的佛国中的菩萨一般。同时，他们的毛孔都散发出美妙的香气，就像香积国土及香树的香气一般。

这时，维摩诘问香积国的菩萨道："香积如来用什么方式来演说佛法呢？"

香积国的菩萨回答道："我们佛国的如来，说法不依靠文字符号，只熏用众香，便可以让众人守持戒律之行。菩萨们各自端坐于香树之下，闻见了美妙的香气，就获得了一切功德，其中蕴藏着三昧禅定。得到这三昧的，便具足了菩萨的一切功德。"香积国诸菩萨又问维摩诘："这里的世尊释迦牟尼佛，又用什么方式演说佛法呢？"

维摩诘回答道："这国土中的众生，顽固而难以驯化，因此我佛用强硬的语言演说佛法，以便调教制服他们。对他们说地狱、畜生、恶鬼等各种艰难险恶，说外道异学的修行达不到佛道的觉悟。对他们说，身造邪行恶业者，将身遭邪行报应；口造邪行恶业者，将口遭邪行报应；意造邪行恶业者，将意遭邪行报应。说杀生者，将遭杀生的报应；偷盗抢劫者，将遭偷盗抢劫的报应；信口胡说者，将遭信口胡说的报应，挑拨是非者，将遭挑拨是非的报应；恶语中伤者，将遭恶语中伤的报应；花言巧语者，将遭花言巧语的报应；贪婪嫉妒者，将遭贪婪嫉妒的报应；嗔怒忿恨者，将遭嗔怒忿恨的报应；毁失戒律者，将遭毁禁的报应；悭吝刻薄者，将遭悭吝刻薄的报应；瞋恚邪行者，将遭瞋邪的报应；偷懒懈怠者，将遭偷懒懈怠的报应；胡思乱想者，将遭胡思乱想的报应；愚昧无知者，将遭愚昧无知的报应。说什么是结戒，什么是持戒，什么又是犯戒；什么是应该做的，什么是不应该做的；什么是修习的障碍，什么不是修习的障碍；什么会造孽得罪，什么可以消灾脱罪；什么是洁净，什么是污垢；什么是有漏法，什么是无漏法；什么是邪道，什么又是正道；什么是有为，什么又是无为；什么是世间，什么是涅槃。因为难以驯化的人，心如猿猴，浮躁不宁，故而用以上各种说法控制他们的心，才能进而调伏他们。就像象和马，凶狠难驯，只能不停鞭杖挞伐，使其痛苦彻骨，才能调伏。像这种刚强难驯的众生，因而要以苦切的语言教育他们，才能使其服行戒律。”

香积国来的那些菩萨听到这段演说，都说：“这是前所未闻的。世尊释迦牟尼佛隐去了自己无量的自在神通之力，用此众生所乐于接受的佛法来度脱他们。这里的菩萨，也能不辞辛劳，度化不倦，心怀无量大悲之心，生于释迦牟尼的佛土。”

维摩诘说：“此土诸位菩萨，诚如各位所言，他们拥有坚固的大悲之心，但他们一生一世所饶益的众生，远远多过在其他佛土历经成百上千劫所能救度的众生，这是为什么呢？因为在这娑婆世界，有十事善法门，这是其他佛土所没有的。”是哪十事呢？就是：用布施克服贫穷；用清净戒律克服毁坏禁戒的行为；用忍辱的精神克服嗔怒；用精进精神克服懈怠；用禅定克服扰乱的心意；用智慧克服愚痴；用演说除难的方法克服八种困难，用大乘法门度脱那些满足于小乘法门的人；用布施、爱语、利行、同事等四摄法，使众生完成修行。以上这些，就是十善事。”

香积国来的那些菩萨又说：“菩萨应该成就哪些法门，才能在这娑婆世界实现所作所为没有缺陷，使众生纷纷得以往生净土？”

维摩诘说：“菩萨要成就八种法门，方能在这娑婆世界实现所作所为没有缺陷，使众生纷纷得以往生净土。是哪八种法门呢？饶益众生而不企图回报；替众生承受种种苦恼，将平日积累的功德全部施与众生；以平等的心态看待众生，谦恭无碍；将所有的菩萨看做佛一般；对于以前不曾听说的经典，听了之后不生疑惑；不和奉行小乘声闻教法者冲突；不嫉妒他人所得到的供养，不炫耀自己所得的利益，于平和宁静之中调伏自己的本心；常常自查自己的过失，不议论、指责他人的短处；永远一心一意追求各种功德。以上这些，就是八种法门。”

维摩诘与文殊师利在大众之中演说佛法时，成百上千的天人，都发心追求无上正等觉道心，有一万菩萨都得到了于一切法均无生无灭的体悟。

与香有关的圆通法门

《楞严经》卷五（节录）

［经文提要］此经卷主要讲述：由于尊者阿难的请法，佛让大众中的诸大菩萨及一切烦恼除尽的大阿罗汉分别演说他们最初发心因缘，悟入三摩地的方便。以下节选的是与香有关的圆通法门，包括：香严童子从观想香气中证得阿罗汉果位；孙陀罗难陀观想鼻中气息证得阿罗汉果位；大势至法王子及五十二位菩萨用染香工匠身心染有香气的“香

光庄严”来阐释念佛之心。

香严童子从座位上站起来，顶礼佛足，对佛说：“如来教导我审谛观察一切有为相。于是，我辞别佛祖，独处于清静的斋室，养晦自修，见众位比丘烧起沉水香，香气寂然，静静侵袭我的鼻子。我观察这种香气，既不是从木头上来，也不是从空而来，既不是从烟那里来，也不是从火那里来。它无所而来，无所而去。由此，我心与意俱消亡，根与尘皆灭尽，修成了无漏阿罗汉果位。我佛如来授我香光庄严的法号。香气尘相既然已经倏灭，妙香充满法界。我从观想香气中证得了阿罗汉果位。佛问哪一个法门最圆通，依照我的修证，以香严为最上。”

孙陀罗难陀从座位上站起来，顶礼佛足，对佛说：“我一开始出家时，虽然能够严守戒律，但是修持禅定、澄心静虑时，常有散乱，定力常失，所以未能成就无漏果位。世尊就教我和俱绨罗一起观视鼻端冒出的白气，以此来收摄散乱的心念。初观二十一天，看到鼻子中出入的气息，宛如白烟，身心由此圆明透彻，洞观一切世界，遍照无遗，清净无染，如同琉璃一般，内外通透。白烟渐渐消散，鼻间出入的气息变成白色，化浊为清，此时，我真心开明，烦恼漏尽，所有出入气息化作智慧光明，遍照十方世界，由此证得阿罗汉果位。世尊授记我当得菩提，说我很快就得获菩提佛道。佛问哪一个法门最圆通，我认为，观息止息而成白息，发智慧光明，圆满明照，漏尽烦恼，以此为第一法门。”

大势至法王子与同道的五十二位菩萨从座上站起来，顶礼佛足，对佛说：“我忆想过去无数劫时，有佛出世，名为无量光佛。十二位如来前后相续，共一个劫时，其中最后一位佛叫做超日月光佛，这位佛教我持念佛法三昧。譬如有人擅长记忆，有人擅长忘却。这样两个人，无论是相遇还是不能相遇，相见还是不能相见，只要二人彼此间生起忆想，心念深切，忆念的力量自然加深，就能在生生世世之中，如影随形一般不相分离，二者之间也不会有任何相互抵触或分别的事情发生。十方如来怜悯众生，就如同母亲忆念子女一般，假如孩子逃逝不见，这忆念还有什么用处呢？假如子女忆念母亲，也像母亲想念子女那样深切，那么，母子二人经历生生死死，都不会分离。假若众生心中忆佛、念佛，那么眼前必能见佛，这样的话，就离佛不会如此遥远，就可以不假借任何方便，自然得到心开。就好比专门从事染香的工匠，身上必定带有香气，这就称为‘香光庄严’。我的修习本因，是以忆念佛的心，证入无生法忍。如今，我在这个世界，能摄受所有忆念佛的众生，统统归于佛国净土。佛问哪一个法门最为圆通，依我所记，我没什么选择，收摄全部六根，心心念念相继不断，和合归于精明心，离于分别，如此洁净念佛，必能证得三摩地，得入无上正等正觉，我以为，这应是第一法门。”

成就鼻根神通的法门

《妙法莲华经·法师功德品》第十九

［经文提要］此段经文主要讲述：受持《法

华经》的信男善女，可以成就八百种鼻根功德。用这种清净鼻根，可以嗅闻到三千大千世界内外，乃至上下各方一切香气，不管远近，皆能完全闻嗅区分，不会有差错。持诵《法华经》者，即使居于人间，也能闻到天上诸天香气以及声闻、辟支佛、菩萨、诸佛身香等遥远的香气。虽然能闻嗅到这些香气，但不会对鼻根有所损害，不会判断错误。将所见境界分别为他人讲说时，也不会有错谬。

佛又唤了一声常精进菩萨！若有信奉佛法的男人、信奉佛法的女人，他们受持《妙法莲华经》，不论是读还是诵，是解说还是书写，皆能成就八百种鼻根功德。用这种清净的鼻根，可以嗅到三千大千世界内外，乃至上下各方一切香气：须曼那花香、阇提花香、茉莉花香、薝卜花香、婆罗花香、赤莲花香、青莲花香、白莲花香、华树香、果树香、旃檀香、沉水香、多摩罗跋香、多伽罗香，以及千万种合香。或者为末香，或者为丸香，或者为涂香。受持《妙法莲华经》者，在此间居住，完全能区分出是什么香。还能分别知道一切众生的香气，比如象的香气、马的香气、牛的香气、羊的香气、男人的香气、女人的香气、童男的香气、童女的香气，以及草的香气、木的香气、丛林的香气。不论是近抑或是远，所有香气，都能完全闻嗅、区分，没有差错。

受持《妙法莲华经》者，虽然居住在人间，也能闻到天上诸天香：波利质多罗、拘鞞陀罗树香及曼陀罗花香、摩诃曼陀罗花香、曼殊沙花香、摩诃曼殊沙花香、旃檀、沉水、各种末香、各种杂花香。由以上种种天香调和而生出的香气，没有他不能闻嗅、区分的。他还能闻嗅到诸天身上的香气：释提桓因在胜殿享受五欲之娱乐嬉戏时的香气，或是在妙法堂为忉利诸天说法时的香气，或是在各处园林游戏时的香气，或是其余诸天一切男女身上的香气。修持《妙法莲华经》者，都能远远闻嗅、区分。如此辗转，乃至色界大梵天，上至有顶天，诸天身上的香气，也能闻嗅到。不但能闻嗅到，还能区分得很清楚。同时，他也能闻到诸天所烧之香的香气。声闻、辟支佛、菩萨、诸佛身香等遥远的香气，他也能知其来处。嗅闻此香气，不会对鼻根有所损害，不会判断错误。如果将所见境界，分别对他人讲说，他也能记忆清楚，不会有错谬。

这时，释迦牟尼佛想将前边所宣讲的义理再行宣说，就

□ **兜率天**

欲界自下而上，共有六天，即四天王天、忉利天、夜摩天、兜率天、化乐天、他化自在天，其中兜率天为第四层天。兜率天意译为妙足天、知足天、喜足天、喜乐天。在佛教典籍中，兜率天的内院便是弥勒菩萨的弘法度生之处。此天天众寿量四千岁。其一昼夜相当于人间四百年，以此换算，其寿量相当于人间五亿七千六百万年。天众行欲时，男女执手即成阴阳。初生之儿如人间小孩八岁大。

用偈颂来说明：

是人鼻清净，于此世界中，若香若臭物，种种悉闻知。
须曼那阇提，多摩罗旃檀，沉水及桂香，种种花果香，
及知众生香，男子女人香，说法者远住，闻香知所在。
大势转轮王，小转轮及子，群臣诸宫人，闻香知所在。
身所着珍宝，及地中宝藏，转轮王宝女，闻香知所在。
诸人严身具，衣服及璎珞，种种所涂香，闻香知其身。
诸天若行坐，游戏及神变，持是法华者，闻香悉能知。
诸树花果实，及酥油香气，持经者住此，悉知其所在。
诸山深崄处，旃檀树花敷，众生在中者，闻香皆能知。
铁围山大海，地中诸众生，持经者闻香，悉知其所在。
阿修罗男女，及其诸眷属，斗争游戏时，闻香皆能知。
旷野险隘处，狮子象虎狼，野牛水牛等，闻香知所在。
若有怀妊者，未辨其男女，无根及非人，闻香悉能知。
以闻香力故，知其初怀妊，成就不成就，安乐产福子。
以闻香力故，知男女所念，染欲痴恚心，亦知修善者。
地中众伏藏，金银诸珍宝，铜器之所盛，闻香悉能知。
种种诸璎珞，无能识其价，闻香知贵贱，出处及所在。
天上诸花等，曼陀曼殊沙，波利质多树，闻香悉能知。
天上诸宫殿，上中下差别，众宝花庄严，闻香悉能知。
天园林胜殿，诸观妙法堂，在中而娱乐，闻香悉能知。
诸天若听法，或受五欲时，来往行坐臣，闻香悉能知。
天女所着衣，好花香庄严，周旋游戏时，闻香悉能知。
如是辗转上，乃至于梵世，入禅出禅者，闻香悉能知。
光音遍净天，乃至于有顶，初生及退没，闻香悉能知。
诸比丘众等，于法常精进，若坐若经行，及读诵经典。
或在林树下，专精而坐禅，持经者闻香，悉知其所在。
菩萨志坚固，坐禅若读诵，或为人说法，闻香悉能知。
在在方世尊，一切所恭敬，愍众而说法，闻香悉能知。
众生在佛前，闻经皆欢喜，如法而修行，闻香悉能知。
虽未得菩萨，无漏法生鼻，而是持经者，先得此鼻相。

《慈悲道场忏法》卷十（节录）

［经文提要］此段经文主要阐释：发起鼻根之善愿，愿一切众生鼻根永远嗅闻不到一切恶气息，可常常嗅闻到各种美妙的香气。

又发起鼻根之善愿：又愿现下道场中同业大众，广及六道（亦作六趣，即众生各依其业而趣往之世界）一切众生，从今日起乃至菩提（断绝世间烦恼而成就涅槃之智慧），鼻根永远嗅

闻不到杀害众生所制成的饮食的气息，嗅闻不到狩猎放火烧害众生的气息，嗅闻不到蒸煮熬炙众生的气息，嗅闻不到人身上三十六种不洁要素及革囊臭味的气息，嗅闻不到锦绮罗縠等丝织品诱惑的气息。

又愿鼻根嗅闻不到地狱剥裂焦烂的气息，嗅闻不到饿鬼因饥渴而饮食粪秽、脓血的气息，嗅闻不到畜生腥臊不净的气息；嗅闻不到病卧床席，因无人看视而生疮，使人难以靠近的气息；嗅闻不到大小便臭秽的气息，嗅闻不到死尸膨胀虫食烂坏的气息。

只愿大众及六道众生从今日开始，鼻根常可嗅闻十方世界牛头旃檀无价之香，常可嗅闻优昙钵罗五色花香，常可嗅闻欢喜园中各种树生花香，常可嗅闻兜率天宫说法时的香味，常可嗅闻妙法堂上游戏时的香味，常可嗅闻十方众生行五戒十善六念的香味，常可嗅闻一切七方便人十六行香，常可嗅闻十方辟支学无学人众德的香味，常可嗅闻四果四向得无漏香，常可嗅闻无量菩萨欢喜、离垢、发光、焰慧、难胜、远行、现前、不动、善慧、法云等香，常可嗅闻众圣戒、定、慧、解脱、解脱知见五分法身等香，常可嗅闻诸佛菩提的香味，常可嗅闻三十七品十二缘观六度之香，常可嗅闻大悲、三念、十力、四无所畏、十八不共法香，常可嗅闻八万四千诸波罗蜜香，常可嗅闻十方无量妙极法身常住之香。

鼻根善愿已经发出，相与至心，五体投地，归依世间大慈悲父、南无弥勒佛、南无释迦牟尼佛、南无梨陀法佛、南无应供养佛、南无度忧佛、南无乐安佛、南无世意佛、南无爱身佛、南无妙足佛、南无优钵罗佛、南无华缨佛、南无无边辩光佛、南无信圣佛、南无德精进佛、南无妙德菩萨、南无金刚藏菩萨、南无无边身菩萨、南无观世音菩萨。

又归依这十方尽虚空界一切三宝。

愿以慈悲法力同加摄受，令（某人）等得如所愿，满菩提愿。

《菩萨从兜率天降神母胎说广普经》卷二（节录）

［经文提要］在这部经文卷中，记载着释迦牟尼佛为最后生菩萨时，在兜率天降神母胎，自述其修持鼻根神通之事。并用偈颂来宣说菩萨种种特德之香无有退转，并赞叹佛身戒德之香更是不曾有过。

“我从无数无量劫修成鼻根神通，能遍嗅十方无量众生，悉能了解并区分善香、恶香，粗香、细香，火香、水香，俗香、道香。乃至菩萨坐树王下香，戒香、定香、慧香、解脱香、解脱知见香；教授众生大慈无边香、悲愍众生香、喜悦和颜香、放舍周遍香、神足无畏香、觉力根本香、破慢贡高香、自然普熏香、庄严佛道香、趣三解脱门香、吉祥殊胜香、明行果报香、分别微尘香、光明远照香、集众和合香、五聚清净香、持入不起香、止灭众垢香、观灭众垢香、闻戒布施香、惭愧无慢香、仙人法胜香、说法无碍香、舍利流布香、封印佛藏香、七宝无尽香。”

接着，菩萨就用以下的偈颂来宣说，曰：

摩伽山所出，花香及旃檀，三界所有香，不如戒香胜。

戒香灭众垢，往来入无间，菩萨不退转，涅槃香第一。

譬如善射人，仰射于虚空，箭势不尽空，寻复堕于地。

德香远无际，终不有转还，今说佛身香，戒定慧解度。

于亿百千劫，不能尽佛香，若于千万劫，佛赞佛功德。

大圣不能尽，佛身戒德香，诸佛威仪法，授前补处别。

口中五色香，上至忉利天，还来至佛所，绕佛身七匝。

诸天散花香，称叹未曾有，定香远流布，济度阿僧祇。

当时，菩萨宣说此偈之后，法会中十二亿众生，心识开悟，都发愿乐，想要往生于香积国土。这就是菩萨摩诃萨成就鼻根神通的事迹。

鼻根忏悔之法

《佛说观普贤菩萨行法经》（节录）

［经文提要］在这部经文中，普贤菩萨演说了六根忏悔之法。六根忏悔之法，指在向诸佛礼拜忏悔自己的罪过时，特别就眼、耳、鼻、舌、身、意六根，一一忏悔罪障。大乘经论中所说的忏悔，其特色在于伴以拜及其他行仪，以忏悔罪障。六根忏悔即其中之一种。以下节选段落讲述：菩萨演说鼻根忏悔之法，行者思索自己因贪恋好香的缘故，堕落生死，因而发心忏悔。

（前略）说了以上这一段话以后，普贤菩萨又演说鼻根忏悔之法："你在前世无数劫中，因贪恋好香的缘故，分别诸识，处处贪着，堕落生死。现在，你应当观大乘因，大乘因就是诸法实相。"行者听到菩萨这一段演说之后，五体投地（佛教礼法），再行忏悔。忏悔之后，又说了下面一段语："南无释迦牟尼佛！南无多宝佛塔！南无十方释迦牟尼佛分身诸佛！"如此念诵之后，遍行礼敬十方佛。南无东方善德佛以及分身诸佛，如在眼前，一一在心中礼拜，用香花供养。供养之后，胡跪合掌，用种种偈语赞叹诸佛。赞叹之后，讲说十种恶业，忏悔各种罪行。忏悔之后，诉说以下言语："我在前世无量劫中，贪恋接触香味，造作各种恶行。因此因缘，无数世以来，永受地狱、饿鬼、畜生、边地、邪见等不善身的折磨，如此恶业，今日显露了过失。归向诸佛正法之王，讲说罪过，施行忏悔。"忏悔之后，身心不再松懈，接着诵读大乘经典。

◎ 佛教中关于香的词汇

从佛教创教开始，佛教的香便应运而生了。随着佛教的传播，不同地域形成了不同的佛教派别，香品和用香形式也随之出现很大的差异。在此，我们搜罗了香在佛教中的相关词汇，从这些语汇的释义中，也许能够一窥香的丰富意蕴和不同运用。

一色一香无非中道

一色一香虽然是微细之物，但也有体性，也是空，合于中道实相。这是表达中道实相之理（诸法非空非有，亦空亦有），遍布于一切微细之物中。

一瓣香

一瓣香，又称“一炷香”，是指一片或一拈香，为焚香敬礼之意。瓣是花瓣、瓜瓣的意思，形容香的形状就像瓜瓣一样，所以称为一瓣香。“心香一瓣”，比喻诚挚的心意，就如同焚香、拜香一般。在佛教中，每逢尊宿升堂说法，烧至第三炷香时，就要称念：“此一瓣香，敬献于授我道法之某法师。”

七香汤

七香汤是指用肉桂、陈皮、茯苓、地骨皮、当归、枳壳、甘草七种香药煎沸而成的汤汁。佛诞日浴佛时，佛寺常煎七香汤给大众饮用。

上 香

上香在佛教中是指在佛、菩萨本尊前奉香供养。在一般的典礼祭祀中也有上香仪式。

心 香

比喻若心中精诚，就如同以心香供佛，与焚香供佛无异，所以称为心香。

代 香

代香是指代替他人烧香或上香，而代为烧香或上香之人也称为代香。

加持香水

在密教中，修法时经常加持香水来灌洒，又称为洒净、洒水。因为香有遍至之德，表示“理”；水则有洗涤清净的作用，象征“智”，所以香、水和合，就代表理智不二、甘露之平等性智。

行 香

行香是指施主设斋食供僧时，先以香分配给大众，再行烧香礼拜的仪式。据《贤愚经》《大比丘三千威仪》等记载，行香时，僧众须站立受香。这种仪式始于晋代，到唐宋时，行香已成为朝廷的一种礼仪。

告 香

告香是指学者插香以奉请禅师普说或开示的仪式，对大众预告香仪式所悬挂的木牌。

拈 香

拈香，也称为捻香，是在诸佛、菩萨及祖师像前烧香、上香。为诸佛、菩萨、檀越（施主、信徒）等拈香，再宣说法语，称为“拈香佛事”。开堂之日，拈香祝天子政躬康泰，称为祝圣拈香；初任住持或初次开堂说法时，为自己之本师拈香，以感念师恩，称为“嗣法拈香”。

信 香

信香是指香为信心之使，所以称为信香，来源于富那奇手持香炉，焚香以传达迎请佛陀受供心意的故事。

敕使拈香

古代著名的大寺院住持，都由皇帝敕命。在晋山（进山）之日，会有皇帝所遣的敕使莅临，寺院就为敕使拈香，以感谢其莅临，称为敕使拈香。

染香人

比喻念佛之人，染上如来之功德，就像卖香的人，不知不觉就染上香的香味，功德盈满身心，所以称为“染香人”。

香 入

香入是十二入之一，即眼、耳、鼻、舌、身、意六根，加上色、声、香、味、触、法等六尘，又称十二处。香入又称作香处，是嗅于鼻的总称。

香 水

香水是指含有香气之净水，由各种香混合而成，常用于身体的沐浴或器物的洒净。在密教中，香水象征智德，在修法过程中有加持香水的作法，就是以所加持的香水奉灌身体，或散道场，或洒诸物，而香水所调之香则因修法种类的不同而有分别。

香木

香木是古代禅宗所用的生活器物，常用如厕洗手后，去除臭气。香木用香材制成，使用时以两手摩擦使手清净，一般削成八角形，作用类似现今的香皂。

香水偈

香水偈是指在布萨之际，以香水洗手时所唱的偈颂。偈颂如下："八功德水净诸尘，灌掌去垢心无染；执持禁戒无阙犯，一切众生亦如是。"唱最后的偈语时，应当右手持瓶，泻于左手，洗净两手后，再以干净的毛巾擦干。

香水姻缘

古人在誓约结盟后，常设香火以昭告神明。佛教传入中国后沿用了这个仪式，所以如果彼此契合，则称为"香火因缘"。

香司

古代佛寺以固定的香盘烧香，用来测知时间；担任这个职位者，即称为香司。

香光庄严

香光庄严是指念佛三昧的作用，由于念佛能庄严行者，就如同香气之染人，所以称为香光庄严。

香衣

香衣是指以香木树皮的汁液染成的袈裟，其色赤黄，又作香染、香袍裳、香服。

香房

香房是指佛所住房舍，后世指安置佛像的殿堂，以及附属佛殿的僧房。香房又称作香室、香殿、香台、净香房、香积殿、香库院、清净香台，多建于僧院的中心。

香亭

香亭是指佛寺中安置大香炉的器具，前檐悬有"香亭"二字之匾额，中置大香炉，其形状、式样就如同真亭一般，用于葬仪。

香刹

香刹，即佛寺。"刹"本来是指佛塔上部之露盘等附属柱，后来也引申为寺塔、寺院之称。

香神

香神是帝释天司雅乐之神名，因为乾闼婆神食香，身上散发出香味，所以称为香神，音译作乾闼婆神，又称为香阴神、寿香神、香音神、乐神。

香偈

香偈，又称烧香偈、烧香回向文，是指于佛前上香时所唱之偈文。

香国

香国是指香积如来所住之国，为娑婆世界上方过四十二恒沙之佛土，是以众香所成的国土，又称为香积国、众香国、众香世界。国中一切皆以香作楼阁，经行香地，苑园皆是以香所成。国民皆以香气为食，香味周流十方无量世界。

香汤

香汤指以香料制成的清净汤水，用以灌沐身体。在四月初八佛诞日，有以香汤灌沐释迦牟尼佛尊像的习俗。

香汤偈

香汤偈是指在布萨（即净住、善宿、长养等，属佛教僧团的持戒行为）之时，须颂香汤偈："香汤熏沐澡诸垢，法身具足五分充；般若圆照解脱满，群生同会法界融。"

香华

香华是香与花的并称，多为供佛之用。佛教认为，奉施香华，可获得十种功德。

香象

香象是指发情期的大象，此时的象会由鬓角分泌出带香气的液体。此外，香象也指象形香炉。

香象渡河

香象渡河，是譬喻听闻教法所证得甚深。在经论中，经常以兔、马、香象三兽渡河来譬喻听闻教法所证得深浅的差别。如兔渡河则浮于河面，马渡河则及河半，香象渡河则能彻底截流，所以用"香象渡河"来比喻深证教法。

香语

香语是“拈香法语”的略称。就是在法会、诵经时，住持拈香时所说的法语。法会之时，住持入堂之后，先拈香，再说法语；接着开陈当月佛事旨趣，并颂七言、五言等短偈，最后以一喝来结束。

香厨

香厨指寺院的厨房，又称作香积，出自《维摩诘经》，取香积国香饭之典故。

香楼

香楼是指释迦牟尼佛遗体火化时，以香木堆积成台，其高如楼，上置如来宝棺。

香灯

香灯指寺院中的焚香与燃灯，后代寺庙中担任佛堂焚香、燃灯等职务者，也称为香灯。

香积饭

香积饭，又称香饭，指众香国香积佛之香饭。

香药

香药有两种：一是指香物与药之并称，指普遍之五香、五药；二是五宝、五香、五药、五谷等二十种物品的统称。

香板

香板是佛寺中用来警策修行的器具，形状如金刚宝剑。大多由方丈、首座、堂主等职事所持用。用来警策用功办道者，称为“警策香板”；用来惩戒违规者，称为“清规香板”；用来警醒坐禅昏沉者，称为“巡香香板”；于禅七中使用者，称为“监香香板”。

卷三・宫掖诸香

春秋至汉魏宫掖诸香

熏香

鲁庄公用绳子将管仲捆绑起来，交给齐国使者，齐国使者将管仲带回齐国。到了齐国，齐君为了迎接这位圣贤，多次令人为他以香涂身，又多次以香熏身，以表达对他求贤若渴的诚意和尊重。《国语・齐语》

西施异香

西施身带异香，其沐浴之后，宫人争相取用她沐浴过的残水，储藏在瓶瓮之中。将这种水洒在帷帐上，整个房间便充满了香气。瓮中的水如果放久了，下面会沉淀出混浊的渣滓，凝结成膏状，宫人将其取出晒干，用锦囊装好，佩戴在抹胸上，比西施浴后的残水还要香。《采兰杂志》

烧香礼神

《汉武故事》上说，昆邪王杀了休屠王，前来归降大汉，休屠王的金人神像也为汉武帝所得，后者将它们供奉在甘泉宫中。这些金人都有一丈多长，不使用牛羊，而用烧香礼拜。金人即佛，在汉武帝时备受尊崇，而非始于汉成帝时。

百蕴香

汉成帝的皇后赵飞燕用五蕴七香汤沐浴，其妹婕妤赵合德则用豆蔻汤沐浴。汉成帝说：“皇后不如婕妤，身体自然带有香味。”于是皇后改焚熏百蕴香，而婕妤则擦露华百英粉。《赵后外传》

九回香

婕妤赵合德还用九回香沐浴，用香脂养护秀发。并将眉毛画得很淡，称之为“远山黛”；在脸上擦淡淡的胭脂，称之为“慵来妆”。

◎焚香之雅——隔火熏香图

宋代之后，人们焚香，并不直接点燃香品，而是先点燃一块木炭，把它大半埋入香灰中，再在木炭上隔上一层传热的薄片（如云母片），最后再在薄片上面放上香品。此种“隔火熏香”的方法开始流行起来。慢慢的“熏”烤，既可以消除烟气，又能使香味的散发更加舒缓。自此，除礼佛与祭祀外，这种品香方式逐渐取代了直接焚烧香料的焚香方法。焚香方式的艺术化也提升了焚香器具的要求。明代文人文震亨的《长物志》记述了注重精神享受的、高层次的、高品位的休闲生活，其中便提到了怎样选择焚香的器具：“（香炉）三代、秦、汉鼎彝，及官、哥、定窑、龙泉、宣窑，皆以备赏鉴，非日用所宜。惟宣铜彝炉稍大者，最为适用；宋姜铸亦可，惟不可用神炉、太乙，及鎏金白铜双鱼、象鬲之类。尤忌者云间、潘铜、胡铜所铸八吉祥、倭景、百钉诸俗式，及新制建窑、五色花窑等炉。又古青绿博山亦可间用。木鼎可置山中，石鼎惟以供佛，余俱不入品。古人鼎彝，俱有底盖，今人以木为之，乌木者最上，紫檀、花梨俱可，忌菱花、葵花诸俗式。炉顶以宋玉帽顶及角端、海兽诸样，随炉大小配之，玛瑙、水晶之属，旧者亦可用。隔火砂片第一，定片次之，玉片又次之。金银不可用。以火浣布如钱大者，银镶四周，供用尤妙。匙箸紫铜者佳，云间胡文明及南都白铜者亦可用；忌用金银，及长大填花诸式。箸瓶，官、哥、定窑者虽佳，不宜日用，吴中近制短颈细孔者，插箸下重不仆，铜者不品。”

①炉瓶三事

图为小说《红楼梦》所配的插图，图中反映了当时人们的用香方式。贾母与宝玉及姑娘们正携刘姥姥用膳，桌上除了酒菜，还有一“瓶炉三事”。可见，在贾府这样的贵胄巨宦之家，用香极其普遍。

②宣 炉

金黄色的立耳宣炉，香炉中香灰垒成山形，里面放有炭火，炭火上再置隔片，最后将切成薄片的香料放于隔片上，使香料受热散香。用这种方式熏香，只有香味而无烟火味，因此可以在进膳时使用。若直接焚烧香材，则烟气较重，不宜在用膳时使用。

③香 盒

插有香匙、香箸的炉瓶，由黄杨、紫檀等木材或翡翠制成。翡翠或铜制香盒，用于盛装香料。若炉中的香材气味散尽，便可继续添加。

昭仪上飞燕香物

赵飞燕被册封为皇后的那天，她居住在昭阳殿的妹妹赵合德，写了一封贺信说："今天是吉祥的日子，贵人姐姐您喜获皇后的宝册。小妹谨献上贺仪三十五件，以表达我对你的恭喜。"赵合德的三十五件贺仪中，就有五层的金博山炉，以及青木香、沉水香、香螺卮、九真雄麝香等物。《西京杂记》

绿熊席熏香

赵合德在昭阳殿的卧室之内，有一床绿熊席。此席杂熏过各种香料，人一旦坐过，就会沾上残香，历经百日而不散。《西京杂记》

余香可分

魏王曹操临终之际，遗言说："我所剩余的香料可以分赠给诸位夫人。各房平日无事可做，不妨做些鞋拿去卖。"《三国志》

隋唐宫廷诸香

香闻十里

隋炀帝从大梁（今河南开封）到淮口去，其所乘龙舟所过之处，香飘十里。《炀帝开河记》

夜酣香

隋炀帝在宫中建造迷楼，楼上设有四顶宝帐，其中一顶宝帐名为"夜酣香"，帐上缀有各种宝物。《南部烟花记》

五方香

隋炀帝的观文殿前，有堂室两厢，各有十二间房。在十二间房中，各摆放有十二个宝橱，前面设置有五方香床，上面缀贴着金玉珠翠之类。隋炀帝圣驾到来之时，宫人手持香炉，在御辇前导引行进。《锦绣万花谷》

敕贡杜若

大唐贞观年间，太宗李世民敕令度支（掌管全国财赋统计与支调的官员）征收杜若，省郎以谢晖诗句上奏说："芳洲生杜若。"于是唐太宗就责令芳洲贡奉杜若。《通志》

助情香

唐明皇迷恋杨贵妃，终日不理朝政。安禄山刚获得他的宠信，便进献助情花香一百粒，像粳米那么大，呈红色。每当临寝之际，含服香丸一粒，便能助发情兴，保持体力，没有倦意。唐明皇秘藏此香道："这也是汉代的慎恤胶（一种古老的春药）啊。"《天宝遗事》

叠香为山

华清温泉的池汤之内，用香料垒叠成方丈、瀛洲等山。《明皇杂录》

碧芬香裘

唐玄宗与杨贵妃在兴庆宫中避暑，坐在灵阴树下宴饮，感到十分寒冷。唐玄宗便命随从将用碧芬制的裘服呈上来。碧芬出自林氏国，是驺虞与豹子交配所生的一种兽类，此兽类像狗那么大，毛色比女子画眉的颜料更加青绿，其身上所带的香味数里之外也能闻到。唐太宗时，林氏国的人将它贡献给大唐。圣上称它为"鲜渠上沮"。"鲜渠"，翻译成汉语就是"碧"的意思；"上沮"，则是"芬"的意思。《明皇杂录》

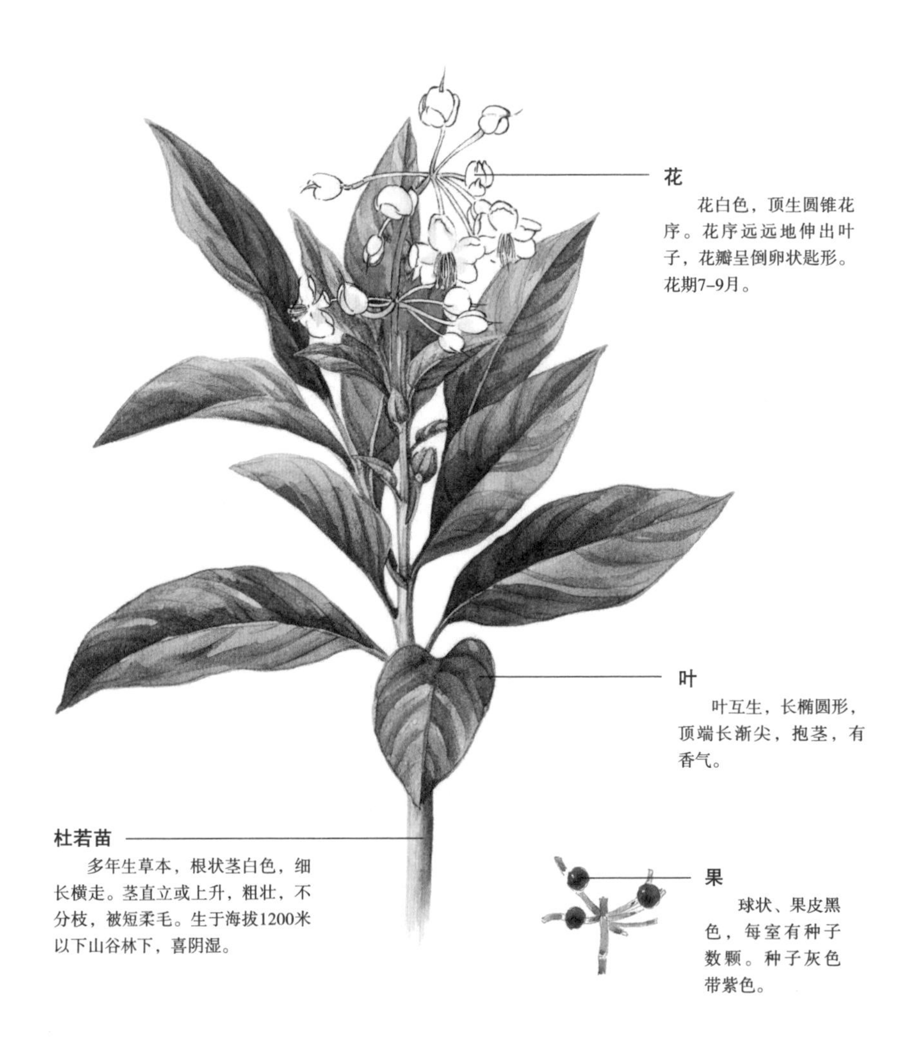

□ 杜 若

春秋战国时期的古诗词中已有关于杜若做香料的记载。从《楚辞》中的“采芳洲兮杜若,将以遗兮下女”，到司马相如《子虚赋》中的“衡兰芷若”，再到郭璞的《杜若赞》、谢朓的《杜若赋》、江淹的《杜若颂》、沈约的《杜若诗》，可见文人对杜若情有独钟。

杜若含黄樟醚和丁香油酚，故其气味芳香。全草都可入药，其性微温，其味辛，具有理气止痛、疏风消肿的功效，可用于治疗胸肋气痛、胃痛、腰痛、头肿痛、流泪等。久服益精、明目。

浓香触体

宝历年间，唐敬宗制造纸质的箭和竹皮制的弓，在纸里密藏着龙麝香末。每当宫中妃嫔群聚之时，唐敬宗就拉弓射箭，中箭的妃嫔顿时浓香浸染身体，毫无痛楚感。宫人称此箭为“风流箭”，更有俗语流传：“被风流箭射中，是每个人的心愿。”《清异录》

月麟香

唐玄宗还是太子的时候，有一名爱妾，名唤鸾儿，经常跟随中贵人（显贵的侍从宦官）董道遥微服出行。她每每将轻罗制成梨花散蕊的样子，裹以月麟香，称之为“袖里春”，其所行处，余香暗留。《史讳录》

凤脑香

唐穆宗思念玄解，便在清晨，上藏真岛焚燃凤脑香，以表达对他的推崇礼敬之意。如此十日后，青州上奏道：“玄解乘着黄牝马，行进在海面之上。”《杜阳杂编》

步辇缀五色香囊

唐咸通十年，同昌公主（即卫国文懿公主，唐懿宗爱女）出嫁，居住在广化里。公主乘坐着七宝步辇，辇的四面缀饰着五色玉香囊，囊内贮藏有辟寒香、辟邪香、瑞麟香、金凤香。以上香料皆是外国供献的，但其中仍然混杂有龙脑、金屑等物。此外，辇上还镂刻着水晶、玛瑙和辟尘犀（传说中的海兽，其角可去尘）制成的龙凤花，花上串着珍珠、玳瑁等宝物。又有金丝制成的流苏，轻玉雕制的浮动装饰。每当公主出游，芬芳馥郁的香气溢满道路，步辇明亮闪耀，观者眼目眩惑。是时，有中贵人在广化酒楼饮酒，忽然疑惑道：“好好地坐在这里，哪里来的奇异香气，甚是奇特。”同座的人说：“这不是龙脑的香气吗？”中贵人回答道：“不是，我自幼侍候于妃嫔们左右，故能识得此香乃宫中之物，只是不知香气缘何来到这里。”于是回头问当垆卖酒的人，卖酒的人道，这是公主步辇的抬夫用身着的锦衣在这儿换了酒吃。中贵人与众人一起察看锦衣，越发感叹此香气的神异。《杜阳杂编》

沉檀为座

唐懿宗崇敬佛教，曾将两尊高座赐给新安国寺，一尊为讲座，一尊为唱经座。两尊高座各高两丈，用沉香、檀香木压制成骨架，再以油漆涂面。《杜阳杂编》

刻香檀为飞帘

为奉迎佛骨，唐懿宗下诏用金银建造庙宇，用珠玉制成宝帐、香轿，将檀香雕刻成飞帘、花槛、瓦木、阶砌之类的景物。《杜阳杂编》

含嚼沉麝

宁王素来骄横显贵，生活极尽奢侈。每当与宾客们谈讲之际，总要先将沉香、麝香等香品放在口里咀嚼片刻，方才开口发言。他一说话，其口中香气便喷洒在坐席上面。《天宝遗事》

升霄灵香

同昌公主薨逝，唐懿宗十分哀痛。于是下令赐给紫尼及女道士导引灵车，并焚烧升霄降灵之香，敲击归天紫金之磬，以引导公主的灵魂飞升。《杜阳杂编》

◎贵妃晓妆图

在强调女性“大门不出，二门不迈”的古代社会，“女为悦己者容”无疑是女性最大的乐趣及关注所在。处在深宫中的女子尤其如此，因为她们取悦的目标只有一个，那就是帝王。下图描绘了宫妃们晨起听乐、梳妆、簪头、采摘鲜花等情景，再现了后宫嫔妃的装扮场景。

①采花

一宫妃正拉着树枝，采摘枝头的海棠花。旁边的侍女双手端着盛放鲜花的圆盘。采摘的鲜花可供嫔妃插于云髻上，亦可连枝掰掉，插于室内的瓶中。

②梳妆

正在往自己头上插发簪的是画中地位最高的，当是嫔妃一级；面前的两位侍女正在服侍她梳妆，正对她的侍女手持铜镜，旁边的侍女手持胭脂、眉墨等化妆用具。

③浇花

一位侍女正在浇灌盛开的牡丹花。盛开的牡丹香味浓郁，待花开正艳时还可采摘花瓣供嫔妃洗浴。

五代宋元明香事

灵芳国

后唐龙辉殿中，安设有一座假山水。此景以沉香铺设为山体，用蔷薇水、苏合油充作江河、湖池，将苓藿、丁香充作树木，用熏陆垒造成城郭的样子，黄紫檀则制成房屋，白檀雕刻成人物。这座假山水周长为一丈三尺，城门上悬挂有一块小牌子，上书“灵芳国”。有人说，建造所用的香料乃平定蜀地时所得。《清异录》

◎贵妃出浴香事图

据说，杨贵妃有狐臭，所以特别喜欢沐浴。为此，唐玄宗特地为她建造了华清池，用温泉水供她沐浴。贵妃每次沐浴时，必在池水中撒满各种花瓣。唐代的《千金方》中也曾记载了一个沐浴的配方，即将丁香、沉香、青木香、麝香等名贵香料，连同桃花、红莲花、樱桃花等几十种香花一起捣碎，再混合磨碎的珍珠和玉粉，用于沐浴，能使皮肤变得光洁润泽。

① 沐浴香

沐浴时，在池水中撒满各种花瓣，花瓣的香味浸入水中，用这种带有花香的水沐浴，身体也能浸染花的芳香。

② 花 露

杨贵妃出浴后，宫女又将花露舀到她掌心，这是花、叶蒸馏后的香水，使人发肤带香。李渔《闲情偶寄·声容·修容》中记载，“花露者，摘取花瓣入甑，酝酿而成者也。”其实，在杨贵妃生活的时代我国还没有蒸馏的技术，真正的花露是在五代后才传入我国的。此图是清人依据宫廷遗风所想象出的《大唐贵妃出浴图》。

香宴

南唐中主李璟保大七年时，召集大臣、宗室赴宫中香宴。是时，将中外所出产的香品聚集起来，调和煎制成汤剂来饮用，另有制成粉囊来佩戴。此香宴所用到的香品共计九十二种，均是江南之地前所未有的。《清异录》

爇诸香昼夜不绝

前蜀后主王衍，生活奢靡无度，常设锦步障（遮蔽风尘或视线的锦制屏幕），他在障内击球玩耍，每跑到很远，步障外的人还毫无察觉。他还日夜不停地焚烧各种香料，日久生厌后，便焚烧皂荚来搅乱香气。此外，他还将丝织品结制成假山，在上面建造道观、殿堂。《续世说》

焚香祝天

后唐时，明宗李嗣源每晚在宫内焚香，向上天祝告道：“我是一个胡人，只因处于乱世才被众人拥戴为君，但愿上天早日降生真正的圣人，为民之主。”《五代史》

香孩儿营

宋太祖赵匡胤出生在河南洛阳的夹马营，他降生的时候，满室红光，异香扑鼻，故而人们称此地为香孩儿营。《稗雅》

降香岳渎

大宋每年都会分别派遣驿使用御用香料祭祀五岳、四渎（长江、黄河、淮河、济水）等名山大川，这是遵循上古的礼法。每年二月，朝廷派遣使者驾乘驿马疾行，前往祭祀，向海神求福。选用沉香、檀香作祭祀香品，并陈列牲畜、币帛等祭品，由主持祭祀的人在神前念诵祝告的文章。祭礼结束以后，朝廷来使将祭祀所剩余的香品带回，以求赐福我朝。《清异录》

雕香看果

后周显德元年，太祖郭威创制祭祀祖宗的各种物品。

□《红楼梦》中的香

《红楼梦》作为晚清的百科全书，其中不乏一些焚香场景：祭祖拜神、宴客会友、抚琴坐禅……袅袅香烟，卷舒聚散，有助于营造肃穆、亲切、高雅、温馨、恬淡的气氛。例如，秦可卿卧室的“甜香”，令宝玉欣然入梦，神游太虚幻境；黛玉的窗前飘出的“幽香”，使人感到神清气爽；宝钗衣袖中的“冷香”，闻者莫不称奇；而妙玉则被“闷香”所熏而昏厥，被歹徒劫持……

《红楼梦》中记载的香有数十种，如藏香、麝香、梅花香、安魂香、百合香、迷迭香、檀香、沉香、木香、冰片、薄荷、白芷等。香的形状也极为丰富，有篆香、瓣香、线香、末香等。

除了礼佛养生，《红楼梦》里亦有用香治病的描写。如宝玉在婚礼上突发昏厥后，家人连忙“满屋里点起安息香来，定住他的魂魄”。在书的第七回，宝钗在叙述“冷香丸”的药物配方时，特地说明和尚给的“没药”引子，指的就是某种有止咳化痰作用的芳香药。

世宗柴荣以外姓人的身份继承大统之后，祭祀所用之品一切从厚，灵前所设置的看果（祭祀、设宴时，供陈列而不食用的果品菜蔬）均用香料雕刻而成。《清异录》

□ **焚香祭月**

祭月仪式是一种古老的祭祀礼仪，自周代时开始流行。祭月时，需准备祭桌，行拜礼所用的草席或软垫、香炉、祭品盛器、红烛及点香用的器具、酒具等。对月焚香祈祷，在礼仪上是对月神以示恭敬，表达人们祈求月神降福人间的美好愿望。

香药库

宋朝所设的内香药库，位于宫殿旁门外，合计二十八库。宋真宗赐御诗一首，以作库房的匾额，诗云："每岁沉檀来远裔，累朝珠玉实皇居，今辰御库初开处，充牣（丰足）尤宜史笔书 。"《石林燕语》

诸品名香

宋朝宣政（宋徽宗年号政和、宣和的并称，借指宋徽宗）年间，有一种西主贵妃金香得以闻名，此乃蜜剂型香品，与今日的安南香相似。光宗在闲暇之余，留心香品，调配成一种奇异的混合香品，称之为东阁云头香。另有中兴复古香，是以占城、真腊等国的沉香为主要原料，掺杂龙脑、麝香、薝蔔（郁金花）之类调制而成，其香气极具清雅之韵。此外还有诸如刘贵妃瑶英香、元总管胜古香、韩钤辖正德香、韩御带清观香、陈司门木片香等香品，都是绍兴、乾道、淳熙年间盛极一时的名香。庆元年间，韩平原调制阅古堂香，其香气不输云头香。番禺还有一种吴监税菱角香，不用印模压制，而纯以手捏成形，盛夏时节，将它放置于烈日下暴晒，只须一天工夫就可晒干。此香在当时堪称绝品。如今，爱好香品的人家大多存有此香。《稗史汇编》

宣和香（两则）

宣和年间，宫中常在睿思东阁制造香品。宋室南渡之后，还是依照过去的配方调制香品，即所谓的东阁云头香。冯当世（即宋代冯京）在两府时，曾命令潘谷制墨，名为福庭东阁。不过，莫非墨也有出自东阁的配方吗？《癸辛杂识外集》

宣和年间，宫中所焚熏的奇异香品，有亚悉香、雪香、褐香、软香、瓠香、猊眼香等。

行香

大宋初年，行香之俗尚未盛行，直到真宗大中祥符

◎画中果香

古代绘画作品中，常见案几上放有果盘，果盘中置有各类水果。其实这些水果不一定都是用来吃的，有的是置于室内以散发出天然的果香。如柠檬、佛手、香橙等，果香浓郁，不但可以祛除异味，还可令人神清气爽；苹果、酥梨气味清新，则可以使人心神安宁。

二年九月丁亥日方下诏：“从今以后，每逢宣祖、昭武皇帝、昭宪皇后忌日前的一天，不判决罪犯，群臣百官进名奉慰，寺观行香，禁止屠杀牲畜，不处理日常事务。”以上诸种制度，在历朝因袭过程中，到如今只剩下行香一种。《燕翼贻谋录》

僧吐御香

宋太祖微服出巡，来到一座小小的院落旁，见一醉僧，将污秽之物吐了一地。稍后，太祖密令小太监前往，探察僧人可仍在原地，并将他的所吐之物带回。通过察看，太祖发现僧人所吐均是御用香品。《铁围山丛谈》

麝香小龙团

金代章宗在位时，后宫将张遇所制的麝香小龙团用作画眉之墨。

祈雨香

明太祖朱元璋曾因故欲杀掉三千多名僧侣。吴地僧人永隆（为苏州伊山寺的僧人）请求自焚，以救脱众僧。太祖应允了他，并下令武士守卫他自焚的龛室。永隆书写了一首偈子，又取了一片香，上书“风调雨顺”四个字，并对宫里派来的侍从官说：“烦请转告陛下，遇到大旱之年，以此香祈雨，必定灵验。”永隆手持火炬自焚之后，他的骸骨并未倒塌，更有奇异的香气扑鼻而来，群鹤在龛顶飞舞。太祖信守诺言宽恕了那三千多名僧侣。后来遇到大旱，太祖命人将永隆所遗留的那一片香送到天禧寺去祈求雨水，当夜竟真的降下了大雨。太祖不由赞叹说，“这是真正的永隆之雨啊”，并写诗赞美此事。《翦胜野闻》

子休氏说：“汉武帝喜好道家之学，各国仰慕天朝之德，贡献了很多珍宝。奇异的香料汇聚于此，因此才有辟除瘟疫、起死回生这样的异事发生。香云所到之处，百里之内感化灵异。然而，因这些事迹没有收入史册之中，因此有人说此为虚构之事，或者是书写史籍的人，不想让后世的君主听闻这样的怪异之事。汉代制度规定，外国贡献的香料不满一斤的话，就不收下，意即只在乎数量之多，而不求质量之精，为外国使者所笑话。这也使得使者为此颇感烦乱，便不将异香呈献出来，而是怀揣着珍异的香品返回本国，只留下少许香豆，向大汉显示其国中香品的珍异。风流天子唐明皇爱好助情香。而唐敬宗则喜制作香箭，以求标新立异。宋徽宗政和、宣和年间的各种香品，用心调制，气息芬芳馥郁，大都是珍异之品。充作御用贡品的香料，应当是贡献给佛寺道观后的节余。如果不是万乘之尊的君王，哪能享受它的熏香浓烈呢？草野隐士，犹得于稻禾、楮树之间，吸取它们的芬芳，实在是一件幸运的事啊！”

□ 香料制眉墨

画眉是古代妇女化妆程序中最为重要的一道。画眉常使用的眉墨，通常含有香料。宋代妇女普遍使用的“画眉七香丸”，就是在眉墨中加入了龙脑、麝香等名贵香料。风流天子金章宗为了讨好嫔妃，给她们用极其名贵的“麝香小龙团”墨来画眉。隋炀帝的宠妃吴绛仙长于画眉，隋炀帝命司宫吏每日给她送上产自波斯国，每颗价值十金的螺子黛（也叫作“蛾绿”）画眉。

卷四 · 香异

先秦异香

沉榆香

黄帝使诸侯、群臣接受德教，将珪玉排列在兰蒲席上，熏燃沉榆香。又将各种珍宝舂成屑状，用沉榆胶碾成泥以涂地，以区别尊卑华戎之位。《封禅记》

荼芜香

战国燕昭王二年，波弋国（即波斯国）进贡荼芜香。焚此香熏衣，香气经月不散；用此香浸染地面，泥土、石块皆带香味；朽木腐草一旦沾染上它，就会重新焕发生机；用它来熏枯骨，肌肉立即生出。当时，广延国（不可考）进贡了两名舞女，昭王在地面洒上约四五寸厚的荼芜香屑，舞女在上面舞了一整天，也丝毫不留痕迹。《拾遗记》

恒春香

方丈山（位于云南鹤庆县）上生长着恒春树，其树叶形似莲花，香气宛若桂花，花朵的颜色随四季而变化。燕昭王末年，仙人进贡此树，各国为此皆前往恭贺。昭王说："寡人得到恒春了，何愁天下不能一统？"恒春，又叫"沉生"，即现在的沉香。

遐草香

春秋时齐桓公讨伐山戎，得到遐草。佩戴它的人听力变得灵敏。此草香气像桂花，茎条似兰花。

返魂香

西国献香

汉武帝时，弱水西国有人乘坐着毛车渡过弱水来进献香料。汉武帝以为是平常香料，而中原也不缺，因此没有礼待这些使者。武帝游幸上林苑时，西国使者在乘舆间奏报所进献的香料。武帝拿过来看，是三枚燕卵那么大的

□ **迎 香**

随着丝绸之路的开通，中国和西域各国的香料贸易往来逐渐频繁。迷迭香、安息香、沉光香、丁香、瑞龙香等外域所产的名香源源不断地输入中国。在繁盛的汉、唐、宋、明、清等朝，中国几乎成了世界上最大的香料消费市场。据记载，宋代时，贩运到杭州的胡椒一次就达五吨，比当时整个西方的需求量都要大。下图为西夏国向宋朝进贡的情景。西夏国的香料贸易十分繁荣，其向宋朝进贡的香料主要有沉香、琥珀、檀香、麝香等。

香，形状与枣相似。武帝不大喜欢，就交给外库收藏。后来，长安城中流行疫病，甚至席卷宫廷，武帝被迫停止了歌舞活动。这时，西国使者求见，声称焚烧一枚他所进献的香料，便可以辟除疫气。武帝只好抱着试一试的态度听从了他的建议。岂料宫中患病的人即日痊愈，长安城中，方圆百里以内，都能闻到浓厚的香气，三个多月后，香气仍不减退。武帝立刻置备厚礼送使者归国。《博物志》

返魂香

聚窟州（古代汉族神话中的地名，相传在西海中申未之地）有一座大山，山形如同人鸟，因而得名人鸟山。山中多树，树形似枫树，花叶能散发香气，几百里之外也能闻到，名为返魂树。敲击此树，能发出声响，如同群牛吼叫，听到这种声音的人无不心惊神摇。砍伐此树，将树木的根心放入玉釜中煎煮出汁液，用微火煎制成黑粒状，再将其搓成香丸，名为惊精香，又叫震灵香，或叫返生香、震檀香、人鸟精、却死香。一种香竟有六种名字，实在是灵异之物啊！这种香的气息若被地下的死人闻到，便能复活，不再死亡。用这种香来熏死人，更加神奇灵验。

延和（即征和）三年，武帝平定天下。西胡月氏国国王派遣使者献上香料四两，像鸟蛋那么大，桑葚那么黑。武帝以为不足为奇，便交给外库保管。使者说：“微臣的国

家距此三十万里，国有常占东风入律（春风和畅，律吕调协），百旬（十天为一旬）不休；青云干吕（一种吉祥的征兆），数月不散，就知道中原现在有好道的君主。我国国王一向轻视百家，崇好道儒，鄙薄金玉，珍惜灵物。故而搜求奇蕴，向贵国进贡神香。走过天林，擒获猛兽；乘着毛车，渡过弱水；策马飞驰，穿过沙漠。路途遥远，道路多艰，至今已走了十三年。神香能治愈各种致人于死地的疾病，令猛兽却步，并能驱退千百邪魅鬼怪。”又说：“神香的分量虽然少，但用它制成神奇的丸药，可令疫病灾祸中死去的人起死回生。死人闻到此香，便能活过来。其香气又特别浓，故而可以保留长久而不消散。”到了建元元年，长安城内有数百人染上疫病，其中一大半死亡，武帝试着取来月氏神香，在城内焚烧。那些在三个月以内死亡的人，也都复活了。芬芳的香气过了三个月未散去。汉武帝这才相信此香乃神物，便更加妥善地秘藏剩余的香料。后来，由于一时的疏忽，香函上的封印依旧，香却没有了。《埤雅》

传闻明成祖永乐初年，太仓刘家河的天妃宫内，某日有鹳卵被寺中的沙弥偷偷烹煮，眼看就要煮熟了。此时，老僧见到母鹳哀鸣不已，急忙让沙弥将鹳卵还回到窝中，过了一段时间，雏鹳竟孵化出来。僧人觉得很怪异，便探究鹳巢，发现里面有一根一尺多长的香木，宛若锦绣，于是将它拿来供佛。后来，有外国使者用数百金将此香木换走，并说：“这是神香啊，焚烧它，死人可以复生。”此香木就是返魂香木。由于太仓靠近大海，鹳可能是从海外衔来了这块香木。

庄姬藏返魂香

袁运，字子先，曾将一丸奇香送给庄姬。庄姬将香藏在箱内，终年保持润泽，香气弥漫。到了冬天，阁中的各种虫子都没有死，倒是被冻得鸣叫起来。庄姬将此事告诉袁运，袁运说：“此香乃宫中秘制，里面应当含有返魂香的成分吧 。”

返魂香引见先灵

司天监主簿徐肇，遇到苏氏之子德哥。德哥自称善制返魂香，他手持香炉，从怀中取出一撮像白檀香末的东西放入香炉中，顿时香烟袅袅直上，胜过龙脑。德哥低吟道：“东海徐肇，想见到先人的魂灵，愿此香烟引导，见其父母、曾祖、高祖。”德哥又补充道：“但凡死了八十年以上的人，则不能返生。”洪刍《香谱》

武帝弄香

明天发日香

汉武帝曾在黄昏时分远望，见东方云层涌起，俄顷一对天鹅飞聚台上，幻化为舞蹈的幼女，握着凤管箫，抚着落霞琴，歌唱着优美曲调。武帝即开暗海玄落之席，散明天发日之香。此香出产于胥池寒国，该国有发日树，太阳从云中出，云又遮掩太阳，而一旦风吹此香树枝，它便能拨云见日。

千陀罗耶香

西域使者献来香品，名为千陀罗耶香。汉朝制度规定，进贡香料不满一斤，不得接受。使者只好黯然离去，将大豆般大小的香料放在宫门上。这些香料的香气竟自长安向四面弥漫，十里以内都能闻到，过了一个月才散去。

兜木香

焚烧兜木香，能除去恶气、消除疫病。西王母降临时，武帝烧的就是兜木香末。兜木香是兜渠国所进献的香品，像豆子那么大，涂抹在宫门上，香气远逸达百里之遥。关中爆发大疫病，许多人染病而死，尸体层叠。焚烧此香后，疫病立刻就止住了。

《内传》中说："此香能使死者复活，乃灵异之香，非中原香料所能及，当为众草之首。"《本草》

返魂香、干陀罗耶香、兜木香等外形相似，功效神异也相差不大，或许原本就是一种香，只是各家载录不同罢了，姑且一并收录于此。

□ **湘 君**

古代诗词歌赋中，有关香料的记载多寓于故事中。上古时期，尧将两个女儿娥皇、女英嫁给舜为妻，后来舜在三苗部族的叛乱中死去，二女伤心至极，流出血泪，后来双双投水而死，成为湘水女神。因舜为湘君，世人便称娥皇、女英为湘夫人。《九歌·湘夫人》曾载，湘君用各式各样的香木、香草盖起一座华堂，等待湘夫人的到来，而这华堂的墙壁，是用芳香的花椒子涂抹而成。花椒在古代被当作是重要的香料，用花椒和泥涂墙壁是让宫殿生香的好办法。

西国献香

龙文香

龙文香为汉武帝时外国所进献，但其国名失载。《杜阳杂编》

方山馆烧诸异香

武帝元封年间，起造方山馆，以招引各种灵异。馆内焚烧天下诸神异香品，如沉光香、祇精香、明庭香、金磾金、涂魂香等，并张挂青檀灯。青檀中有厚漆一般的膏液，将之削取放置到器物中，用蜡来调和，熏燃时的香气远播数里。

沉光香，是涂魂国（即也门）进献的贡品。在黑暗的地方焚烧它，能产生光亮，故得此名。此香性坚实，难切碎，可用铁杵舂制成粉状，用以焚烧。

祇精香，亦出自涂魂国，焚烧此香，鬼怪畏惧躲避。

明庭香，出自胥池寒国。

金磾香，是金日磾所制，详见下文。

涂魂香，因出产于涂魂国而得名。

◎香室图示

宫廷是最大的香料消费市场，从化妆用品到日常生活都离不开香。“绿云扰扰，梳晓鬟也；渭流涨腻，弃脂水也；烟斜雾横，焚椒兰也。”杜牧的《阿房宫赋》中描写宫女们消耗化妆品用量之巨，令人叹为观止。图为清代宫廷仕女生活的画面，她们正在使用的各式香具展示了香在古人生活中的重要地位。

①香笼

远近各一香笼，不但可以用来熏香，还可将衣物、被褥等置于上面熏蒸，使其带有持久的香味。

②香炉

案上置有别致的小型香炉，既可以放入香块，也可放入香粉或干花进行熏焚。

③梅香

梅花为冬季特有的美景。人们不但可赏梅之形态，品梅之芬芳，其香味还远播持久。梅香沾染襟袖，萦绕身体，数日都不会散去。

④火盆

室内地上置有火盆，盆中撒有香粉，既可保暖又能释放出香气。

⑤果香

室内炕上置有果盘，除了可食用，还可散发果香。

金磾香

武帝的辅政大臣金日磾要入宫侍候，他想要自己的衣服清香洁净，以去胡人之气，便自己调制了一种香。武帝闻之，欢喜地说："金日磾曾经给自己熏香，宫中人见了，便更喜欢他了。"《洞冥记》

熏肌香

此香熏人肌骨，直至年老，也不感染疾病。《洞冥记》

天仙椒香彻数里

房苏割剌山，位于答鲁右面的大湖之中，高百寻（形容极高），草木不生。山石皆呈赭色，山中出产椒，若弹丸大小，其香气却能传播数里。每次熏燃此椒，则有鸟儿从云间翩跹而至。此鸟身披五色羽毛，名为赭尔鸟，是凤凰的同类。昔日，汉武帝令将军赵破奴将匈奴逐走，得到此椒，由于无人能识，便诏问东方朔。东方朔说："此乃天仙椒，塞外千里之地有此椒，能招引凤凰。"汉武帝遂将其种植在太液池，到了汉元帝时，椒生长出果实，有神异的鸟翔集而来。《敦煌新录》

神精香

光和元年，波岐国（各处记载不一，又写作波祇国、波弋国）进献神精香，此香又名荃蘼草、春芜草。它的一个根茎上有成百个枝条，枝上有竹节一样的间隔，很柔软，表皮如丝，可以织成布，即所谓的春芜布，又叫白香荃布。这种布质地坚实，如同冰纨，手中握上一片，整个宫中都溢满香气。妇人将其戴在身上，其芬芳馥郁之气一年不散。《鸡跖集》

辟寒香

此香由丹丹国（即现在的吉兰丹，为马来西亚的一个州）出产，汉武帝时贡入。每到大寒时节，在室内焚烧此香，暖气便自外而入，人们纷纷减除衣物。《迷异记》

寄辟寒香

齐凌波用藕丝连螭锦制成囊，四角用凤毛金装饰，内装辟寒香赠送给钟观玉。观玉寒夜读书，佩戴此囊，整个房间都很温暖。同时芳香之气袭人口鼻。《清异录》

汉晋香事

飞气香

飞气香、玄脂朱陵、返生香、真檀香，都是真人焚烧的香。《三洞珠囊隐记》

蘅薇香

汉光武建武十年，道教天师张道陵出生于天目山。其母在怀他之前，曾梦见仙人从北魁星中降临地面。仙人身长丈余，身着锦绣衣裳，将蘅薇香赠送给她。她醒来之后，衣服和房内都有奇异香气，一月不散。之后她发现自己怀孕。到了生产那一日，黄云笼罩产室，紫气充盈庭内，室中光亮如同日月，并又闻到之前那种香味，十日方散。《列仙传》

蘅芜香

汉武帝在延凉室中歇息，梦到李夫人将蘅芜香赠送给他。武帝从梦中惊醒，起床后，香气依然附着于衣枕之间，历经一月而不散。武帝称之为遗芳梦。《拾遗记》

诃黎勒香

唐代名将高仙芝砍伐大树，得到诃黎勒香，此香约有五六寸长。他将此香抹在肚子上，感觉腹中疼痛，以为此香怪异，便想将它扔掉。后来他向大食长老询问此事，长老说："人带有这种香，一切病症都会消除，感觉疼痛，是因为身体在吐故纳新。"

李少君奇香

汉武帝事奉神仙灵异，非常谨慎，在甲帐（帐幕）前放置灵珑十宝紫金炉。李少君选取彩蜃（大蛤）的血液、丹虹（蝴蛛）的涎沫、灵龟之膏、阿紫之丹，捣制幅罗香草（出产于贾超山），调制成奇香。武帝每次来到坛前，烧一颗奇香，香烟绕梁，其形状渐渐如同水纹，顷刻之间，蛟龙鱼鳖及百怪之类出没其间，人们视之，莫不两腿发抖。李少君又点燃灵音之烛，顿时各种音乐不断在火光之中奏响，不知是什么仙术。《奚囊橘柚》

女香草

女香草产自繁缋山（《山海经》上有记载，方位待考）。妇女佩戴此草，香气远播数里之外；男子佩戴此香则臭。海上有一闲人，拾得此香，因嫌其味臭而丢掉了。恰好被一名女子拾到，此香立刻变得香气馥郁，该男子跟随着这名女子，想要抢夺香草。女子见状迅速逃走，男子没有追上，却道："欲知女子强，转臭得成香。"《吕氏春秋》中的"海上有逐臭之夫"可能说的就是这件事。《奚囊橘柚》

石叶香

魏文帝用十辆安车迎接他的宠妃薛灵芸，并在道旁燃烧石叶香，其香烟叠起，像云母一样，能辟除恶疾。此香为腹题国所进献。《拾遗记》

茵墀香

汉灵帝熹平三年，西域国进献茵墀香。此香煮制成汤后，可以辟除疠病，宫人用这种汤来沐浴，将剩余的汤汁倒入渠中，名为"流香渠"。《拾遗记》

□ 卖香肥皂

最早的化妆香料多为宫廷嫔妃专用，春秋以后，宫粉胭脂等香料在民间妇女中也开始流行起来。宋代后，随着市民经济的发展，香料的使用更加普及，街边小巷都有卖成品香的店铺，甚至走街串户的货郎也沿街叫卖香品。图为明代画家吕文英的《货郎图》系列之"春"，描绘了一位正在向儿童兜售器玩的货郎，他的货担上挂着"出卖正香肥皂"的幌子。

千步香

南海山中出产千步香，将其佩戴在身上，香气在千步之外也能闻到。如今海边生长着的千步草，就是同一品种。其叶子像杜若，红绿间杂。据《贡藉》记载，日南郡（位于今越南中部地区，治西卷县）进贡千步香。《述异记》

百濯香

孙亮（三国时期，吴国皇帝）制作了一种非常薄的绿琉璃屏风，晶莹剔透。他常在清雅的月夜张开屏风让他的四名姬妾坐在屏风内。这四位他素日宠爱的姬妾，都是自古以来少有的绝色佳人：第一个名叫朝姝，第二个名叫丽居，第三个名叫洛珍，第四个名叫洁华。孙亮从外面观望，就像没有屏风隔着一样，只是香气不与外面流通。这四名姬妾所用之香，是孙亮特意调和的四气香，出自于异国的特殊香方。她们用了此香后，所经之处都染上香气，一旦沾衣，历经多年还能闻到，数次洗涤，香气不散，因而名为“百濯香”。也有人说，孙亮用姬妾的名字来为香品取名，故而有朝姝香、丽居香、洛珍香、洁华香之名。孙亮每次出游，四位佳人都与他同席侍奉，并以香名排好座次，不得混乱。四人所居之室，名为“思香媚寝”。《拾遗记》

西域奇香

韩寿做贾充的司空掾（佐助）时，贾充的女儿爱上了他，并让婢女替她表达爱意，让他翻墙来与自己幽会。当时，西域进贡了一种奇香，此香一旦碰着人，历经数月也不散去。皇帝将此香赐给贾充，贾充的女儿则悄悄拿来送给韩寿。后来，贾充与韩寿一同赴宴，闻到了他身上芬芳馥郁的香气，猜到自己的女儿与他私通。但贾充并未道破，而是将女儿许配给他。

唐宋元明香事

韩寿余香

唐晅丧妻后，十分思念亡妻。一天夜里，妻子来与他相会，如同生前一样欢娱。天明二人诀别，妻子整理衣裳之际，唐晅闻到了馥郁的香气，与世间的香气不同。便问妻子此香是从哪里得来？唐妻答道：“这是韩寿余香。”《广艳异》

罽宾国香

唐咸通年间，崔安潜以其高洁的品德、崇高的声望威震一时。宰相杨收十分敬重他，并以他为学习的榜样，请他参加宴饮。其时，厅馆内铺陈华丽，左右执事人皆双鬟珠翠，前置一尊香炉，香烟幻化成楼台形状。崔安潜闻到一种特别的香气，不像香炉中的烟气，也不是珠翠侍者所持有的香气，一时心中感到诧异，便四下打量，但始终不明白香气的来源。过了一会儿，杨收说：“相公心中似乎另有所瞩意之事？”崔安潜说：“我觉得有种特别酷烈的香气。”杨收环顾左右，令人从厅东间阁子内的镂金案上取来一个白角碟子，碟内盛放着一枚漆球子，送到崔安潜面前说：“香气正是来自于这种罽宾国香。”崔安潜大感惊奇。《卢氏杂记》

西国异香

唐代僧人守亮精通《周易》，李卫公对他十分礼敬。守亮临终之时，李卫公率领宾客前往致祭，碰巧有南海使者送来西国异香，李卫公便在龛前焚烧此香，只见香烟如弦，穿屋而上，观看的人无不悲伤礼敬。《语林》

香玉辟邪

唐肃宗曾赐给李辅国两尊香玉辟邪（中国古代神话传说中的一种神兽），各高一尺五寸，工艺奇巧，绝非人间所有。香玉的气息，在数百步之外就能闻到。虽收藏在金函石匮之中，但始终不能掩盖其香气。衣角如果不慎沾上此香，则芬芳馥郁之气经年不散。纵然洗涤多次，香气也不会消歇。李辅国曾将这两尊香玉放置于座位两侧，一日，他刚要梳洗，两尊辟邪忽然一个大笑、一个大声悲号。李辅国惊愕失态，而輾然而笑的那个大笑不止，悲号的那个更加涕泗交下。李辅国厌恶其怪异，将其打得粉碎。一时之间，李辅国所居住的里巷香气酷烈，过了一个月还存留着，因为舂成粉末后更香了。不到一年，李辅国就死去了。而在他刚打碎辟邪时，李辅国宠幸的慕容宫人知其怪异，曾私下隐藏了两盒玉屑，后被鱼朝恩（唐肃宗代宗朝宦官）用三十万钱买去。后来，就在鱼朝恩将要伏诛之时，香玉屑化作白蝶，升天而去。《唐书》

刀圭第一香

唐昭宗曾赐给崔胤一黄绫角香，约有二两，御题为“刀圭第一香”。其香气酷烈清妙，只需焚烧豆大的一点香，就能香飘满室，终日旖旎。此香是咸通年间所制，曾赐给同昌公主。《清异录》

鹰嘴香（一名吉罗香）

番禺牙僧徐审与舶主何吉罗交情厚密，不忍分离。临分手时，何吉罗拿出像鸟嘴尖一样的三枚香赠给徐审道：“这是鹰嘴香，其价高不可言。倘若爆发疫病，只须半夜焚烧一枚，则全家无恙。”过了八年，番禺爆发大疫病，徐审焚烧此香，独其全家得以幸免。他将剩余的香供奉起来，称为吉罗香。《清异录》

□ **炼 香**

除使用天然的香料外，早在三代（夏、商、周三个朝代的合称）时，古人就已经会将多种香料混合，炼出含多种气味的香。这些任务多由炼丹家们来完成，如“自三代以铅为粉，秦穆公女美玉有容，德感仙人，肖史为烧水银作粉与涂，亦名飞云丹，传以笛曲终而上升”，张华《博物志》也记载“纣烧铅锡作粉”，证明当时女性的化妆品便是由多种材料混合调制而成。

特迦香

马愈说："我拜谒过一位西域使臣，他是西域钵露郿国人。此人坐卧尊严，言语不苟，饮食精洁，待人有礼。喝茶叙谈之后，我将用天蚕丝缝制的折叠葵叶扇敬奉给他。他把玩再三，拱手笑着称谢。继而命侍者从一个黑色小盒子中取出香料放入熏炉中点燃焚烧。香虽不多，却芬芳满室。他用小盒子盛放一枚香作为对我的酬谢，并对我说，'此乃特迦香。炉中所焚熏的，正是此香。将它佩戴在身上，身体便会常常带着香气，神鬼畏服。此香历经百年，也不损坏。今日相赠，只宜收藏护体，不要轻易焚熏。我国语言称其为特迦，大唐称之为辟邪香。'我仔细鉴赏，见香品细腻，色泽淡白，形如雀卵，闻起来很香，就连同盒子一起接受，拱手称谢。我告辞退出时，使臣又从床上起身，拖着鞋子与我对揖，送我出来。我回到家中，焚烧米粒大的一点香，香气连邻居家也闻到了，经过四五日，香气也不消散。于是，我连盒子一起奉给先母，先母将其放在箱内后，衣服都带上了香气。十余年后，我还见过。先母去世之后，箱内只有香盒子还在，而香已散失了。"

卷五·香事分类

天文香

香风

瀛州偶然会有香风。风起时，如果灌进衣服的袖子里，衣袖上的香气历经多年也不会散尽。此风一旦吹到人身上，皮肤就会变得柔软而顺滑。《拾遗记》

香云

员峤山（传说中的海上仙山）的西面有一座星池，池中有一种烂石。这种石头常常漂浮在水边，呈红色，质地空虚，像肺一样。这种石头还能点燃，燃烧的时候会产生一种香烟，香飘百里。香烟上升到天空中，就会变成香云，等香云彻底湿润了，就会形成香雨。《物类相感志》

香雨

南齐萧总（南齐太祖族兄环之子）路遇巫山神女。后来有一次，天下大雨，他闻到空气中有一股熟悉的香气，便说："这雨是从巫山来的。"

香露

炎帝时，各种谷物开始繁盛，灵芝现出奇异的色泽，仙草抽出美好的穗子，大地上丹药丛生，形如华盖，香露滴下，汇流成池。《拾遗记》

神女擎香露

孔子出生当夜，有两条苍龙从天而降，攀附在孔母颜氏的房内，不久孔子降生。其后，又有两位神女手持香露，从空中降下，为颜氏沐浴。《拾遗记》

地理香

香山

广东德庆州境内，有一座香山，山上生长着许多香

□ 神农用灵芝解毒

据说神农尝百草时，若不小心中了毒，便用灵芝来解毒。至今，湖北神农架一带还流传着这样的故事：神农带着一批臣民，每天四处找药。这天，神农尝药不幸中毒，顿时天旋地转，一头栽倒在地，很快就说不出话来。臣民们一下慌了神，立刻把他扶来坐起。这时，神农用最后一点力气，指了一下面前的一株红亮亮的灵芝草，又指了指自己的嘴巴。臣民们急忙把灵芝嚼烂，喂到他嘴里。不一会儿，神农就解了毒气，恢复了精神。

草。《一统志》

香水（三则）

并州（今河北保定和山西太原、大同一带）有一种香水，馨香洁净，用它来沐浴身体，可以祛除疾病。

吴国故宫中有一条香水溪，民间传说是美女西施沐浴之处，称之为脂粉塘。后来，吴王宫中的女子都在香水溪源头卸妆，所以溪水至今仍然馨香。古诗云："安得香水泉，濯郎衣上尘。"

民间传说，魏武帝曹操的陵墓中也有泉水，称之为香水。《述异记》

香溪（二则）

归州（今秭归）镇有一座昭君村，民间传说，因为美人王昭君曾居住于此，所以村里生长的草木都带香气。《唐书》

明妃昭君是秭归人，居住在小溪边上，总在溪水中洗手，因而使溪水也带上了一股香气。现在，人们称这条小溪为"香溪"。《下帷短牒》

曹溪香

梁朝天监元年，僧人智药大师乘船来到曹溪水口，闻到溪水带香，便又尝了尝溪水的味道，说："这条溪的上游应当有圣水。"于是开山建寺，名为宝林寺。智药大师还说："此后一百七十年，应当有无上法宝在这里兴演。"后来，此处为六祖慧能的南华寺。《五车韵瑞》

香井（二则）

西汉才女卓文君待字闺中时，家里有一口井。经她亲手从井中打上来的水，气息甘甜芳香，用来洗浴，能使人肌肤润滑、光泽美好。其他人从井中打上来的水，则与寻常井水没什么差别。《采兰杂志》

浴汤泉异香

利州平痫镇的汤泉比别的地方要好，人们说是朱砂汤泉，别的地方则是硫黄汤泉。据说曾有两位美女前来沐浴，美人离去后，奇异的香气充满此地，馥郁芬芳，数日不散。

香石

卞山位于湖州，山下有无价的香品。有一位老妈妈曾拾到一块“文石”，光亮多彩，晶莹可爱。老人无意间将石头掉进了火中，石头竟发出了奇异的香气，远近都能闻到。于是，老妈妈将香石当作宝贝一般收藏起来。每次将它放进火里，都会发出和原来一样的异香。《洪谱》

湖石炷香

观州倅武伯英，曾得到一块宣和年间的湖石。这块湖石上孔洞穿漏，鬼斧神工一般。在石头下面点燃一炷香，香烟在湖石的孔隙之间四处弥散，漫布于盘曲的树木之间，或浓或淡，清气霏拂，有烟江叠嶂之韵。《元遗山集》

香木梁

拂菻国的都城方圆八十里，城门有二十丈高，城中用香木制成梁柱，用黄金铺饰地面。

香林

日南郡境内有一千亩香林，出产名贵香品。《述异记》

人文香

香市（二则）

日南郡有香市，商人们在此交易各种香品。《述异记》

成都府每月都有市集，其中六月份为香市。《成都记》

香户

南海郡有采香户。《述异记》

海南人，自古以从事香品买卖为业。《东坡集》

香界

佛寺称之为香界，也称香阜，因香而生，以香为界。《楞严经》

众香国

北宋书画家米芾临死之时，合掌端坐在地，说：“众香国里来，众香国里去。”《米襄阳志林》

□ **香市**

隋唐时期，香料是许多州郡的土贡产品，其中当属麝香最为普遍。除此之外，大部分香料，尤其是质量上乘的香料则主要是依靠胡商（来自西域的商人）在华经营香料贸易而提供。因此，香料买卖市场在一些大城市，如广州、扬州、南海、洛阳等初步形成。隋唐以后，价格高昂的西域香逐渐被南方（两广、海南）香取代，香料的使用逐渐普及。至宋代，香料不再是达官显贵、富商巨贾的专享，在普通市井中也可以看到制香贩香的作坊。

① 一文士斜卧榻上，背靠一圆枕，枕后有一把胡琴。榻的一头有一几案，案上置有笔架、书卷，以显示其文士身份。

② 榻后立有一屏风，屏风上所绘的场景与前景类似。亦为一文士坐于榻上，榻前立有一莲花尊形香炉，旁边的侍童正在上香茶。

③ 几案上有一熏笼，笼下有香炉。炉旁有一花瓶，瓶中斜插鲜花数枝。炎炎夏日，闻着淡淡的清香，能使人平心静气。

□ **消夏图**

香是文人生活中不可缺少的一部分，读书以香为友，独处以香为伴；衣需香熏，被需香暖；公堂之上以香烘托其庄严，松阁之下以香装点其儒雅。调弦抚琴、幽窗破寂、绣阁组欢、品茗论道、书画会友，无一处不用到香。上面的《消夏图》中可见香的影踪。

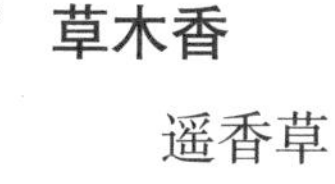

草木香

遥香草

岱舆山（在舟山群岛中部）中有一种遥香草，其花如丹，如月光一般耀眼，叶子细长呈白色，很像忘忧草。遥香草的花与叶子都带有香气，香气传于数里之外，故又名遥香草。《拾遗记》

家孽香

家孽香叶子又大又长，开红色花朵，结有穗子，俗名草豆蔻。它的叶子非常香，民间用来蒸米粿（一种糕点）。

兰香

兰香又名水香，生长在吴国的湿地，叶子像兰草一样，长而分裂。花朵有红色和白色两种，带有香味，俗称鼠尾香。用这种香草煮水沐浴，能治疗麻风病。《香谱》

葱香

《广志》说：葱花生为紫色茎条，绿色叶子。魏文帝把它当作香料来焚熏。

按：以上兰香、葱香，为都梁香之类，而非幽兰、方葱。

兰为香祖

兰虽然只开一朵花，但香气馥郁，袭人口鼻，数十日不散，故而江南人士把它视为众香之祖。《清异录》

兰佩

“纫秋兰以为佩。”《楚辞》

《礼记》中说：“将茝兰戴在佩巾上。”

兰操

孔子从卫国返回鲁国，在隐谷之中看到香兰长得最为茂盛，他喟叹道：“兰应当是香之王者，如今虽然最为茂盛，却与众草为伍。”说罢停住车驾，抚琴弹奏，自伤生不逢时，托词于幽兰来抒发自己的感叹。

蘼芜香

蘼芜香草，又名薇芜，形状像蛇床（一种植物），带有香气，诗人们常借它来打比方。魏武帝将它放在衣服里。

三花香

三花香，是嵩山的仙花，一年开三次花，色彩纯白美丽，乃道士们所种植。

五色香草

济阴园隐士种五色香草，以服食其果实。一天，忽然有一种五色飞蛾聚集过来，生下华蚕，蚕吃下香草以后，结成的茧子有瓮那么大。于是有女子来帮助隐士缫丝，结果两人都成了仙人。《述异记》

八芳草

宋代的著名宫苑艮岳内种植着八种芳草，即金蛾、玉蝉、虎耳、凤尾、素馨、渠那、茉莉、含笑。

芸薇香

芸薇又名芸芝。宫女们采摘其茎叶，佩戴在身上，香气经月不散。《拾遗记》

钟火山香草

汉武帝思念李夫人时，东方朔献上钟火山的一种香草。武帝怀揣此草入眠，梦见了李夫人，故又称之怀梦草。

蜜香花

蜜香花生长在天台山，又叫土常香，其苗茎非常甘甜。人们将它入药，则药像蜜一般香甜。

威香

威香，祥瑞之草，又叫葳蕤。若王者礼仪周备，它便生长在宫殿前面。还有一种说法是，只有当王者爱民如命，此草才会生长。《孙氏瑞应图》

真香茗

巴东地区生长着一种叫真香茗的植物，花白，外形像蔷薇。将此花煎水服用，能使人不倦并强记。《述异记》

人参香

邵化及曾为高丽国王配药，他说：“人参很坚硬，用斧子劈开后，馥郁的香气充满整个宫殿。”《谈苑》

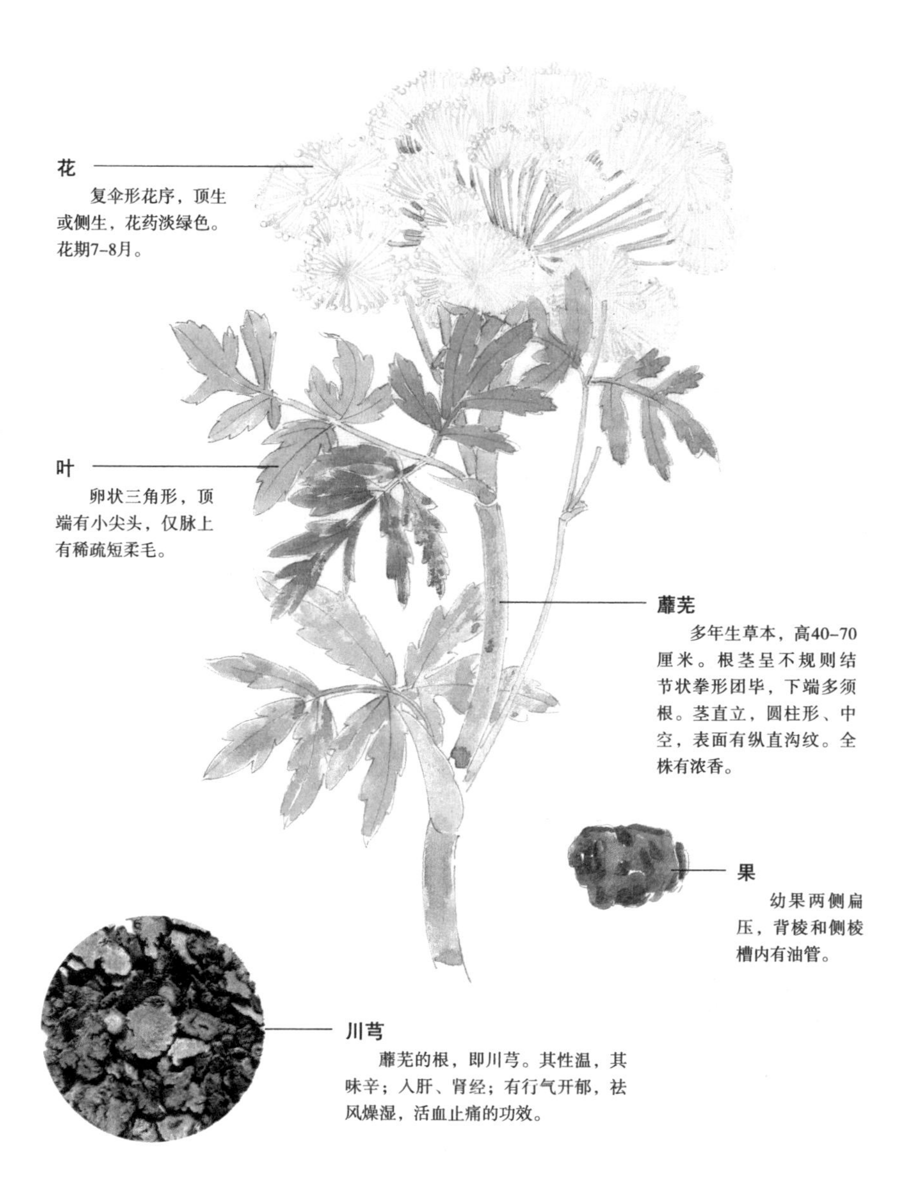

□ 蘼芜香

蘼芜是川芎的苗，又名蕲茝、薇芜、江蓠。据辞书解释，其苗似芎劳，叶似当归，有香气，似白芷，是一种香草。古时，妇女去山上采撷蘼芜的鲜叶，回来后于阴凉处风干。风干后的叶子可以做香料，亦可填入香囊。全株可入药，一般在4-5月采收，去泥沙，洗净，风干待用。

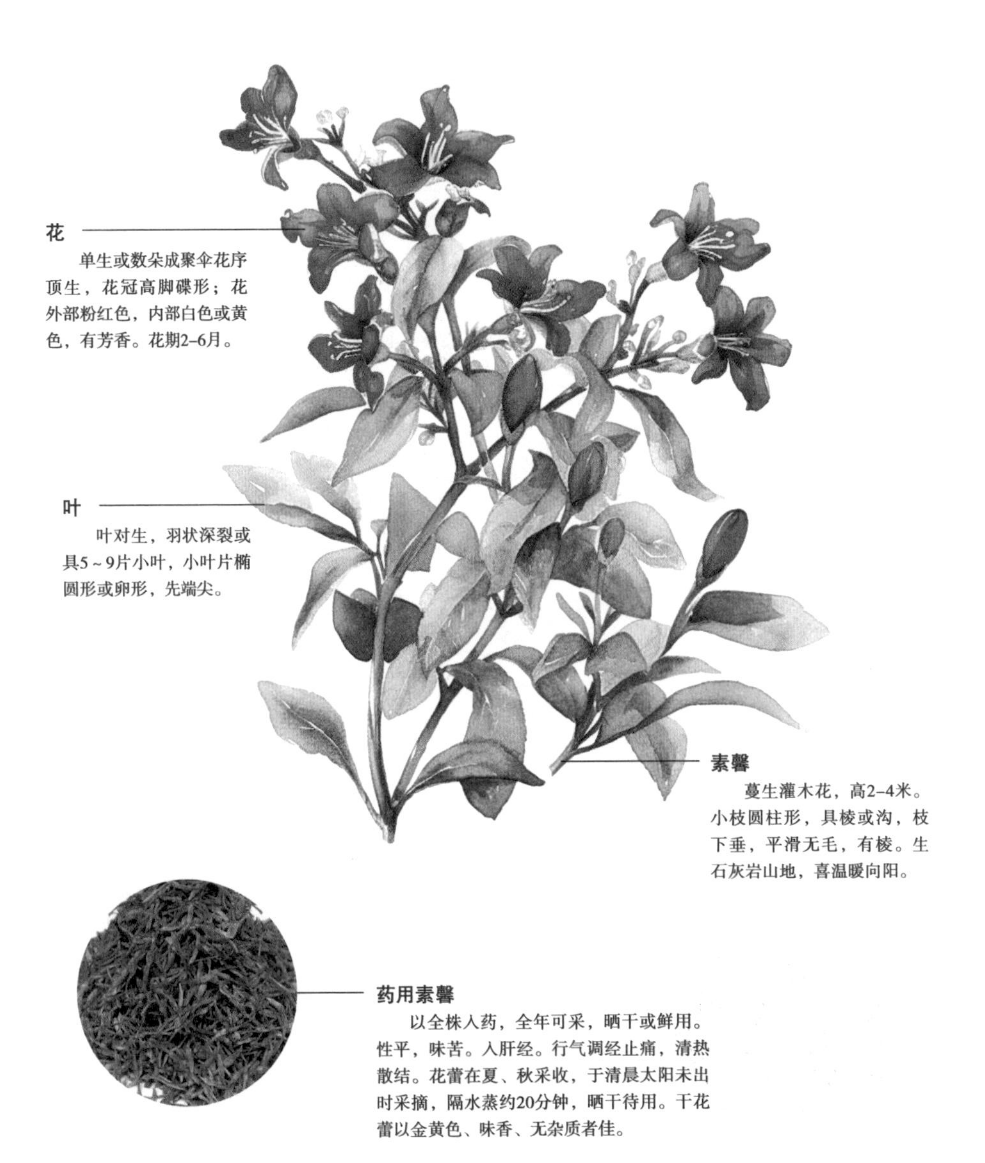

药用素馨

以全株入药，全年可采，晒干或鲜用。性平，味苦。入肝经。行气调经止痛，清热散结。花蕾在夏、秋采收，于清晨太阳未出时采摘，隔水蒸约20分钟，晒干待用。干花蕾以金黄色、味香、无杂质者佳。

□ 素馨

素馨原名耶悉茗花，外形与茉莉极为相似，香味也很浓郁，相传汉代时由陆贾自西域引进。五代十国时，南汉末代皇帝的宫女素馨，喜欢此花，故名素馨。素馨枝条纤细，下垂，枝茎都须用屏架扶起，适合种植于庭院筑架栽培。因其香味独特，故可用于多种花香型香精调香。

睡香

睡香的发现，最早源自一位僧人。僧人白天在盘石上睡觉，梦里闻到了一股浓烈的香气，但说不出香名。醒来以后，他循着香气找到了这种花，为其命名为睡香。四方之人纷纷称奇，称之为花中的祥瑞，即用“瑞”字取代其名字中的“睡”字。《清异录》

牡丹香名

庆天香、西天香、丁香紫、莲香白、玉兔天香。

芍药香名

蘸金香、迭英香、掬香琼、拟香英、聚香练。

御蝉香

御蝉香是一种瓜的名字。

万岁枣木香

三佛齐国出产一种万岁枣木香，树形像丝瓜。冬季取其根茎，晒干后制成香料。《一统志》

金荆榴木香

隋炀帝命令朱宽等人征讨琉球，得到了几十斤金荆榴木香。这种香色泽似纯金，质地细密，纹理盘簇，宛如美丽的织锦，又很精致，故可以用来制作枕头和桌面，连沉香、檀香也比不上它。《朝野佥载》

素松香

密县（今河南新密县）有一棵白松树，人们认为它是神物。它的枯枝很香，人们称之为素松香。但无人敢妄自摘取，否则会带来不祥。每次摘取此香，当地县令都要事先祷告一番。摘取后将它制成香品，佩戴在身上，非常香。《密县志》

水松香

水松的叶子像桧树叶一样，细细长长的。因南海出产的香料众多，而此香木又不怎么香，故当地人不大佩戴它。岭北的人倒是极其喜爱它，只因它在北方的香味远比在南方浓烈。植物本是无情之物，却这里不香，那里香，难道是在不欣赏自己的人面前委屈，而在欣赏自己的人面前充分展现自己的特质吗？万物之奥妙，竟然到了如此之境界。《南方草木状》

女香树

汉代未央宫内的影娥池中有一棵女香树，枝叶纤细。妇女们将其枝叶佩戴在身上，香气终年也不减退；男子们佩戴它则无香气。《华夷花木考》

水松的香气因地而异，女香的芬芳则因人而异，无情草木却有如此奇异的征兆，实在令人惊叹。本书第八卷内的“如香草”也是如此。

七里香

七里香树形婆娑多姿，有些像紫薇，花蕊则像破碎的红色珠子。花开呈蜂蜜般的淡黄色，清香袭人。将此花装饰在发髻间，日久香越浓。用它的叶子捣成碎泥，可以作蔻丹。《仙游县志》

君迁香

君迁子，生长在海南岛上，树高一丈多，果实里含有乳汁一样的液体，味道甘香美妙。

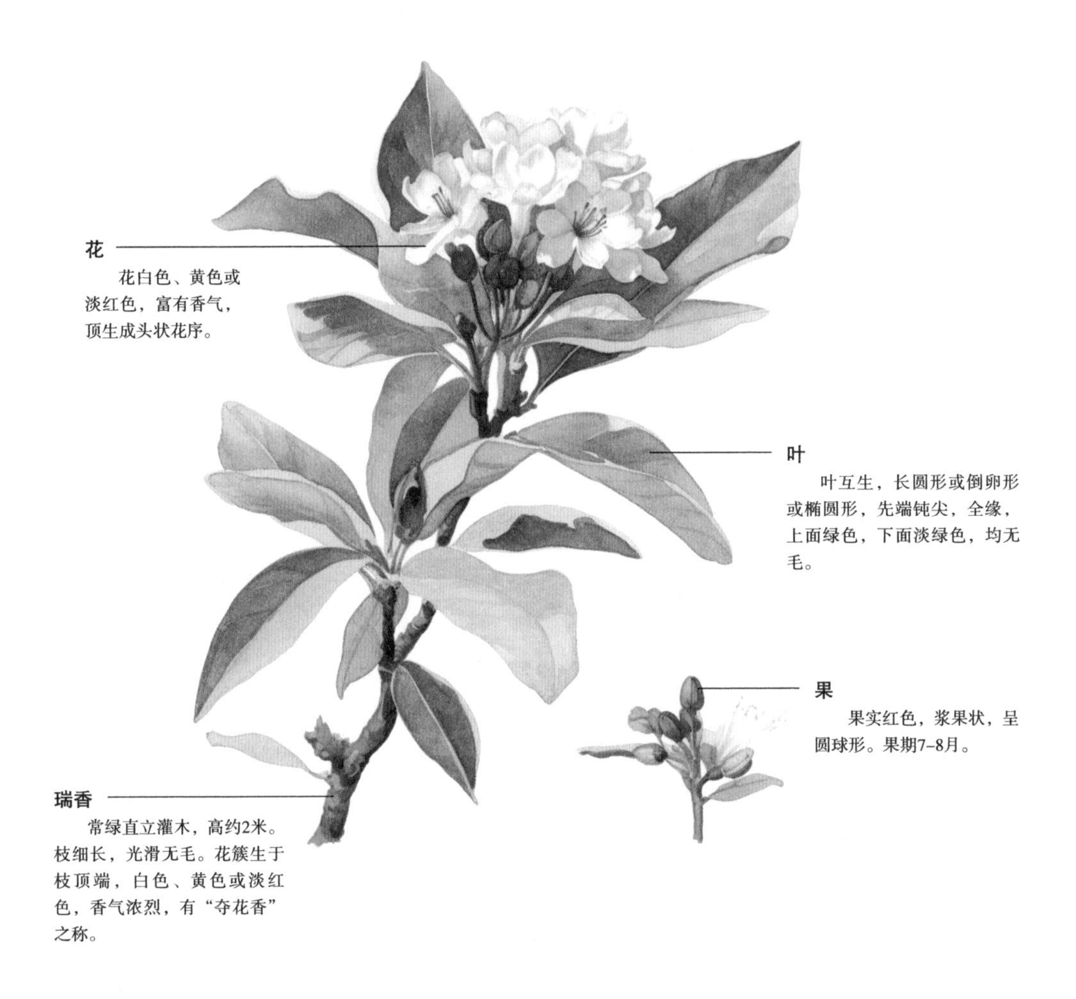

□ 睡香

睡香，又名瑞香，有“祥瑞”之意，是中国传统的名花。春季开花，集生于顶，呈人头状，香味甚浓，可掩盖其他花香，故有“花贼”之称。其品种繁多，花期长，2~3月开花，花期40天。金边瑞香为瑞香中的佳品，素有“牡丹花国色天香，瑞香花金边最良”之说。因其香味浓郁，故不宜拘于斗室，而应放在宽敞的地方。

根、茎、叶、花均可入药。性温，味辛、甘。有清热解毒，消炎去肿，活血祛瘀之功效。

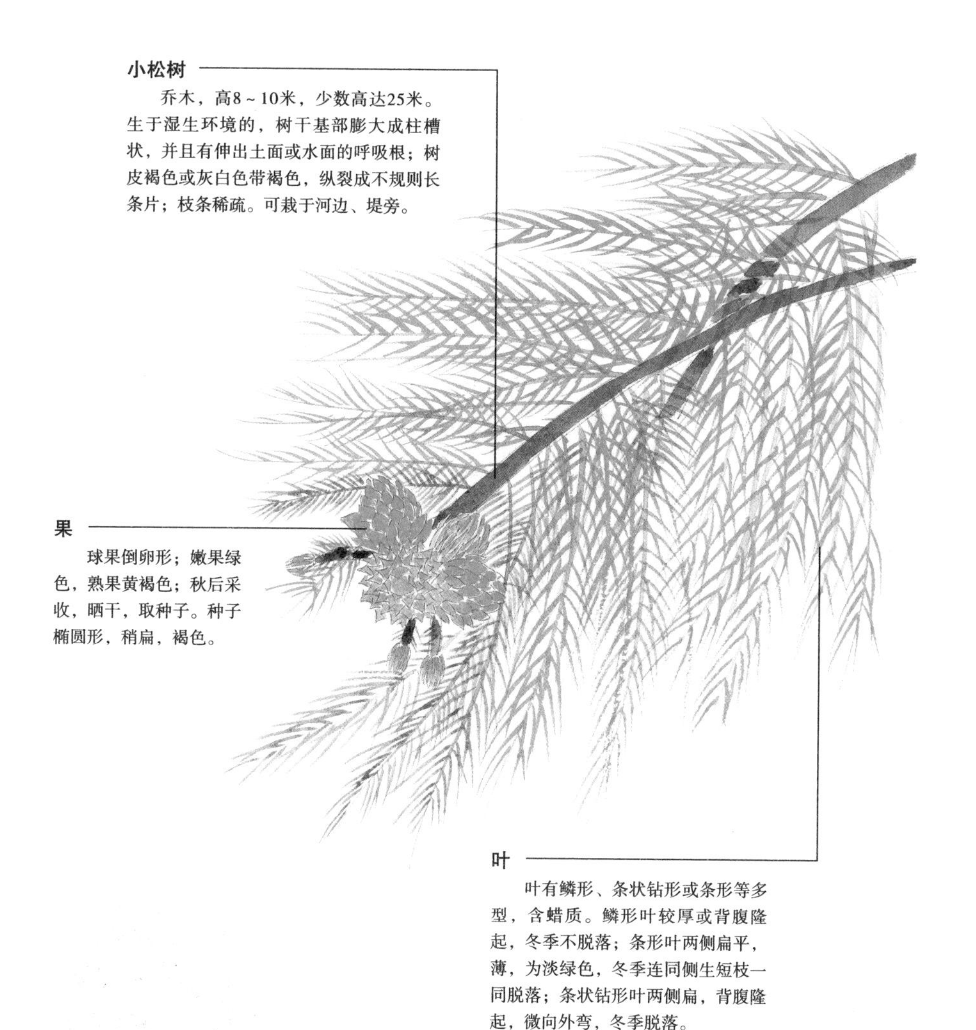

□ 水 松

水松是一种古老的植物，产于江西、福建、广东、广西、云南、四川等地。其木材材质轻软，耐水湿，可做建筑等用材。又因其木材有淡淡的香气，因此古代也偶用其作香料。

水松球果、枝叶、树皮均可入药。性平，味苦。能化气止痛。用球果可治胃痛、疝气疼痛；用鲜叶煎水洗，可治皮炎。

□ 君迁子

君迁子，属柿树科柿属，别名黑枣、软枣、牛奶枣、野柿子、丁香枣等。野生于山坡、谷地或林缘，主要分布在辽宁、河北、山东、陕西，中南及西南各地。其成熟的果实可食用，亦可作柿饼；也可酿酒，制醋。又因其果含有乳汁一样的香味，古时亦作为香料。

香艳各异

唐明皇时，宫中的沉香亭前有一株牡丹，一枝开两朵花。清晨时为深红色，正午时为深绿色，黄昏时为深黄色，到了夜晚则变成了粉白色，香艳各异。唐明皇说："这是花木之妖。"遂将它赐给杨国忠，后者用百宝装饰围栏。《华夷花木考》

木兰香

木兰香生长在零陵山谷及泰山中，又叫林兰，也叫杜兰。其形状像楠木，表皮像桂树，极薄，气味辛香。道家常用它制作合香。

月桂子香

月桂子，如今每年四五月份以后，在江东各处的大路两旁能够采到，大的像黎豆，剖开后气息辛香。古代传说中，它是月宫中落下的桂子。《本草》

海棠香国

海棠原本没有香气，只有昌州出产的才有香气。因此，昌州号称海棠香国，当地建有香霏亭。

桑葚甘香

张天锡说："北方的桑葚味道甘香，鸱枭吃了后能改变嗓音。醇美的汁液能滋养心性，使人不生妒忌之心。"《世说新语》

栗有异香

唐代道人殷七七游行于天下，人们传说，见过他很多年了，但无法猜测他的年寿。一次，他在饮酒时，用二枚栗子行酒令，接到栗子的人都能闻到一股奇异的香味。《续仙传》

必栗香

《内典》中说："必栗香属于花木香，又叫詹香。它生长在高山之中，叶子像老椿叶。这种叶子一旦落入水中，水里的鱼儿会立刻死去。用必栗木料制成的书轴，能保护书籍，使之不受虫蛀的侵害。"《本草》

桃香

史论在齐州时，外出打猎，行至某县境内，在一座寺院中休憩，觉得寺中香气非同寻常，故而向寺中的僧人打听。僧人说这是桃香，之后便拿出桃子给他吃。他与僧人一起来到某个地方，只见四周奇泉怪石，非人间景致。有数百棵桃树，枝干拂地，约有两三尺高，与普通桃树不同，其香气浓郁扑鼻。《酉阳杂俎》

桧香蜜

亳州的太清宫中，桧树最多，桧花开时，蜜蜂往来，绕集于花间。桧花蜂蜜极其香甜，人们称之为桧香蜜。北宋欧阳修任亳州太守的时候，曾写下这样的诗句："蜂采桧花村落香。"《老学庵笔记》

杉香

宋朝淳熙年间，古杉树忽然开花于九座山，其香气像兰花一样，清新雅致。《华夷花木考》

槟榔苔宜合香

西南海岛上，生长着许多槟榔树。其树干像松树，上面生长着艾蒳。此物单独焚熏，气息不怎么好。交趾人用它来调制香泥，则能生成一种温暖的馨香，其功用与甲香相似。《桂海虞衡志》

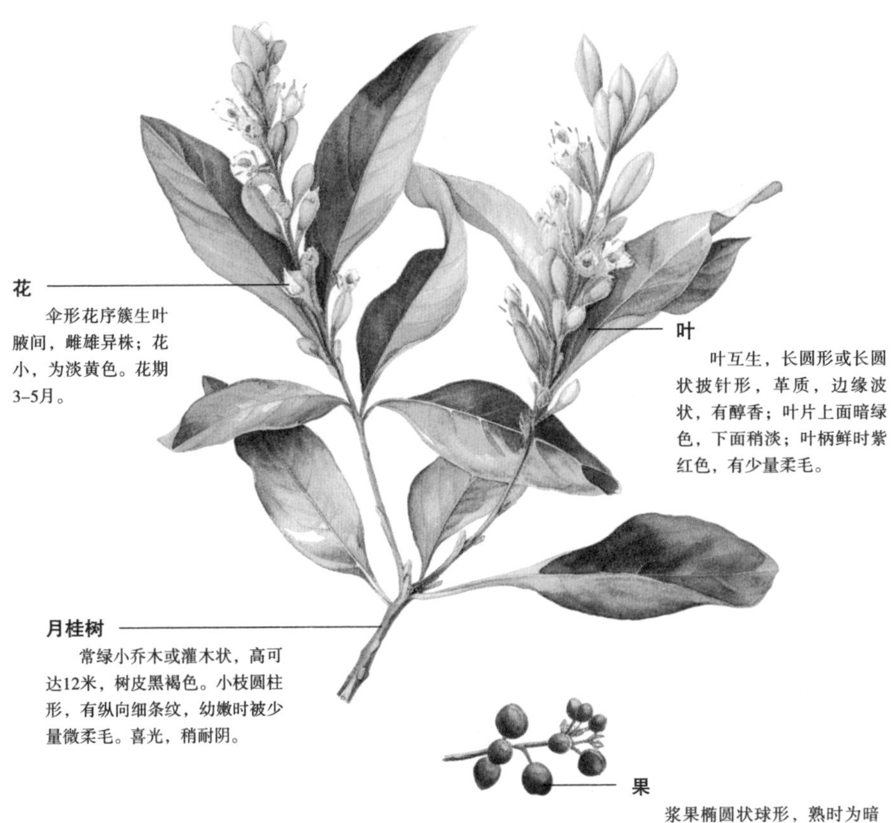

花

伞形花序簇生叶腋间，雌雄异株；花小，为淡黄色。花期3–5月。

叶

叶互生，长圆形或长圆状披针形，革质，边缘波状，有醇香；叶片上面暗绿色，下面稍淡；叶柄鲜时紫红色，有少量柔毛。

月桂树

常绿小乔木或灌木状，高可达12米，树皮黑褐色。小枝圆柱形，有纵向细条纹，幼嫩时被少量微柔毛。喜光，稍耐阴。

果

浆果椭圆状球形，熟时为暗紫色。果期6–9月。干燥果实为卵圆形，黑色，表面平滑，有光泽，有粗皱纹。内有种子一粒，子叶2枚。子叶气味芳香，味苦。果实性温，味辛；入肺经；可祛风湿，解毒，杀虫等。

桂皮

又称肉桂。性热，味辛、甘；有补元阳、暖脾胃、除积冷、通血脉的功效。主治肾阳虚衰，心腹冷痛等。

□ 月桂子

月桂子即桂树。据文字记载，中国栽培桂树的历史达2500年以上。《山海经·南山经》中曾提到招摇之山多桂；《山海经·西山经》提到皋涂之山多桂木；屈原的《九歌》中有“援北斗兮酌桂浆，辛夷车兮结桂旗”；《吕氏春秋》中盛赞：“物之美者，招摇之桂”；东汉袁康等辑录的《越绝书》中载有计倪答越王之话语：“桂实生桂，桐实生桐。”可见，自古以来，桂树就受到国人的喜爱。

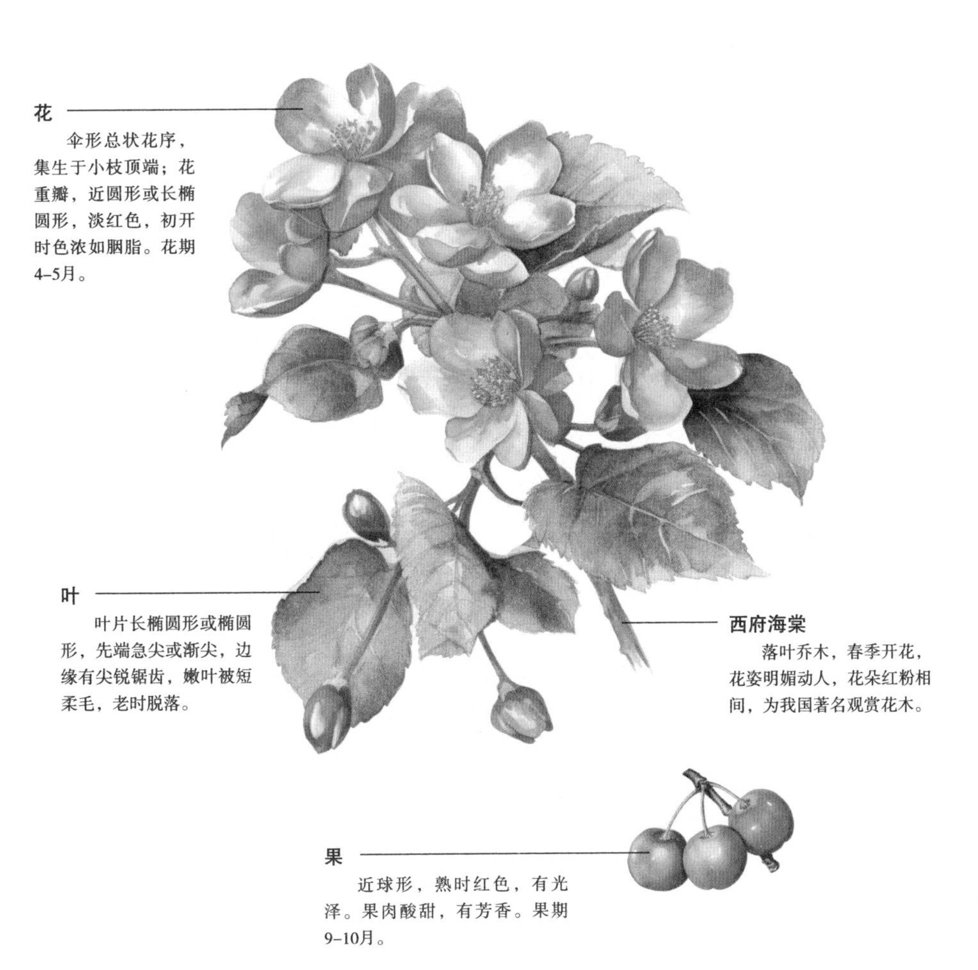

□ 海 棠

海棠是我国的传统名花之一，海棠花姿潇洒，花开似锦，自古以来就是雅俗共赏的名花，素有“国艳”之誉。据明代《群芳谱》记载，海棠有四品，皆木本。这里所说的四品指的是西府海棠、垂丝海棠、木瓜海棠和贴梗海棠。一般的海棠花无香味，只有西府海棠既香且艳，是海棠中的上品。西府海棠花未开时，花蕾红艳，似胭脂点点，其花形较大，四至七朵成簇，朵朵向上，有如晓天明霞。

□ 桑树

桑树是桑科桑属植物，在中国已有七千多年的栽种历史。桑树用途广泛；桑叶可养蚕，木材可制器具，枝条可编箩筐，树皮可做造纸原料，桑葚可供食用、酿酒。除此之外，桑树的叶、枝、根皮均可入药，具有清热止血、利关节、泻肺平喘等功效。桑树原产中国北方，现南、北各地均有栽种，尤以长江中下游各地为多。

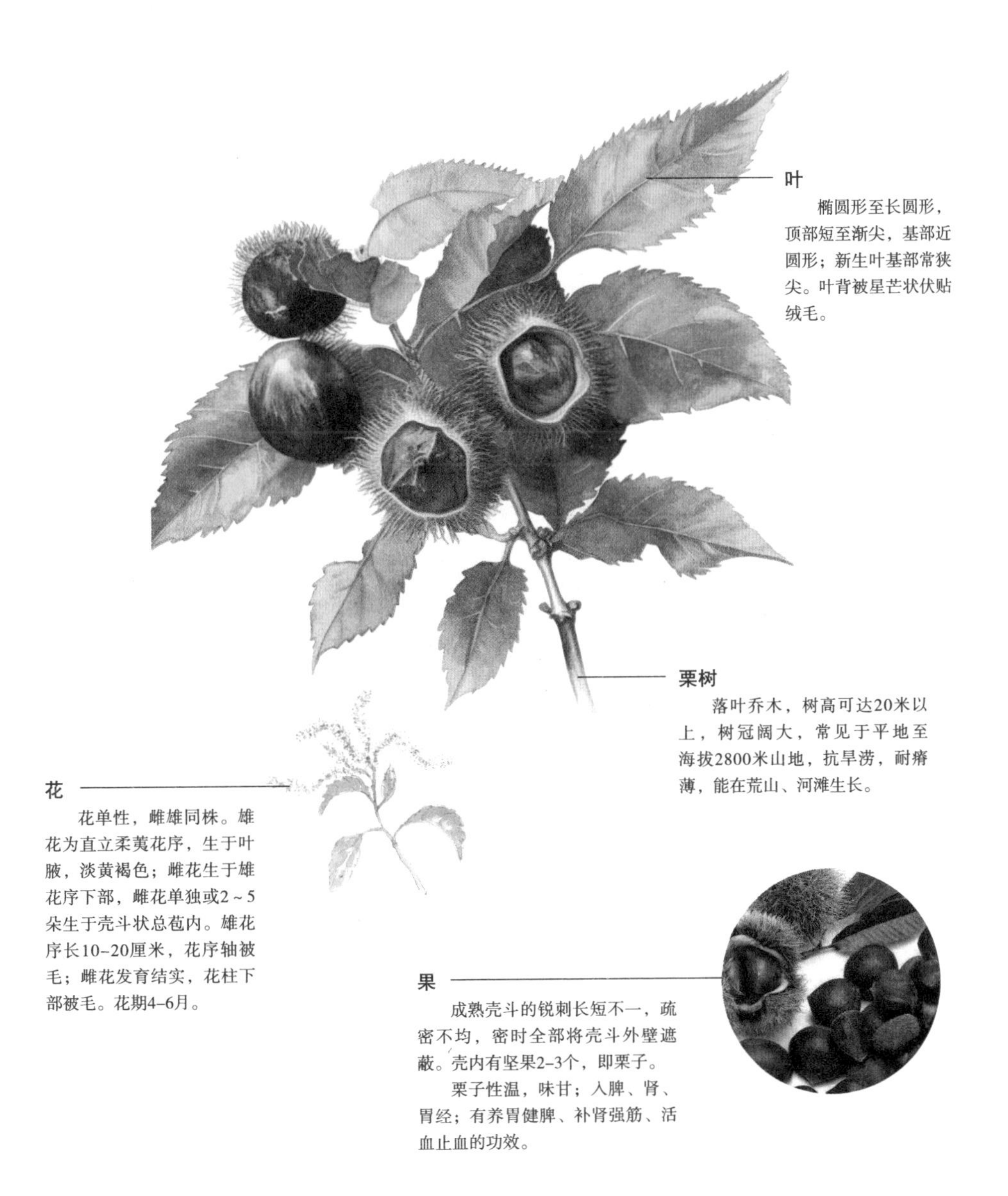

□ 栗

栗是壳斗科栗属中的乔木，原生于北半球温带地区。栗，最早见于《诗经》一书，可知栗的栽培历史在我国至少有二千五百余年。栗子除富含淀粉外，还含有糖类、胡萝卜素、硫胺素、核黄素、蛋白质、脂肪、无机盐类。

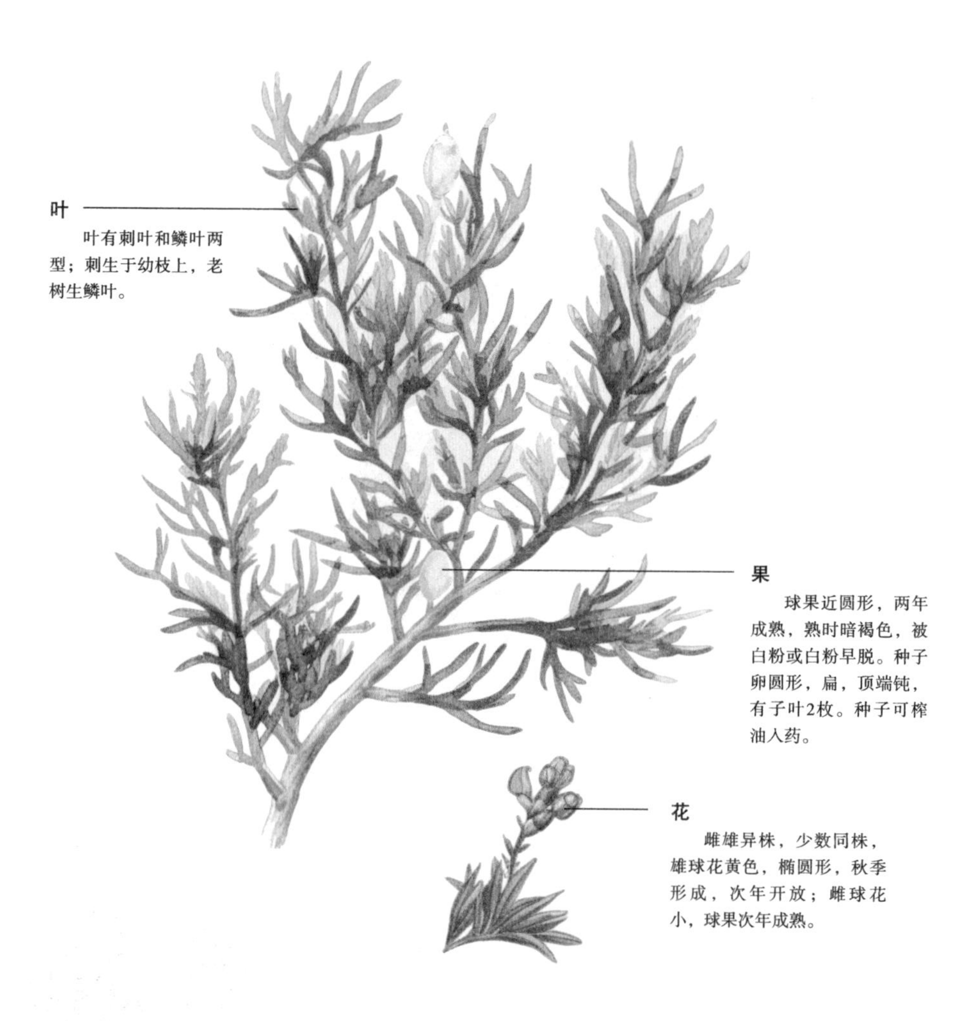

□ 桧 树

桧树又叫圆柏、桧柏，是柏科桧属的常绿乔木，高可达20米。桧树材质致密坚硬，为桃红色，美而香，耐久。其嫩芽如同柏树叶，为鳞状，随着生长，叶片成为刺状，如同刺柏或杉树。在我国古代，此木材常被用作家具和建筑材料。

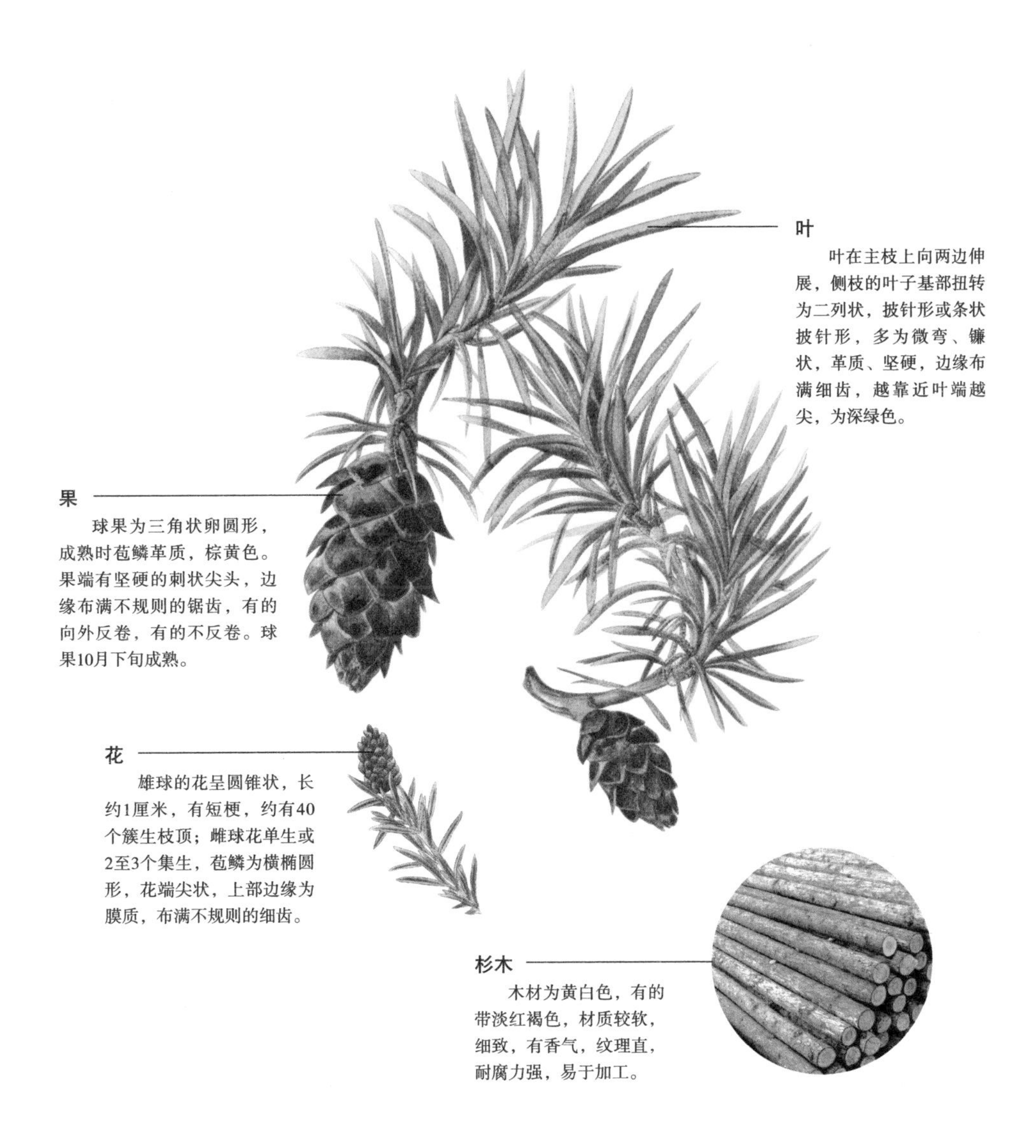

□ 杉

又名沙木、沙树等，属松柏目杉科乔木。为亚热带树种，喜光，喜温暖湿润，不耐严寒和湿热，怕风和旱。怕盐碱，对土壤要求较高，喜肥沃、湿润、排水良好的酸性土壤。杉木是一种栽培广、生长快、经济价值高的用材树种，主要分布在中国的长江流域以及秦岭以南地区。

苔香

唐文宗太和初年，改葬窥基法师（唐代著名高僧，为玄奘法师的传法弟子）。坟冢刚一开启，便香气袭人。只见法师侧卧在砖台之上，形容样貌像活着的人。砖上生有两寸多厚的苔藓，呈金色，气味宛如旃檀。《酉阳杂俎》

鸟兽香

闻香倒挂鸟

爪哇国有一种倒挂鸟，外形像雀鸟，羽毛有五种颜色。白天时，若有人焚熏上好的香料，它就会藏起羽翼收纳香气；到了夜里，它就会张开翼尾，倒挂起来，释放白天吸纳的香气。《星槎胜览》

越王鸟粪香

越王鸟的外形像鸢一样，嘴尖带勾，可以承受两升多的重量。南方人一般用它的嘴来制作酒器，比文螺还要珍贵。越王鸟足不踏地，也不饮用江湖里的水，不啄食百草，不捕食虫鱼，只吃树木的叶子。它的粪便像熏陆香，南方居民偶然得之粪便，便用来作为香料，还可治疗各种疮病。《登罗山疏》

香象

关于香象，略有记载。唐代高僧百丈禅师说："如香象渡河，截流而过，没有堵塞。"另一高僧慧忠国师也说："宛如世间有名的工匠，运用斧头而从不伤害自己的手；又如香象，所承载的重量绝非普通的驴子所能比。"

骨咄犀香

手抚骨咄犀，发出香味的，是岩桂香；无香味的，则是伪造品。《云烟过眼录》

骨咄犀，即碧犀，为蛇角。色泽如同淡淡的碧玉，略带黄色，其纹理与牛角相似。叩击时所产生的声响，清越如玉。磨刮后，能闻到香味。《格古论》

灵犀香

选取通天犀（一种上下贯通的犀牛角）的角，切削少许粉末，将其与沉香一同焚熏，烟气袅袅直上，能驱走眼前的阴云，使人看到青天。故而《抱朴子》里说：通天犀角有线条状的白色纹理。把米放置在鸡群之中，鸡群纷纷去啄食米粒，一旦见到犀角，就会受惊退却。所以南方人称之为骇鸡犀。

香猪

建昌、松潘两地都出产香猪，这种猪又小又肥，肉质也很香。《益部谈资》

香猫

契丹国出产一种香猫，外形像土豹，粪便与尿液都很香，就像麝一样。《西使记》

香狸

香狸，又叫灵狸、灵猫，生长在南海的山谷之中，外形像狸。灵狸这种动物，雌雄同体。刳下它肛门下部的分泌腺，再将酒洒于其上，继而阴干，则香如麝香。如果把它混杂到麝香里，很少有人能分辨出来。其功用也与麝香一样。《异物志》

狐足香囊

大雪天，东晋文学家习凿齿跟随大将桓温出猎。他们走到江陵城西，见草上有气息冒出，就向那个方向射箭，随后那里传出动物中箭而亡的声音。习凿齿走过去拿起来一看，原来是只老雄狐，其脚上有只绛缯香囊。《渚宫故事》

狐以名香自防

胡道洽身上带有一股臊气，总是用名香来掩盖这股体气。他临终之际，告诫弟子说："不要让狗见到我的遗体。"殓葬结束之后，人们发现他的棺材是空的，于是时人都说他是狐狸变的。《异苑》

猿穴名香数斛

梁朝大同末年，欧阳纥（长沙郡的地方豪族）曾探到一处猿穴，得到数斤名贵的香料、一对宝剑和三十几名绝色美女。凡是世间视为珍异的宝物，猿穴中无不收藏丰富。《续江氏传》

獭掬鸡舌香

宋朝时，永兴县吏钟道得了重病，痊愈后，情欲是平日的数倍。他曾喜欢上白鹤墟中的女子，一直念念不忘，心存妄想。忽然有一天，这名女子抖着衣裳翩翩而来，并与他发生了关系。后来，这女子又来过很多次。钟道对她说："我很想要鸡舌香。"女子说道："这有什么难的？"就双手捧着满满的鸡舌香，交给钟道。钟道请女子与她一起含嚼鸡舌香。女子回答说："我的气息本来就芳香，不需要借此来沾染香气。"某一天，这名女子从钟道家出来，被一只狗看见了，尾随捕杀。原来，此女子是一只老獭。《广艳异编》

香鼠（三则）

中州地区出产香鼠，身体极小，气味却极香。

香鼠这种动物，其中最小的，只有人的拇指那么大。它们在柱子里修建巢穴，奔行在地面上，速度快得如同飞射的箭。《桂海虞衡志》

密县偶尔出现香鼠，将它阴干后研成粉末，用来制作合香最妙。当地人捕捉香鼠以出售给那些制作香品的人。《密县志》

蚯蚓一奁香

宋文帝元嘉初年，孟州有个叫王双的人，忽然就不想再看到光亮。他常常汲水打湿地，在茭白叶子下吃饭睡觉。据他说，常有一位身着青色裙子，系白色发巾的女子来与他一同就寝。人们常常听到草下有窸窸窣窣的声音发出，随之看到一条青色而带有白缨的蚯蚓，大约有两尺多长。人们还说，这女子曾赠送给王双一螺壳香料，其气息极其芬芳清新，乃菖蒲根。当时，人们都认为王双是与幼蝗虫同居。《异苑》

宫室香

采香径

吴王阖闾建起了响屧廊（位于今江苏省苏州市西灵岩山）和采香径。《郡国志》

柏梁台

汉武帝时，建造柏梁台，台梁全部采用柏木，香气数里之外都能闻到。

桂柱

汉武帝时，昆明池（位于长安西南郊）中建有灵波殿七间，柱子全部采用桂木，清风吹过，自然生香。《洞冥记》

兰室

黄帝传授给岐伯的医术，被书写在珍贵的玉版上，宝藏于灵兰之室中。

兰亭

王羲之曾与诸位贤士一起依照农历巳日修禊之俗，在会稽山阴的兰亭聚会。

温香渠

后赵皇帝石虎，修造四季可用的浴室，用玉石或类似玉石的石材砌造堤岸，用琥珀制成盛水的器具。盛夏时节，引来渠水，灌入浴池，池内用纱囊装着各种香药，渍泡于水中。严冬之时，自制铜屈龙数十枚，各重数十斤，烧至红色，投入水中，则池水恒温，名为“焦龙温池”。用凤凰锦绣或遮挡风尘的屏幕环绕浴所，石虎与宫人宠妃脱去内衣在水中游戏，日夜不停，名为“清娱浴室”。沐浴过后，将水倒在宫外，水流之所，名为“温香渠”。渠边的人，争相来汲水，能够得到一升多回家，家人莫不欢喜。《拾遗记》

宫殿皆香

西域有个国家叫报达国，该国风俗豪奢，堪称西域各国之冠。国中宫殿全部采用沉檀、乌木、降真等原料修建而成，四面的墙壁则用不计其数的黑白玉、金珠、珍贝等宝物来装饰。《西使记》

大殿用沉檀香贴遍

隋朝开皇十五年，黔州刺史田宗显建造大殿一十三间，用沉香贴遍宫室。室内设有十三座宝帐，全用黄金、珠宝装点。又因为东西两殿是供奉佛像的地方，因此全用檀木来贴饰，其中所点缀的宝帐、花炬，都是用真金制成的。气势极尽宏伟壮观，堪称天下第一。《三宝感通录》

①兰 亭

兰亭聚会，各人情态别具，或交谈，或吟诗，或顾盼左右。据载，此次聚会，每人都作有诗文，最著名者，当属王羲之所作的《兰亭集序》，被推为“天下第一行书”。

②曲水流觞

东晋永和九年三月三日，王羲之与谢安、孙绰等四十一位文人学士、社会名流，在浙江山阴的兰亭作“修禊”之会。众人分坐于曲水旁，借着宛转的溪水，以觞盛酒，置于水上。

③修 禊

修禊是源自商周的一种古老习俗风。指农历三月三日到水边举行除灾祈福的仪式。当日，人们还用香熏和花草沐浴，以去病患、除鬼魅。

□ 兰亭修禊

自孔子“比德”出现之后，各种香草（树）也被赋予了道德特征。兰花的高洁象征君子，菊象征隐士，莲代表高洁清廉。文人们也常以香草（树）自比，或将斋室、处所冠以带香草的雅名，如采香径、桂柱、兰亭等。文人也常雅集或隐居于这些风雅之地，比如历史上著名的兰亭雅集、香山九老等。

香涂粉壁

隋文帝第三子秦王俊大肆修造宫室，极尽奢侈华丽。其所建水殿，用香料涂抹墙壁，用玉石砌墙，用黄金做台阶，在梁柱之间，围起镜子，点缀着宝珠，装饰极其豪奢。秦王俊常常与宾客、妓女在水殿上听歌奏曲。《隋书》

沉香亭

唐明皇与杨贵妃曾在沉香亭观赏木芍药，因不想听旧乐府，故召来李白写作新词，李白为此献上了《清平调》三章。

四香阁

杨国忠用沉香修造四香阁，用檀香制作围栏，将麝香、乳香和筛土混合成香泥来装饰墙壁。每年春天，木芍药花盛开的时候，杨国忠都要与宾客、亲友在这座四香阁上聚会，观赏木芍药。宫中的沉香亭，远不如杨家的四香阁壮丽。《天宝遗事》

四香亭

四香亭在州府所在地。宋淳熙年间，赵公建自题云："永嘉何希深说：'荼蘼香春，芙蕖香夏，木犀香秋，梅花香冬。'"《华夷续考》

芸辉堂

唐代名臣元载晚年，在私宅修造了一座芸辉堂。芸辉，是香草的名字，出产于于阗国。这种香色泽洁白如玉，入土不腐。"芸辉堂"之名，源于将芸辉香研成粉屑，而后用来涂抹堂壁。芸辉堂还将沉香、檀木构建成梁柱，用金银制成门窗。《杜阳杂编》

礼佛寺香壁

天方（指古代阿拉伯地区）古筠冲地，一名天堂。国内有礼佛寺，寺中墙壁皆用蔷薇露、龙涎香和水涂抹，馨香不绝。《方舆胜览》

三清台焚香

五代时，汉人王审知的孙子王昶被袭封为闽王，修造起一座三层高的三清台，台上用黄金铸成神像，每天焚熏龙脑、熏陆等香数斤。《五代史》

饮香亭

南唐保大二年，国主李璟驾临饮香亭，观赏新开的兰花，即下诏让管理御苑的官员选取沪溪出产的美玉，作为栽培馨烈侯（兰花的拟人化雅号）的器具。

沉香暖阁

用沉香来连接三间暖阁，窗槅和下面的替板上皆装饰着镂空的花纹。将篆香放在下面的抽屉里，香气芬芳馥郁，终日不散。暖阁前后都装饰着锦绣，帘后挂屏都出自官窑。装饰侈靡，举世罕见。此沉香暖阁，后来归入福邸。《云烟过眼录》

迷香洞

史凤，是宣城一位美丽的名妓。她招待嫖客时，按等级来区别对待。特别优遇的客人，能住在迷香洞中，枕着神鸡枕，点上锁莲灯；次等的客人则盖着交红被，枕着传香枕，吃八分羹；下等的客人，则拒不相见，以闭门羹相待，并命人对客人说："请您梦中来相会。"有个叫冯垂的客人，倾其所有，将铜钱三十万都交给了她，才享用了迷香洞，并在照春屏上题写了一首《九迷诗》才回去。《常新录》

厨 香

太后宠爱唐驸马，赏赐繁多，以厨房原料最甚。驸马便在府中开设了"回仙厨"，厨房内馨香满室，即使仙人闻到了，也会驻足，因而得名"回仙厨"。《解醒录》

厕 香（二则）

西晋时期，重臣刘寔去石崇家拜谒。在石崇家厕所内，刘寔看到有绛纱帐和异常华丽的被褥，还有两名婢女捧着锦绣制成的香囊侍立在一旁。刘寔心中一惊，急忙退了出来，抱歉地对石崇说："刚才误入您家内室之中了。"石崇说："那是厕所啊。"《世说新语》

① 醒酒草

龙池南岸生长有一种紫色的小草，气味浓郁，令人精神振奋。若喝醉之人，闻上一闻，酒劲儿即刻消散，故有“醒酒草”之称。

② 沉香亭

据载，沉香亭位于四面环水的小岛上，亭的四面皆种有牡丹、蔷薇、芍药等香花。在香气弥漫的氛围中，容易产生神异的意境或发生奇妙的事件。《红楼梦》中，有杨太真沉香亭之木芍药为灵物一说。

□ 沉香亭

因李白“沉香亭北倚栏杆”的诗句而闻名于世的沉香亭，是唐代长安兴庆宫里的一组园林式建筑。据说它全部是用一种名贵木材沉香木建成的，故称“沉香亭”。唐代崇尚牡丹，因此园林中处处都种有牡丹、芍药。又因该亭依水而建，盛夏季节，荷花竞艳，花香四溢，因此唐明皇和杨贵妃夏天常到此纳凉避暑。

东晋大将军王敦到石崇家去。他上厕所时，有十几名婢女列队侍候，这些女子皆穿华服，佩戴着繁杂的饰物。石家厕所内还放置着甲煎粉、沉香汁之类的物品，一应俱全。《癸辛杂识外集》

① 梅 香

窗外绽放的梅花伸入室内，满室幽香。

② 檀香床

紫檀木所制的架子床，可以长久地散发出芳香。一般锦帐中都挂有香囊，睡前还用香炉隔着熏笼熏蒸被褥。

③ 香 炉

炭火通红的火炉，暖意融融。这种火炉亦可焚香，香炉中搭配些其他种类的香料，便可营造出馨香满室的效果。

□ 香 室

自唐以来，人们习惯于将香球或香囊悬挂于床帐之中，就寝前，放入香饼，香球就终夜喷香吐麝。紫檀木制作的巨大雕花架子床置于室内，本身就是一个巨大的天然香炉，再与帐内的兰麝之香及窗外的花香交融，该是何等的馨香温柔。

身体香

肌 香

旋波和夷光是越国的美女，与西施、郑旦一同被越王进献给吴王。她们肌肤馨香，体态轻盈。所居之处又用珠帘装饰着，仿佛缭绕烟雾中的一双鹭鸶鸟儿。

涂肌、拂手香

涂肌、拂手香均产自真腊国、占城国，是当地土人用脑香、麝香等各种香料捣碎混合而成的香品。可以用来涂抹肌肤，也可以用来擦手。其香气历经数日而不消散。广州至今仍在使用这两种香品，而其他国家则不时兴了。《叶谱》

◎涂敷香

涂敷香是用来涂在身上或衣服上的香粉。香粉又称“末香”，由粉末状的香与粟米或铅粉制成。其中，和粟米制成的香粉称之为米粉，和铅粉制成的香粉称为铅粉。与米粉相比，铅粉的制作过程更加复杂。所谓铅粉，实际上包含了铅、锡、铝、锌等各种化学元素，最初用于妇女妆面的铅粉并没有经过脱水处理，所以多呈糊状。自汉代以来，铅粉多被吸干水分制成粉末或固体状。由于它质地细腻，色泽润白，并易于保存，所以深受女性喜爱。

头 发

大多用乌发香油、桂花油（将半开的桂花与麻油一起拌匀，密封于瓷罐中，然后放在汤锅中大火煮，再将瓷罐置于干燥处十天，然后开罐，把浸满香油的桂花取出，剩下的油液就是桂花油）、蕙草浸油（与桂花油制作相仿）洗发。

眉

使用画眉七香丸（墨料中加有龙脑、麝香）、麝香小龙团（墨中加有龙脑、麝香）、螺子黛等。

面

用白面的香粉、打腮的红粉（《红楼梦》记载：将粉包放于天然的玉簪花花苞中，然后再置于密封性良好的宣窑瓷盒中，假以时日，妆粉就会被玉簪花的香气所浸染）、润面油、补妆油（用乌沉、龙脑等制成）等施妆。

唇、口

使用口脂（用蜡兑上上等名贵香料制成，灌于竹管中，有浓烈的香气）、香身丸（用于口含。据载，其制作方法是：“把香料研成细末，炼蜜成剂，杵千下，丸如弹子大，噙化一丸，便觉口香五日，身香十日，衣香十五日，他人皆闻得香，又治遍身炽气、恶气及口齿气”）、香茶饼子（用嫩茶叶连同麝香、檀香、龙脑等多种名贵香料，以及桂花等香花，调和甘草膏、糯米糊而做成的小饼。随时可以掰一小块含在嘴里，保持口气清新）等。

身 体

使用花露（蔷薇、桂花、薄荷、荷叶蒸馏而成的香水）、澡豆（用丁香、沉香、青木香、麝香等名贵香料，混合桃花、红莲花、樱桃花等十种香花一并捣碎，再加珍珠粉、玉粉、钟乳粉和大豆末掺在一起，用于洗手、洗脸和浴身）等。

足

使用杭菊花汤（杭菊花入水煮沸）、木瓜汤（木瓜入水煮沸）、檀香汤（水中加入檀香末）、莲香散（丁香、黄丹、枯矾研末，浴足后敷于足上）等。

脂粉盒

口气莲花香

颍州有一个奇异的僧侣能预知人的宿命。欧阳修任当地郡守时，见一名妓女口中常吐出青莲花的香气，心中感到十分怪异，就拿这件事向僧人请教。僧人说："这名妓女前生是个尼姑，喜好诵读《妙法莲华经》，三十年不曾停止，只是因为一念之差，才失身沦落到今天的地步。"后来，欧阳修命人取来经书，让这名妓女诵读，她只看了一眼，就诵读如流，宛如习读过千遍一般。《习乐录》

口香七日

唐代诗人白居易在翰林院供职时，曾得到一盆御赐的防风粥，他从中提取出来的防风（草药名）共有五盒之多，食用此物后，一连七天口中带香。《金銮密记》

身出名香

印度有一名妇人，身染严重的癞病。她悄悄前往佛塔，躬拜忏悔。妇人见佛殿周遭堆集着各种污秽之物，便清除污秽，洒扫庭院，在各处涂上香料、撒上香花，又采来青莲花，重新装饰地面。后来，她不但疾病痊愈，其身形容貌比之前更为娇艳，周身散发出名贵香品的气息，如同青莲花一般馥郁。《大唐西域记》

椒兰养鼻

椒和兰气息芬芳，能滋养人的鼻子，前文中介绍的罣芷亦能滋养鼻子。兰槐的根，被称为芷。注解说："兰槐是香草，其根部名为芷。"

饮食香

五香饮（二则）

隋朝仁寿年间，高僧筹禅师常年被供养在宫廷内。他调制了五香饮：沉香饮、檀香饮、泽兰香饮、丁香饮、甘松香饮。调制的方法虽各有不同，但主要原料都是香料。

隋炀帝大业五年，吴郡进献了两株扶芳，其茎叶为蔓生，缠绕在其他植物上面，叶片又圆又厚，即使在严寒的冬季也不凋零。夏季的时候，用微火熏炙扶芳的叶子，使其发出香味后，用来煮水饮用。这种饮品呈深绿色，味道芳香美好。服用之后，能使人不再口渴。筹禅师所制造的五色香饮，就是用扶芳叶制成的青饮。《大业杂记》

名香杂茶

宋朝初年的小茶饼，大多掺杂有名贵的香料。到了大观、宣和年间，人们开始制造三色芽茶，漕臣郑可简则创制银丝冰芽贡茶，未在团茶中使用香料，此团茶名为"龙团胜雪"，是团茶中的精妙绝品。

酒香山仙酒

岳阳有一座酒香山，相传此山自古藏有仙酒，饮用此仙酒的人能长生不死。汉武帝曾得到过这种仙酒，却被东方朔偷喝了。汉武帝大怒，打算诛杀东方朔。东方朔对武帝说："陛下即使杀了微臣，微臣也不会死去。如果微臣死了，仙酒也就不灵验了。"武帝遂免其罪。《鹤林玉露》

□ 茶 树

茶树为山茶科山茶属常绿灌木或小乔木，在我国具有悠久的栽培历史。我国是世界上最早种茶、制茶、饮茶的国家。唐朝陆羽所著《茶经》是世界第一部关于茶的科学专著。

◎茗之香

香茶的兴盛始于宋代，最初多用桂花、菊花、梅花、茉莉等直接冲泡，之后发展为将香花、龙脑、麝香与茶混合的香茶。宋代以后，随着檀香、缩砂、龙脑香等异域香料的大量传入，可制作香茶的芳香原料丰富起来，也发展出一种新的制香茶工艺——熏制香茶。即将檀香、麝香、龙脑香等放入干茶中密封，使茶熏染其馨香。下图的烹茶图就展示出了宋代盛行的点茶法。

①点 茶

点茶程序为炙茶、碾罗、烘盏、候汤、击拂、烹试，候汤和击拂最为关键。先将饼茶烤炙，再碎碾成细末，用茶罗将茶末筛细。再将筛过的茶末放入茶盏中，注入少量开水，搅拌均匀，最后注入开水，用一种竹制的茶筅反复击打，使之产生泡沫（汤花），以茶盏边壁不留水痕者为佳。点茶法和唐代的煮茶法的最大不同就在于不再将茶末放到锅里去煮，而是放在茶盏里，用水壶烧开水注入，再加以击拂，产生泡沫后再饮用，也不添加食盐，保持茶叶的真味。

②煮 水

右下角的童子正在查看莲花形炉中的火候，旁边站立的侍女正欲将壶中已煮开的水端起冲茶。画面左边的两个端着茶碗的侍女正在等水开后冲茶。

③熏 茶

一般熏制香茶的方式主要是用适量的香料与茶叶放在密封的容器中，窨三天以上，窨的时间越长，香味越浓。《遵生八笺》提到的用桂花制作香汤（茶）的方法有两则：第一则是“清晨将盛开带露的银桂打下，捣烂为花泥，然后在每一斤被榨干的桂花泥中加一两甘草与盐梅十个，一起捣为香饼，最后用瓷罐封住”，需要用的时候，在“沸汤中加入适量的桂花香饼”，即成“天香汤”；第二则是将“烘干的桂花末与干姜末、甘草末搅拌均匀，加入少量的盐，最后将它们密封在瓷罐中”，需要用时在“汤水中加入适量的香末”，即成桂花茶。

④碾 茶

左下角的红衣侍童正在碾烤炙干脆的茶叶，碾好后再将茶末筛细。

□ 酒之香

中国古代制作香酒的方法，一般是将单一香料浸入酒中，或是将多种香料按比例混合在一起浸入酒中或是用香料制成香曲再制成香酒，或是将香料与酒存放在一起熏香。

历史文献与出土文物可证明，早在夏朝，我国先民就已掌握了酿酒技术。先民们在掌握酿酒技术的同时还发现，将芳香植物加入酒中不仅可以使酒味更芳香，而且对人体更有益。香酒制作的最早记载见于《商书说命》：用麦芽做成的甜酒叫醴，用黑黍和郁金香草做成的香酒叫鬯。《诗经》中也有“瑟彼玉瓒，黄流在中”“厘尔圭瓒，秬鬯一卣”等关于香酒的记载。

随着人们对芳香植物认识程度的加深，以及人工栽培芳香植物品种的增多，桂、白芷、菖蒲、菊花、牛膝、花椒等逐渐被添加到酒中。如《楚辞·九歌》中有“蕙肴蒸兮兰籍，奠桂酒兮椒浆”，可知在战国时期，椒、桂已经用于酿酒。《汉书》中更有“牲茧栗粢盛香，尊桂酒宾八乡”的记载，可见桂酒已成为当时祭祀与款待宾客的美酒。到汉代已形成腊日饮“椒（花椒）酒”、农历九月初九饮“菊花酒”的习俗。贾思勰的《齐民要术》记载了掺入姜辛、桂辣、荜茇的香酒。张华的《博物志》记载了加入石榴汁、胡椒和姜的香酒。

魏晋南北朝之后，随着酿酒技术的进一步提高，人们尝试着在酒曲中添加桑叶、苍耳、艾、茱萸等香料制作出“香曲”。嵇含的《南方草木状》和苏轼的《酒经》中都有关于香曲的记载。

宋以后，豆蔻、阿魏、乳香等异香大量传入中国，芫荽酒、茉莉酒、豆蔻酒、木香酒等香酒纷纷出现，并且开始进入寻常百姓家。北宋朱翼中在《酒经》中记载了用官桂、川椒等香料与面粉、酒药一起制作香泉曲、香桂曲、瑶泉曲、金波曲、滑台曲、豆花曲、小酒曲等“芳香酒曲”的方法。此时，香酒的制作方式也不再是单一的浸泡，而是出现了将香料与酒存放在一起的熏香法。《快雪堂漫录》中记载了熏香的“茉莉酒”。同一时间，以香酒养生祛病的观念开始盛行。

历代文献中，明代关于香酒的记载最全面。宋诩《竹屿山房杂部》记载了包括菖蒲酒、豨莶酒在内的十五种用单一香料制成的香酒。高濂在《遵生八笺》中记载了包括建昌红酒、五香烧酒在内的十一种香酒及其制作方法。

酒令骨香

唐武宗会昌元年，扶余国进贡了三件宝物：火玉、风松石、澄明酒。澄明酒具有紫色的光泽，如同膏状，饮用后能使人骨中带香。《宣室志》

流香酒

南宋时，周必大以待制的职位侍讲宫廷，得到御赐的流香酒四斗。《玉堂杂记》

糜钦香酒

真陵山中生长着一种糜钦枣，人只要吃一枚这种枣，

□ 食之香

姜、甘草、茴香等芳香植物作为去腥解毒、增味添香的调料，已有很长的历史。从文献记载来看，最初将芳香料运用于调味增香中，可追溯至神农时期。当时椒桂等芳香植物已被利用。《诗经》中有诗歌涉及花椒、甘草等近六十种芳香植物的生长、采集与利用状况。战国以后，园圃业的发展以及人们对芳香调料认识的增加，使得香料品种逐渐丰富。据《周礼》《礼记》记载，当时用于蔬菜与调味的芳香植物有芥、葱、蒜、梅等，人们往往是直接食用这些本土原生的芳香植物。

汉末南北朝初，由于陆上丝绸之路的开通，域外食用香料与饮食文化也传入中国。调味香料品种丰富起来，除了本土香料外，孜然、胡芹、胡荽、荜拨、胡椒等域外调味香料也进入了中国饮食香料中。《齐民要术》记载，在“五味脯”“胡炮肉”“鳢鱼汤”等食物中，调味品的原料都利用了本土与域外香料搭配的形式。此时调味香料的地方特色也非常明显。左思《蜀都赋》记载：“蜀地自古生产辛姜、菌桂、丹椒、茱萸、筠酱，其所制作的菜肴以麻辣、辛香为特色。”由此可见，各地食物风味已因当地的香料不同而显现出明显的地方特色。

唐宋以后，中外交流的增加使东南亚各国所产的砂仁、茉莉、豆蔻、干姜、丁香等香料随着朝贡或贸易等方式传入中国。

元明文献中，出现了将菜类香料与调味类香料分类的记载。《饮食须知》将食用香料分为菜类与味类，菜类包括韭菜、大蒜、薤、葱等，味类包括食茱萸、川椒、胡椒等。明代《便民图纂》首次记载了“大料物法”“素食中物料法”“省力物料法”“一了百当”等调味香料的调配制作方式。官桂、良姜等香料在各类调配方法中多做成饼状、圆丸状、粉末状、膏状等，需要时作为复合调料加入。这些调料外出携带十分方便，对饮食业的发展起很大的推动作用。

清代香料的利用方式与明代大致相同，相关文献记载多为对香料功能与利用的总结。夏曾传《随园食单补证》总结出花椒、桂皮等在烹饪中的调味功能。该文献认为花椒用处最大，可除腥、臊、膻等气，素菜中的腌菜也可用之。同时指出，在去除牛、羊等动物体内的腥膻气时，用丁香则太烈，用砂仁则太香，都不适用，最好是采用适量的桂皮、茴香。因胡椒、丁香等香料具有去味增香、增加食欲等功能，所以在皇宫御厨和普通家庭的饭菜里，它们都是常见之物。

就会大醉，一年不醒。东方朔曾游经此山，带了一斛糜钦枣回朝进献给汉武帝。武帝命人将此枣与各种香料混合起来制成丸药，每丸有芥子那么大。随后召集群臣，将一丸放入一石水中，片刻之间，水化成酒，味道比宫中美酒还要醇厚。故称其为糜钦酒，又叫真陵酒。饮用过此酒的人，口中带有香气，数月也不消散。《清赏录》

椒浆

桂花美酒，是用椒浸制而成。《楚辞》

◎调味香

早在有文字记载以前，人类就开始使用调味香料。而最早接触调味香料的，应该是我国的神农氏。在《周礼》《离骚》中，已经可见香料烹饪的记载。而早期的香料品种较少，主要是生姜、肉桂、甘草、花椒等。秦汉以后，调味香料的运用日益广泛，品种也因为海外的引进而变得更为丰富，进口香料有胡椒、肉蔻、芫荽、孜然、马芹子、茴香籽、薄荷等。时至今日，这大部分的香料早已成为人们日常生活中及其普遍的食材或调味品。

品名	特征	用途	品状
葱	草本植物，叶子圆筒形，色青中空，有特殊辛辣味。叶抱合成白色假茎，称为葱白，甘甜脆嫩。茎根周围密生弦线状根。	相传神农尝百草找出葱后，便将其作为日常膳食的调味品。因多数菜肴必加香葱调和，故葱又有“和事草”的雅号。同时多与姜切碎入锅炒，或将其末撒在面或汤上。	
姜	根茎为肉质，肥厚，扁平，有芳香和辛辣味。叶呈披针形至条状披针形，前端渐尖、基部渐狭，平滑无毛，有抱茎的叶鞘；块根茎为食用香料。	生姜用于烹饪，可以去腥膻，增加食品的鲜味。《周礼》《礼记》中已有生姜入食的记载。左思《蜀都赋》中记载，蜀地产辛姜，其所制作的菜肴以麻辣、辛香为特色。	
胡椒	胡椒原产于西域，汉代时传入我国。调味用的胡椒为胡椒的果实。胡椒果实呈暗绿色时采收，晒干后为黑胡椒；果实变红时采收，用水浸渍后摘去果肉晒干，即为白胡椒。	一般加工成胡椒粉，用于烹制内脏、海味类菜肴或用于汤羹的调味，具有去腥提味的作用。	
八角	八角是八角树的果实，亦称八角茴香。八角由八个聚合蓇葖果组成，放射状排列于中轴上，外表面为红棕色，有不规则皱纹，内表面为淡棕色，平滑，有光泽，质硬而脆。	八角在烹饪中应用广泛，主要用于煮、炸、卤、酱及烧等烹调加工中，常在制作牛肉、兔肉的菜肴时使用，可去除腥膻等异味，增添芳香气味，并可调剂口味，增进食欲。	
牡桂	常绿乔木，树皮呈灰褐色。叶互生，为长卵形，叶表面为革质，边缘内卷，叶面为深绿色，有光泽。	在烹饪中主要用于增香，多用于调制卤汤、腌渍食品及制作卤菜。亦可将桂粉与砂糖混合，做炸面团的增香料。肉桂粉为“五香粉”的原料之一。	
橘皮	橘皮即柑橘干燥成熟的果皮。表面为橙红色或红棕色，内表面为浅黄白色。	橘皮用于烹制菜肴时，其苦味与其他味道相互调和，可形成独具一格的风味。	
孜然	孜然也叫安息茴香、野茴香，为伞形花科孜然芹，一年生草本植物的果实。	孜然有除腥膻、增香味的作用，是烧烤食品必用的上等佐料。	

续表

品名	特征	用途	品状
花椒	花椒是花椒树的种皮，成熟前为绿色，成熟后将种子晒干，分离出黑色的种子，留下红色的种皮，即为食用的花椒。其香气浓，味麻而持久。	川菜使用最多的调料之一，常用于配制卤汤、腌渍食品或炖制肉类，有去膻增味的作用。亦为“五香粉”原料之一。	
蒜	多呈扁球形或短圆锥形，外面有灰白色或淡棕色膜质鳞皮，内有6～10个轮生于花茎周围的蒜瓣，剥去薄膜，即见白色的肥厚鳞片。	作为蔬菜，与葱、韭并重，作为调料，与盐、豉齐名，其蒜薹、幼株、鳞茎等皆可作调味用。历代都有关于食蒜的记载。浦江吴氏的《中馈录·制蔬》中就介绍了蒜瓜、蒜苗干、做蒜苗方和蒜冬瓜四种食蒜法。	
小茴香	全株具特殊香辛味，表面有白粉。叶羽状分裂，裂片呈线形。夏季开黄色花，复伞形花序。	茎叶部分有香气，常被用来做包子、饺子等食品的馅料。能去除肉中的臭气，使之重新添香，故曰“茴香”。为烧鱼炖肉、制作卤制食品时的必用之品。	
芹菜	芹菜分为水芹与旱芹。旱芹茎呈绿、浅绿或白色，少数品种带有紫色。叶为二回羽状全裂叶，有光泽。	芹菜通常作为蔬菜煮食，也常作为汤料及蔬菜炖肉等的佐料。一般多食用茎，部分种类的叶子也可食用。	
山柰	根、叶似生姜，叶常为两片，贴近地面生长；根茎块状，单生或数枚连生，呈淡绿色或绿白色，有芳香味。	主要作为烹饪的辅料，亦用作四川榨菜的制作配料。	
薄荷	叶有青色与紫色之分，形状有卵圆、椭圆形等，毛茸茸的叶片呈锯齿状。茎上有节和节间，节上着生叶片，叶腋内长出分枝。花朵较小，花萼基部联合成钟形，上部有五个三角形齿；花冠为淡红色、淡紫色或乳白色，四裂片基部联合。	薄荷既可作为调味剂，又可作香料，还可配酒、冲茶等。在一些糕点、糖果、酒类、饮料中加入微量的薄荷香精，即刻有明显的芳香宜人的清凉气味，能够促进消化、增进食欲。	
茶	茶叶呈椭圆形，边缘有锯齿，单叶互生，表面有革质，无托叶；叶间开五瓣白花，果实扁圆，呈三角形，果实开裂后即露出种子。春、秋季时可采茶树的嫩叶制茶。	茶树叶子通常制成茶叶，泡水后饮用。新鲜的茶叶亦可作为烹饪的辅料。据记载，唐代时已经在茶中加入葱、姜、橘皮等物煮作茗饮或羹饮，形同煮菜饮汤，用来解渴或佐餐。	
黄酒	以大米、黍米为原料酿造而成，酒精含量一般为14%～20%。	黄酒的另一功能是调料。在烹制荤菜特别是羊肉、鲜鱼时加入少许，不仅可以去腥膻，还能增加鲜香风味。	

椒酒

正月初一，为一家之长献上椒酒，举杯祝福。椒是玉衡之精，服用椒酒，可使人不老。《崔寔月令》

聚香团

扬州太守仲端，以聚香团（麻团）待客。《扬州事迷》

香葱

天门山上种植着一种葱，气味奇异而辛香。将它们种植在田里，则会各自成行，人们来拔取的时候又都没有了，如果向神灵祈求，则不经拔取，它又自然长出来。《春秋元命苞》

香盐

天竺国有一条水系，名叫恒源，又叫新陶水。水质特别甘香，水下生有石盐，形状像石英，色泽纯白如同水晶，味道比香卤还要好，各国都对该国羡慕不已。《南州异物志》

香酱

十二香酱是用沉香等油煎制而成，适宜食用。《神仙食经》

黑香油

伽蓝北岭旁有佛塔，高达一百多尺，石块的缝隙之间，流出黑色的香油。《大唐西域记》

丁香竹汤

荆南判官刘彧，放弃官位，游历秦、陇、闽、粤等地。随身的箱中收藏着十几株大竹，每有客人来访，就砍取少许大竹煎水饮用，其气息辛香，如同鸡舌汤一样。人们追问其名，刘彧回答说："这是丁香竹，非中原所出产。"《清异录》

香饭（三则）

上方众香世界的佛陀——香积如来，用香钵盛香饭。

西域长者施舍尊者香饭，长者回去后，饭的香气遍布于王舍城之中。《大唐西域记》

当时，花菩萨将满钵香饭给维摩诘，饭的香气遍布于毗耶离城及三千大千世界。维摩诘便对舍利弗诸大弟子说："仁德之人，可以食用如来带有甘露气味的饭。此饭是大悲所熏，有无限意味，吃了它，不会消耗。"《维摩经义疏》

器具香

沉香、降真钵、木香匙箸

后唐庄宗的长女福庆公主，下嫁给后蜀建立者孟知祥。长兴四年，明宗（福庆公主之弟）晏驾之后，唐室四处躲避祸乱，庄宗的儿子们削发为僧，从小路逃往蜀地。当时，孟知祥刚刚称帝，因为福庆公主的缘故，厚待庄宗的儿子，把他们看作自己的孩子一般，赐其数千种宝物，并敕令将沉香、降真等制成钵，将木香制成匙、筷，并在上面镀锡。庄宗的儿子们常在食堂展示沉香、降真钵。众僧侣私下讨论说："我们常说他们渠顶相衣服，均是金轮王孙。只看眼前这些奇异的器具，有与无，真不一样啊。"《清异录》

杯香

俞本明获赠青花酒杯。用此杯饮酒时，会闻到奇异的香味，或如桂花，或如梅花，或如兰花。看杯中之花，宛如真

花，用手勾取，则如幻影一般。酒喝干之后，花也不见了。《清赏录》

藤实杯香

藤实杯出产于西域，散发出的香味像豆蔻般香美，还能解酒。当地人将此杯视为宝物，不肯将它传到中原。张骞到大宛时，得到了藤实杯。《炙毂子》

雪香扇

后蜀皇帝孟昶，每年夏天用水调和龙脑末，涂抹在白扇上，用来扇风。一天夜晚，他与妃子花蕊夫人登楼望月，失手将扇子跌落，被人拾到。此后，宫外便有人仿效其法炮制香扇，美其名曰雪香扇。

香奁（二则）

孙仲奇妹（传为三国吴时人）临终之际，留下遗书："镜子与粉盒赠与郎君，香奁也一同相赠。希望你行身如同明镜，纯洁如同白粉，声誉如香一般美好。"《太平御览》

韩偓《香奁序》中说："咀嚼五色灵芝，香生九窍；饮用三危（古代西部边疆山名）瑞露，美动七情 。"古诗说："开奁集香苏。"

香如意

僧人继颙居住在五台山上。他手中所执的香如意，是用紫檀镂刻而成，香气芬芳，充溢满室。他也因此被称为"握君"。《清异录》

名香礼笔

郄诜（晋代尚书）因应试取得第一名，拜所用之笔为龙须友，并说："应当让子孙用名香来礼敬它。"《龙须志》

香璧

蜀人景焕因向往宁静的隐居生活，在玉垒山下修造住宅，茅屋花圃，足以自娱。他曾得到十分精致的墨材，用它制造出五十团墨，并说："这些墨可以伴我终身了。"墨上印有"香璧"二字，阴篆文为"墨副子"。

龙香剂

元宗御案所使用的墨，称为"龙香剂"。《陶家瓶余事》

墨用香

制墨的香，一般用甘松、藿香、零陵香、白檀、丁香、龙脑、麝香。《墨谱》

香皮纸

广管罗州有许多栈香树，叶子像橘皮，可以用来造纸，名为香皮纸，这种纸为灰白色，上面有花纹，像鱼子笺。《岭表异录》

枕中道士持香

海外有个国家进献重明枕，长一尺二寸，高六寸，色泽洁白，像水晶般晶莹剔透。枕中有楼台的形状，四周分立十名道士，捧着香，执着简，循环无止。

飞云履染四选香

白居易制作的飞云履，用四选香熏染，抬脚迈步，如踩烟雾。他说："我脚下生云，估计不久就会飞升到仙人所居之地。"《樵人直说》

◎器具香

自从先民发现祭祀时焚烧某些植物能发出沁人心脾的香味后，后世的人便开始探索如何获得这种馨香的气息。此后，除了焚香外，人们常用带有芳香的原料制作日用或专用的器物。因此，这些器物也被饰以香的美名，如香笔、香纸、香山子、香木家具、香枕等。从此，香和带香的器具成为人们生活中不可缺少的一部分。

香 笔

香笔之香，主要在笔管。这种笔管一般分为两种：一种是笔管直接由檀香等带有芳香气的材质所制成；另一种是笔管为陶瓷、玉或珐琅所制，而笔管中空，外有小孔，里面可以填入香料，使香味从小孔散发出来。

香 囊

香囊多由丝织品、玉石或金银所制。一般是将各种香料加工成香末、香丸、香球，或将晾干的香花香草放入丝织的小袋中，使其气味透过纺织品发散出来。《离骚》中就有“纫秋兰以为佩”的记载。

香 扇

香扇有三种：一为扇骨用带香味的木制成，使其带有持久的天然香气；二是在扇面上涂沉香、龙脑等香料，如五代后蜀后主孟昶的徐慧妃就常以龙脑末涂白扇；其三是扇面和扇骨皆无香气，但以小香囊为扇坠，香气溢出后借扇风传开。

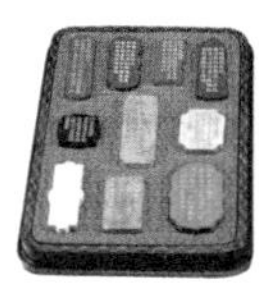
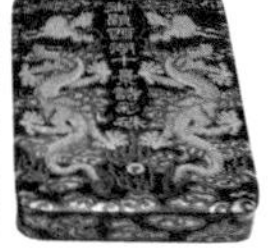

香 墨

在墨的熏制过程中加入甘松、藿香、零陵香、檀香、丁香、龙脑、麝香等香料，使墨兼具多种香味。

香 纸

在造纸原料中加入栈香树皮、陈皮或者沉香等香料，使造出的纸带有香气。

香 杯

用带有芳香味的材质制作的杯盘，与不同香味的酒接触后可产生不同的香味。

香 奁

香奁指装有脂粉的化妆盒或由香木制成的小匣子，用这种带有香味的小匣子盛装器物，器物也会浸染其香气。

香 枕

香枕即在枕芯中装入兰、桂、龙脑、麝香等香料。明代宫廷中还有一种特制的“枕顶香”，用来做枕头两端的枕顶。

家 具

用紫檀、香樟等香木所制作的家具，能够自然散发香味，且香味持久，还能防蠹虫。

香囊、烧香器

香囊

帏，称之为幐，也就是香囊。《楚辞注》

白玉香囊

元先生赠给韦丹尚书绞绡和白玉镂刻而成的香囊。《松窗杂录》

五色香囊

后蜀文澹五岁的时候，对其母说："在我的床底下，有五色香囊。"其母前去，果然取到。原来文澹前生五岁时失足落井而亡，如今是再生。《本传》

紫罗香囊

东晋少年谢遏（谢云，文人），喜欢佩戴紫罗香囊，（香囊的飘带）垂下来正好盖住手。他的叔父谢安石对此颇为忧虑，又不想伤了他的自尊，便假装与他打赌。谢安石赌赢，便把香囊烧掉了。《小名录》

贵妃香囊

唐明皇返回蜀地的途中，经过杨贵妃的葬地，悄悄让人用棺椁重新安葬贵妃。开启贵妃的墓穴后，发现贵妃过去佩戴的香囊仍在。明皇触物伤情，对着香囊默默流泪。

连蝉锦香囊

武公崇的爱妾步非烟，将一个连蝉锦香囊赠送给赵象，并附诗一首曰："无力妍妆倚绣栊，暗题蝉锦思难穷，近来赢得伤春病，柳弱花欹怯晓风。"《非烟传》

玉盒香膏

柳氏（唐代诗人韩君平之姬）将用薄绸系着的玉盒交给韩君平，盒里装着香膏。《柳氏传》

香兽（二则）

香兽一般是铜、银材质，外表鎏金，制成狻猊（狮子）、麒麟、野鸭的样子，腹内中空，用来燃香。香烟自香兽口中吐出来，以此为趣。也有采用木雕和陶瓷制成的。

又

故都紫宸殿的两尊金狻猊为香兽。北宋词人晏公《冬宴诗》云："狻猊对立香烟度，鹭鹭交飞组绣明。"《老学庵笔记》

香炭

杨国忠家，用蜂蜜调和炭屑，捏塑成双凤形状。到了冬月生炉子的时候，先将白檀香末铺在炉底，再放入香炭，就不会与别的炭混杂了。《天宝遗事》

香蜡烛（四则）

公主染病之初，术士米赍前来为其施行灯法，并因此被赠予香蜡烛。邻居觉得香气有异寻常，便登门询问，米术士就老老实实地将原委告诉了他。只见该香蜡烛有二寸见方，上面覆盖着五色的纹饰，卷起来点燃，昼夜不熄。其香气芬芳浓烈，百步之外也能闻到。余烟袅袅，飘然直上，幻化成楼阁台殿的形状。有人说，这是蜡烛里掺有大蛤油脂的缘故。《杜阳杂编》

秦桧当权主政之时，每天都收到各地来的进献之物。当时，方滋德任广东

◎香囊图示

香囊又名香袋、花囊，也叫荷包，多为丝绸等纺织品缝制成的形状各异、大小不等的小绣囊；少数采用金属、竹木、石质材料制成，内装香气浓烈的干香花草或香粉。香囊多是两片相合中间镂空，也有的是中空缩口，但都必须有孔透气，以利于散发香味。顶端有便于悬挂的丝绦，下端系有结出百结（百吉）的细绳丝线彩绦或珠宝流苏。

①挂 带

一般以各色丝绦结成，以便佩于身或悬于帐作为饰物。

②吉 饰

香囊上常用丝绦结出百吉条绳丝线彩绦或珠宝流苏，以取万事吉祥之意。

③香 囊

香囊有玉镂雕、金累丝、银累丝、点翠镶嵌和丝绣等，多为两片相合中间镂空。内装的香料，既可以是吸汗的蚌粉，驱邪的灵符、铜钱，辟邪的雄黄，也可以是各种治病的中药。

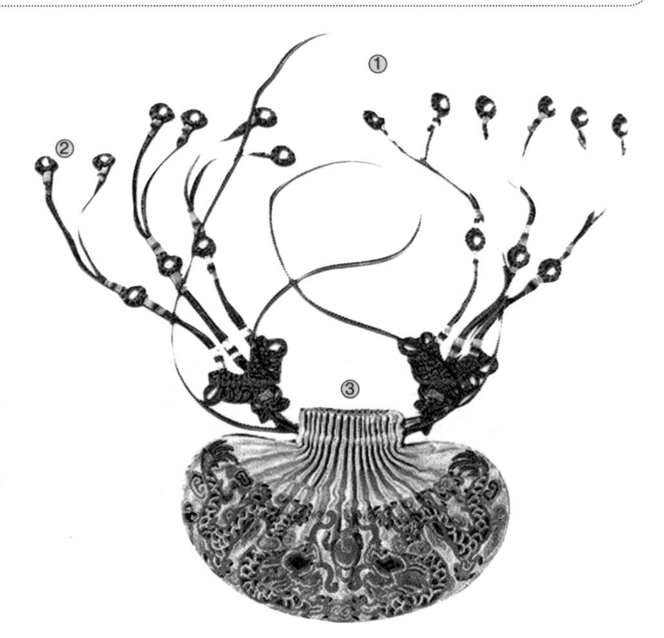

经略使，他制造蜡烛，将各种香料包裹在内，派人专门捧着这包蜡烛前往相府拜谒，并给秦府主管收藏礼物的仆人送了厚礼，希望一定将蜡烛进献给秦桧本人，仆人让方滋德派来的人等候消息。一天，秦桧宴请宾客之际，仆人上前禀报说：“蜡烛用完了，碰巧广东的方经略送来一盒蜡烛，还没敢开启。”秦桧让仆人取来蜡烛使用。过了一会儿，席间充满了奇异的香气，人们发现，香气是从蜡烛里发出来的。秦桧下令好好收藏其余的蜡烛，一数共四十九支。秦桧将方滋德派来的人喊来问话，来人禀告说：“方经略专门制造此烛贡献给您，只造得五十条，造成之后，唯恐效果不好，就点了一支试试，事后也不敢用其他的蜡烛来充数。”秦桧大喜，因为这蜡烛是专为自己而制造的，从此对方滋德十分优待。《群谈采余》

◎诸香囊图示

古人佩戴香囊的历史可以追溯到先秦时代。人们在香囊里面装上雄黄、茱萸、艾叶、冰片、藿香等中草与香料，佩于身或悬于帐作为饰物，香气扑鼻，既能清爽神志，又能驱虫、避邪、保平安。历史上的香囊材质大体上可分为两类：一类是由金银、玉、翠、木、骨、石等硬材制作而成，囊面镂空以散发香气；另一类则是纱、罗、锦、锻等织物缝成的软质小袋，至明清时期称为“香袋”。香囊的形状也多种多样，常见的有圆形、方形、椭圆形、葫芦形、桃形、腰圆形等。可以说，香囊承载了古人对美好生活的寄托和愿景，是我国传统的民间艺术的体现。

●金银等金属香囊

金属香囊多由金银等金属的细丝铸成，也有在整块的囊形金银上镂空而成的。因金属有较好的延展性，故可制成多种形状，如壶、袋、球或拟形动植物，而花纹则有牡丹、莲花、团花及动植物纹等。所用材质均十分昂贵，制作精良，形制和镂刻工艺极其考究，多为显贵或富贾人家使用。下图为三款不同形制的金香囊。

东晋篆文金香囊

三国镂空花鸟纹金香囊

明代嵌宝石金香囊

●木、骨香囊

木香囊用木材、竹根等原料镂刻而成，因其既用普通的竹根，也用紫檀、鸡翅等名贵木材，故使用人群较广。其形状较为单一，多为圆形，少有拟动植物形，镂空的纹饰有圆、三角等几何形。外观多为素面，雕刻多为祥瑞动植物。

骨香囊用象牙、犀角等材料雕刻而成，因受材质限制，形制较石质、金属类香囊单一。纹饰以动植物纹为主。因其材质稀有，故多为上层人士使用。

木香囊

象牙香囊

清代嵌牙竹雕香囊

●石质香囊

石质香囊多为白玉、翡翠、玛瑙等材质制作而成，形制多样，纹饰各异，多雕刻成动植物形，并根据形状配以纹饰，生动活泼，造型别致。下图是三款玉质香囊，为古代妇女的装饰用品。

辽代玉香囊

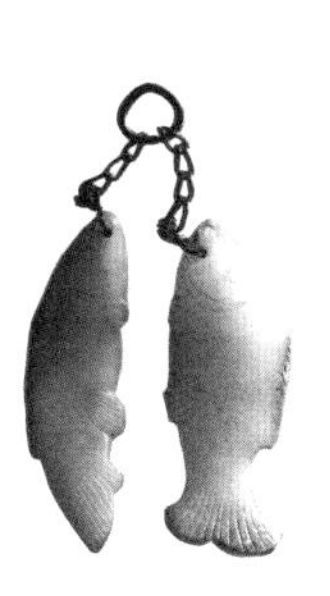

辽代双鱼玉香囊

清代玉镂雕双鱼香囊

●织物香囊

织物是使用最广的香囊制作材料，现存的古代香囊绝大部分是丝绸等织物制成。织物易于剪裁，因此可根据织物颜色的不同以及人们的喜好制成不同形状的香囊，同时还可在香囊的最外层织物上绣上各种精美图案或吉祥文字，故使用人群甚广。下图为两款精美的清代刺绣香囊。

清代手工刺绣香囊

清代褡裢香囊

宋朝政和、宣和年间，宫中用龙涎、沉香、龙脑与蜡混合，制成香烛，点燃成两行，排列有数百支，烛火明艳，香气四溢。即使是天宫，也没有这种蜡烛。《闻见录》

桦木皮可以制成带有香味的蜡烛，唐代人所谓的“朝天桦烛香”说的就是它。

香灯

《援神契》里说：“古代祭祀有烧柴祭天，从汉武帝祭祀太乙时起，才开始使用香灯。”

烧香器

张伯雨有一个金铜舍利匣，上面刻着以下文字：“后梁贞明二年，丙子岁，从八月二十日，随使都教练、使右厢马步都虞侯、亲军左卫营都知兵马使检校尚书右仆射、守崖州刺史、御史大夫、上柱国谢崇勋，敬赠与灵寿禅院。”匣盖上有四个孔，可以溢出香烟，上面有环以挂锁具，为烧香器。李商隐诗云“金蟾啮锁烧香入”，又有“锁香金屈戌”。于是，烧香来验证，果然是带锁的烧香器。《研北杂志》

卷六·香事别录

别 录

香 尉

汉代的雍仲子因为进献南海香物而被拜为雒阳尉，人称香尉。《述异录》

含嚼荷香

昭帝元始元年，开掘淋池，池内种植有分枝荷。这种荷花一根茎条上生有四片叶子，形状像并列的盖子，日光照射下，叶子低下来荫护根茎，就像葵花保护自己的根部一样，被称为“低光荷”。其所结莲子像黑色的明珠一样，可以作为饰物来佩戴，香气芬芳馥郁，可远飘十余里。食用这种莲子能使人的口气常常带有香味，对皮肤也有益。宫里的人十分珍视这种莲子，每次游宴出入，必定含嚼它。《拾遗记》

好香四种

汉代秦嘉曾将四种好香和宝钗、素琴、明镜等物赠送给他的妻子，并对她说：“明镜可以用来照人形态，宝钗可以用来光耀头面，芳香可以用来香润身体，素琴可以用来愉悦心灵。”秦妻答道：“素琴奏响，当是等待郎君归来；明镜照颜，当是迎接夫君还家；没有见到您光彩的仪容，我不会插上宝钗；未曾与您在帷帐间两两相对，我也不会使用香品。”《书记洞荃》

芳 尘

后赵皇帝石虎令人在大武殿前起造高楼，楼高四十丈，串珠为帘，下面用五色玉作为佩饰，每当风吹过来，珠帘互相敲击，仿佛在高空中奏响音乐。来来往往的人都要仰着头看，十分喜爱它。石虎又令人将各种奇异的香料研磨成粉，撒在高楼上，风吹过去，香粉四散，称之为“芳尘”。《独异志》

①荷 叶

荷叶常用于烹饪，宋代林洪在《山家清供》中记载有用荷花、胡椒、姜与豆腐制成的“雪霞羹”；用鲜荷叶或干荷叶蒸饭，蒸出来的饭有特别的荷叶清香。

②莲 花

莲花色美气香，因此被广泛栽种。每到秋季，少女多乘小舟出没于莲池之中，轻歌互答，采摘莲子。因此采莲也逐渐发展成为一种民俗活动。

□采 莲

莲花花大色艳，清香远溢，凌波翠盖，既可广植湖泊，又能盆栽瓶插，自古以来就是宫廷苑囿和私家庭园的珍贵水生花卉。莲花虽生于泥中，却花香洁白，故象征君子。在佛教中，莲花既是佛的象征，也是礼佛的常用香花。图为清代宫廷画家焦秉贞所绘的清宫女子泛舟采莲的情景。

逆风香

竺法深（晋代僧人）、孙兴公（孙楚之孙）一道在瓦官寺听北来道人与高僧支道林讲说小品（此处指佛经中七卷本的《小品般若波罗蜜经》）。这位北来道人屡次设立疑问，而支道林的辩答清楚明晰。北来道人常屈服。孙兴公问竺法深：“上人，您该是学识渊博的逆风家，为什么都不发表议论呢？”竺法深笑而不答。支道林又说：“白旃檀并非不芳香，但不是天树，怎能逆风？”竺法深听后很不屑。

波利质国拥有许多香树，其香逆风也能闻到。如今支道林却说：“白旃檀并非不芳香，但不是天树，怎能逆风？”竺法深并非不能驳诘此番言语，而是不必驳诘。

《世说新语》

奁中香尽

宗超曾在露坛施行道术，使匣中香已燃尽，还能自然溢满香烟；使炉中火灭，却烟气自升。《洪刍香谱》

令公香

曹操部下荀彧官居中书令，喜好熏香，他坐过的地方，三日之内都有香气，人称令公香，也称令君香。《襄阳记》

刘季和爱香

刘季和喜爱香，上完厕所后立刻就坐到香炉边去熏香。主簿张坦说："人们说名公做了俗人，此言不虚啊。"刘季和说："荀令君去别人家拜访，他坐过的地方，三日之内都有香气。"张坦说："丑妇效颦，见者必走。您难道想让张坦也逃走吗？"刘季和大笑。《襄阳记》

媚 香

唐代文士张说携带着绚丽雅正的文章去拜谒友生。当时宫中正流行媚香，称为"化楼台"。友生焚熏此香来招待张说，张说捧出文章放置在香上，说："我的文章享受这种香，是当之无愧的。"《征文玉井》

玉蕤香

柳宗元得到韩愈寄来的诗后，先用蔷薇露灌洗双手，焚熏玉蕤香，然后才打开诗来读，并称："大雅之文，正当如此对待。"《好事集》

九和握香

唐代名将郭元振家中的落梅妆阁有几十个婢女。凡有客人来访，就让婢女身披鸳鸯裙裙衫，为客人歌唱。一曲终了，赏给婢女糖鸡蛋一枚，以使其嗓音清亮。宴会结束，又将九和握香分发给她们。《叙闻录》

四和香

有豪侈富贵的人家，每月使用五十斤专门熏培笙簧的炭。将笙簧放在锦熏笼之上，以四和香熏制。《癸辛杂识》

香 童

元宝喜好招待宾客，每有宾客至，必华丽侈靡，器玩服用，远胜王公。四方之士，全都归附于他。他曾在寝帐前，雕刻了两尊矮童，手捧七宝博山炉，炉中焚香，直到清晨。其竟然骄横显贵到了这样的地步。《天宝遗事》

曝衣焚香

元载的妻子韫秀，安居在闲院中。一天，因天气晴好，侍婢用青紫丝带四十条，各长三十丈，上面挂上罗纨绮绣的衣服，每条带子下面，排列金银香炉二十个，全都焚熏奇异的香品，以使衣服受熏。王韫秀邀请各位亲戚在西院散步，故意问道："那是什么东西？"侍婢回答说："今天在晒相公和夫人的衣服。"《杜阳杂编》

瑶英啖香

元载的宠姬薛瑶英攻习诗书，善于歌舞，仙姿玉质，肌肤香润，体态轻盈，即使是旋波、摇光、飞燕、绿珠也比不过她。瑶英之母赵娟，原本是岐王的爱妾，后来出府，做了薛氏的妻子，生下了瑶英。赵娟从小给瑶英吃香，故而其肌肤生

◎伯牙鼓琴图

古人观书鼓琴，斋中常要焚香，不但可以制造一种幽静风雅的氛围，还能使人精神振奋，延年益寿。苏轼、陆游都喜好在书斋中焚香读书，诸葛亮弹琴时常置香案，焚香助兴。齐白石也十分尊崇焚香作画的神奇作用。他说："观画，在香雾飘动中可以达到入神境界；作画，我也于香雾中做到似与不似之间，写意而能传神。"

下图为元代王振鹏所绘，描述了俞伯牙鼓琴、钟子期静听的场景。伯牙正手挥五弦，钟子期低头凝神静听高山流水的琴声，身后的两侍童分别手执画卷与如意。在钟子期与俞伯牙之间有一藤几，上置一正在焚香的博山炉。

①香 炉

此为正在焚香的博山香炉。实际上，博山炉主要盛行于汉代，在钟子期和俞伯牙的时代，博山炉还没有出现，但焚香在上流社会已十分流行。由此可见，此图为汉或汉以后的画师所绘。

②香 盒

侍童手中所持香盒，用于放置准备熏炙的香粉、香球或晾干的干花、香草。

香。后来，元载让瑶英住在金丝织成的帐中，享用着却尘褥（一种不招灰尘的褥子）。《杜阳杂编》

蜂蝶慕香

都中名妓楚莲香，国色天香，无人能及。每次出游，皆有蜂蝶相随，追慕她的香气。《天宝遗事》

降仙香

京都安业坊唐昌观中种植的玉蕊花，极其繁茂。每年花开之时，如同瑶池玉林、琼楼仙树。元和年间，有仙女降临，用白角扇遮掩面庞，驻足于花前，奇异的香气芬芳馥郁，数十步之外也能闻到，余香一月不散。《华夷花木考》

仙有遗香

吴兴沈彬，年少时喜好道教。致仕之后，以清修服金饵丹为业。他曾游览郁木洞观，忽然听到空中飘来乐声。仰望云中，只见数十名仙女，徐徐而下，径直来到观中，到神像前焚香祝告，过了很长时间才离去。沈彬隐匿在室中，不敢出来。仙女离去后，沈彬才入殿，看到桌案上有仙女遗留下的香料，就全都放到香炉之中。后来，他后悔地说："我平生好道，如今见到神仙而不能施礼拜谒，得到仙香而不曾食用，莫非是与仙家无缘吗？"《稽神录》

山水香

道士谈紫霄，身怀异术，闽王昶尊他为师，每月供给他山水香焚熏。此香选用精品的沉香，在火上熏焚至一半时，浇上苏合香油。《清异录》

三匀煎

长安宋清，因卖药而致富。他曾将香剂赠送给朝中官员，并在装香剂的容器上写上"三匀煎"。此香焚熏起来，气息富贵清妙，配制时只用龙脑、麝末、精品沉香等原料。《清异录》

异香剂

林邑、占城、阇婆、交趾等国，出产各种珍异香料，调和熏焚，气韵不凡。这些国家的三匀煎、四绝香等被称为乞儿香。《清异录》

灵香膏

南海奇女卢眉娘，煎制有灵香膏。《杜阳杂编》

暗香

陈郡庄氏的女儿，精于女红，喜欢弹琴。每当她弹奏《梅花曲》时，听者都说"有暗香浮动"。人们便称此女为"庄暗香"。此女则称她的琴为"暗香"。《清赏录》

花宜香

南唐宰相韩熙载说："花与香相宜，故而对花焚香，风味调和，妙不可言。木犀与龙脑相宜，荼蘼与沉水相宜，兰与四绝香相宜，含笑与麝香相宜，薝卜（郁金香）与檀香相宜。"

透云香

陈茂官居尚书郎，常在书信上加盖"玄山典记"印章，又称之为"玄山印"。捣以朱矾，浇以麝酒。不使用此印的时候，则用犀牛角制成的匣子装好，用透云香滋养。这种印加盖在书信上，香气飘至数十里之外。印章是用胭脂木雕刻而成的。《玄山记》

暖香

宝云溪有僧人的房舍，隆冬时节，倘若有客人来访，僧人就点燃柴火，燃一炷暖香，顿时满室温暖如春。人们每次离开时，都要取走余烬。《云林异景志》

伴月香

每当月夜，徐铉（五代宋文学家）便坐在中庭的露天之下，熏燃一炷上好的香。此香是他素日所喜爱的，别号伴月香。《清异录》

□ **斜倚熏笼图 陈洪绶 明代 纸本设色**

熏笼是罩于香炉外的“笼”形器物，大小不一。古人常将衣物、手巾、被褥等置于香笼上熏蒸，使之香透。同时，熏笼亦可用于取暖。熏笼的材质有竹、木、陶瓷、珐琅等。宋代大学士梅询最爱以熏笼熏衣。每天出门前，他都要焚上两炉好香，把官服罩在笼上熏透。为了防止香味散失，他还要捏着袖口出门，到了办公之处，安坐后才散开两袖，香气郁然而出，满室皆香。

①香 囊

图左下角的坠饰为女子腰间悬挂的香囊，本为衣物所遮，因坐卧而滑出。

②熏 笼

女子所倚的是竹编的熏笼，熏笼下有一只鸭形的香炉。香烟袅袅，渗透薄衫。

平等香

后唐清泰年间，荆南（南平，五代十国之一）有僧人售卖平等香，无论贫富，概无二价。但人们从未见过僧人买香料合香，怀疑他是仙家。《清异录》

烧异香引星相师

宋景公在高台之上焚烧异香，有一村野之人披着草，背着书箱，敲门进来。此人正是星相师子韦。洪刍《香谱》

魏公香

张邦基说：“我在扬州石塔寺游玩时，见到一位高僧坐在小室中，从古董袋中取出芡实那么大点儿的香，点燃后，顿觉香韵不凡，似道家的婴香，却比婴香清新浓烈。高僧笑着对我说：‘这是魏公香，韩魏公喜欢焚熏此香，故传下调制之法。’”《墨庄漫录》

汉宫香

汉宫香制法传自郑康成，魏道辅（宋代文学家）在相国寺的庭中得到其调制方法。《墨庄漫录》

僧作笑兰香

吴僧罄宜制作笑兰香，也就是韩魏公所谓的浓梅香、黄山谷所谓的藏春香。其调制之法以沉香为君，以鸡舌为臣，取北苑之鹿，黑黍、郁金十二叶精华，添加铅粉，以麝脐为佐，以百花之液为使。制成的香，每一炷如同芡实大小。焚香时，香气舒缓而繁盛，如同闻到九畹兰花、百亩蕙草一般。

斗香会

唐中宗时，宗纪、韦武偶尔雅会，各自携带名香，一比高下，后人称之为斗香会。

闻思香

黄涪翁取“闻思香”之名，隐含《内典》中“从闻思修”之义。

狄 香

狄香是外国的香料，称为香熏履。张衡《同声歌》中载有“鞮芬以狄香”。鞮，指的是履。

香 钱

北宋三班院人事管理机构的特派员使臣八千余人，均在外地担任工作，常有数百个候补官员。每到乾元节（天子诞辰），这些候补官员都要以向僧人施饭、进香、祝圣上寿辰为由凑钱，用香钱向三班禅院官员行贿。因而京师流传有俗语“三班吃香（借喻令人羡慕的职业）”。《归田录》

异香自内出

有客人赴张功甫的牡丹会，宾客云集，坐在一间空屋子里，室内寂静无声。过了一会儿，张功甫问左右侍候的人：“香发了没有？”答道：“已发。”张功甫命人卷起帘子，奇异的香气自内溢出，芬芳满座。《癸辛杂识外集》

小鬟持香球

京师处于太平盛世时，宗室外戚每逢节令之时，都要进宫朝拜。妇女都坐在牛车上，派两名婢女手持香球侍立而行，而妇女也要自持两柄小香球。牛车驰过，香烟如云，数里不绝，连尘土都带有香气。《老学庵笔记》

香有气势

宋徽宗时，宰相蔡京（奸臣）每次焚香，都命令小丫鬟封闭门窗后，用数十尊香炉在室内焚熏香料，等到香烟充满整个房间，便卷起正北方向的帘子，香气顿时蓬勃如雾，缭绕在庭院之间。蔡京对客人说：“香必须这样烧才有气势。”

留神香事

长安大兴善寺徐理的儿子楚琳，平生留意香事：庄严饼子，是供佛之物；峭儿，是延请宾客所用；旖旎丸，为自己所用。施主们将这些香品统称为“琳和尚品字香”。《清异录》

焚香十则

性喜焚香

学士梅询在宋真宗时期，就已身居名臣之列，庆历年间，卒于翰林侍读任上。他性喜焚香，居住在官所时，每天清晨起床，在处理公事之前，必须焚香两炉，将公服罩在炉上，捏着袖子出来，坐定后，撒开两袖，顿时浓香充满了整个房间。《归田录》

燕集焚香

如今，人们燕集之际，往往焚香以愉悦宾客，这不只是使宾客喜悦，还另有说法。黄帝说："五气各有所主，只有香气与脾脏相和。"汉代以前，没有人烧香，直到佛教传入中原之后，才有烧香之事。《楞严经》说："所谓纯烧沉水香，是指不要让它见到明火。"这是佛家烧香之法。《癸辛杂识外集》

焚香读《孝经》

岑之敬淳谨有孝行，五岁读《孝经》时，必焚香正坐。《南史》

焚香告天

赵清献公（宋朝御史，人称铁面御史）平生白天所行之事，夜里必焚香禀告苍天。其不敢向苍天禀告之事，白天也从不敢做。《言行录》

焚香熏衣

赵清献喜好焚香，尤其喜欢给衣服熏香。他所待过的地方，在他离开很久之后，香气也不会完全消失。他在熏笼下设置熏炉，炉内香烟不绝，然后将衣服放在熏笼上。清献公行事清正严明，又妙解禅理，与熏香相适合。《淑清录》

烧香左右

常常烧香焚熏，可令人气魄刚正。《真诰》

□ **焚香观书鼓琴**

前人观书鼓琴，斋中往往都要焚香,以制造一种清幽雅致的氛围，不但提神，还能延年益寿。尤其是古代的文人，对焚香之事更是情有独钟，如苏轼、陆游都喜欢在斋中焚香读书。而杰出的政治家、军事家诸葛亮则常置香案，在弹琴时焚香助兴。

焚香勿返顾

晋代道姑南岳夫人（道家女仙人）说："烧香时不要回头看。否则，会忤逆真神，招致邪气。"《真诰》

焚香静坐

人们在家居住、在外旅行时，遇到刮风下雨、闪电、天色昏暗、大雾弥漫天气，都是诸龙经过的征兆。此时应当进入室内，关闭门户，焚香静坐以避之。否则将会对人有所损伤。

焚香告祖

戴弘正每次交结到一位亲密的朋友，就在简册上记下名字，并焚香向祖先禀告，称此简册为金兰簿。《宣武盛事》

烧香拒邪

地上有魔邪之气，直冲云天，高达四十里。人们在寝室中焚烧青木香、熏陆、安息、胶香，以拒阻浊臭之气、抵挡邪秽之雾，故而天人、玉女、太乙追随着香气而来。洪刍《香谱》

附　加

买香浴仙公

葛尚书八十岁时，才得到仙公这么一个儿子。仙公降生前，有一位天竺僧人在集市上大肆购买香料。香料商人感到奇怪，问其缘故。僧人说："我昨夜梦见善思菩萨下凡，投生在葛尚书家。我要用这些香料来为他洗浴。"仙公出生之时，僧人前来烧香，右绕七圈，恭敬礼拜，为他沐浴后才作罢。《仙公起居注》

仙诞异香

吕洞宾的母亲临产之际，奇异的香气充满产室，仙乐在空中浮响。《仙佛奇踪》

升天异香

许真君全家白日升天成仙，百里之内，奇异的香气芬芳馥郁，历经数月也不散去。《仙佛奇踪》

空中有异香之气

唐代名臣李泌小时候，能够在屏风上站立，在熏笼上行走。修道之人说他十五岁时必定在白日升天成仙。自那之后，一旦空气中有奇异的香气，并有音乐声响，李家的亲友就用大勺扬起浓蒜泼洒，香气与音乐顿时消散。《邺侯外传》

市香媚妇

从前，王池国（在长白山一带）有一个面貌奇丑的人，他的妻子长得很美，只是嗅觉失灵。这人想取悦妻子，但其妻始终不肯迎合他。他就到西域去购买天价的名贵香料熏染身体，再回到家中。可是，其妻既然嗅觉失灵，又怎能区分香臭呢？

张俊上高宗香食香物

香圆、香莲、木香、丁香、水龙脑、镂金香药一行、木瓜香药、藤花砌香、樱桃砌香、萱草拂儿、紫苏柰香、砌香葡萄、香莲事件、念珠、甘蔗柰香、砌香果子、香螺煠肚。玉香鼎二盖、全香炉一尊、香盒两个、香球一枚、出香一对。

贡献香物

忠懿公钱尚甫，国朝初年来归服朝拜。贡品之中有乳香、金器、香龙、香

□ 野外焚香图

文人墨客多崇尚儒家文化，修身养性便为儒家文化的内容之一。因此，焚香之气在古代十分盛行。古人焚香，并不只为了享受其香味，还在于焚香能正心养神。他们对焚香的环境尤其重视，往往讲求典雅、蕴藉、意境幽深。为此，他们常选择幽静的野外树林竹丛等地进行焚香。置一香炉，点燃熏香，青烟徐徐升腾，聆听流水潺潺，闻着淡淡清香，性灵在瞬间得到洗涤与升华。

象、香囊、酒瓮等器物。《春明退朝录》

香价踊贵

元城先生是宋朝人。他杜门不出，屏藏行迹，不轻易与人相交，人们很少能与他会面。据说，他去世时，老人、妇女、士人、庶民约有数千人持香诵经而哭，以至于将他家的门堵塞，不能出入。其家人在厅下设有几个大香炉，人们争相供香，以致香价飞涨。《自警编》

卒时香气

陶弘景逝世的时候，脸上颜色不变，身体屈伸如常，香气积累数日，芬芳充满山中。《仙佛奇踪》

烧香辟瘟

枢密使（官职名）王博文，每到正月初一四更天，都要焚烧丁香，以辟除瘟气。《琐碎录》

烧香引鼠

印香五文，狼粪少许，研成细碎的粉末，混和搅匀。在净室之内，用香炉焚烧，老鼠自然会被吸引而来，但不能杀害它。

茶墨俱香

司马光与苏轼议论说："奇茶、妙墨都带有香气，因为它们的德性相同。"《高斋漫录》

◎ 炉瓶三事

炉瓶三事，即香炉、箸瓶、香盒三物，乃焚香必备之物。焚香时，中陈香炉，一旁置一箸瓶，一旁置一香盒。所焚之香并非今日成束的线香，而是香面或香条。焚香时必用铜箸与铜铲，箸瓶则为放置箸铲之用，香盒则为储藏香面或香条之用。如焚线香则不需此二器。但佳香多为非线香，故此二事定为焚香不可或缺之物。现将三器分述如下：

●箸瓶

箸瓶，为盛火箸、火铲之用。以前曾用各种漆瓶和瓷瓶来盛箸、铲之类，但箸、铲均为铜铁制品，瓷质瓶较不适用，仅能作为陈设，形同虚设。最适合的还是铜瓶，以宣德文器为最佳，但不易得到。

●香炉

香炉，为焚香用器，用以祀神、供奉、熏衣等。夏、商、周三代及秦汉的鼎彝，官、哥、定或明清有名的瓷炉以及著名的宣德炉，虽都可用来作焚香之器，但由于它们是可供鉴赏的美妙清玩，况且焚香可能有损于器物，故人们在认识到它们的价值以后，很少将其用于焚香了。

●香盒

香盒，古时焚香均使用香面或香屑，所以必须用盒来储放备用。今有些宗教仪式，在焚香时仍采用过去的方式，称之为“拈香”，即用手拈香面，而不称“升香”，是因为香非残香的缘故。如今，香盒已渐渐发展成为鉴赏之用，无人再用来藏香。

●古代绘画作品中的炉瓶三事

古代文学和绘画作品中常有关于瓶炉三事的描绘。提到瓶炉三事又少不了“红袖添香”。最生动的莫若《西厢记》中崔莺莺深夜陪伴张生夜读的故事。“红袖添香伴读书”——对于读书人来说，是再好不过的事，因为除了能找到一个陪读的伴儿，以消除漫长读书生涯的寂寞与疲劳之外，更重要的还是红袖添香所营造的那种温馨的情调和令人心醉的氛围。右图的明代仕女画中，为女子日常生活的描绘。她们旁边都有瓶炉三事，可见这在当时已成为日常的生活用品。

香与墨同关纽

邵安《与朱万初帖》说："深山高居，焚香不能缺少。但退休已久，上好的香品没有了。山野之人只好摘取古松柏的根枝、叶子、果实，一同捣碎，斫取枫树脂掺和其中。每当焚烧一丸此香，便足以助清苦之乐。今年下了大雨，行道湿滑，暑湿之气尤甚。万初（元代制墨专家）遂送我一只石鼎。清冷的白昼，在石鼎中焚烧香品，空斋萧寒，遂为一日之乐，真是让人满心欢喜呀！万初原本就喜欢墨，又兼有好香之癖，大概是因为墨与香天性相像吧，就像书与画、谜与禅一样。"

山林穷四和香

将荔枝壳、甘蔗滓、干柏叶与黄连混和焚熏；又或加入松球、枣核与梨，香气浓郁。

焚香写图

至正辛卯九月三日，与陈征君一同在愚庵师房中留宿，焚香烹茶，画石梁、秋瀑，飘然有超凡出尘之趣。黄鹤山人王蒙用图画记录下了这些飘逸之姿，即王蒙题画。

□ **烹茶焚香图**

香茗自古便是文人雅士的常伴之物，香茗最初源自"融雪煎香茗，调酥煮乳糜"。古人生活追求雅趣意境，品香茶的环境也以自然、雅致为主。身处自然之中，自是增添了自然花香之韵。

异国香

南方产香

香品都产自南方，南方居于八卦中的离位，离位主火，火为土母，火盛则土养。所以沉水、旃檀、熏陆之类，多产自岭南海边，因为这些地方是土气聚集之处。《内典》中说："香气与脾脏相和，禀性火阳，因而气息芬芳浓烈。"《清暑笔谈》

南蛮香

诃陵国，也称阇婆，位于南海。贞观年间，该国曾派遣使者进献波律膏。还有骠国，即唐时的缅甸，又名古朱波国，也称思利毗离芮，出产各种奇异香品。其王宫内设有金、银二尊香炉，有敌人来犯时，就焚香击敌，以占卜吉凶。有巨形白象，高达百尺，诉讼者长跪于白象前焚香，自己检讨过失，然后退下。若遇上灾祸疫病，国王也对着白象长跪，自我检讨。

①玉 兰

绽放的玉兰，清香阵阵，沁人心脾。自古以来，玉兰就是理想的庭院香花。

②香 花

假山旁有盛开的山茶、兰花。花香、熏香、茶香，融为一体，香气四溢。

③茶 炉

榻上竹笼内的茶炉正煮着香茶，主人与老妪全神贯注地候汤，以避免茶水煮老。

④洗 茶

前景中的仆人正在洗茶，案上除置有茶壶和茶杯外，还有两个小盒，应该是添加到茶中为茶增香的香料。

焚香时若没有油脂，也可以蜡代替。又有一个真腊国，每有客人来访，便将槟榔、龙脑、香蛤研磨成屑，招待客人，但不饮酒。《唐书·南蛮传》

香槎

有个番禺人，偶然在海边拾得一块古木。古木有一丈多长，六七尺宽，木质极为坚实，这人就用它在溪水上建造了一座小桥。多年以后，有一名僧人识得此木，便对众人说："这样不是长久之计，我愿出资为大家更换石桥，只将这块木头拿回去做柴。"众人应允了他。后来，僧人从古木中得到了数千两栈香。《香谱》

天竺产香

獠人，古代称之为天竺。此地出产沉水香、龙涎香。《炎徼纪闻》

九里山采香

九里山距离满剌加（马六甲）很近，此地出产沉香、黄熟香。当地林木丛生，枝叶繁茂青翠。永乐七年，郑和等差遣官兵入山采香，遇到六棵长约六七丈的香树，香味清远，有黑花细纹。居住在山里的人听闻后都瞠目结舌，传说是我天朝之兵，威力如神。《星槎胜览》

阿鲁国以采香为主

阿鲁国与九州山遥遥相对，从满剌加出发，顺风行船，三天三夜即可到达。国人时常以驾船入海捕鱼，或入山采取冰脑等香品为生。《星槎胜览》

喃巫哩香

喃巫哩，国名，人们将该国所产的降真香命名为喃巫哩香。《星槎胜览》

旧港产香

旧港，古代称为三佛齐国。当地出产沉香、降香、黄熟香、速香。《星槎胜览》

万佛山香

新罗（朝鲜半岛三国之一）进献的万佛山，用沉香、檀香、珠玉等雕刻而成。

瓦矢实香草

撒马尔罕国出产瓦矢实香草，可以用来驱除蛀虫。

刻香木为人

彭坑在暹罗国的西面，远远望去，山谷平铺，四寨田地肥沃，米谷丰足，气候温和。当地风俗怪异，将香木雕刻成人形，杀人取血祭祀祷告，求福去灾。此地出产黄熟香、沉香、片脑、降香。《星槎胜览》

龙牙加貌产香

龙牙加貌（又称龙牙菩提，位于马六甲海峡），到麻逸冻（菲律宾地名）只需顺风行船三天三夜即可到达。当地出产沉速、降香。

安南产香

安南国（今越南）出产苏合油、都梁香、沉香、鸡舌香，还有用花酿制成的香。《方舆胜略》

敏真诚国产香

敏真诚国，当地风俗以中午为集市，出产各种奇异的香品。《方舆胜略》

回鹘产香

回鹘出产乳香、安息香。《松漠纪闻》

安南贡香

安南进贡熏衣香、沉香、速香、木香、黑线香。《一统志》

爪哇国贡香

爪哇国进贡的香料，有蔷薇露、奇楠香、檀香、麻藤香、速香、降真香、木香、乳香、龙脑香、乌香、黄熟香、安息香。《一统志》

□ **焚香抚琴图**

古代，香事往往用在大的场合，如敬神礼佛、祭拜祖先等，以表达肃穆之情、虔诚之心。但香事更与琴、棋、书、画等文人雅事密不可分，人们在读书、吟诗、抚琴、作画、下棋、写字的时候，一般都要在室内，或添幽雅气氛，或借以记时。

和香饮

卜剌哇国禁止饮酒，恐怕迷乱人性，他们将各种花露与香蜜调制成饮品。

香味若莲

花面国（今苏门答腊北部）出产的香料，气味如同青莲花。《一统志》

香代爨

黎洞居民，用香木来烧火煮饭。

涂香礼寺

祖法儿国（今阿曼，位于阿拉伯半岛），当地居民遇到礼拜寺庙之日，必定先行沐浴，用蔷薇露或沉香油涂抹面部。《方舆胜览》

脑麝涂体

占城国祭祀天地时，以龙脑、麝香涂抹身体。《方舆胜览》

身上涂香

真腊国也叫占腊，该国人自称甘孛智。当地居民，无论男女，常在身上涂抹香药，这些香药是用檀香、麝香等香料调和而成。该国的每户人家都修行佛事。《真腊风土记》

涂香为奇

缅甸是古代西南夷国，不知其人种来历。当地居民，无论男女，都将白檀、麝香、当归、姜黄末涂抹在身体和脸上，为一大奇观。《一统志》

偷 香

僰人（先秦时居住于中国西南的一个古老民族），男女之间若偶生爱意，就双双私奔，称之为偷香。《炎徼纪闻》

寻香人

西域称娼妓为寻香人。《均藻》

境内香

香 婆

南宋定都杭州时，各种酒楼歌妓云集。有老妇人用小炉炷香供应市井，人们称之为“香婆”。《武林旧事》

白 香

化州出产白香。《一统志》

红 香

前辈戏称：“有西湖风月，不如东华软红香土。”

玄 香

薛稷（唐代画家）将墨封为“玄香太守”。《纂异记》

香 辩

辩一木五香（二则）

异国的传言，并无根据。比如一木五香，传言认为，其根为旃檀，节为沉香，花为鸡舌香，叶为藿香，树胶为熏陆香。这种说法极其荒谬。旃檀与沉水，无疑是两种不同的木头。鸡舌香，就是现在的丁香，但当作药品使用的，并不包括在内。藿香是草叶，南方至今仍有生长。熏陆香树形矮小，叶片阔大，至于海南也生此香的说法，其实是一种误传，因为那其实是如今被称为乳头香的一种香料。这五种香物各不相

同，本来就不是同类。《墨客挥犀》

梁元帝《金楼子》中所说的“一木五香，根为檀香、节为沉香、花为鸡舌香、树胶为熏陆香、叶子为藿香”全是错误的。五种香料各自有其品种。所谓真正的一木五香，指的是沉香部所列的沉香、栈香、鸡骨、青桂、马蹄。

辩烧香

古人在祭祀之前，要焚烧柴木，升起烟气。如今的人，在迎神之前，用香炉焚香。近世的人多崇信佛教，因为西方出产香料。佛教动辄烧香，取其清净之意。施行法事时，则焚香诵经。道教也烧香驱除邪恶污秽，与我们儒教极不相同。如今的人在祭祀孔夫子、祭祀社稷，或迎神之后、奠帛之前，都要上香三次。古礼没有这种做法，郡邑之中或许有人如此吧。《云麓漫抄》

高贵香

意和香有富贵气

贾天锡宣事制作意和香，香气清丽悠远，带有富贵之气，使别家香料格外透出贫寒之气。天锡屡次将此香惠赐给我，但要我写诗相报。我因而以“兵卫森回戟，燕寝凝清香”为韵，写了十首小诗相赠。只恨我诗语未工，配不上此香。但是，我极其珍视这种香，从不轻易赠给他人。城西张仲谋因为我考虑驱寒之事，赠送给我骐骙院马通薪二百块，我因此将二十枚意和香回赠给他。有人笑说：“您就不给自己的诗留点儿余地？”我答道：“诗或许能给人带来暖意，但哪能像马通薪那样，即使在冰雪之日，铃下马走，都有身着棉衣一般的温暖感觉？”我学诗三十年，如今方才觉悟，然而，领悟得也太晚了。《山谷集》

绝尘香

沉香、檀香、龙脑、麝香四者相混合，再加入等量的奇楠、罗合、滴乳、螽甲等数味原料，与炼蔗浆混合成香。其香气绝脱尘境，能助清逸之兴。《洞天清录》

□ 弘历观雪行乐图

乾隆皇帝作为满族皇帝中汉文化修养最高的皇帝，深受汉族文化的熏陶，不但喜好诗词书画，也十分推崇汉族文人的生活方式。本图描绘了乾隆皇帝与众皇子新年在宫苑赏雪的情景。

①香 炉

中间的廊柱下，置有两具香炉。香炉由纯金或青铜镀金处理，呈金黄色；炉顶的烟孔镂空成八卦的图形；香炉的三足做成带长牙的象鼻形。

②梅 花

在白雪的映衬下，庭院中粉红的梅花格外鲜艳。梅花是我国最常用的庭院观赏花卉，其冰枝嫩绿，疏影清雅，花色秀美，幽香宜人，花期独早，有“万花敢向雪中出，一树独先天下春”之誉。

③佛 手

远处廊柱下的盆中种有一株佛手，佛手金黄，已经熟透。佛手果皮和叶含有芳香油，有强烈的鲜果清香，为调香原料；果实及花朵均供药用。古人常把佛手的鲜果置于室内，为屋舍增香。

④梅 瓶

室内的台几上，置有一精致的蓝色梅瓶，瓶中插有两枝梅花。

⑤格 架

门口的小格架上，置有茶壶和小香炉，格架前有一株盆景，花开正艳、芳香四溢。

⑥添 香

大雪初霁，屋顶、竹丛上覆盖有一层薄雪，乾隆坐于紫檀木质地的椅子上，右手执如意。座前，一皇子正在向火炉中添加某种植物，也许是为了增香。庭院中，皇子们正在放鞭炮、玩雪。

①
②
③
④
⑤
⑥

□ **闻香疗疾图**

香不仅芳香养鼻，还可祛秽疗疾，颐养身心。中国自古就有闻香祛病的传统。据古书记载，名医华佗就曾用过闻香疗法治病。他将麝香、丁香、檀香等药物装在用花绸制成的香囊中，然后把香囊悬挂于室内，用以治疗肺痨、吐泻等疾病。而闻香疗疾的原理就在于，它强调人体内外环境的协调统一，利用药物的挥发性及其所形成的药理环境对使用者形成良性的刺激，激发经气，疏通经络，调整气血，开窍醒神，从而达到治疗疾病、延年益寿的目的。

心字香

番禺人制作心字香，将半开的素馨花和茉莉花，放入干净的容器之中，把沉水香劈成薄片，一层层间隔密封。每日更换一次，使花不蔫。花谢之后，香料即制成。宋末词人蒋捷的词中就曾写道："银字筝调，心字香烧。"《骖鸾录》

清泉香饼

蔡君谟为我书写《集古录序》刻石，其字体尤其精劲，为世人所珍视。我用鼠须栗尾笔、铜丝笔格、大小龙茶、惠山泉等物作为润笔来酬谢他。君谟开心笑起来，认为这些东西清雅不俗。过了一个多月，有人送给我一箱清泉香饼。君谟听说后，叹息道："香饼来迟了，使我的润笔中独独没有这样一件佳物。"这实在是好笑。清泉，为地名；香饼是石炭。用清泉香饼来焚香，只用一饼，炭火可以终日不绝。《欧阳文忠集》

苏文忠论香

古人以芸为香，以兰为芬，以郁鬯为裸，以萧脂为焚，以椒为涂，以蕙为熏。杜蘅带屈，菖蒲荐文。麝香忌讳较多，且本身就有膻气；苏合看似很香，实则有荤气。《本集》

以上，与范蔚宗《和香序》中所写的意思相同。

论香药

苏东坡在写给张质夫的信中说："公会所用香药，都是珍稀之物。这使得行商、坐贾莫不深受其苦。因为这都是近来新制定的惯例，倘若奏请免除，则阴德不小。"经我考证，绍圣元年，广东商船运来香药，好事者创制成例，其他地方未必有这样的规定。《本集》

香秉

沉檀罗縠（一种疏细的丝织品），脑香、麝香，气息浓烈芬芳，浓郁含蓄；螺甲、龙涎香，带有腥味，反而馨香；豆蔻、胡椒、荜拨、丁香，能驱除恶气，诛杀臊气。《郁离子》

求名如烧香

人们随俗求名，就像烧香一样。众人都闻到芳香，却不知是香料自焚所发出的气息。香料焚尽，香气也随之泯灭；名声建立，身体却已死去。《真诰》

香鹤喻

以鹤为媒，以香为食。鹤是珍贵的，香是珍奇的，它们被世人视作珍宝，因为品质高洁清远。但是，若它们存在于世的意义，只是在人世为媒为饵，那又算得上什么宝贵呢？《王百谷集》

四戒香

不乱财则手香，不淫色则体香，不诳讼则口香，不嫉害则心香。常奉此四香戒，能享受世间的安乐。《玉茗堂集》

解脱知见香

解脱知见香，即西天苾刍草。其体性柔软，藤蔓密布。馨香之气，不论远近，都能闻到。黄庭坚诗云："不念真富贵，自熏知见香。"

太乙香

太乙香由冷谦真人（明初道士）所制，其制法甚为虔诚严谨。选择吉日炼香，依照方向调配香剂，配天、合地，使四气、五行各有所属，不能使之与鸡、犬、妇女接触，制法

□ **品香图**

香与琴、棋、书、画、茶等一样，是文人生活中必不可少的用品。品香也成为文人生活的一部分。宋代崇尚文学，文人的地位非常高，经由他们的提倡，香得到了更大范围的推广。当时的文人不但喜好品香，还崇尚自制香、赠香、咏香。苏东坡、黄庭坚、欧阳修等都长于制香。宋词中也留下了众多的"香"词。图为苏东坡的生活画面，反映出了宋代文人闲适、高雅的生活。

极其复杂。焚熏此香，能助清香之气，有益精神明朗，使身心归善，百邪远遁，仙道修成，即飞升仙境，不是寻常熏香所能比的。此香方藏在金陵一户人家，香方上前有冷真人的自序，后有罗文恭（洪先）的跋。我每次虔诚请求，对方都不肯拿出来。所以只得将此香的功用记载在这里，以待日后有仙缘之人，访求采录。

养疗香

香愈弱疾

用玄参一斤、甘松六两，研成粉末，加入一斤炼蜜，调和均匀，置于密封的瓶子里，埋入地窖中，十日后取出。将炭末和炼蜜各六两加入瓶中，再放进地窖中，五日后方取出。焚烧此香，其香气能使人之弱疾自然痊愈。还有人说，首先将原料放入瓶中密封，煮一昼夜，打开瓶子取出香料，加入蜂蜜，再用其他的瓶子装好，埋入地窖中待用。此香也可以用来熏衣服。《本草纲目》

香治异病

孙兆曾治疗过一个病人，这人满脸黑色，看相的人推断他将死去。孙兆替他诊脉后，说道："他其实没有得病，是因为上厕所时，闻到了非同一般的臭气而造成的。治疗臭疾，最好是使用最香的东西。"遂将沉香、檀香劈开捣碎，放在炉中焚烧，将香炉放在帐内焚熏，第二日，病人的脸色有所变化，十日后，恢复如常。《证治准绳》

因果香

卖香好施受报

凌途售卖香料，乐善好施。一天早晨，有个僧人背着布袋，拄着木杖来到他店前，对他说："我年岁大了，路又难走，想借您的店铺歇息一下，可以吗？"凌途便安排床榻让他安寝。过了一会儿，僧人起床对他说："我要到近郊去一下，暂将布袋、木杖寄放在您这儿。"僧人走了一个多月，也不回来取寄放的东西。凌途暗暗打开布袋，发现有两包奇异的香末，气息芳香扑鼻。而那根木杖，原来是黄金制成的，有三尺多长。凌途遂将这两包香料与其他各种香科混合，调制成香品出售，人们不远千里前来购买。凌途因此致富。《葆光录》

卖假香受报（三则）

华亭有一位黄翁，迁居东湖，世代以卖香为生。他常常到临安江下收购甜头。甜头是香行中的俚语，指的是海南贩来的柏皮和藤头。黄翁把甜头收购回家后，修制成香品出售。有一天，黄翁驾舟回家，夜里把舟船停泊在湖口。湖口有一座金山庙，极其灵验，人们对它十分敬畏。当天夜里，忽然有个人扯起黄翁，拿拳头殴打他，并说道："你造的什么罪孽，制造假香？"过了一段时间，黄翁苏醒过来。又过了一个月，便死去了。《闲窗括异志》

海盐倪生，常用杂木屑伪造印香，出售给人涂抹身体。一天夜里，他熏驱蚊虫，不慎将火迸入印香里面，又点燃了其他物品，遍室烟气弥漫，他无法逃出，最后连同屋子一起，被烧成灰烬。《闲窗括异志》

□ 医用香

制作藏香所用的原料本身就是一些芳香类的植物中药，其燃烧后产生的气味，能除秽杀菌、祛病养生，因此香还常作为药用。很多香料是中医的重要用药，大量的医书中都有关于香料的记载。汉代名医华佗就曾用丁香、百部等药物制成香囊，悬于居室内，用来预防“传尸疰病”（肺结核）。唐代医家孙思邈的《千金要方》中，记载了佩“绛囊”“避疫气，令人不染”。明代医家李时珍在其《本草纲目》中记载了“线香”入药：“今人合香之法甚多，惟线香可入疮科用。其料加减不，等，大抵多用白芷、独活、甘松、三柰、丁香、藿香、藁本、高良姜、茴香、连翘、大黄、黄芩、黄柏之类，为末，以榆皮面作糊和剂。”李时珍用线香“熏诸疮癣”，方法是点灯置桶中，燃香以鼻吸烟咽下。除此之外，还可“内服解药毒，疮即干”。清代医家赵学敏《本草纲目拾遗》中所附载的曹府特制的“藏香方”，是由沉香、檀香、木香、母丁香、细辛、大黄、乳香、伽南香、水安息、玫瑰瓣、冰片等二十余种气味芬香的中药研成细末后，用榆面、火硝、老醇酒调和制成香饼，有开关窍、透痘疹、愈疟疾、催生产、治气秘等作用。

嘉兴府的周大郎，每次卖香，都要与人争论价钱。有人怀疑他的香品与价格不符，周大郎就起誓说：“这香如果不好，让我一出门，就被恶神扑死。”宋理宗淳祐年间某一天，周大郎经过府后桥，似被某件东西绊倒在地。人们将他扶起来后，发现他已气绝身亡。《闲窗括异志》

家墓香

阿香

有个人曾在路旁一女子家中借宿。一更时分，他听到有人唤：“阿香！”忽然间，雷雨交加。第二天早上，这人起来一看，发现借宿地方，乃是一座新坟。《韵府群玉》

墓中有非常香气

陈金年轻的时候，做过军士，他曾私自与伙伴挖掘了一座大墓。启开棺木时，白气冲天而出，墓中顿时香气满溢。在墓中，他们见到里面躺着一位白胡子老人，面色如生，通身穿着的白罗衣就像新的一样。陈金发现棺材盖上有粉状的物质，微微带有硫黄气，就掬取了这种粉末藏在怀里带回兵营中。后来，随行的人们都惊异地问他：“你身上怎么沾有香气？”陈金知道是硫黄的缘故，便在天亮后打水洗净。之后，陈金又去看墓中的棺材，发现里面只剩下了一件薄如蝉翼的衣服。《稽神录》

死者燔香

堕波登国，人一旦死亡，就将金缸套在死者四肢上，然后加入波律膏及沉香、檀香、龙脑香之类，堆积木柴焚烧。《神异记》

香起卒殓

嘉靖戊午年，倭寇滋扰闽中，死者无数。林龙江先生出卖自家田产，所得约有千金，置办棺木，安葬死者。当时正值夏月，死尸发出的秽气扑人口鼻，仆人无法上前掩埋尸体，便请示龙江先生。龙江先生说：“你们到尸体面前，高唱‘三教先生来了’。”仆人依照龙江先生的话行事，竟一时香风四起，他们很快便将尸体收殓完毕。这也是一桩异事。

卷七·香绪余

香字义三十二字

《说文解字》中说："香，指气息芬芳。篆文从黍从甘。"徐铉说："稼穑作甘，黍甘作香，隶作香，又[?]与香同。"《春秋左氏传》上说："黍稷馨香。"大凡与香有关的字，都从香，香气远逸的称馨，香气美妙的称䭫（shǐ）。香的气息，称为馦（xiān）、馣（ān）、馧（yūn）、馥（fù）、馤（ài）、䭻（fān）、馪（pīn）、馢（jiàn）、馛（bó）、馝（bì）、䭯（bì）、馞（bó）、馠（hān）、馩（fén）、馚（fēn）、䭲（nún）、䭱（péng）、䭭（tú）、馜（yǐ）、[illegible]（ní）、[illegible]（péi）、馟（miè）、[illegible]（piàn）、[illegible]（wū）、[illegible]（piáo）、馡（fēi）、䭷（ōu）、䭵（pāo）、䭨（wèi）。

香花

十二香名义

吴门于永锡喜欢梅花，吟十二香诗。现收录十二香名。

万选香　拔枝剪折，逍休繁种；
水玉香　清水玉缸，参差如雪；
二色香　帷幔深置，脂粉同妍；
自得香　帘幕窥蔽，独享馥然；
扑凸香　巧扮插鬓，妙丽无比；
筭来香　采折凑然，计多受赏；
富贵香　簪翅其赏，金玉辉映；
混沌香　夜室映灯，暗中拂鼻；
盗唔香　就树临瓶，至减窃取；
君子香　不假风力，芳誉远闻；
一寸香　醉藏怀袖，馨闻断续；
使者香　专使贡持，临门远送。

十八香喻士

王十朋写有《十八香词》，推衍其义，借以比喻士人：

异香牡丹　称国士　温香芍药　称治士　国香兰　称芳士

天香桂　称名士　暗香梅　称高士　冷香菊　称傲士

韵香荼蘼　称逸士　妙香薝卜　称开士　雪香梨　称爽士

细香竹　称旷士　嘉香海棠　称隽士　清香运　称洁士

梵香茉莉　称贞士　和香含笑　称粲士　奇香腊梅　称异士

寒香水仙　称奇士　柔香丁香　称佳士　阐香瑞香　称胜士

南方花香（三则）

南方的花，都可以用来调配香品。如茉莉、阇提、扶桑、渠那等花，原本生长在西域，佛经中都有记载。后来，这些花传入福建北部的山岭一带，传至今日，花开繁盛。

还有含笑花、素馨花之类，其中以小含笑花的香气尤烈，其花朵常常如同未开放的荷花一般，故而有含笑之名。还有麝香花，在夏季开放，气息与真正的麝香无异。还有一种麝香木，香气也与麝香的气息相近。以上这些花都畏惧寒冷，故而在北方无法种植。也有传说，美家香是用以上各种花朵调和而成的。

温子皮说：将素馨茉莉的花蕊摘下，香气则失去，如将酒喷在上面，就会又有香气。大凡香料，以蒸过的为佳，一年四季之中，但凡遇到能制成香料的花朵，依照其开放的时间顺次蒸制，如梅花、瑞香、荼蘼、栀子、茉莉、木犀及橙花之类，都可以蒸制。日后焚熏香品时，各种花制成的香品就都齐备了。

花熏香诀

选取质地坚实、品质上乘的降真香，将其截成约一寸长短的小段，再用锋利的小刀劈成薄片；将其放入豆浆中煎煮，等到豆浆发出香味后，倒去豆浆，再加入水煮，直至香味全部消除后，将降真香取出；再用末茶或者是叶茶煎煮，使之多次沸腾，滤出降真香，阴干，随意用各种花来熏制。具体方法是：取一个干净的瓦罐，先在内铺上一层花片，再在其上铺一层香片、一层花片后，又铺一层香片，如此重重铺盖，用油纸将口封严，在饭甑上蒸煮一会儿，拿起来之后，不要解开密封的油纸，放置几天再拿出来焚烧，则香气极其清妙。或者用旧竹筐代替降真香，依照以上的方法煮制；采摘橘树叶子捣烂，代替各种花朵。熏焚此香，气息清幽，仿佛是春天的早晨行走在山间小路上的感觉。所谓的草木真天香，大约说的就是它吧。

橙柚蒸香

将橙柚制成蒸香，全以降香为骨，去除其夙性后再加入。制法虽然各不相同，但用素馨熏香，效果是最好的。《稗史汇编》

香草名释

《遁斋闲览》中说：“楚辞中所歌咏的香草，有兰、荪、茝、药、虈、芷、荃、蕙、蘼芜、芷蓠、杜若、杜蘅、藒车、葍荑，其类别各不相同，难以一一名其状。”认识香草的人只统一称之为香草而已。其中，有的植物有数种名称，有的植物的名称与今日不同。比如兰，传说它有国香，而各家各执己见，互相诋毁，真假难辨。有人认为它是都梁，有人认为是泽兰，有人认为是猗兰草，也有人认为是幽兰。

山中还有一种植物，叶片宽大，如同麦门冬，春季开花，气息极其芳香，别名幽兰。荪则生长在溪涧之中，今人称之为石菖蒲。然而，它其实不是菖蒲，它的叶片柔脆易于折碎，不像兰荪叶子，质地坚劲。将它杂在小石头之中，用清水种植在盆内，时间长了，愈发繁茂可爱。而茝、药、虈、芷，虽有四种名称，却是同一件东西，也就是今人所谓的白芷。

蕙，即零陵草；蘼芜，即芎䓖苗，又名茳蓠；杜若，即山姜；杜蘅，即今人所称的马蹄香。只有荃与藒车、葍荑，始终不知为何物。诗人用香草来类比君子。以后，我要向田舍之人请教，遍求这些香草的本源，将它们移植到栏槛中，修造成楚香亭，这样就可以在每一个幽居之日，面对这些芬芳植物了，以此想见诗人们的雅趣，实在是意义深刻。

《通志·草木略》中说：“兰就是蕙，蕙就是薰，薰就是零陵香。”《楚辞》中说的“滋兰九畹，植蕙百亩”，使用了互文见义的修辞手法。

古代医方中称蕙为薰草，故而《名医别录》列出薰草条目；近代医方中称之为零陵香，故而《开宝本草》列有零陵香条目；《神农本经》称之为兰。过去，我修撰《本草》，将以上两则条目列于兰之后，以表明二者是同一种植物。而且，兰旧名煎泽草，妇女们将它与油调和，用来泽养头发，故得名。

《南越志》上说：“零陵香，一名燕草，又叫薰草，即香草，生长在零陵山谷之中。”现在，湖岭各州皆有此草。

《名医别录》中又说：“薰草，一名蕙草。蕙为兰之意。”因其品质香美，故而可以用作膏泽，用来涂抹和装饰宫室。

□ **酿香成蜜图**

古人热衷于香饮花馔，也喜好亲手制作这样的饮馔。据记载，秦淮八艳之一的董小宛就擅长制作各种精致的甜品。她先往调制半稠的饴糖中加入色艳香怡的鲜花浸渍。一段时间之后，花的香味渗入饴糖中，这样的饴糖，入口喷香。她还曾将秋海棠、梅花、野蔷薇、玫瑰、桂花、干菊花，以及橘、佛手、香橼的肉或皮一一制成香糖。图为明代陈洪绶笔下的侍女图。图中，一位女子正指导侍女腌制梅子。

近世有一种草，叶子像茅香，且比较细嫩，其根称之为土续断，其花香气馥郁，故而得名，误被人们所赋咏。泽兰又称白芷、白茝、虉、莞、苻蓠，楚地之人称之为药，其叶称之为蒿，德性与兰相同，都生长在低凹湿润的地方。

泽兰，又称虎兰、龙枣兰、虎蒲、水香、都梁，香气如同兰，叶茎为方形，叶片不湿润，生长在水中，一名水香。

茈胡，被称为地熏、山菜、葭草。它的叶子被称为芸蒿，味道辛香，可以食用。生长在银县（今四川泸州，唐朝置县）者，芬芳馨香之气，直射云霄，多有白鹤、青鸶飞翔其上。

《琐碎录》中说："古人藏书用芸来驱除蛀虫。"芸，是一种香草，也就是如今的七里香。南方人采摘此草，放置在席子下面，能去除虫虱。香草之类，大都有很多别名。所谓兰荪，就是菖蒲。蕙，是如今的零陵香。茝，是白芷。

朱文公在《离骚》注解中说："兰、蕙这两种植物，《本草》中叙述极其详备。大概古代所谓的香草，必定其花片、叶片都带有香气，无论干燥、湿润，香气都不变，故而可以割取下来，作为佩饰。如今所谓的兰、蕙，其花片虽有香气，但叶子却无香气。其香气虽美，但性质柔弱，易于枯萎，不能割取为佩饰。"

按：本书第四卷所述都梁香一则中，对兰草、泽兰，已分辨审察。现在又重新整理各家言论，似乎庸赘，但希冀议论周备，自然不避其繁。

修制诸香

飞樟脑

取樟脑一两，放入两只杯盏中，将它们扣合起来，用湿纸将缝隙糊严，用文火与武火各烤制半个时辰之后取出，放凉待用。取樟脑，不拘多少，研细、筛过，切细，拌匀。取薄荷汁少许，洒在樟脑泥上，把两个干净的碗扣合起来。将樟脑泥放在碗里，用湿纸条封固碗沿的缝隙，将碗放到甑上蒸，樟脑全都飞到上面那只碗的底部，成为冰片。

取相等分量的樟脑、石灰，研磨成极细的粉末，选用没有沾过油的铫子贮藏这种粉末，用瓷盘将铫子口盖好，四周用纸封固，使之密不透气。下面用木炭生旺火加热，过一会儿拿出来打开，樟脑就已经飞到了盘盖上，用鸡毛扫下来称重，再将它与不同重量的石灰混合，如同前法烧制，约有六七次，到第七次，可以使用慢火加热一天，最后从盘盖上扫下樟脑。

将樟脑铺在杉木制成的盒子里，用乳汁浸泡两天，封严盒口，不让它透气，在地上挖四五尺深的洞，将盒子窖藏一个月，樟脑即熟。但不能入药。

将樟脑一两、滑石二两一同研碎，放入新铫子内，用文火与武火加热。铫口用一件瓷器盖住，樟脑自然飞到盖上，巧夺真味。《是斋售用录》

笃耨制

制笃耨时，选用白黑相杂的，装在酒盏中，放到饭甑上蒸制，白色的浮在面上，黑色的沉在下面。《琐碎录》

香樟

香樟，亦称芳樟，是江南四大名木之一。香樟为常绿大乔木，高可达30米，树冠广卵形；树皮黄褐色，有不规则纵裂。枝条圆柱形，淡褐色，无毛，全株各部都有樟脑香气。香樟生长于亚热带向阳山坡、谷地和河岸平地。香樟树的树干、叶子和果实可提炼樟脑和樟脑油。其木材防虫、耐腐，密度高、有香气，适合做各种家具。

◎制香方法

制香分为两个步骤，第一步是炼制香料，即将香原料炒、焙、蒸、煮，以去除烟气，使其松脆，便于研末。研末后再根据香的气味和需求配置香料。配好香料后便可进入第二阶段的制作了。第二步是制作成形，即将熬过的蜂蜜等作为附着剂，加入香粉中混合成可塑的混合香料，再根据需要，制作成不同形状的香。香制好后，密封加热使其干燥，即可使用。

□ 香的制备

早期的熏焚香料，多直接采用切割成小块的香木。这种香木虽然焚烧方便，但烟气太重，且香味单一。后来，人们逐渐将香料经过蒸煮、炮制等工序的处理，使其与其他香料混合，以制作成形态和气息多样的香。

煮

煮香，一般是调整香料的药性，除去异味，使气味醇正。煮时，多用清水或加入香料浸煮。常用的甲香在制作时可用炭汁、泥水、好酒等煮。

炒

根据所需，选择清炒或料炒，火候控制上要根据具体香料，或炒至黄色，或炒至焦。名贵檀香的制作方法中，有一种就是将上好的檀香制成碎米颗粒大小，慢火炒至有紫色烟出，无腥气。

蒸

蒸香，是利用水蒸气或者通过隔水使香材由生变熟；根据需要可清蒸也可加入辅料，并可以此法调理药性，便于香材分类。

炙

制香时常需加入一些辅料，如蜜、梨汁、酒等，先将它们进行拌炒，再采用文火使辅料香味慢慢渗入主料中，以改变香材药性。这种制香方法即为炙。

炮

炮制，即香料在应用或制成合香之前，需要进行的一些必要的加工处理。炮与炒其实只是火候上的区别，炒、炙用文火，炮制则用武火急炒，或加入沙子、蒲黄粉等一起拌炒。

烘焙

烘焙的目的是使香料干燥，一般将香材放入瓦器类的容器内进行加热干燥。

水飞

水飞，即将粉碎后的香料加入水进行研磨，使香末飞入水中。待浆液沉淀后，将其晒干研细备用。用此法磨制的香极为细腻。

□ 香的修制

香料经过蒸、煮、炒、炙、烘焙等工艺后，其气味更加醇正，烟气更小。将处理过的香料捣碎，和上炼过的蜂蜜及其他香料，放入不同形态的模具中，便可以制作成各种形态的香。

炼蜜

炼蜜，即以蜂蜜（白砂蜜）为原料，用火炼制。将蜂蜜倒入瓷罐内，用油纸密封好罐口，在大锅内隔水蒸煮至沸腾。沸腾后将瓷罐放至炭火上，用文火煨制，使其沸腾数次，待水汽去尽即可。炼蜜程度以"滴水成珠"为度，即将炼好的蜜放入冷水中可成"珠"。

煅炭

煅，即火盛之意。修制香品所用的炭，用热火熏制，然后放入密封容器内进行冷却。冷却的目的，是为了除去炭中的木质和其他杂秽之物。

爀香

爀香，即炒香，制作时需用文火，慢慢将香料中的水汽和其他杂气去除。不可用旺火，否则会使香品杂有焦气。

合香

合香，即将各种香料经过特殊处理混合为一体，形成一种新的香品。制作合香时，要注意各种香料的特点，加以调和，切忌无章法地乱调和，否则会产生香味繁杂、被掩盖的情况。

捣 香

香材大小不一，应用时，根据需要制成适宜的大小。很多香料都要使用捣棒捣碎，使形态均匀，若太细则气息不绵长，若太粗则气息不柔和。某些香品，诸如水麝、波律等，须用单独器具研磨。

收 香

收藏香品时要根据各种香料的属性特点来选择容器。容器既要符合香品特点，又要便于时时开合，方便查看香品情况。

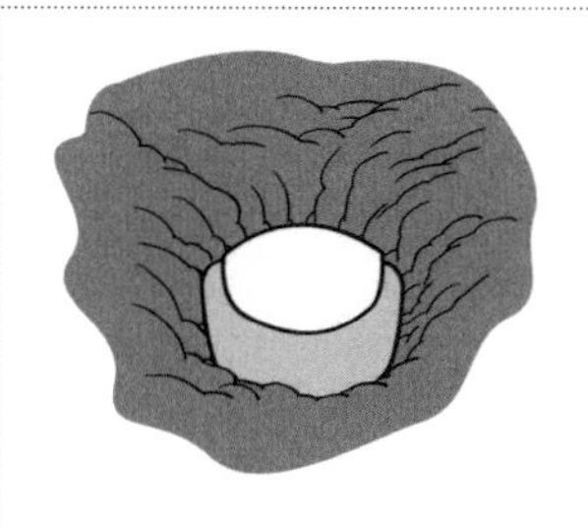

窨 香

将制作好的香料放入干净干燥的容器内，用蜡纸密封。在净处，开掘三五寸深的地穴，将容器放入其中，一月后取出。窨制的香可使诸香品性融合，气息芬芳。

乳香制

制乳香，通常用指甲、灯草、糯米之类与之一同研碎。在钵中加入水浸泡香料，研磨起来很费力。只有将香料用纸包裹起来，在墙缝中放置一段时间后，取出来再研磨，才能粉碎。

还有一种制法就是：在乳钵下加水轻轻研磨，制成粉末；或者用纸裹好，在火上略略烘过，很容易就研磨成粉末。《琐碎录》

麝 香

研磨麝香时，只须加入少许的水，就能自然研成细末，不必筛制。此香在制作合香时不宜多用；在供奉神佛时则不能使用。

龙 脑

龙脑，必须用单独的器皿研成细末。配制香品时，不可多用。若使用过多，则会掩盖其他香料的香气。《沈谱》

檀香制

必须拣取真品檀香，研磨成米粒般大小的细末，用慢火炒制，直至冒出紫色的烟气，腥气消失即可。

或取用紫檀一斤，剖成薄片，放到两升好酒中，用慢火煮干，略经炒制。

或将檀香劈制成小片，用腊茶（茶的一种）浸泡一夜，捞出来，控水，烘干。将其与蜜酒一同搅拌均匀，再浸在慢火中煨干。

或将研细的檀香末与一升水、半斤白蜜一同加入锅中，煮沸几十次，控水，烘干。

或把檀香剖成薄片，加入蜂蜜搅拌，用干净的器皿炒制，如果炒干了，再加入蜂蜜，不停地用手搅动，不能炒焦或炒制成黑褐色。《沈谱》

沉香制

将沉香研细，用绢袋盛放，悬挂在铫子当中，不能接触到铫子底，再将其全部浸在蜜水中，用慢火煮熬一天，中途水若煮干，可续水。今人多使用生沉香。

藿香制

大凡藿香、甘草、零陵之类香料，必须拣去枝梗、杂草，暴晒，使之干燥，揉碎成粉，扬去尘土。不要用水煎制，否则会损耗香气。

茅香制

须拣上好的茅香品种，研细后，用酒、蜜滋润一夜，炒至色黄、干燥。

甲香制

甲香，像龙耳者为上品，略小者次之。取一二两甲香，先将其泡在一碗炭汁中煮干，再用沉香煮制，继而加入一杯好酒，煮干，再加入半匙蜂蜜，炒至金黄色。

或用黄泥水煮甲香，使之呈透明状，将其剖成片状，洗净、烘干。

或用炭灰将甲香煮两天，洗净之后，放入蜂蜜水中煮干。

或将甲香用淘米水浸泡三夜后，煎煮出红色的沫子，不断使之沸腾，以水清为度，加入一杯好酒，经过长时间的煎制，再取出来，用火炮制成红色。然后将一盏好酒泼在地上，把甲香放在酒泼过的地上，用盆子盖上，一夜之后，就可以取出来使用了。

或将甲香与浆水泥混合，一同浸泡，三天后取出。待它干了以后，刷去泥，再加入一碗浆水，煮干后加入一杯好酒，再煮干。最后放在银器中，炒至色黄。

或将甲香煮去膜，放入好酒中，煮干。

或将甲香磨去渣滓，调入胡麻膏煎熬，使其呈纯黄色，用蜜汁洗净。加入香品中时，宜少用。

用 香

焚 香

焚香，必须在深幽的房室之内，用矮桌放置香炉，使之与人的膝盖持平。在火上设置银叶（银箔）或者云母片，制造成盘形，用来盛放香品，使之不与火直接接触。香气自然舒缓，没有烟之燥气。《香史》

熏 香

若用香熏染衣服，必先将热水放置在熏笼下面，再把衣服覆盖其上，使衣服沾上湿润之气，然后取掉热水，用香炉焚香。熏染结束后，叠好衣服，放入竹制小箱之中，隔天穿上，余香数日不散。《洪谱》

◎隔火熏香的诸香具与流程图示

宋代以后，通过隔片炙烤香品而不产生烟气的“隔火熏香”代替了直接“烧香”之法。虽然“熏”香不如“烧”香来得简单，但其香气释放得更加舒缓，香味更为醇和宜人，且能增添更多情趣，深得文人雅士的青睐。

隔火熏香比直接焚香需要更多的器具，熏香前，应准备好香品、香炉、香炭、香铲、隔火片、炉灰、香箸等。

□香具

香具是使用香品时所需要的一些器皿用具，又称香器。早期的香具一般较为单一，仅有香炉、箸瓶、香匙等。随着焚香的发展，特别是无烟的熏焚方式——隔火熏香出现后，香具也随之增多，出现了与之配套的更为复杂的香具，如烧炭盘、香箸、羽尘、隔片等。

香炉

选择香炉时要大小适宜，以好握、香气集中、不烫手为原则。

香罐

香罐即储存香品的罐子，最好不要把不同种类和香味的香料放在一起，应分别储存。

香筒

香筒即置放香夹、香匙、香铲、羽尘的筒子。

银叶罐

银叶罐用于储放隔片。

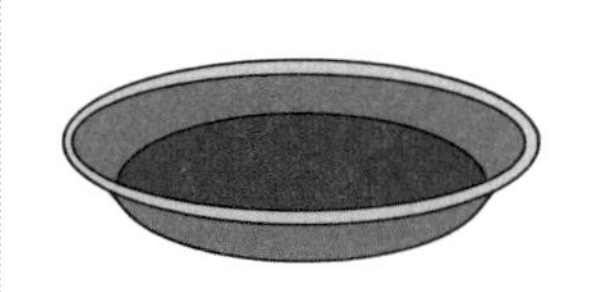

烧炭盘

烧炭盘是放香炭或烧香炭时专用的盘子。

香炭

香炭即专门为品香设计的木炭，以无味、无烟、闷烧时间长者为佳。

香 灰

香灰即专用的品香香灰，用以保温香炭又不会影响品香时的香味。

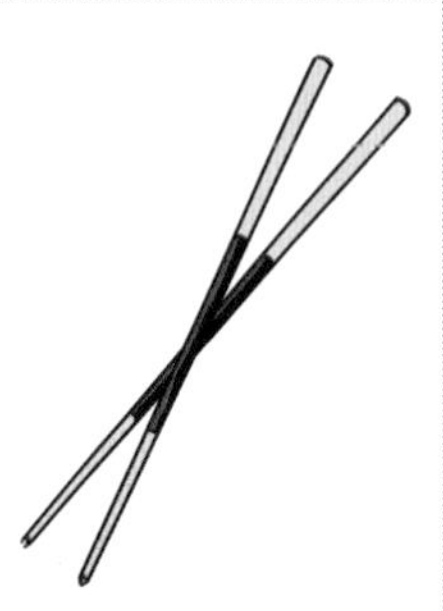

香 箸

香箸用于夹取香炭或香料。

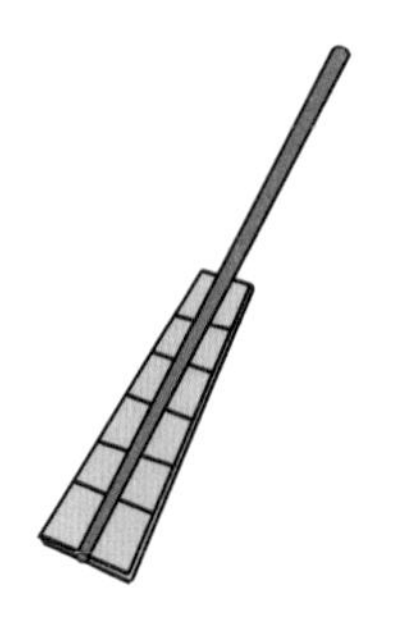

香 铲

香铲可用于捣香灰，整理、清扫香灰。

羽 尘

要品香时，用羽尘将香炉沾有香灰的炉壁清理干净。

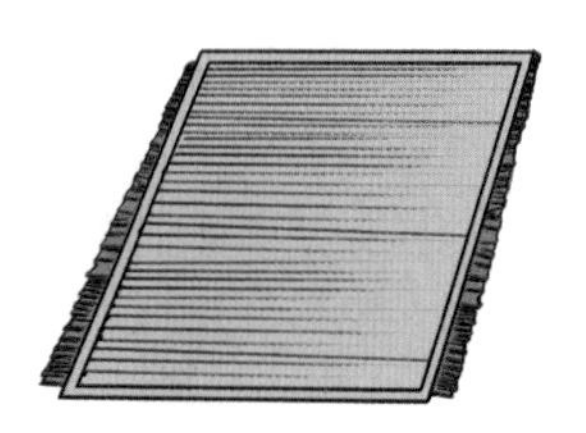

香 席

香席即置放品香用具的垫子。

香 匙

香匙的功能与香铲类似，用于盛取品香时所用香料。

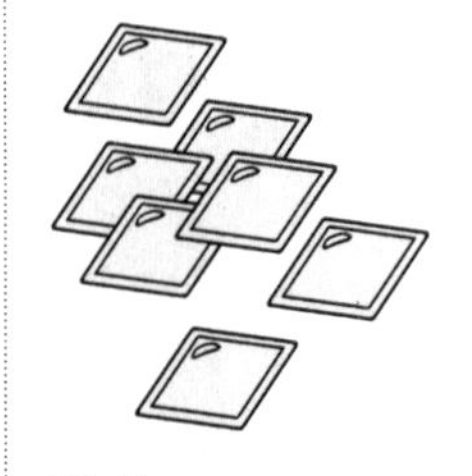

隔 片

隔片即用以隔开香灰与香品的薄片，其主要用于保持隔面恒温，且不让香炭味或香灰味影响品香。

□ 隔火熏香流程

品香，最好的方式是焚香，这样不仅可以自己选择香种，并可控制其香味的浓淡。要让香丸、香饼发香，需借助炭火之力。而焚香又并不是把香丸、香饼直接加以焚烧。古人追求焚香意境时，尽量减少烟气，让香味低回而悠长。因此，香炉中的炭火要尽量燃得慢，火势要低微而久久不灭。为此，人们发明了更为复杂的焚香方式，大致的程序是：把特制的小块炭墼烧透，放在香炉中，然后用特制的细香灰把炭墼填埋起来。再在香灰中戳些孔眼，以便炭墼能够接触到氧气，不至于因缺氧而熄灭。在香灰上放上瓷、云母、金钱、银叶、砂片等薄而硬的隔片，再将香丸、香饼放在这隔片上，借着灰下炭墼的微火烤焙，将芳香缓缓挥发出来。

烧 炭

点燃木炭（炭块或炭球），待其烧透，即变至通红而无明火。这样品香时就没有炭味的干扰了。最好准备一个金属的网状器具，把木炭放在网上会燃烧得更均匀。

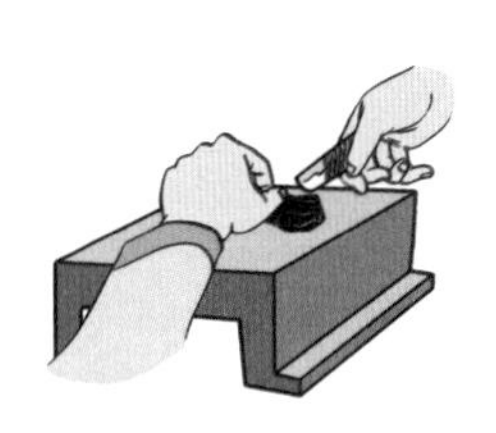

制备香品

熏烧的香应选择天然香料制作的优质香品，可以是合香，也可以是原态香材。香品的体积不宜过大，最好是将香品分割为薄片、小块、粉末等状。

制备香灰

在香炉内放入充足的香灰，先用香铲使香灰均匀、疏松，再将表面轻轻抚平，然后用香匙于炉灰中心慢慢探出一个较深的孔洞作为炭孔。

入 炭

用香箸将烧透的炭夹入炭孔中，再用香灰盖上，抹平。香灰表面可以是平整的，也可以堆成山形。再用香箸较细的一端在香灰中“扎”出一个气孔，通达木炭，以利于木炭的燃烧；木炭不宜完全埋入香灰，而应微微露出。

可以借助香灰控制木炭的燃烧速度。木炭埋入香灰的深度视香品的特点而定，木炭温度若高，就可以埋得浅一些，反之则可以深些。

放置隔片

在气孔开口处放上薄隔片（隔片可用云母片、银箔、金属片等），将香品放在隔片上。

置 香

用香箸将香品置于隔片之上。若出烟，可以稍等，待其无烟时才开始品香；或是将香灰加厚一点，即可减少烟气。

清 炉

用羽尘将香炉周围沾有香灰的地方轻轻扫干净，避免品香时，手上沾到香灰。

品 香

若是小香炉，可以一手持炉底托起香炉，一手轻罩以聚集香气，然后靠近香炉缓缓吸气品香。应注意呼气时不宜正对香炉，可将头转向一侧换气。

修制器材

香炉

香炉不论金、银、铜、玉、锡、瓦、石所制，各取其便，拿来使用。有做成狻猊、獬（古代传说中的异兽）、象、凫鸭等各种形象的，全凭使用者的喜好来制作。炉顶最好开有窟窿，可以泄出炉火之气。开设的孔窍不宜过多，才能使香气在炉内回环往复，绵长耐久。

香盛

盛，就是盒子。盛香之物的选择，与香炉差不多，只要不生枯燥之气即可。同时不能使用生铜器皿，因其易生腥渍之气。

香盘

选用中部较深的盘子，倒入沸腾的热水，使之密实，然后放在炉上，使香容易附着。

香匕

用于平放在火上烤炙香品的匕子，必须选用圆形的；用于将各种香料切成细末的匕子，则必须选用尖锐的。

香箸

制作合香时，宜用筷子取用香料。

香壶

香壶，或用金属浇铸，或用陶土烧制，用来收藏香匕、香箸。

香罂

窖藏香品时使用，中间较深，上面有盖。

香范

用木材雕刻而成，装入香尘，压印成为字型、花样，在宴席或佛像前燃烧，往往有径围达二三尺的。

以上为颜氏《香史》所载。当时，所用器具还很简陋，像我朝所用宣德炉、敞盒、矮箸等器物，精妙绝伦，可惜不能让云龛居士赏鉴了。

古人在茶中添入香料，印制成龙凤团。又将香炉制成狻猊、凫鸭等形状，使香气从兽口中溢出。古今对器具的取舍，都像这样，各不相同。

香炉

香炉之名，始见于《周礼·天官冢宰》，宫人寝室之中，供有炉炭。

博山香炉

汉朝旧例，诸王出阁，赐予博山香炉。

《汉武帝内传》中记载有博山香炉，是西王母赠送给武帝的。《事物纪原》

皇太子的服色器用中，有一种铜博山香炉。《晋东宫旧事》

又

泰元二十二年，皇太子纳王氏为妃，赏赐其银涂博山连盘三升、香炉两尊。《晋东宫旧事》

香炉形状如海中博山之形，下面有盘，用来贮汤，以湿润空气，蒸发香味，犹如海中云气回环。这种器皿世上有很多，其形制、大小不一。《考古图》

古器的款识，必有其取义。“炉盖如山”，指香气从盖中吐出，宛如山中雾气飞腾盘桓，呈现出群山大海的影像。

九层博山炉

长安的巧工丁缓，制造九层博山香炉，镂刻成奇禽怪兽的形状，形态逼真自然，充满灵异之感。《西京杂记》

被中香炉

长安的巧工丁缓所制作的被中香炉，又叫卧褥香炉。此炉原本出自防风国，制作方法后来失传。到了丁缓时，才重新制造。炉中设有机环，转运四周，炉体保持水平，可放置在被褥中，故而得名。《西京杂记》

鹊尾香炉

《法苑珠林》中说，有柄的可以用手执的香炉，名为鹊尾炉。

又

宋玉贤，山阴人，虽为女流，但志向高远。到了要出嫁的年纪，按照家中安排，将嫁给表兄许某。这天，她悄悄准备好法服，登车出嫁。到了夫家，快要行交拜之礼时，她却更换上黄巾裙，手执鹊尾香炉，不行为妇之礼，宾客骇愕。夫家因不能使其屈服，便放她回去出家。梁大同初年，她曾隐居于弱溪一带。

又

吴兴人费崇先，少年时信奉佛法，每次听讲经文时，都将鹊尾香炉置于膝前。《王琰冥祥记》

又

陶弘景有金鹊尾香炉。

麒麟炉

晋代仪礼规定，每逢大型朝会，都要用金镀九天麒麟大炉镇服官道台阶，即唐代薛能诗中说的“兽坐金床吐碧烟”。

天降瑞炉

贞阳观有一尊天降炉，从天而降，高约三尺，炉下有托盘，盘内有一枝莲花，十二片叶子，叶子上隐隐现出十二生肖形态。炉盖上有一位仙人，头戴远游冠，身披紫霞衣，形容端庄，左手托腮，右手垂膝，坐在一块小石头上，石头上有花、竹、流水、松、桧等形状。此炉雕刻奇古，非人力所能为，神异之处甚多。南平王曾取去，后来又归还回来。又称瑞炉。

金银铜香炉

御用之物有三十种，其中有纯金香炉一座，下面自带托盘。贵人、公主有纯银香炉四座，皇太子有纯银香炉四座，西园贵人有铜香炉三十座。《魏武上杂物疏》

梦天帝手执香炉

陶弘景，字通明，丹阳秣陵人，其父陶贞，为孝昌令。弘景的母亲郝氏，先是梦见天人手执香炉来到她家，之后便有了身孕。

香炉堕地

侯景篡位，其床东边的香炉无缘无故掉到地上。他疑惑地说：“这东厢的香炉怎么忽然下来了？”侯景称东西南北皆为“厢”。人们议论说，这是湘东王军队沿江而下的征兆。《梁书》

◎香炉的诸纹饰与形制

先秦焚香祭祀之俗，为道教斋醮科仪所继承，香炉也随之成为道教法器。佛教东传到中国，很快融入汉文明，中国的香炉，又随之进入佛教的殿堂。魏晋时，人们以老庄解释佛教，东晋以后，佛学又与玄学趋于合流，禅宗的肇始，各地造佛修寺蔚然成风，作为祭祀礼器的香炉已被普遍使用。历代香炉的款式很多，大、小、方、圆、长、短不一；质料也有铜、铁、锡、石、陶瓷之别，身价亦不同；刻着不同的花纹和文字，以示用途各不相同。

弦 纹

炉外壁上饰有数条绕炉身一周的凸出的平行线，有的将线条分组排列，如“九元三极炉”中将九条线分为三组。

植物纹

在炉身、顶盖或全身饰莲花、牡丹、桃花等纹饰。

文字纹

炉壁装饰有文字符号，少则数字，多则数十字。有梵文、阿拉伯文、满文、藏文、汉文；有诗词，有篆字“福”“寿”等。

几何纹

炉身通过镂空、浮雕等技法装饰成三角、圆等几何形图案。

乳钉纹

乳钉纹形如突起的乳突，多排列成带状列于炉沿。

动物纹

在炉身和炉盖装饰龙、凤、麒麟、蝙蝠等带有祥瑞寓意的动物图案。

□ 香炉纹饰

新石器时代的香炉，多为素面。到夏商周，香炉上逐渐出现了与青铜礼器上类似的花纹。魏晋至宋代以前，香炉的装饰纹样增多，除了写实的动植物纹外，还有简洁的几何形图案。到了宋代，随着香炉成为文人们独特的审美和把玩对象，其装饰纹样也变得古雅起来，仿古的篆文、乳钉、弦纹等逐渐增多。明清两代，随着商品经济的发展，为了适应不同人的需求，香炉的装饰纹样种类日渐繁多，有的富丽堂皇，有的古朴大方，有的纤巧精致。

鼎式炉

模仿青铜鼎的形制，有圆形和方形。圆形为三刀形足，方形为四柱形足，足均较高。两立耳多直立或弯曲向上；多无盖，偶有有盖者，盖上有钮。

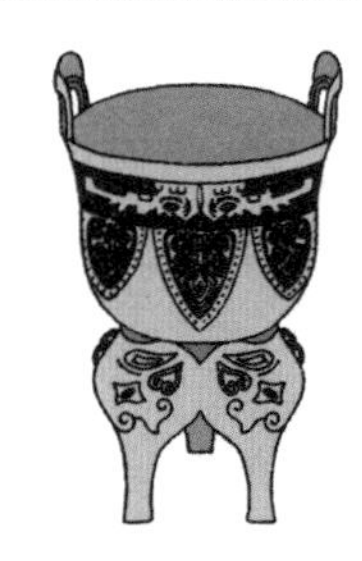

甗式炉

形似铜蒸具甗。敞口，口沿两侧有两立耳，腹为直腹或鼓腹，下有鬲式腹，有三柱形足。

琮 炉

炉身似琮的香炉。圆口，肩、腹为正方体或长方体，足为圈足或拟形足。

拟形炉

模拟动、植物造型，如莲花、海棠、鹤、鸭、狻猊、麒麟、象等，设计精巧，香烟可从口中冒出。

奁式炉

形如女性化妆容器。敞口，或方或圆；腹部较平；圆奁为三足或圈足，方奁为四足。

卧 炉

略似方炉。形如略扁的正方体或长方体，形制较扁，有戈足，多用于燃烧线形香。

手 炉

外形呈圆、方、六角、花瓣等形，盖顶镂空。形制较小，可随身携带，供取暖。

印香炉

器形多样，浅腹，炉面平展开阔，用于焚烧篆香。

□ 香炉形制

香炉材质考究、工艺精美、炉型繁多。炉形依照制式大体可分为：鼎式炉、拟形炉、卧式炉、印香炉、琮炉、鬲式炉、簋式炉、花式炉、筒形炉、钵式炉、柄炉、方炉和香兽炉等。从夏商周青铜制作的鼎以祭天，至汉朝有据可依的七宝“博山炉”，再到明朝的“宣德炉”，香炉用料之考究，做工之精细，无不彰显出中国工艺水平的卓越超群。

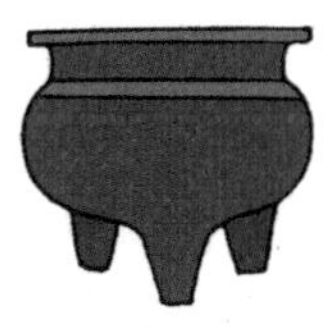

鬲式炉

形如青铜鬲。口为圆形，高束颈，有三足，足从腹上中部开始，渐呈弧形收缩。

簋式炉

形似铜簋。大口，腹部微鼓，略大于口。侧边有一对较大的竖形耳，有圈形足。

彝 炉

与簋式炉相近。一般彝炉较簋式炉低，口较小，腹更鼓。

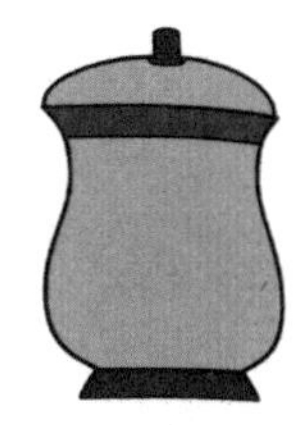

觯式炉

形如青铜酒器觯。圆腹，敞口，下腹部鼓出。圈形足，大多数有盖。

豆式炉

形如铜豆。上半部呈盘状，有深有浅；中为束腰炉柄；下为圈形足；早期无盖，后渐有盖。

觯高足杯炉

形如高足杯。直腹，下收，深腹，中下部为束腰炉柄，圈足。

乳 炉

整体较扁，口沿有立耳一对。腹部较鼓，与腹相连的乳足为弧形。

压经炉

器形较扁，削肩，鼓腹，腹部有两耳，耳上各有一圆环，足有高低，常配莲花座。

洗式炉

形如盛水器。敞口，腹部较浅，分为敛腹、直腹和斜腹，有立足或圈足。

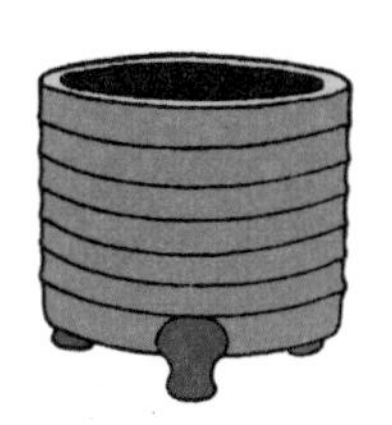

筒式炉

圆口，腹部平直如圆筒，多为三矮足。

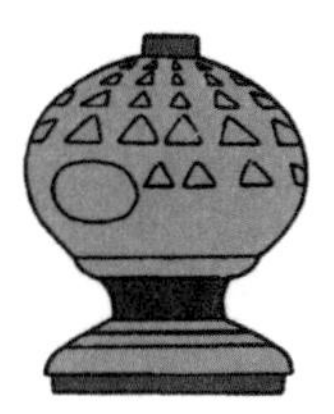

敦式炉

形如铜敦。上半部加上半球形的盖，轮廓呈球形，圆腹，束腰，有圈形足。

盉式炉

敞口，敛腹，有耳或无耳。多为道家所用。

钵式炉

形如佛家的钵盂。多为敛口，阔肩收腹，无足。

瓿式炉

口略小，短颈，宽肩略斜，圈形足。

鼓式炉

形如鼓。圆口圆底，口径与底径相同，鼓腹，口沿与底沿饰有乳钉纹，三足或圈形足。

博山炉

炉体呈青铜器中的豆形，上有盖，盖高而尖，镂空，呈山形，层层重叠，雕有飞禽走兽，象征传说中的海上仙山。

塔式炉

模拟藏传佛教“覆钵顶”佛塔造型，炉体分为上、下两部分。上部分为圆锥式罩，炉罩上部有屋顶式盖；下部分为炉身，炉腹或平或鼓，多为五足。

柄 炉

柄炉，亦称香斗。带有较长的握柄，另一端有一小型香炉，形制多样。

折沿炉

敞口，口沿折出、平展。腹部较口沿小，偶有纹饰，足为圈足或覆莲形。

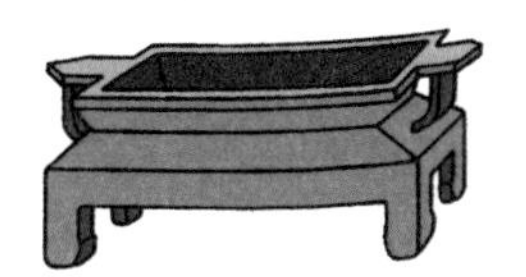

台几炉

形如台几。方形口，口沿或折出，足为类似台几腿的四足。

方 炉

形如略扁的正方体或长方体。方口直腹，四角有矮足，腹部有耳一对。

扁 炉

口圆，浅腹直壁，形制较矮扁，圈足或腿足，腹部有立耳。

竹根炉

竹根炉，又称竹节炉。模拟竹节而制，外形似筒式炉，口、腹等径，圈足或乳足。

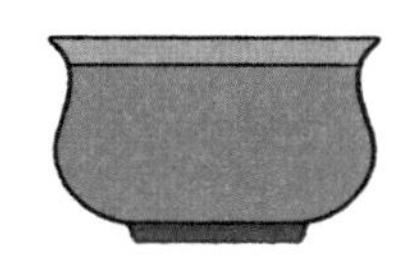

盂式炉

敞口，口径等于或略小于腹径，形体较扁。

朝天耳

朝天耳，又称“冲天耳”。半圆或方形的双耳立于炉口沿上，有敬天之意。

夔龙耳

双耳被塑造成夔龙形，或龙首向内，龙吻部接炉壁；或口含炉沿；或龙首向外，龙口吐出弧形握把。

鱼 耳

鱼耳，又称“双鱼耳”。因耳垂处分叉似鱼尾而得名。

索 耳

索耳，又称“绳耳”。双耳做成扭状的绳子样，多立于炉口沿上。

桥 耳

桥耳，又称“丹眼耳”。双耳做成带有弧度的桥形，立于炉口沿。

朝冠耳

位于炉肩，向上翘起，如乌纱帽方翅。

戟 耳

因形如兵器“戟”而得名，线条或硬直或柔和。

兽首耳

雕刻有凸起的狮、虎、象、豸、凤鸟等兽首形，有的口有衔环。

吞口耳

呈鸟兽状，在炉口上昂身低头，以口衔炉口。

蚰龙耳

蚰龙耳，又称“蚰耳”。因耳曲线似蜗牛而得名，多位于炉颈至肩。

连环耳

环耳上有圆环，呈连环状而得名。

雁翎耳

形如展开的雁翅。

□ 香炉耳

香炉耳原本主要为了提取或搬移之用，小型香炉的耳则基本上是作为装饰而用。但人们后来发现，无论是大、小香炉，装上双耳后会更加美观，于是才发展出各种美观的炉耳。

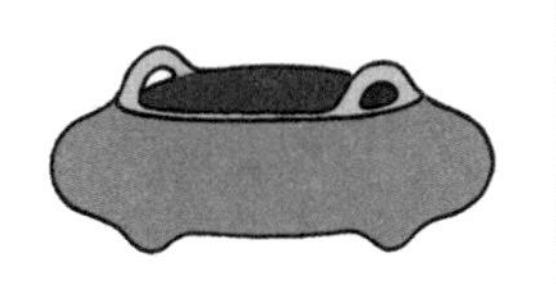

乳足炉

上圆下尖，如乳突，略有肥短和瘦长变化。一般较短，很少有超过一厘米的。

柱足炉

炉足为圆柱体，有较小的粗细变化，偶有方形柱。

圈足炉

因足与器物一体，呈圆圈形而得名。

蹄形炉

炉足类似牛、羊、象等动物的腿和蹄，一般较为粗短。

兽足炉

炉足雕刻成夔龙、象、虎、牛等动物的造型。

锥足炉

因足由上到下逐渐变细，形如锥而得名。

□ 香炉足型

香炉的足形受青铜器影响较大，几乎所有的类型都可以在夏商周青铜器上找到原型。从宋代开始，制作香炉的工匠受日常生活器具的影响，在原有足形上略加改造，形成了更加多样的种类。如仿照桌凳腿而将柱足改为方形等。

□ 博山炉图解

博山炉，又名博山香炉、博山香薰、博山薰炉，是中国汉、晋时期常见的焚香器具。其材质多为青铜和陶瓷。炉体如青铜器中的豆形，上有盖，盖高而尖，镂空，呈山形，山形重叠，雕有飞禽走兽，象征传说中的海上仙山——博山而得名。博山炉下有底座，有的通体饰云气花纹，有的鎏金或金银错。当炉腹内燃烧香料时，烟气从镂空的山形中散出，有如仙气缭绕，给人以身临仙境的感觉。博山炉是西汉时期常用的熏香器具，可用来熏衣、熏被以除臭、辟秽。博山炉初为铜质素面，后随工艺技术的发展，外表施以鎏金，或错金、银。

博山炉出现在西汉时期，与燃香原料和人们的生活方式有关。西汉之前，人们使用茅香，即将薰香草或蕙草放置在豆式香炉中直接点燃，虽然香气馥郁，但烟火气很大。武帝时，南海地区的龙脑香、苏合香传入中土，并将香料制成香球或香饼，下置炭火，用炭火的高温将这些树脂类的香料徐徐燃起，香味浓厚，烟火气又不大，因此出现了形态各异、巧夺天工的博山炉。

博山炉在汉代上流社会十分流行。据载，汉宣帝时的博山炉上还刻有刘向作的铭文：“嘉此正器，崭岩若山；上贯太华，承以铜盘；中有兰绮，朱火青烟。”据《西京杂记》记载，汉成帝时，长安的著名工匠丁缓，曾制作极为精巧的九层博山炉，镂以奇禽异兽，“穷诸灵异，皆自然运动”。

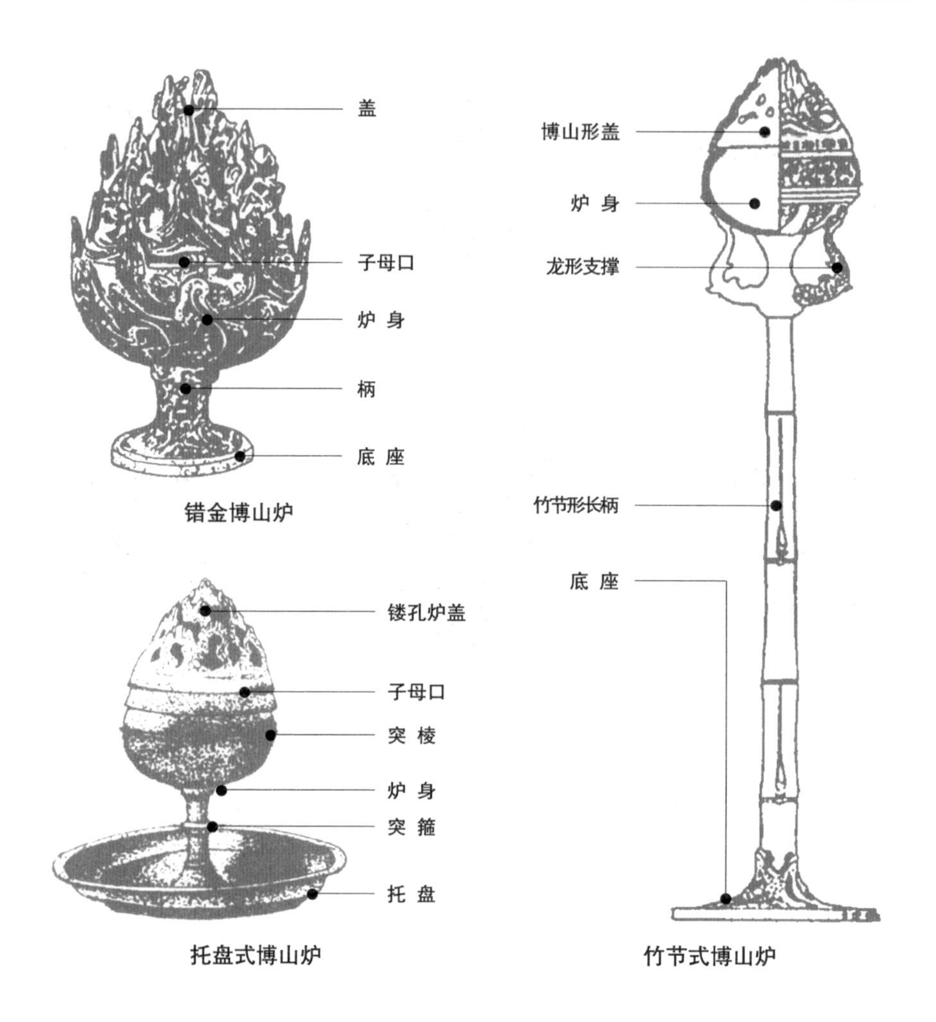

错金博山炉

托盘式博山炉

竹节式博山炉

汉魏后，这种炉盖高耸如山的博山炉逐渐演变成香炉的一个固定类型。以后世代都有仿制，并各有变化，留下了各式各样的博山炉，但皆不及汉代博山炉的艺术水平。汉代博山炉与明代的博山炉，是我国香炉发展史上的顶峰。由于时间久远，流传至今的汉代精品博山炉非常少，少数发掘出来的已藏于博物馆，并成为镇馆之宝，市面上非常罕见。如果说明代的宣德炉价值连城的话，那么，汉代的博山炉就是无价之宝。

从出土的汉代博山炉看，器形大致可分为三种：第一种炉身较短，下部的炉柄较炉身长，多制成竹节状，在炉柄和炉身相接处，有从炉柄伸出，连于炉身下部的支撑，炉的浮雕较浅。第二种略显粗壮，整体浑厚。炉柄较炉身短且粗壮，炉盖浮雕较高，呈峰峦起伏的山形，山上还饰有鸟兽。第三种炉体较短，炉身、炉柄均不长，炉盖的浮雕亦浅，只有轮廓，将原来的炉座改为有折沿的托盘。

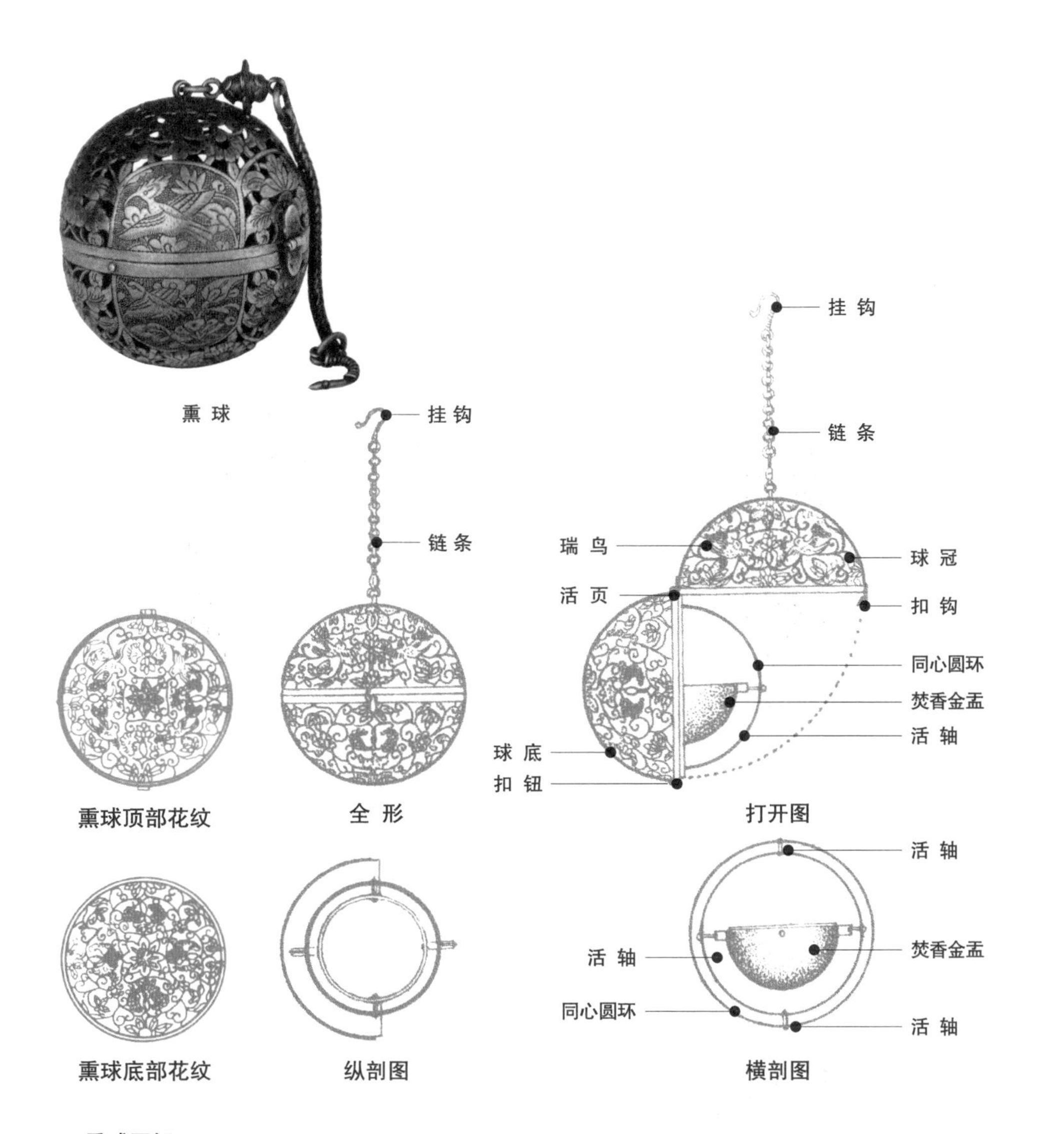

□ **熏球图解**

熏球，又称香熏球、卧褥香炉、被中香炉。是古代用来熏香衣被的奇巧器具，多见于唐代。它由两个半球相扣合而成。两个半球作子母扣合拢，一侧用合页固定，另一侧安有钩链，以备开合。通体纹饰镂空，以便香味溢出。上半球的顶部连接有一条挂链，下半球内有大小不同的两个同心圆环和一个金质半圆球(香盂)。熏球内部装置极为巧妙，符合物理机械功能，因装置的两个环形活轴的小盂，重心在下，小盂与内同心环活轴铆接相连，内同心环错90度与外同心环活轴铆接相连，外同心环也是错90度与下半球壁口活轴铆接相连。这样无论熏球如何转动，都只是两个环形活轴随之转动，小盂则能始终保持水平状态，使盛放其中的点燃的香料，不致燃烧衣被。在唐代贵族生活中，已经普遍使用银熏球。《西京杂记》（卷上）记载：“长安巧工丁缓者，为常满灯……又作卧褥香炉，一名被中香炉。本出房风，共法后绝，至缓始复为之。为机环转运四周，而炉体常平，可置之被褥，故以为名。”陕西扶风法门寺塔下地宫出土的金银器中有一件鎏金双蜂团花镂空银熏球，直径12.8厘米，是迄今国内发现的最大者，上饰十朵双蜂团花纹。

◎历代香炉图示

中国香炉文化历史悠久，从源于古器“鼎”的香炉形制到汉代的博山炉，晋代的越窑青釉炉，南北朝的青、白瓷香炉，再到唐三彩香炉等，各个朝代的香炉都具有时代特色。宋代以复古类香炉最有特色；元代香炉具宋代遗风，数量、种类繁多，以小型为主；明代的香炉以青铜与瓷质为多，宣德时期的香炉最为有名；清代香炉在材质、技艺上更为讲究，成为文人雅士不可缺少的器用之一。

汉代博山炉

汉代香炉以博山炉为代表，常见的为青铜器和陶瓷器。炉体呈青铜器中的豆形，上有盖，盖高而尖，镂空，呈山形，山形重叠，其间雕有飞禽走兽，象征传说中的海上仙山——博山而得名。有人认为“香炉之制始于此”。

魏晋青瓷博山炉

魏晋时期的香炉，初期基本沿袭汉代的博山形香炉，材质上采用刚兴起的青瓷代替青铜。但这一时期的博山炉无论是形制还是纹样上都有异于前代的博山炉。图为晋代青瓷熏炉，炉身的形制虽然高耸，但已不成山形，炉口制成待放的莲花，炉身贴塑，有卷云纹等纹饰。

南北朝青瓷熏炉

南北朝时，出现了青、白两大系瓷器。这一时期的香炉也多由陶瓷所制，形制上也出现了除博山炉外的样式。图为东晋青瓷熏炉，釉质光亮，腹部扁球形，镂有三层熏孔，带半圆式提梁。

唐代三彩熏炉

唐代熏炉多为陶瓷，敷以三彩釉烧制。露胎为粉红色、黄绿褐彩绘组合，釉自然往下流淌。图为唐代三彩熏炉，通身饰有黄、绿、褐色彩釉，透雕炉盖，折沿、直腹、平底，炉脚较高，为兽形。

宋代青瓷刻花唐草纹香炉

宋代崇尚复古，重视旧礼器。因此这一时期的香炉多仿制先秦时期的青铜器、玉器和陶器，小型香炉则成为文人的把玩之物。宋代耀州窑香炉以釉色淡雅、工艺精巧而闻名。此炉釉色光亮，炉身、炉盖多处镂空或贴塑缠枝花纹。

元代青白釉饕餮纹双耳三足炉

元代香炉承袭宋代风尚，数量与品种繁多，以中、小型香炉为主。图中为景德镇窑青白釉饕餮纹双耳三足香炉，敞口束颈，腹呈鬲状，肩两侧贴塑，一对长方形立耳，通体施青白釉，胎质坚硬腻白，釉色滋润而不透明。

明代宣德海水纹炉

明代香炉大多数以青花瓷为主。宣德皇帝时，令宫廷御匠参照宋代名窑瓷器的款式及古籍制作出了著名的宣德炉。图中宣德海水纹炉胎体厚重，釉面莹润，通身饰以宣德青花中常见的海水纹。

明代龙泉窑青釉绳耳三足炉

图中为永乐年间仿古代青铜鬲造型的香炉，折沿，束颈，口沿有绳纹双耳。通体施青釉，釉下刻划三层纹饰：颈部为回纹，肩部饰卷草纹，三足分别刻折枝桃、柿子、石榴图案，纹饰刻划较随意。釉面饱满肥润，有密集的细小气泡。

清代五彩镂空夔纹香炉

清代，工艺成熟的粉彩、斗彩、釉下彩等皆用于香炉的制作。此为康熙五彩镂空夔纹香炉。炉分三节，每节各雕有六只夔龙，并施以彩绘。盖饰平顶，饰有云龙戏珠纹；炉身镂空，各夔龙之间，加饰五彩花卉边栏；下节胎体较厚，底部有三足。

清代翡翠香炉

明清赏玩之风的盛行，使香炉的制作和品鉴达到顶峰。康、雍、乾时期，香炉做工精细、用料讲究、器形多样，珐琅、青花、斗彩等工艺和珠玉宝石等材料都广泛运用于香炉制造。图为清代翡翠香炉，质地晶莹、造型优美、做工精巧。

覆炉示兆

齐代建武年间，明帝召诸王南康侍读。江泌因忧念府中王子子琳，于是拜访志公道人，询问其祸福。志公将香炉倒过来给他看，说："都没有了，一点儿也没剩下。"意即凶多吉少。子琳果然被害。《南史》

凿镂香炉

后赵执政大臣石虎在农历十一月使用复帐（古代一种华丽的夹帐子），四角安放上纯金银凿的镂雕香炉。《邺中记》

凫藻炉

冯小怜（北齐左道皇后）的脚炉名为辟邪，手炉名为凫藻，冬天片刻不离身，二炉皆因其装饰而得名。

瓦香炉

衡山芝冈有一座石室，其中有古人居住之处，里面有刀锯、铜铫及瓦香炉等物。《南岳记》

祠坐置香炉

一年四季之中，香炉为祠中坐侧常备之物。《祭法》

熏笼

（晋）太子纳妃，配以熏衣笼，这应当是秦汉的制度。《东宫旧事》

筮香炉

会稽卢氏遗失一物，吴泰筮卦后说："此物虽是金属，实际上呈现山形，有树非林，有孔非泉，阊阖风（西风）至，时发青烟，即博山香炉。"随后，吴泰说出了香炉所在的地方，卢氏前去访求，重新得回香炉。《集异记》

焚香之器

李后主与皇后周氏，一居长秋宫，一居柔仪殿。周后有专门主持香事的宫女，焚香所用器具，有把子莲、三云凤、折腰狮子、小三神、卍字金、凤口玉、太古容华鼎等数十种，皆由金、玉制成。

聚香鼎

成都市集之中，有聚香鼎。若许多香炉环绕在它面前焚香，则香烟皆聚入其中。《清波杂志》

百宝香炉

洛州昭成佛寺中，有安乐公主所造的百宝香炉，高达三尺。《朝野佥载》

迦业香炉

钱镇州的诗虽未脱离五代余韵，然而反复诵读，也自有娓娓可观之处。论者反复声称，不知宝子为何物。据我考证，宝子就是迦业香炉。典籍记载，天人黄琼说，迦业香炉顶上有九龙绕承金华，华内有金台宝子盛香，则可知宝子就是香炉，也可为此诗张本。但它圆如日月，哪里是汉代丁缓所制作的呢？《黄长睿集》

金炉口喷香烟

贞元年间，崔炜坠入一个巨穴中，穴中有条大白蛇，驮着他来到一间房内。室内有锦绣帏帐，帐前有金炉，炉上有蛟龙、鸾凤、龟蛇、孔雀之类，都张着嘴，喷出香烟，烟气芳芬。《太平广记》

龙文鼎

宋高宗宠幸张俊。张俊所进贡的御用之物有龙文鼎、商彝（泛指青铜礼器）、高足彝、商文彝等物。

肉香炉

齐赵人喜好用自己的身体供养佛祖，称两只手臂为肉灯台，顶心为肉香炉。《清异录》

香鼎

周公谨说："我去会见薛玄卿，他出示铜香鼎一尊，其两耳有三龙交蟠，旋转自如，里面有珠子，能转动，但不能取出。这应是上古之物，世间之宝。"

张受益收藏有两耳彝炉，炉下连着方座，四周皆有双牛纹饰，朱绿交错，花叶森然。（按：依其形制，不应当叫彝，应当是敦。还有一尊小鼎，内中有"※""⁂"等款纹，文理藻饰精美，呈青褐色。）

赵松雪有一尊方铜炉，四脚及两耳有饕餮（青铜器的纹饰，为古代传说中的神兽）头部的回文，内有东宫二字，款色为纯黑。博古图中无此鼎。还有圆铜鼎一尊，文理藻饰极佳，内有款题为"瞿父癸鼎蛟脚"。

还有金丝商嵌小鼎，原来是贾氏之物，纹理极为细致。《云烟过眼录》

季雁山见过一尊香炉，炉幕上有十二个孔，可依照时辰吐出香烟。

卷八·法和众妙香

宫中香四方

汉建宁宫中香

黄熟香四斤，香附子二斤，丁香皮五两，藿香叶四两，零陵香四两，檀香四两，白芷四两，茅香二斤，茴香二两，甘松半斤，乳香一两（单独研成细末），生结香四两，枣半斤（烘干）。（又有一种配方，须加入苏合油一两。）

将以上香料研成粉末，加入炼蜜，调和均匀，窖藏月余，取出，搓制成丸，或用印模压制成饼焚熏。

唐开元宫中香

沉香二两，切碎，用绢袋盛装，将绢袋悬挂在铫子当中，不能与铫底相接触，加入蜂蜜水浸泡，用慢火煮一日；檀香二两，用清茶浸泡一夜，炒炙，直至去除檀香气味；龙脑二钱，单另研磨；麝香二钱，甲香一钱，马牙硝一钱。

将以上香料研成细末，加入炼蜜，调和均匀，窖藏月余，取出，随即加入脑香、麝香，搓制成丸，用寻常方法焚熏。

宫中香（一）

檀香八两，切成小片，用腊茶浸泡一夜，取出，烘干，再用酒、蜜浸渍一夜，用慢火烧干；沉香三两，生结香四两，甲香一两；龙脑、麝香各半两，单独研成粉末。

将以上香料研成细末，加入生蜜，调和均匀，用瓷器盛放，窖藏一月，随即搓制成丸。

宫中香（二）

檀香十二两，切碎，与一斤水、半斤白蜜一同煮至五七十沸，捞出来控水、烘干；零陵香三两，藿香三两，甘松三两，茅香三两，生香四两，甲香三两，如法炮制；黄熟香五两，炼蜜一两，放入井水中浸渍一夜，烘干；龙脑、麝香各一钱。

将以上香料研成细末，加入炼蜜，调和均匀，用瓷器盛放，密封窖藏二十日，即可焚熏。

江南李王帐中香四方

方一

沉香一两，切成线香大小；苏合油，用不吸水的瓷器盛放。将香料投入油中，封浸百日，即可焚烧。加入蔷薇水，效果更佳。

又方一

沉香一两，切成线香大小；鹅梨一个，切碎取汁。

将以上原料用银器盛放，蒸煮三次，直到梨汁收干，即可焚烧。

又方二

沉香四两，檀香一两，麝香一两，龙脑半两，马牙香一分（研成细末）。将以上原料切细，不必过筛，用炼蜜搅拌调和，即可焚烧。

又方补遗

沉香粉末一两，檀香末一钱，鹅梨十个。鹅梨挖去梨核，制成瓮状，填入以上香料粉末，将鹅梨顶部盖好，蒸煮三次，削去梨皮，研细调和均匀，窖藏一段时间，即可焚烧。

五　方

宣和御制香

沉香七钱，切碎成麻豆大小；檀香三钱，切碎成麻豆大小，炒至黄色；金颜香二钱，单独研磨；背阴草（选用不靠近土壤的，如果没有，就用浮藻）、朱砂各二钱，飞细；龙脑一钱，单独研磨；麝香（单独研磨）、丁香各半钱；已制好的甲香一钱。

将以上原料用皂荚煮的水浸软，盛入一只定碗中，用慢火熬制，使之变得极软。调制香品时，在其中依次放入金颜香、龙脑和研磨成粉的麝香，调和均匀，用香脱印制，外面用朱砂包裹，放置在避风、避光之处窖藏，使之阴干，焚烧之法如常。

御炉香

沉香二两，切成小块，用绢袋盛装，将袋子悬挂在铫子当中，不能与铫底接触，加入一碗蜂蜜水浸泡，用慢火煮一日，水煮干了，再添加；檀香一两，切片，用腊茶浸泡一夜，稍稍烘干；甲香一两，已制；生梅花脑二钱，单独研磨；麝香一钱，单独研磨；马牙硝一钱。

将以上原料捣碎，筛取细末，用苏合油搅拌，调和均匀，用瓷盒盛放，窖藏一个多月，加入脑香、麝香，制成香饼，即可焚烧。

李次公香

栈香，不论多少，切制成米粒大小；脑香、麝香各少许。

将以上原料用酒、蜜一同调和，装入瓷器中，密封。隔水蒸煮一日，窖藏一月。焚烧之法如常。

赵清献公香

白檀香四两，切成碎片；乳香缠末半两，研细；玄参六两，用温水浸洗，慢火煮软，切成薄片，烘干。

将以上原料碾成细末，用熟蜜搅拌均匀，放入新瓷器中，封入地窖中储藏十日。焚香之法如常。

苏州王氏帐中香

檀香一两，直切成米豆大小，不能斜切，用清茶浸泡，茶水须没过香粒，一日后取出，阴干，用慢火炒至紫色；沉香二钱，直切成段；乳香一钱，单独研磨；龙脑（单独研磨）、麝香，各一字（中药计量单位，即一钱匕的四分之一量），单独研磨，用清茶化开。

将以上原料碾成细末，与六两净蜜一同浸渍，在清檀茶中加入半盏水，熬至百沸，重新称重，以与蜜的重量相等为准，放凉之后，加入木炭末三两，与脑香、麝香调和均匀，储藏在瓷器中，依照寻常的方法，封入地窖中，随即搓制成丸焚烧。

衙香十六方

唐化度寺衙香

沉香一两半，白檀香五两，苏合香一两，甲香一两（煮制），龙脑半两，麝香半两。

将以上香料切细，捣碎成末，用马尾筛过，加入炼蜜调和，制成香品，即可使用。

杨贵妃帏中衙香

沉香七两二钱，栈香五两，鸡舌香四两，檀香二两，麝香八钱（单独研磨），藿香六钱，零陵香四钱，甲香二钱（依法制过），龙脑香少许。

将以上原料捣碎，筛成细末，用炼蜜调和均匀，搓制成豆大的香丸焚烧。

花蕊夫人衙香

沉香三两，栈香三两，檀香一两，乳香一两；龙脑半钱，单独研磨，香品制成后，随即加入；甲香一两，如法炮制；麝香一钱，单独研磨，香品制成后，随即加入。

以上原料，除龙脑之外，其余一并捣成粉末。加入炭皮末、朴硝各一钱，用生蜜搅拌均匀，放入瓷盒中，隔水蒸煮十数沸（煎至的程度），取出。窖藏七日，制成香饼，即可焚烧。

雍文彻郎中衙香

沉香、檀香、甲香、栈香各一两，黄熟香一两半，龙脑、麝香各半两。

将以上原料捣碎，筛成细末。加入炼蜜搅拌，调和均匀，放入新瓷器之中，密封储藏在地下，一个月后取出使用。《香谱》

苏内翰贫衙香

白檀四两，切成薄片，用蜂蜜搅拌，放入干净的容器内炒制成干块，随即加入蜂蜜，不停搅拌至黑褐色，不能炒焦；乳香，五倍子大小，用生绢包裹，加入一钱好酒，一同煮制，直到酒还剩五七分时取出；麝香二分半。

以上原料中，先将檀香捣成粗末，然后将麝香研成细末，加入檀香，再加入木炭细末一两，用于上色。将以上料剂与初乳一同研磨，调和均匀，加入炼蜜，用瓷器密封储藏，放入地窖中埋藏一个月，即可使用。《沈谱》

钱塘僧日休衙香

紫檀四两，沉水香一两，滴乳香一两，麝香一钱。

将以上原料捣碎，筛制成细末，加入炼蜜搅拌，调和均匀，搓制成豆大的香丸，放入瓷器中，埋入地窖中久藏，即可焚烧。

金粟衙香

腊梅香一两；檀香一两，用腊茶煮至五七沸。将以上两种香料一并研成粉末。黄丹一两；乳香三钱；片脑一钱；麝香二分半，研碎；杉木炭五钱，制成炭末，称取；净蜜二两半。

将净蜜放入容器密封，隔水蒸煮、熬制，直至滴入水中能形成蜜珠，方可使用。将其与以上香末搅拌均匀，放入臼中，捣数百下，制成香剂，窖藏月余，分次焚烧。《香谱》

衙香一

沉香半两，白檀香半两，乳香半两，

青桂香半两，降真香半两，甲香半两（制过），龙脑香一钱（单独研磨），麝香一钱（单独研磨）。

将以上香料捣碎，筛成细末，加入炼蜜，搅拌均匀。依次放入龙脑、麝香，搅拌均匀，照寻常方法焚烧。

衙香二

黄熟香五两，沉香五两，栈香五两，檀香三两，藿香三两，零陵香三两，甘松二两，丁皮三两，丁香一两半，甲香三两（制过），乳香半两，硝石三分，龙脑三钱，麝香一两。

以上原料，除硝石、龙脑、乳香、麝香一同研成细末以外，将各种香捣碎过筛，制成散剂。取适量苏合香油和炼过的好蜜二斤，与香末调和均匀，储藏在陶土器皿之中，埋入地下一月有余，取出，焚烧使用。

衙香三

檀香五两，沉香四两，结香四两，藿香四两，零陵香四两，甘松四两，丁香皮一两，甲香二钱，茅香四两（烧制），脑香、麝香各五分。

将以上原料研成细末，加入炼蜜，调和均匀，依寻常方法焚烧。

衙香四

生结香三两，栈香三两，零陵香三两，甘松三两，藿香叶一两，丁香皮一两，甲香二两（已制），麝香一钱。

将以上原料研成粗末，将炼蜜放冷，与之搅拌，调和均匀，依照寻常方法窖藏后焚烧。

衙香五

檀香三两；玄参三两；甘松二两；乳香半斤，单独研磨；龙脑半两，单独研磨；麝香半两，单独研磨。

先将檀香、玄参切成细块，放入银器之中，加水浸泡，用火煎制。水干后，取出原料烘干，与甘松一同捣碎、筛成细末，再加入乳香末等原料，用生蜜调和均匀。放入地窖中久藏，方能焚烧。

衙香六

檀香十二两，切碎，与茶一同清炒；沉香六两；栈香六两；马牙硝六钱；龙脑三钱；麝香一钱；甲香六钱，用炭灰煮两日，洗净，再用蜜汤煮，直到熬干；蜜香切成片，适量选用。

将以上原料研成粉末，加入龙脑、麝蜜，搅拌均匀，即可焚烧。

衙香七

紫檀香四两，用酒润浸一天一夜，烘干；零陵香半两；川大黄一两，切片，用甘松酒浸煮，烘干；甘草半两；玄参半两，与甘松酒一同烘干；白檀二钱半；栈香二钱半；酸枣仁五枚。

将以上原料研成细末，白蜜十两，微微炼制，与原料调和均匀，放入不吸水的瓷盒中，窖藏半月取出，搓制成丸，即可焚烧。

衙香八

白檀香八两，切成细片，用腊茶浸泡一夜，捞出控水，烘干，放入蜜酒中搅拌均匀，再浸泡一夜，用慢火烘干；沉香三两；生结香四两；龙脑半两；甲香一两，先用炭灰煮制，再依次用生土、酒和蜂蜜煮制，捞出沥干；麝香半两。

以上原料，除龙脑、麝香单独研磨外，其余各种香料一同捣碎、筛制，加入生蜜搅拌均匀，用瓷器贮盛在地窖中，一个多月后取出使用。

衙香九

茅香二两，除去杂草、尘土；玄参二两，选取根部较大者；黄丹四两，细细研磨。将以上三味原料混合捣成末，取烧过的炭末半斤，用油纸包裹，窖藏一两夜待用。上等的夹沉栈香四两；紫檀香四两；丁香一两五钱，除去硬块。将以上三味原料捣成粉末。滴乳香一钱半，研成细末；真麝香一钱半，研成细末。

蜜二斤，春夏两季，煮炼十五沸；秋冬两季，煮炼十沸。取出放凉，再将栈香等五味原料放入，搅拌调和，加入二斤硬炭末，拌好，放入臼中，捣匀。入窖久藏，方可焚用。

和香十方

延安郡公蕊香

玄参半斤，洗净除去尘土，放入银器中，用水煮熟，控干，切段，放入铫子里，用慢火炒至有少许烟即可；甘松四两，切细，拣去杂草、尘土再称重；白檀香二两，切碎；麝香二钱，待将其他原料研成末之后加入；滴乳香二钱，研成细末，与麝香一同加入料剂中。

以上原料，一律选用新鲜上好的。将其捣碎，筛制成粉末，用炼蜜调和均匀，搓制成鸡头米大的丸子。每一两香末，加入熟蜜一两。香末在搓制成丸以前，放入臼中再捣数百下。将香丸用油纸封贮在瓷器中，随即取出焚烧使用，带有花香。《香谱》

婴香

沉水香三两，丁香四钱，甲香一钱（已制），分别研成粉末；龙脑七钱，研成粉末；麝香三钱，去除皮毛，研成粉末；旃檀香半两（另有一种配方中没有此味）。

将以上六种原料调和均匀，加入炼白蜜六两，去掉白沫。加入马牙硝末半两，用绵滤过，全部放凉，再与各种原料调和，使之稍硬，搓制成芡子大小的丸子，压扁，放入瓷中密封，窖藏半月后再使用。

《香谱补遗》中说，昔日有个沈推官，因为从岭南押运香药，在江上翻了船，官运香药几乎失落大半。于是，便用剩下的香料调制成婴香，在京中出售，豪富贵族人家争相购买，故而能补偿原来的香价归还朝廷。因此，此香又名偿值香。这种说法，原本出自《汉武帝内传》。

道香

香附子四两，摘去茎须；藿香一两。

将以上两味原料加入一升酒，一同煮制，以酒熬干到一半为度，取出香料阴干，制成细末，将渣子绞汁，搅拌调和均匀，制成膏状，或制成薄饼，焚烧使用。

韵香

沉香末一两，麝香末二钱。

将以上两种原料调成稀糊状，制成香饼，放入地窖中阴干，焚烧使用。

不下阁新香

栈香一两，丁香一钱，檀香一钱，降真香一钱，甲香一字，零陵香一字，苏合香半字。

将以上原料研成细末，加入白芨末四钱，随意加减清水，调和成香饼，制成炷香。

宣和贵妃王氏金香

占腊沉香八两，檀香二两，牙硝半两，甲香半两（制过），郁金颜香半两，丁香半两，麝香一两，片白脑子四两。

将以上原料研成细末，用炼蜜先调和，然后加入脑香、麝香，搓制成丸，大小随意。将金箔包裹成香衣，用寻常之法焚烧。《售用录》

压 香

沉香二钱半；龙脑二钱，与沉香一同研磨；麝香一钱，单独研磨。

以上原料，研成细末。用枣子煎水，调制香剂，捻制成饼。与寻常方法一样，用银叶衬隔着焚烧。

古 香

柏子仁二两，每个分作四片，剥去仁，用二钱腊茶煎成半盏汤剂，将柏子仁浸泡在汤中，一夜之后，隔水蒸煮，烘干；甘松蕊一两，檀香半两，郁金颜香三两，韶脑二钱。

将以上原料研成粉末，加入枫香脂少许，用蜂蜜调和，与寻常制香之法一样，窖藏后焚烧。

神仙合香

玄参十两；甘松十两，去除杂土；白蜜适量。

将以上原料研成细末，用白蜜调和均匀，放入瓷器中密封，用汤锅煮一昼夜。取出放凉，捣数百下，如果太干，加入蜂蜜调和均匀，放入地窖中储藏。取出后随即加入麝香少许，即可焚熏使用。《沈谱》

僧惠深湿香

地榆一斤；玄参一斤，用淘米水浸泡两夜；甘松半斤，白茅香一两；白芷一两，加入四两蜂蜜、一盆河水，一同煮至水干，切成薄片，烘干。

将以上原料研成细末，放入麝香一分，放入炼蜜，调和成香剂。窖藏一月，随即搓制成丸，焚烧使用。

湿香六方

供佛湿香

檀香二两，栈香一两，藿香一两，白芷一两，丁香皮一两，甜参一两，零陵香一两，甘松半两，乳香半两，硝石一分。

将以上各种原料依照寻常制法调制，切碎，烘干，捣成细末。另用白茅香八两，切碎去泥，烘干，火将烧尽时，迅速把盆盖在上面，将手巾围在盆口四周，不让空气出入。放凉之后，取烧好的茅香灰，捣成粉末，与前面所列香料混在一起，随后加入上好的炼蜜调和，重新放入臼中，捣至软硬适中，储藏在不吸水的容器中，即可焚烧使用。

久窨湿香

栈香四两，选用生栈香；乳香七两，拣取干净；甘松二两半；茅香六两，切碎；香附子一两，拣取干净；檀香一两；

丁香皮一两；黄熟香一两，切碎；藿香二两；零陵香二两；玄参二两，拣取干净。

将以上原料研成粗末，用炼蜜调和均匀，用寻常方法焚熏。《宣武盛事》

湿 香

檀香一两一钱，乳香一两一钱，沉香半两，龙脑一钱，麝香一钱，桑紫灰二两。

以上原料，研成粉末。用铜筒盛蜂蜜，放入水锅内煮至红色。将蜂蜜与香料粉末调和均匀，在石板上捶三五十下，再加入少许熟麻油，制成香丸或香饼，焚熏使用。《沈谱》

清神湿香

芎须半两，藁本半两，羌活半两，独活半两，甘菊半两，麝香少许。

以上原料，研成粉末。加入炼蜜，调成混合香剂，制成香饼。焚烧此香，可以治愈头风。

清远湿香

甘松二两，去除枝茎；茅香二两，与枣肉一同研磨成膏状，浸泡烘干；玄参半两，取黑细者，炒制；降真香半两，山柰子半两，白檀香半两，韶脑半两，丁香一两，麝香二钱。

将以上原料研成细末，加入炼蜜，一同调和均匀，放入瓷器，窖藏一月后取出，捻成香饼，即可焚烧。

日用供神湿香

乳香一两，研成粉末；蜜一斤，炼制；干杉木，烧成木炭，细细筛过。

将以上原料一同调和，窖藏半个多月后取出，切成小块。日常使用此香，所费不多，其香气清芬，胜过市场所售。《世说新语》

清香十四方

丁晋公清真香

香方歌谣为："四两玄参二两松，麝香半两蜜和同，丸如茨子金炉焚，还似千花喷晓风。"

又有一种清室香，在以上配方中减去玄参三两。《宣武盛事》

清真香（新）

麝香檀一两，乳香一两，干竹炭四两，烧制。

将以上原料研成细末，用炼蜜揉和成厚片，切成小片，用瓷盒封贮入土中，十日后用慢火焚香。

清真香

沉香二两，栈香三两，檀香三两，零陵香三两，藿香三两，玄参一两，甘草一两，黄熟香四两，甘松一两半，脑香、麝香各一钱，甲香二两半，用淘米水浸渍两夜后一同煮制，以油尽水清为度，然后用酒浇地，将甲香放在地上，用器皿盖储一夜。

以上原料研成粉末，加入脑香、麝香拌匀；白蜜六两，炼去沫，加入少许焰硝。将各种香料搅拌调和，制成鸡头子大的香丸，即可依寻常方法焚烧。放入地窖中久藏，效果更好。《沈谱》

黄太史清真香

柏子仁二两，甘松蕊一两，白檀香半

两，桑木炭末三两。

将以上原料研成细末，用炼蜜调和，制成香丸，放入瓷器中，窖藏一月，依寻常方法焚烧。

清妙香

沉香二两，切碎；檀香二两，切碎；龙脑一分；麝香一分，单独研磨。

将以上原料研成细末，再加入脑香、麝香，搅拌均匀。加入白蜜五两，隔水蒸煮至熟，放温。再加入焰硝半两，一同调和，用瓷器盛放，放入地窖中一个月，取出焚烧。《沈谱》

清神香（一）

玄参一斤，腊茶四两。

将以上原料研成粉末，用糖水搅拌。放入地窖中久藏后，即可焚熏。

清神香（二）

青木香半两，生切，用蜜浸渍；降真香一两，香檀香一两，香白芷一两。

将以上原料研成细末，再将两个大丁香敲碎，加入一盏水，煎汁。取一把浮萍草，择洗干净，除去茎须，研碎出汁，与丁香汁调和均匀。加入香末，一同搅拌均匀，放入臼中捣数百下，搓制成小饼，阴干。依寻常方法焚烧使用。《汉武外传》

清远香（局方）

甘松十两，零陵香六两，茅香七两，麝香木半两，玄参五两，丁香皮五两，降真香（实为紫藤香）、藿香三两，香附子三两（择选干净），香白芷三两。

将以上原料研成细末，加入炼蜜搅和均匀，搓制成香饼或香末，焚烧使用。

清远香（一）

零陵香、藿香、甘松、茴香、沉香、檀香、丁香，各取相等分量。

将以上原料研成粉末，用炼蜜调和均匀，搓制成龙眼核大小的香丸。如能加入龙脑、麝香各少许，效果更佳。依寻常之法焚烧。《沈谱》

清远香（二）

甘松四两，玄参二两。

将以上原料研成细末，加入麝香一钱，与炼蜜调和均匀，依寻常之法烧用。《世说新语》

清远香（补）

甘松一两，丁香半两，玄参半两，番降香半两，麝香木八钱，茅香七钱，零陵香六钱，香附子三钱，藿香三钱，白芷三分。

将以上原料研成粉末，与蜂蜜调和，制成香饼，依寻常之法烧用、窖藏。

汴梁太乙宫清远香

柏铃一斤，茅香四两，甘松半两，沥青二两。

以上原料研成细末，再将半斤大枣蒸熟，研磨成泥，与原料搅拌均匀，搓制成芡实大小的香丸。用炼蜜调制香剂亦可。

清远膏子香

甘松一两，除去杂土；茅香一两，除去杂土，炒黄；藿香半两，香附子半两，零陵香半两，玄参半两；麝香半两，单独研磨；白芷七钱半，丁皮三钱；麝香檀（即红兜娄）四两，大黄二钱；乳香二钱，单另研磨；栈香三钱，米脑二钱，单独研磨。

将以上原料研成细末，用炼蜜调和均匀。可以散烧，也可以搓制成小饼焚烧。

邢太尉韵胜清远香

沉香半两，檀香二钱，龙胞半钱，龙脑七分半。

以上原料中，先将沉香、檀香研成粉末，再将龙脑、麝香放入钵内，研磨成极细的粉末，单独研磨金颜香一钱，再加入少许苏合油。将二三十个皂荚加入两盏水，熬制成皂荚水，待其黏稠，加入白芨末一钱，并将以上香料一同放入皂荚水中。再倒入茶碾，研磨调和，随意用花模子压制成花样。先用苏合香油或面粉刷过花模，然后印香，香剂就容易从模子里脱出。《沈谱》

龙涎香二十六方

内府龙涎香（补）

沉香、檀香、乳香、丁香、甘松、零陵香、丁香皮、白芷等香料，各取相等分量；龙脑、麝香，各少许。

以上原料研成细末，用热水将雪梨糕调化，加入香末，揉成小团，用花模印制，照寻常之法焚烧使用。

王将明太宰龙涎香

金颜香一两，单独研磨；石脂一两，研成粉末，须用西部出产的，方可使人食用时口生津唾；龙脑半钱，选用生龙脑；沉香、檀香各一两半，研成粉末，用水磨细，再研磨；麝香半钱，选用最好的。

将以上原料研成粉末，用皂荚膏调和，倒入模子，脱制成花样，阴干，焚烧使用。《沈谱》

杨吉老龙涎香

沉香一两；紫檀半两；甘松一两，去除杂土，择净；脑香、麝香各二分。

以上原料，先将沉香、檀香研成细末。甘松单独碾制，过筛待用。脑香、麝香研成极细的粉末，加入甘松。将三味原料一同研磨，分作三份。将一份半加入沉香末，调和均匀，放入瓷瓶密封，窖藏一夜；再将一份香末加入白蜜一两半，隔水蒸煮，熬干至一半分量，放冷入药，也窖藏一夜；剩下的半份香末，到调和香品时，再掺入拌匀。苏合油、蔷薇水、龙涎香，单独研磨。将以上原料，制成饼状，或者搅拌均匀，放入瓷盒内，挖深达三尺余的地坑，窖藏一月，取出后制成香饼。如果加入少量制过的甲香，香气更为清绝。《宣武盛事》

亚里木吃兰脾龙涎香

蜡沉二两，用蔷薇水浸渍一夜，研成细末；龙脑二钱，单独研磨；龙涎香半钱。

将以上原料研成粉末，加沉香泥，捏制成香饼，窖藏阴干，焚烧使用。

龙涎香（一）

沉香十两，檀香三两，郁金颜香二两，麝香一两，龙脑二两。

将以上原料研成细末，加入皂荚胶，脱制成香饼，尤其适合制成佩戴用香。

龙涎香（二）

檀香二两，选用呈紫色、品质上佳者，切碎，用鹅梨汁及好酒半盏浸渍三天，取出烘干；甲香八十粒，用黄泥煮二三沸，洗净，再用油煎制成红色，研成粉末；沉香半两，切细；生梅花脑子一钱，麝香一钱，皆单独研磨。

将以上原料研成细末，浸入已备好的梨汁，加入上好的蜂蜜少许，搅拌均匀，用瓶子装好，在避风的密室窖藏数日。用厚灰盖住明火，焚烧一炷此香，效果极佳。

龙涎香（三）

沉香一两，郁金颜香一两，笃耨皮一钱半，龙脑一钱；麝香半钱，研磨。

将以上原料研成细末，加入白芨末糊调和成香剂，倒入模子里，脱制成花样，阴干，用牙齿子磨去不平之处，焚烧使用。

龙涎香（四）

沉香一斤，麝香五钱，龙脑二钱。

将沉香研成粉末，碾成膏状。用水将麝香研化成细汁，加入膏内。再加入研磨均匀的龙脑，捏制成香饼，焚烧使用。

龙涎香（五）

丁香半两，木香半两，肉豆蔻半两，官桂七钱，甘松七钱，当归七钱，零陵香三分，藿香三分，麝香一钱，龙脑少许。

将以上原料研成细末，加入炼蜜调和，搓成梧桐子大小的香丸，用瓷器贮藏，捏扁亦可。

南蕃龙涎香（又名胜芬积）

木香半两，丁香半两；藿香七钱半，晒至半干；零陵香七钱半；香附二钱半，用盐水浸渍一夜，烘干；槟榔二钱半；白芷二钱半；官桂二钱半；肉豆蔻两个；麝香三钱。另有一方中还有甘松七钱。

将以上原料研成粉末，用蜜或皂荚水调和成香剂，制成芡实大小的香丸，焚烧使用。

又方（与前颇小异，两存之）

木香二钱半，丁香二钱半，藿香半两，零陵香半两，槟榔二钱半，香附子一钱半，白芷一钱半，官桂一钱，肉豆蔻一个，麝香一钱，沉香一钱，当归一钱，甘松半两。将以上原料研成粉末，加入炼蜜，调和均匀，用模子脱制成花样，或者捏成香饼，用慢火烘至半干半湿的状态。放入瓷盒中，入窖久藏，香气绝妙。煎制后，可服用三钱，随饼茶、酒送下，能治疗心腹痛，理气宽中。

龙涎香（补）

沉香一两；檀香半两，用腊茶煮制；金颜香半两，笃耨香一钱，香芨末三钱，脑香、麝香各七分半。

将以上原料研成细末，搅拌均匀，用皂荚胶调和，用模子制成花样，焚烧使用。

龙涎香

丁香半两，木香半两，官桂二钱半，白芷二钱半；香附二钱半，用盐水浸渍一夜，烘干；槟榔二钱半，当归二钱半，甘松七钱，藿香七钱，零陵香七钱。

将以上原料加入豆蔻一枚，一同研成细末，加入炼蜜，制成绿豆大的香丸，可焚烧，亦可服用。《沈谱》

智月龙涎香（补）

沉香一两；麝香一钱，研成粉末；米脑一钱半，金颜香半钱，丁香一钱，木香半钱，苏合油一钱，白芨末一钱半。

将以上原料研成细末，用皂荚胶调和。加入臼中，捣千余下，用花模印制，放入地窖中阴干，用新刷子刷出光。慢火烧香，用玉片衬隔。

龙涎香（新）

速香十两，泾（佚）子香十两，沉香十两，龙脑五钱，麝香五钱；蔷薇花，不论多少，阴干。

将以上原料研成细末，用白芨、琼栀煎汤，煮制成糊，搓制成丸，依寻常方法焚烧。

古龙涎香（补）

沉香六钱，白檀三钱，郁金颜香二钱，苏合油二钱；麝香半钱，单独研磨；龙脑七分半；浮萍半字，阴干；青苔半字，阴干，去除杂土。

将以上原料研成细末，拌匀，调入苏合油。用白芨末二钱及冷水调至稠粥状，隔水蒸煮成糊，放温。调和香料，加入臼中，捣一百多下，用模子印成花样，用刷子刷出光。依寻常方法焚烧使用。如果用于供佛，则去掉麝香一味。

古龙涎香（一）

沉香一两，丁香一两，甘松二两，麝香一钱；甲香一钱，已制。

将以上原料研成细末，用炼蜜调和成香剂，用模子制成花样，窖藏一月或百日。《沈谱》

古龙涎香（二）

沉香半两，檀香半两，丁香半两，金颜香半两；素馨花半两，广南出产的气息最为清奇；木香三分，思笃耨三分，麝香一分，龙脑二钱，苏合油一匙许。

将以上原料分别研成细末，用皂荚煎浓成膏，调和均匀，随意制成花样、佩香、香环之类。如果要黑色的，须加入杉木炭少许，拌入沉香、檀香一同研磨。取少许研磨极细的白芨末，与热水调和停当，将笃耨、苏合油一同研磨。如要制成软香，只须加入白蜡及少许白胶香熬制，放冷，用手搓成条。如能使用煮酒蜡，效果尤佳。

古龙涎香（三）

占蜡沉香十两，拂手香十两，郁金颜香三两，蕃栀子二两，龙涎香一两，梅花脑一两半（单独研磨）。

将以上原料研成细末，放入麝香二两，与炼蜜调和均匀，捏制成香饼。

白龙涎香

檀香一两，乳香五钱。

将以上原料，用寒水石四两加热，一并制成细末；用梨汁调和，制成香饼，焚烧使用。

小龙涎香（一）

沉香半两，栈香半两，檀香半两，白芨二钱半，白敛二钱半，龙脑二钱，丁香二钱。

将以上原料研成细末，用皂荚水调和，制成香饼，窖藏阴干，刷光，在土中埋藏十日，用锡盆贮藏。

小龙涎香（二）

沉香二两，龙脑五分。

将以上原料研成细末，用鹅梨汁调和，制成香饼，焚烧使用。

小龙涎香（三）

锦纹大黄一两；檀香、乳香、丁香、玄参、甘松各五钱。

将以上原料与二钱寒水石一起研成细末，用梨汁调和，制成香饼，焚烧使用。《世说新语》

小龙涎香（补）

沉香一两，乳香一钱，龙脑五分；麝香五分，用腊茶水研磨。

以上原料，研成细末。将生麦门冬去心，研成泥，与原料一同调和，制成梧桐子大小的香丸，压入冷石模中脱制花样，放干，用瓷盒贮藏。依寻常方法焚烧使用。

吴侍中龙津香

白檀五两，切细，用腊茶清浸半月后，用蜜炒制；沉香四两；苦参半两；甘松一两，洗净；丁香二两；木麝二两；甘草半两，炙制；焰硝三分；甲香半两，洗净，先用黄泥水煮过，再用蜜水煮制，然后重新用酒煮，煮制时间均为一昼夜，再加入少许蜜炒制；龙脑五钱、樟脑一两、麝香五钱、焰硝四种，各自单独研磨。

将以上原料研成细末，搅拌调和均匀，用炼蜜调制成香剂，挖地坑窖藏一月，即可焚烧使用。《沈谱》

龙泉香

甘松四两，玄参二两，大黄一两半，丁皮一两半，麝香半钱，龙脑二钱。

以上原料，捣制、过筛，研成细末，加入炼蜜，制成香饼，依寻常方法焚烧使用。《世说新语》

降真香四方

清心降真香（局）

紫润降真香四十两，切碎；栈香三十两，黄熟香三十两，丁香皮十两；紫檀香三十两，切碎，取建茶末一两，调成两盘茶汤，用以拌香，使香料湿润，炒制三个时辰，不要让它变焦黑；麝香木十五两；焰硝半斤，用水化开，淘去渣滓，熬制成霜；白茅香三十两，切细，与青州枣三十两、新汲水三斗，一同煮制之后，炒至变色，除去枣籽和黑色的部分，留十五两备用。拣甘草五两，甘松十两，藿香十两，龙脑一两。

将以上原料研成细末，用炼蜜搅拌均匀，制成香饼，焚烧使用。

宣和内府降真香

蕃降真香三十两。

将以上原料切成小片；取腊茶半两，研成末，制成沸腾的茶汤，与香料一同浸泡一日，以汤高出香料一指为限。次日取出，风干，再将好酒半碗、蜜四两、青州枣五十个放入瓷器内一同煮制，煮至汁干，取出，放置在不吸水的瓷盒内，收好密封，慢慢取出，烧熏出的香气最为清远。

降真香（一）

蕃降真香，切成片状。

将冬青树籽包在布单内，绞出汁

液，用来浸渍香料，蒸制过后，窖藏半月，焚烧使用。

降真香（二）

蕃降真香一两，切成平片；藁本一两；将两碗水倒入银石器内，与香一同煮制。

将以上两味香料一同煮干，除去藁本。慢火烧香，用筠州枫香衬隔。

笃耨香六方

胜笃耨香

栈香半两，黄连香三钱，檀香一钱，降真香五分，龙脑一字半，麝香一钱。

将以上原料用蜂蜜和匀，制成粗末，焚烧使用。

假笃耨香（一）

老柏根七钱；黄连七钱，研成粉末，放置在单独的器皿中；丁香半两；降真香，用腊茶煮制半日；紫檀香一两；栈香一两。

将以上原料研成细末，加入米脑少许，与炼蜜调和成剂，焚烧使用。

假笃耨香（二）

檀香一两，黄连香二两。

将以上原料研成粉末，搅拌均匀，用橄榄汁调湿，放入瓷器内收藏，过一段时间即可取出，焚烧使用。

假笃耨香（三）

黄连香或白胶香。

用高度数的酒，与香一同煮制，直至煮干，收藏起来可焚烧使用。

假笃耨香（四）

枫香乳一两，栈香二两，檀香一两，生香一两，官桂三钱；丁香，不论多少。

将以上原料研成粗末，用蜂蜜调和均匀，保持湿润，放入瓷盒，窖藏月余，即可焚烧使用。

冯仲柔假笃耨香

通明枫香二两，在火上化开；桂末一两，放入香内搅匀；白蜜三两，掺入香内。

将蜂蜜掺入香中，搅和均匀，倒入水中冷却，即可焚烧。如果想制成香饼，须趁其热时，捏制成形，放入水中。《售用录》

二十九方

李王煎沉香

沉香（切碎）、苏合香油，各不定量。

以上原料，每沉香一两，加入鹅梨十枚，研细取汁，用银石器盛放，在甑上蒸干数次。或者将沉香制成半寸多长的碎屑，将一端削尖，插在梨上，蒸一顿饭的时间，待梨子熟了，方可取出。《沈谱》

李王花浸沉香

沉香，不拘多少，切碎。取带有香味的花片，如荼蘼、木犀、橘花，橘叶亦可，或福建茉莉花之类。采摘带露花一盘，用瓷盒盛着，用纸盖上，入甑蒸一顿饭的功夫，取出，除去花片，留下花汁，浸渍沉香。然后在正午的阳光下暴晒数次，以沉香透烂为度。也有人说，这些方法都不如用蔷薇水浸渍的效果好。

华盖香（补）

香方歌谣为："沉檀香附并山麝，艾蒳酸仁分两停，炼蜜拌匀瓷器窨，翠烟如盖可中庭。"

宝球香

艾蒳一两，即松树上的青衣；酸枣一升，加入少许水研成汁，煎制；丁香皮半两；檀香半两；茅香半两；香附子半两；白芷半两；栈香半两；草豆蔻一枚，去皮；梅花龙脑、麝香各少许。

以上原料，除龙脑、麝香单独研磨外，其余皆经炒制，捣取细末，用酸枣膏、少许熟枣、脑香、麝香混合均匀，放入臼中，捣至不黏即可，搓制成梧桐子大小的香丸。每烧一丸，其香烟袅袅，直上如线，结为球状，经久不散。《洪谱》

香球（新）

石芝一两，艾蒳一两，酸枣肉半两，沉香五钱；梅花龙脑半钱，单独研磨；甲香半钱，已制；麝香少许，单独研磨。

除龙脑、麝香单独研磨外，将以上原料一并捣制成细末。把酸枣肉研磨成膏状，加入熟蜜少许，与香末调和均匀，捏制成香饼，依寻常方法焚烧。

芬积香（一）

丁香皮二两；硬木炭二两，研成粉末；韶脑半两，单独研磨；檀香五钱，研成粉末；麝香一钱，单独研磨。

将以上原料搅拌均匀，用炼蜜调和成香剂，装在罐器中，依寻常方法焚烧。《沈谱》

芬积香（二）

沉香、栈香、藿香叶、零陵香各一两；丁香三钱，芸香四分半；甲香五分，用灰煮去膜，再用好酒煮干，捣制。

以上原料，研成细末。将蜂蜜隔水蒸煮，放温，加入香末及龙脑、麝香各二钱，搅拌调匀，装入瓷盒中密封，埋入地坑中窨藏一月，取出烧用。《沈谱》

芬馥香（补）

沉香二两，紫檀一两，丁香一两，甘松三钱，零陵香三钱，制过的甲香三分，龙脑香一钱，麝香一钱。

将以上香料研成粉末，搅拌均匀，用生蜜调和，制成饼剂，装入瓷器，窨藏阴干，烧用。

藏春香（一）

沉香二两；檀香二两，用酒浸渍一夜；乳香二两，丁香二两；制过的降真香一两，橄榄油三钱，龙脑一分，麝香一分。

将以上原料研成细末，与切碎的黄甘菊一两四钱、玄参三分及蜂蜜一同倒入瓶中，隔水蒸煮半日，滤去黄甘菊、玄参不用。取白梅二十个，入水煮至浮起，将白梅去核取肉，研磨，加入熟蜜，与香末调制均匀，放入瓶内。久经窨藏，方可取出烧用。《宣武盛事》

藏春香（二）

降真香四两，用腊茶清浸三日，再将香煮至十余沸，取出研成粉末；丁香十余粒，龙脑一钱，麝香一钱。

将以上原料研成细末，用炼蜜调和均匀，依寻常方法烧用。

出尘香（一）

沉香四两，郁金颜香四钱，檀香三钱，龙涎香二钱，龙脑香一钱，麝香五分。

先将白芨煎水待用，再将沉香捣万余下，单独研磨，与其余香料一同搅拌均匀。加入少量煎成的皂荚胶水，再捣万余下，倒入石模中，脱制成古龙涎花子。

出尘香（二）

沉香一两；栈香半两，用酒煮制；麝香一钱。

将以上原料研成粉末，用蜂蜜搅拌均匀，焚烧使用。

四和香

沉香、檀香各一两；脑香、麝香各一钱，依寻常方法烧用。

香橙皮、荔枝壳、樱桃核或梨滓、甘蔗滓，各取相等分量，制成香末，称为小四和香。

四和香（补）

檀香二两，切碎，用蜂蜜炒至褐色，不能炒焦；滴乳香一两，用绢袋盛好，放入酒中煮制后取出，研细；麝香一钱，腊茶一两，一同研细；松木炭末半两。

将以上原料研成粉末，加入炼蜜调和均匀，用瓷器收贮，窖藏半月，取出焚烧使用。

冯仲和四和香

锦纹大黄一两，玄参一两，藿香叶一两，蜜一两。

将以上原料用水调和，慢火煮制几个时辰，取出切成粗末。加入檀香三钱、麝香一钱，再加入两匙蜂蜜，搅拌均匀，窖藏后，可焚烧使用。

加减四和香

沉香一两、木香五钱（用沸水浸渍）、檀香五钱，分别研成粉末；丁皮一两；麝香一分，单独研成粉末；龙脑一分，单独研成粉末。

以上原料，加入其他香料，研成细末，加入木香水，调和，捏制成香饼，依照寻常方法焚香。《宣武盛事》

夹栈香

夹栈香半两，甘松半两，甘草半两，沉香半两，白茅香二两，香栈二两；梅花片脑二钱，单独研磨；藿香三钱，麝香一钱，制过的甲香二钱。

将以上原料研成细末，用炼蜜搅拌调和均匀，贮藏在瓷器中，密封，窖藏半月，即可取出，捏制成香饼，依照寻常方法烧香。《沈谱》

闻思香（一）

玄参、荔枝皮、松子仁、檀香、香附子、丁香各二钱；甘草二钱。

将以上原料研成粉末，用楂子汁调和成剂，窖藏，依照寻常方法烧用。《宣武盛事》

闻思香（二）

紫檀半两，用蜜水浸制三日，慢火烘焙；橙皮一两，晒干；甘松半两，用酒浸渍一夜，用火烘焙；苦楝花一两，楂核一两，紫荔枝皮一两，龙脑少许。

将以上原料研成粉末，用炼蜜调和成剂，窖藏月余，焚烧使用。（另一配方中，没有紫檀、甘松，用香附子半两、零陵香一两，其余原料皆同。）

百里香

荔枝皮千颗，须选用闽中所产的，没有听说过有用盐梅的；甘松三两，栈香三两，檀香半两，用蜜拌好，炒至黄色；制过的甲香半两；麝香一钱，单独研磨。

将以上原料研成粉末，用炼蜜调和，使之稀稠得当，用不吸水的瓷器盛放，坑埋半月，取出，再放入少许蜂蜜，也可以捏成香饼子。这一香方是在闻思香用料的基础上增减而成的。

洪驹父百步香（又名万斛香）

沉香一两半，栈香半两；檀香半两，用蜂蜜、酒调成的汤剂单独炒至极干；零陵叶三钱，捣碎，筛过；制过的甲香半两，单独研磨；脑香、麝香各三钱。

将以上原料调和均匀，用熟蜜调和成剂，窨藏，依照寻常方法烧用。

五真香

沉香二两，乳香、蕃降真香（制过）、旃檀香、藿香各一两。

将以上香料各自研成粉末，用白芨糊调成香剂，用模子脱制成饼，用于焚供世尊上圣，不可亵渎使用。

禅悦香

檀香二两，已制；将未开的柏子用酒煮制、阴干，取三两；乳香二两。

以上原料，研成粉末，用白芨糊调和均匀，再用模子脱制成香饼，焚烧使用。

篱落香

玄参、甘松、枫香、香芷、荔枝壳、辛夷、茅香、零陵香、栈香、石脂、蜘蛛香、白芨面。

将以上原料各取相等分量，加入生蜜，捣制成剂，或用来制成香饼。

春宵百媚香

母丁香二两，选用较大的；白笃耨八钱；詹糖香八钱；龙脑二钱；麝香一钱五分；橄榄油三钱；甲香（制过）一钱五分；广排草须一两；花露一两；制过的茴香一钱五分；梨汁；玫瑰花五钱，去蒂取瓣；干木香花五钱，选用花心为紫色的，用其花瓣。

将以上原料制成粉末，脑香、麝香单独研磨，加入苏合油及炼过的花蜜少许，与花露调和，捣制数百下，用不吸水的容器贮藏，封口。埋入地窖中，春秋两季窖藏十日，夏季五日，冬季十五日。取出后，用玉片隔火焚烧，香气异常旖旎。

亚四和香

黑笃耨、香芸香、榄油、郁金颜香。

以上四种香，质地皆黏湿，适合隔水蒸煮成剂，融化结块，分成若干份，焚烧使用。

三胜香

龙鳞香，用梨汁浸渍，隔夜用微火隔水煮制，阴干；柏子，用酒浸过，制法同上；荔枝壳，用蜜水浸泡，制法同上。

逗情香

牡丹、玫瑰、素馨、茉莉、莲花、辛夷、桂花、木香、梅花、兰花。

采摘以上十种花，全部阴干，除去花心花蒂，取花瓣留用，辛夷花取用蕊尖。

将花瓣研成粉末，用苏合油调和，制成香剂，焚烧时气息与其他香不同。

远湿香

苍术十两，茅山出产的最好；龙鳞香四两；芸香一两，白净的为好；藿香净末四两；金颜香四两；柏子净末八两。

将以上原料分别研成粉末，用酒调和，加入白芨末制成糊；或用模子脱制成香饼，或制成长条。这种香品质燥烈，最适合在梅雨溽湿之时焚烧。

黄太史四香

意和香

以沉香、檀香为主，每用二两半沉香，配檀香一两，切成小博骰状，用榠楂液浸渍，以汁液超出香料一指为限。浸渍三日后，煮沥汁液，用温水洗过。将紫檀制成碎屑，取小龙茗末一钱，泡成茶汤，调和浸渍一会儿，用数层濡竹纸包裹。螺壳半两，稍稍磨去表面的粗糙层，用胡麻膏熬至成纯正的黄色，用蜂蜜水快速洗过，使之不带胡麻膏的气味。将青木香研成粉末，以意和四种香物，稍稍放入婆津膏及麝香这两味原料，只加入极少的枣肉，调和成香。用模子制成龙涎香的样子，白天焚熏。

意可香

海南沉水香三两，选用过火而无柴草烟气的。麝香檀一两，切碎烘焙，这种香衡山也有出产，只是不如海南运来的好。木香四钱，选用极新的，不烘焙。玄参半两，切细烤炙。甘草末二钱，焰硝末一钱。甲香一分，用浮油煎至黄色，用蜂蜜洗去油，再用汤水洗去蜂蜜，依照前法，制成粉末。加入婆津膏及麝香各三钱，单独研磨，香制成时即刻加入。再取白蜜六两，熬去泡沫，留五两，调匀香末，置于瓷盒中，窖藏之法如常。

这种香方，乃山谷道人从东溪老那里传得，东溪老从历阳公那里传得，但最初是从哪里得来的，就无从知晓了。此香名为宜爱，有人说这是江南宫中的香品。当时，宫中有一位美人，叫宜娘，非常喜爱此香，故而得名宜爱香，只是不知这名美人是生活在中主还是后主时。因此香气息不同凡俗，故而改名意可，取其使众生不业力、无度量之意。在鼻孔上绕二十五下，有向上觅求之意，都以此香为可，何况是酒呢？玄参、茗熬、紫檀之类，在鼻端滞留，却无法主宰意志。看这意可香，虽说不是处处穿透，也算是不错的。

深静香

海南沉水香二两半，羟炭四两。将沉水香切成小博骰大小。白蜜五两，用水炼去胶性，慢火隔水蒸煮半日，用温水洗过。将沉香与羟炭一起杵捣成粉末，用马尾筛细，用煮过的蜂蜜调成剂，窖藏四十九日，取出，加入婆律膏三钱，麝香一钱，安息香一分，调制成香饼，用瓷盒贮藏。

荆州欧阳元老为我配制此香，应允以一斤相赠。元老这个人，从师学艺，则能受匠石之斤（形容匠人技艺精湛）；身为官吏，不锉庖丁之刃（形容熟练），是天下间的可人。此香禀性恬淡寂寞，不是他所喜欢的。现在，每次在帷下焚一炷此香，如见元老其人。

小宗香

海南沉水香一两，切碎；栈香半两，切碎；紫檀二两半，用银石器炒至紫色。

以上三味原料，全部切制成锯屑状。苏合油二钱；制过的甲香一钱，研成粉末；麝香一钱半，研成粉末；玄参五分，研成粉末；鹅梨两个，取其汁液；青枣二十个，水两盆，煮熬至小半分量。用梨汁浸渍沉香、檀香，煮一昼夜，用慢火熬煮至干，加入以上四种原料及炼蜜，稍稍放凉，搅拌均匀，放入瓷盒中，埋入地下，窖藏一月，可焚烧使用。

南阳宗少文嘉，隐遁于江湖之间，弹奏石琴，作金石之声，远山也发出回声。其著作足以追配古人。其孙茂深也有祖上遗风。当时，有一位贵人想与之交游，不能如愿。就让陆探微为其画像，挂在墙上观赏。因茂深喜欢闭门焚香，贵人就制作此香馈赠给他。因时人称少文大宗，茂深小宗，故称此香为小宗香。（大宗、小宗，《南史》有传。）

三十三方

蓝成叔知府韵胜香

沉香一钱；檀香一钱；香梅肉半钱，烘干；丁香皮半钱；木香一字；朴硝半两，单独研磨；麝香一钱。

将以上原料研成细末，与单独研磨的原料一同放入乳钵拌匀，用密封的容器收藏。焚烧此香时，用薄银叶衬隔，与龙涎香烧法相同。焚烧此香，过一会儿后，硝熔化在隔火器上，将水均匀浇洒在上面，香气重新通畅弥漫。这种方法是郑康道御带传给蓝某的。蓝某曾概括为歌谣：“沉檀为末各一钱，丁皮梅肉减其半，拣丁五粒木一字，半两朴硝柏麝拌，此香韵胜以为名，银叶烧之火宜缓。”苏韬光说，每五份香料用丁皮梅肉三钱、麝香半钱，其余都是一样的。他还说，将水滴洒其上，每烧一炷香，香气可停留三日。《售用录》

元御带清观香

沉香四两，研成粉末；郁金颜香二钱半，单独研磨；石芝二钱半；檀香二钱半，研成粉末；龙脑二钱，麝香一钱半。

将以上原料用井花水调和均匀，用石碾碾细，用模子脱制花样，焚烧使用。

脱俗香

香附子半两，用蜂蜜浸渍三日，慢火烘干；橙皮一两，烘干；零陵香半两，用酒浸渍一夜，慢火烘干；栋花一两，晒干；榠楂核一两；荔枝壳一两。

将以上原料精心择选，研成细末。加入少许龙脑，用炼蜜将香末搅拌均匀，放入瓷盒中，密封窖藏十余日，随即取出，用于焚烧。《宣武盛事》

文英香

甘松、藿香、茅香、白芷、麝香、檀香、零陵香、丁香皮、玄参、降真香，以上香料，每味各二两；白檀半两。

将以上原料研成粉末，加入炼蜜半斤及少许朴硝，调和成香，焚烧使用。

心清香

沉香、檀香，各取拇指大的量；丁香母一分；丁香皮三分；樟脑一两；麝香少许；无缝炭四两。

将以上原料研成粉末，搅拌均匀，隔水蒸煮蜂蜜，撇去浮泡，加入香末调和成剂，放入瓷器中窖藏。

琼心香

栈香半两；丁香三十枚；檀香一分，用腊茶清浸煮过；麝香五分，黄丹一分。

将以上原料研成粉末，用炼蜜调和均匀，制作成膏，焚烧使用。

太真香

沉香一两；栈香二两；龙脑一钱；麝香一钱；白檀一两，切细，用半盏白蜜调和，蒸干；甲香一两。

将以上原料研成细末，调和均匀，加入蜂蜜，隔水蒸煮成膏，制成香饼。窖藏一月，焚烧使用。

大洞真香

乳香一两，白檀一两，栈香一两，丁香皮一两，沉香一两，甘松半两，零陵香二两，藿香叶二两。

将以上原料研成粉末，用炼蜜调和成膏，焚烧使用。

天真香

沉香三两，切细；丁香一两，选取新鲜的；麝香、檀香各一两，切碎，炒制；玄参半两，洗净、切碎，微微烘焙；生龙脑半两，单独研磨；麝香三钱，单另研磨；甘草末二钱，单另研磨；焰硝少许；甲香一钱，已制。

将以上原料研成粉末，与腊麝调和均匀。白蜜六两，炼去泡沫，加入焰硝及香末调制，搓成鸡头米大的香丸。焚烧此香，用于熏衣，效果最好。

玉蕊香（一）

此香又名“百花新香”，制作此香时需白檀香一两，丁香一两，栈香一两，玄参二两，黄熟香二两，洁净的甘松半两，麝香三分。

将以上原料用炼蜜调和成膏状，依照寻常方法窖藏。

玉蕊香（二）

玄参半两，用银器煮干，再炒至有微烟冒出；甘松四两；白檀二钱，切碎。

将以上原料研成粉末，加入麝香、乳香二钱研磨，再加入炼蜜，搓制成芡实大的香丸。

玉蕊香（三）

白檀香四钱，丁香皮八钱，韶脑四钱，安息香一钱，桐木炭四钱，脑香、麝香少许。

将以上原料研成粉末，用蜂蜜调成香剂。用油纸包裹，瓷盒贮藏，窖藏半月。

庐陵香

紫檀七十二铢，即三两，制成碎屑，熬至一两半；栈香十二铢，即半两；甲香二铢半，即一钱，制过；苏合油五铢，即二钱二分，没有此味原料亦可；麝香三铢，即一钱一字；沉香六铢，一分；玄参一铢半，即半钱。

沙梨十个，切片，研细绞碎，取其汁液；青州枣二十个，加入两碗水，熬成浓汤；将紫檀浸渍一夜，用微火煮开，加入炼蜜及焰硝各半两，与诸味香料研细调和，窖藏一月，焚烧使用。

康漕紫瑞香

白檀一两，制成粉末；羊胫骨炭，半秤，捣碎筛制。

取以上原料，加入蜂蜜九两，用瓷器隔水蒸煮，水热后，先将炭煤与蜂蜜搅拌均匀，再加入檀香末。选麝香半钱或一钱，用单独的器皿研细，好酒化开，加入此前制成的香剂中，用瓷罐密封窖藏一月，取出焚烧，久经窖藏后，效果尤佳。

灵犀香

鸡舌香八钱，甘松三钱，零陵香一两半，藿香一两半。

将以上原料研成粉末，用炼蜜调和成剂，窖藏，依照寻常方法焚烧。

仙萸香

甘菊蕊一两；檀香一两；零陵香一两；白芷一两；龙脑、麝香各少许，用乳钵研磨。

将以上原料研成粉末，用梨汁调和成剂，揉搓制成香饼，暴晒至干。

降仙香

檀香末四两，用少许蜂蜜调和成膏；元参二两；甘松二两；川零陵香一两；麝香少许。

将以上原料研成粉末，用檀香膏调和，依照寻常方法焚烧。

可人香

香方歌谣为："丁香沉檀各两半，脑麝三钱中半良，二两乌香杉炭是，蜜丸焚处可人香。"

禁中非烟香（一）

香方歌谣为："脑麝沉檀俱半两，丁香一分重三钱，蜜和细杵为圆饼，得自宣和禁闼（宫廷、朝廷）传。"

禁中非烟香（二）

沉香半两；白檀四两，切成十块，用腊茶清浸片刻；丁香二两；降真香三两；郁金二两；制甲香三两。

将以上原料研成细末，加入少许麝香，用白芨末滴水调和成剂，捏成香饼，窖藏后即可焚烧。

复古东阁云头香

占腊沉香十两，金颜香三两，拂手香三两，蕃栀子花一两，梅花片脑二两半，龙涎香二两，麝香二两，石芝一两，制甲香半两。

将以上原料研成细末，用蔷薇水将其调和均匀，用石碾碾制，用模子脱制成花样，依照寻常方法焚烧使用。如果没有蔷薇水，用淡水调和也可以。《售用录》

崔贤妃瑶英胜

沉香四两，拂手香半两，麝香半两，金颜香三两半，石芝半两。

将以上原料研成细末，一同调和过碾，制作成香饼，排列在银盆或盘内，于盛夏烈日下晒干，用新制的软刷子刷出光亮，贮藏在锡盆内，依照寻常方法焚烧使用。

元若虚总管瑶英胜

龙涎香一两，大食栀子花二两，上等沉香十两，雪白梅花龙脑七钱，麝香、当门子半两。

以上原料，先将沉香切细，碾成极细的粉末，用蔷薇水浸渍一夜，次日上碾研磨三五次，再用石碾研磨一次。将龙脑等四味香料研成极细的粉末，与沉香调和均匀，再上石碾碾制一次。如水太多，则用纸吸水，令其干湿得当。

韩钤辖正德香

上等沉香十两，研成粉末；梅花片脑一两，蕃栀子一两，龙涎半两，石芝半两，郁金颜香半两，麝香肉半两。

将以上原料用蔷薇水调和均匀，使之干湿适度；在石碾上研细，倒入模子，脱制成花子，焚烧使用，或制成数珠佩戴。

滁州公库天花香

玄参四两，甘松二两，檀香一两，麝香五分。

以上原料，除麝香单独研磨外，将其余三味切成米粒状，加入白蜜六两拌匀，贮藏在瓷罐内，久藏窖中，乃成佳品。

玉春新科香（补）

沉香五两，栈香二两半，紫檀香二两半，米脑一两，梅花脑二钱半，麝香七钱半，木香一钱半，郁金颜香一两半，丁香一钱半，上好的石脂半两，白芨二两半，胯茶（胯茶不是一种茶叶的名称，而是历史记载中一种有关采茶的说法。据史书记载，茶园雇佣的采茶女为了给自己存“体己钱”，将嫩的鲜茶放入胯部的小口袋（一般用于放置女孩子的贴身物品用）偷偷带出，私下贩卖。久而久之，这种茶就被当时的喜茶之人称为“胯茶”）一胯半。

将以上原料研成细末，再加入脑香、麝香研磨；将香末倒入半斤皂荚煎制的浓膏中调制，用杵捣制千百下，用模子脱制成花样，阴干，刷光，瓷器收贮，依照寻常方法焚烧使用。

辛押陀罗亚悉香

沉香五两，兜娄香五两，檀香三两，甲香三两（已制），丁香半两，大石芎半两，降真香半两，安息香三钱；白色米脑二钱；麝香二钱；鉴临二钱，单独研磨，这一味原料可能是别名。

将以上原料研成细末，用蔷薇水、苏合油调和成剂，制成香丸或香饼焚烧。《沈谱》

瑞龙香

沉香一两；占城麝檀三钱；占城沉香三钱；迦阑木二钱；龙涎一钱；龙脑二钱，选用金脚的龙脑；檀香半钱；笃耨香半钱；大食水五滴；蔷薇水不拘多少；大食栀子花一钱。

将以上原料研成极细的粉末，搅拌调和均匀，在净石上碾成泥状，放入模中脱制成香。

华盖香

龙脑一钱；麝香一钱；香附子半两，去毛；白芷半两；甘松半两；松蒳一两；零陵叶半两；草豆蔻一两；茅香半两；檀香半两；沉香半两；酸枣肉，肉肥色红、个体偏小、湿生的最好，放入水中，熬成膏汁。

将以上原料研成细末，用炼蜜与枣膏将其搅拌均匀，放入木臼中捣制，以不黏为限，制成鸡头米大的香丸，焚烧使用。

宝林香

黄熟香、白檀香、栈香、甘松、藿香叶、零陵香叶、荷叶、紫背浮萍，各一两；茅香半斤，去毛，用酒浸渍，加蜂蜜拌炒，使之变成黄色。

将以上原料研成细末，用炼蜜调和均匀，搓制成皂荚子大小的香丸。在避风处，焚烧使用。

巡筵香

龙脑一钱，乳香半钱，荷叶、浮萍、旱莲、风松、水衣、松菊，各半两。

将以上原料研成细末，用炼蜜调和均匀，搓成弹子大小的香丸，用慢火烧制。从主人所坐的主位，用一盏清水，将香烟引入水中，盏内香烟围绕着筵席旋转，香烟连绵。泼去水，香烟方才断绝。

以上三种香方，也被称为三宝殊熏。

宝金香

沉香一两；檀香一两；乳香一钱，单独研磨；紫矿二钱；郁金颜香一钱，单独研磨；安息香一钱，单独研磨；甲香一钱；麝香二钱，单独研磨；石芝二钱；川芎一钱；木香一钱；白豆蔻二钱；龙脑二钱。

将以上原料研成细末，搅拌均匀，用炼蜜调成香剂，捏制成香饼，用金箔制成香衣。

云益香

叶艾、艾菊、荷叶、扁柏叶，各取相等分量。

将以上原料全部烧过，存性，制成粉末，用炼蜜制成香剂，依寻常方法使用，芬芳袭人。

卷九·凝合花香

梅花香七方

梅花香（一）

丁香一两，藿香一两，甘松一两，檀香一两，丁皮半两，牡丹皮半两，零陵二两，辛夷半两，龙脑一钱。

将以上原料研成粉末，用如常法制香，此香尤其适合当作佩戴用香。

梅花香（二）

甘松一两；零陵香一两；檀香半两；茴香半两；丁香一百枚；龙脑少许，单独研磨。

将以上原料研成细末，与炼蜜调和，干湿皆可，用于焚烧。

梅花香（三）

丁香枝杖一两，零陵香一两，白茅香一两，甘松一两，白檀一两，白梅末二钱，杏仁十五个，丁香三钱，白蜜半斤。

将以上原料研成细末，用炼蜜调制成香剂，窖藏七日，焚烧。

梅花香（四）

沉香五钱，檀香五钱，丁香五钱，丁香皮五钱，麝香少许，龙脑香少许。

除龙脑香、麝香两味以外，将以上原料倒入乳钵中，细细研磨，加入杉木炭二两，与香末调和均匀，用炼白蜜捣匀，揉搓成香饼，放入不渗漏的瓷瓶，久经窖藏，焚烧使用。烧香时，用玉片衬隔。《宣武盛事》

梅花香（五）

玄参四两；甘松四两；麝香少许；甲香三钱，先用泥浆慢火熬煮，再用蜂蜜制过。

将以上原料研成细末，用炼蜜调和，搓制成丸，依照寻常方法焚烧。《沈谱》

寿阳公主梅花香

甘松半两；白芷半两；牡丹皮半两；藁本半两；茴香一两；丁皮一两，不用火烤；檀香一两；降真香二钱；白梅一百枚。

以上原料，除丁皮以外，全部烘干，调制成粗末，用瓷器窖藏月余，依照寻常方法焚用。《沈谱》

李王帐中梅花香（补）

丁香一两，选用新鲜上好的；沉香一两；紫檀香半两；甘松半两；零陵香半两；龙脑四钱；麝香四钱；杉松炭末一两；制甲香三分。

以上原料研成细末，将炼蜜放凉与原料调和制成香丸，窖藏半月，焚烧使用。

梅香十五方

梅英香（一）

丁香三钱，白梅末三钱，零陵香叶二钱，木香一钱，甘松五分。

将以上原料研成细末，加入炼蜜，调制成香剂，窖藏，用于焚烧。

梅英香（二）

沉香三两，切成碎末；丁香四两；龙脑七钱，单独研磨；苏合油二钱；制过的甲香二钱；硝石末一钱。

将以上原料研成细末，加入乌香末一钱，用炼蜜调和均匀，制成芡实大小的香丸，焚烧使用。

梅蕊香（又名一枝梅）

檀香一两半，用建茶浸渍三日，放入银器中炒成紫色碎粒，取出待用；栈香三钱半，切成细末，加入一盏蜜、半盏酒，装入沙盒中蒸煮后，取出炒干；甲香半两，与浆水泥一同浸渍三日后取出，加入一盏浆水，煮干，再加入一盏酒，在银器内煮干，炒至黄色；玄参切片，加入焰硝一钱、蜜一盏、酒一盏，煮干，炒至脆，不用铁器；龙脑二钱，单独研磨；麝香当门子二字，单独研磨。

以上原料，研成细末。先将半两甘草捶碎，煮成沸汤一斤，放凉后，取出甘草。白蜜半斤，煎去浮蜡，将其与甘草汤一同煮制，放凉后，加入香末，再加入脑香、麝香及杉树油节炭二两，调和均匀，揉搓成香饼，储藏在瓷器内，窖藏一月。

梅蕊香

香方歌谣为："沉香一分丁香半，烰炭筛罗五两灰，炼蜜丸烧加脑麝，东风吹绽一枝梅。"《宣武盛事》

韩魏公浓梅香（又名返魂香）

黑角沉半两；丁香一钱；腊茶末一钱；郁金五分，选用个体较小的，用麦麸炒至红色；麝香一字；定粉（即韶粉）一米粒；白蜜一盏。

以上原料，分别研成粉末。先取腊茶茶汤的角子，放至澄清，加入麝香末调制。再依次加入沉香、丁香、郁金、腊茶末、定粉，混合研细，加入蜂蜜，调至稀稠得当。收藏在砂瓶器皿中，窖藏月余，取出烧用。久经窖藏，效果更好。焚烧此香时，用云母或银叶衬隔。

黄太史（黄庭坚）跋云："我与洪上座（宋代著名诗僧惠洪）一同歇宿在潭之碧厢门外的小舟之中，恰好衡州南郊花光仲仁（水墨画梅的创始者）托人乘舟送来墨梅二幅。我们两人立即聚集观赏。我说，现在只差焚香了。洪上座笑着打开行囊，取出一炷香焚熏。香气充盈中，使人如同在微寒天气、清冷早晨，行进于孤山篱落之间。我感到香气奇怪，问他是从哪里得来的。他说，是苏东坡从韩忠献家得来的。明知我有爱香之癖，而不相赠，岂不是小气？后来，驹父（宋代诗人洪刍，黄太史之外甥）会集古今香方，自称没有香能比得上舟中之香。我因其名不显，故而为其更名。"

《香谱补遗》所载，与前文稍有不同，现今一并收录于此：

腊沉一两，龙脑五分，麝香五分，定粉二钱，郁金五钱，腊茶末二钱，鹅梨二枚，白蜜二两。

以上原料，先将鹅梨削皮，用铜姜擦把梨捣碎，旋即挤出汁液，与蜂蜜一同熬制；在一个洁净的小盏内，调好定粉、腊茶、郁金香末，再加入沉香、龙脑、麝香调和成一体，用油纸包裹，放入瓷盒内，埋入地下，窖藏半月后即可

取出。如果要拿来馈赠他人，则搓成芡实大的丸，将金箔制成香衣，十丸作一贴。《洪谱》

笑梅香（一）

榅桲两个，檀香五钱，沉香三钱，金颜香四钱，麝香一钱。

把榅桲割破顶部，用小刀剔去内穰及子；将沉香、檀香制成极细粉末，填入榅桲内，把原来割下的顶部盖在上面，用麻绳绑好，用生面将榅桲包裹好，慢火烧烤至表面黄熟。除去面，将烧好的榅桲研磨成膏状。另将麝香、金颜香研至极细粉末，加入膏内，调和研匀。用雕花模印脱制，阴干后，即可焚烧使用。

笑梅香（二）

沉香一两，乌梅一两，芎劳一两，甘松一两，檀香五钱。

将以上原料研成粉末，加入少许脑香、麝香，用蜂蜜调和，储藏在瓷盒内，窖藏后取出烧用。

笑梅香（三）

栈香二钱，丁香二钱，甘松二钱，零陵香二钱，一并研成粗末；朴硝一两；脑香、麝香各五分。

将以上原料研成粉末，调和均匀，再加入脑香、麝香、朴硝，与生蜜搅拌，放入瓷盒内密封，窖藏半月。

笑梅香武（一）

丁香百粒，茴香一两，檀香五钱，甘松五钱，零陵香五钱，麝香五分。

将以上原料研成细末，用蜂蜜调制成香块，分别焚烧。

笑梅香武（二）

沉香一两，檀香一两，白梅肉一两，丁香八钱，木香七钱，牙硝五钱，研成粉末；丁香皮二钱，除去粗皮；麝香少许。

将以上原料研成细末，取少许白芨末煮成糊，与香末调和均匀，倒入模子里印花。阴干后，取出烧用。

肖梅韵香（补）

韶脑四两，丁香皮四两，白檀五钱，桐灰六两，麝香一钱。（另一种香方中，须加入沉香一两。）

以上原料，先将丁香、白檀、桐灰捣成粉末，再加入韶脑、麝香与热蜂蜜，搅拌均匀，捣三五百下，密封窖藏半月，取出烧用。

胜梅香

香方歌谣为："丁香一两真檀半（降真、白檀），松炭筛罗一两灰，熟蜜和匀入龙脑，东风吹绽岭头梅。"

鄙梅香

沉香一两，丁香二钱，檀香二钱，麝香五分，浮萍草不计多少。

将以上原料研成粉末，取浮萍草汁液，加入少许蜂蜜，搓制成香饼，焚烧使用。

梅林香

沉香一两，檀香一两，丁香枝杖三两，樟脑三两，麝香一钱。

以上原料，樟脑、麝香另用器具细细研磨。将其余三味原料擦干，制成粉末，待用。将加热过的硬炭末与香末调和均匀。白蜜隔水蒸煮，除去浮蜡，放凉，旋即加入臼中，与原料末一同捣制数百下，即可成香。焚烧此香，须用银叶衬隔。

淡梅香

丁香百粒，茴香一撮，檀香二两，甘松二两，零陵香二两，脑香、麝香各少许。

将以上原料研成细末，用炼蜜调制成剂，焚烧使用。《沈谱》

兰十一方

笑兰香（一）

麝香一钱，乳香一钱，麸炭末一两；紫檀五两，白色者尤佳，切成小片，用炼白蜜一斤，加入少量水，浸渍一夜后取出，在银器内炒至生出微烟。

以上原料，先将麝香在乳钵内研细。上好腊茶一钱，煮成沸汤，点至澄清，加入麝香，一并研磨均匀，与以上各味香料调和均匀，放入臼内，捣和。如果太干，可稍稍加入檀蜜水搅拌均匀。放入新容器中，用纸封十数重，放入地坑中，窖藏一月，焚烧使用。

笑兰香（二）

零陵香七钱，藿香七钱，甘松七钱，白芷二钱，木香二钱，母丁香七钱，官桂二钱，玄参三两，香附子二钱，沉香二钱；麝香少许，单独研磨。

将以上原料用炼蜜调和均匀，揉搓成香饼，焚烧使用。

笑兰香（三）

香方歌谣为："零藿丁檀沉木一，六钱藁本麝差轻，合和时用松花蜜，焚处无烟分外清。"《宣武盛事》

笑兰香（四）

白檀香一两，丁香一两，栈香一两，甘松五钱，黄熟香二两，玄参一两，麝香二钱。

以上原料，除麝香单独研磨以外，将其余六味一并捣制成末，用炼蜜搅拌成膏状。焚香、窖藏之法如常。《洪谱》

李元老笑兰香

拣丁香一钱，选取气味辛香者；木香一钱，选用像鸡骨者；沉香一钱，刮去较软的部分；白檀香一钱，选取香脂厚腻者；肉桂一钱，选取气味辛香者；回纥香附一钱（如果没有这一味，可用白豆蔻代替），与此前六味原料研成粉末。麝香五分，白片脑五分；南鹏砂二钱，先研细，再加入脑香、麝香。

将以上原料用炼蜜调和均匀，再加入马孛二钱多，搅拌成香剂。用新油单纸封裹，放入瓮瓶内，一月后取出，旋即搓制成豌豆大的香丸，捏制成饼。用这种香泡浸的酒，名为洞庭春。每一瓶酒，须加入一枚香饼，化开，用笋叶密封。春季浸泡三天，夏秋两季浸泡一天，冬季浸泡七天，即可取出饮用，酒香特别醇美。

靖老笑兰香

零陵香七钱半，藿香七钱半，甘松七钱半，当归一条，豆蔻一个，槟榔一个，木香五钱，丁香五钱，香附子二钱半，白芷二钱半，麝香少许。

将以上原料研成细末，用炼蜜搅和，放入臼中，捣制数百下，贮藏于瓷盒中，埋入地坑中，窖藏一月，旋即制成香饼，依照寻常方法焚烧。

胜笑兰香

沉香，拇指大一点儿；檀香，拇指大一点儿；丁香二钱；茴香五分；丁香皮三两；檀脑五钱；麝香五分；煤末五两；白蜜半斤；甲香二十片，用黄泥煮过，除去泥，洗净。

将以上原料研成细末，用炼蜜调和均匀，放入瓷器内，密封窖藏，旋即取出制成香丸，用于焚烧。

胜兰香（补）

香方歌谣为："甲香一分煮三番，二两乌沉一两檀，冰麝一钱龙脑半，蜜和清婉胜芳兰。"

秀兰香

香方歌谣为："沉藿零陵俱半两，丁香一分麝三钱，细捣蜜和为饼子，芬芳香自禁中传。"《宣武盛事》

兰蕊香（补）

栈香三钱，檀香三钱，乳香二钱，丁香三十枚，麝香五分。

将以上原料研成粉末，用鹅梨汁蒸过，调制成香饼，窖藏阴干，依照寻常之法焚烧。

兰远香（补）

沉香一两，速香一两，黄连一两，甘松一两，丁香皮五钱，紫胜香五钱。

将以上原料研成细末，用苏合油调制成香饼，焚烧使用。

木犀七方

木犀香（一）

降真一两；檀香一钱，单独研成粉末；腊茶半胯，研成碎末。

将降真香用纱囊盛好，放在瓷器内，用崭新、洁净的容器盛放鹅梨或凤栖梨汁液，浸渍两夜，放入茶中，待降真香软透，除去茶水，用檀香末搅拌均匀，窖藏后方可烧用。

木犀香（二）

采摘未开放的木犀花，用少量生蜜搅拌均匀。放入瓷器中，压实，埋入地坑中，久经窖藏。窖藏越久，香气越发清奇。取出后，放入乳钵内，研拍成香饼，用油单纸包裹收藏，随即取出，焚烧使用。采花时不能用手接触花片，最好剪取。

木犀香（三）

趁太阳未出之时，采摘带露岩桂花，选取含蕊而开或开放了三四分的，不拘多少。将炼蜜放凉，与花片搅拌调和，以温润为限，放入不吸水的瓷罐中，压紧，用蜡纸密封罐口。掘地三尺，窖藏一月。用银叶衬隔焚烧。如果选用已经大开的花朵制香，则没有什么香气。

木犀香（四）

五更初，用竹筷摘取尚未开放的岩桂花蕊，不拘多少。先在瓶底放入檀香少许，再将花蕊装入瓶内，装满花后，把樟脑洒在花上。将纱蒙在瓶口上，放置在空房子里，每天收取夜露四五次，用少量的生熟蜜搅拌，浇洒在瓶中，再用蜡纸密封。窖藏后取出焚烧。

木犀香（五）

沉香半两，檀香半两，茅香一两。

以上原料，研成粉末。取半开的桂花十二两，择去花蒂，研磨成泥，搅拌成剂，放入石臼中，捣千百下后取出，在有风的地方阴干。焚烧使用。

吴彦庄木犀香

沉香半两，檀香二钱五分，丁香十五粒；片脑少许，单独研磨；金颜香，单独研磨，也可以不用此味原料；麝香少许，用茶汤研磨；木犀花五盏，选用已开花而未凋零者，再加入脑香、麝香，一同研磨成泥。

将少许薄面糊加入所研磨的三味原料中，与此前四味原料调和成香剂，用模子制成小饼，窖藏阴干，依照寻常方法烧用。《宣武盛事》

智月木犀香

白檀一两，最好用腊茶浸渍；木香、金颜香、黑笃耨香、苏合油、麝香、白芨末各一钱。

将以上原料研成细末，用皂荚胶调和，放入臼中，捣制千下，用模子脱制成形，依寻常方法窖藏、焚烧。《沈谱》

诸花香二十九方

桂花香

选取即将开放的桂花蕊，捣烂去汁。将冬青子捣烂去汁，存其渣，与桂花调和成剂，在迎风处阴干。焚香时，用玉片衬隔，俨然有桂花香气，极具幽远韵致。

桂枝香

沉香、降真香，各取相等分量。

将以上原料切碎，用水浸渍香料，以水没过香料一指为限，蒸干，制成香末，用蜜调成香剂，焚烧使用。

杏花香（一）

附子沉、紫檀香、栈香、降真香，各一两；甲香、熏陆香、笃耨香、塌乳香，各五钱；丁香二钱，木香二钱，麝香五分，梅花脑三分。

将以上原料捣成粉末，用蔷薇水搅拌均匀，调制成香饼，用琉璃瓶储藏，窖藏一月。焚香时，有杏花的气韵。

杏花香（二）

甘松五钱，芎䓖五钱，麝香二分。

将以上原料研成粉末，用炼蜜调和，搓制成弹子大小的香丸，置于炉中焚熏，香气旖旎可爱，每当迎风烧香，气息尤妙。

吴顾道侍郎杏花香

白檀香五两，切细。二两蜂蜜，用热水化开，将白檀香浸渍其中，三夜后取出，放入银器内，变成紫色。加入杉木炭炒制，一同捣成粉末。麝香一钱，单另研磨；腊茶一钱，制成茶汤，放至澄清，取用底部黏稠的部分。

以上原料一并搅拌均匀。加入白蜜八两，调好。用乳槌捣制数百下，放入瓷器中储藏，仍用熔蜡封好，窖藏一月。久经窖藏，效果更佳。

百花香（一）

甘松一两；沉香一两，与腊茶一同煮

制半日；栈香一两；丁香一两，用腊茶煮制半日；玄参一两，洗净，捶碎，炒焦；麝香一钱；檀香五钱，切碎，选两个鹅梨，取其汁液，浸渍于银器之内蒸制；龙脑五分，缩砂仁一钱，肉豆蔻一钱。将以上原料研成细末，筛匀，用生蜜调和，捣制百余下，揉搓成香饼，放入瓷盒中，密封窖藏。依照寻常方法焚烧。

百花香（二）

香方歌谣为："三两甘松（别本作一两）、一两芎（别本作半两），麝香少许蜜和同，丸如弹子炉中焚， 一似百花迎晓风。"

野花香（一）

栈香一两，檀香一两，降真一两；舶上丁皮五钱，龙脑五分，麝香半字，炭末五钱。

将以上原料研成粉末，加入炭末，搅拌均匀，用炼蜜调和成香剂，捏成香饼，窖藏后可烧用。如要香烟聚集，加入制甲香一字。

野花香（二）

栈香三两，檀香三两，降真香三两，丁香皮一两，韶脑二钱，麝香一字。

以上原料，除韶脑、麝香单另研磨外，其余一起捣碎，筛成粉末，加入韶脑、麝香，搅拌均匀。杉木炭三两，烧过，存性，制成碎末。将以上原料用炼蜜调和成剂，倒入臼中捣三五百下，用瓷罐贮藏，旋即取出，焚烧使用。

野花香（三）

大黄一两；丁香、沉香、玄参、白檀，各五钱。

将以上原料研成粉末，用梨汁调和，制成香饼，焚烧使用。

野花香（四）

沉香、檀香、丁香、丁香皮、紫藤香，各五钱；麝香二钱，樟脑少许；杉木炭八两，研成粉末。

取蜂蜜一斤，隔水蒸煮炼过。先将樟脑、麝香调和均匀，加入香料，与炼蜜调成香剂，捣制数百下，放入瓷器中，埋入地下窖藏。取出后，捏成香饼，焚烧使用。

后庭花香

白檀一两，栈香一两，枫乳香一两，龙脑二钱。

将以上原料研成粉末，用白芨制成的糊调和，用模子印成花饼，依照寻常方法窖藏、阴干。

荔枝香

沉香、檀香、白豆蔻仁、西香附子、金颜香、肉桂，各一两；马牙硝五钱，龙脑五分，麝香五分，白芨二钱，新荔枝皮二钱。

以上原料，先将金颜香放入乳钵内，细细研磨，再加入龙脑、麝香、马牙硝研磨，再将各种香料分别研磨成粉末，加入金颜香，研磨均匀，加水，调和成香饼，窖藏阴干，焚烧使用。《沈谱》

洪驹父荔枝香

荔枝壳不拘多少，麝皮一个。

将以上原料用酒浸渍两夜，以酒高出原料两指为度。密封盖好，放在饭甑上蒸

至酒干，晒成粉末。每一两原料加入麝香一字，与炼蜜调和成香剂，制成香饼，依照寻常方法烧用。《宣武盛事》

柏子香

柏子实，不拘多少，选用带有青色、没有破开者。

将柏子实用沸水焯过，用酒浸渍，密封七日后，取出阴干，焚烧使用。

荼蘼香

香方歌谣为："三两玄参二两松，一枝滤子蜜和同，少加真麝并龙脑，一架荼蘼落晚风。"

黄亚夫野梅香（武）

降真香四两，腊茶一胯。

将腊茶制成碎末，加入井华水一碗，与降真香一同煮至水干。筛去茶，将降真香碾成细末，加入龙脑半钱，调和均匀。将白蜜炼熟，调成香剂，制成鸡头米大小的香丸，或者散烧。

江梅香

零陵香、藿香、丁香（怀干）、茴香、龙脑，以上每味各半两；麝香少许，在钵内研磨，用建茶汤调和洗净。

将以上原料研成粉末，用炼蜜调和均匀，捏成香饼，用银叶衬隔焚烧。

江梅香（补）

香方歌谣为："百粒丁香一撮茴，麝香少许可斟裁，更加五味零陵叶，百斛浓香江上梅。"

腊梅香

沉香三钱，檀香三钱，丁香六钱，龙脑半钱，麝香一字。

将以上原料研成细末，用生蜜调和成香剂，焚烧使用。《宣武盛事》

雪中春信（一）

檀香半两，栈香一两二钱，丁香皮一两二钱，樟脑一两二钱，麝香一钱，杉木炭二两。

将以上原料研成粉末，用炼蜜调和均匀，焚香、窖藏之法如常。

雪中春信（二）

沉香一两，白檀半两，丁香半两，木香半两，甘松七钱半，藿香七钱半，零陵香七钱半，白芷二钱，回纥香附子二钱，当归二钱，麝香二钱，官桂二钱，槟榔一枚，豆蔻一枚。

将以上原料研成粉末，用炼蜜调和，制成棋子大的香饼，或者用模子脱制成花样。依照寻常方法焚烧。《沈谱》

雪中春信（三）

香附子四两；郁金二两；檀香一两，用建茶煮过；麝香少许；樟脑一钱，用石灰制过；羊胫灰四两。

将以上原料研成粉末，用炼蜜调和均匀，焚香、窖藏之法如常。《宣武盛事》

春消息（一）

丁香半两，零陵香半两，甘松半两，茴香二分，麝香一分。

将以上原料研成粉末，加入蜂蜜，调和适当。用瓷盒盛装，放入地坑中窖藏半月。

春消息（二）

甘松一两，零陵香半两，檀香半两，

丁香十颗，茴香一撮，龙脑、麝香少许。

将以上原料调和均匀，窨藏之法如常。

雪中春泛

龙脑二分，麝香半钱，白檀二两，乳香七钱，沉香三钱，寒水石三两（烧制）。

将以上原料研成极细的粉末，用炼蜜和鹅梨汁调和均匀，制成香饼，脱去水分，放置在寒水石末中，用瓷瓶收藏。（东平李子新方）

胜茉莉香

沉香一两，金颜香（研成细末）、檀香各二钱，大丁香十粒（研成细末），脑香、麝香各一钱。

以上原料，将麝香加入冷腊茶清三四滴，与脑香一同研磨。选用刚刚开放，还未凋零的木犀花三大盏，除去花蒂，在洁净的器皿中研成烂泥。加入此前六味原料，再研磨均匀，搅拌揉搓成香饼，或者用模子脱制出花样。放入密封的容器中，窨藏一月。

菊 香

选雪白芸香，用酒煮制，加入玄参、桂末、丁皮。将四味原料调和均匀，焚烧使用。

雪兰香

香方歌谣为：“十两栈香一两檀，枫香两半各秤盘，更加一两玄参末，硝蜜同和号雪兰。”

卷十·熏佩之香

二十一方

笃耨佩香

沉香末一斤，金颜香末十两，大食栀子花一两，龙涎一两，龙脑五钱。

将以上原料研成细末，用蔷薇水细细调和停当，放入臼中捣至极细，用模子脱制成形。《宣武盛事》

梅蕊香

丁香半两；甘松半两；藿香叶半两；香白芷半两；牡丹皮一钱；零陵香一两半；舶上茴香五分，微加炒制。

一同切碎，用绢袋储藏，佩戴。

荀令十里香

丁香半两多；檀香一两；甘松一两；零陵香一两；生龙脑少许；茴香五分，略略炒制。

以上原料研成粉末，用薄纸沾取香末，装在纱囊内佩戴。各味原料中，茴香若为生的，则不香，若炒制太过，则焦气太多，药气太少，花香味淡，所以须斟酌添加，使香气更加旖旎。《沈谱》

洗衣香

牡丹皮一两，甘松一钱。

将以上原料研成粉末。每次清洗衣物时，在最后一遍清水中加入一钱香，香气便染于衣服上，一月不散。《宣武盛事》

假蔷薇百花香

甘松一两，檀香一两，零陵香一两，藿香叶半两，丁香半两，黄丹二分，白芷五分，香墨一分，茴香三分，用脑香、麝香制成香衣。

将以上原料研成细末，用熟蜜调和至稀稠得当，随意用模子脱制花样。

玉华醒醉香

采摘牡丹蕊和荼蘼花，用清酒拌和，使之湿润得当，阴干一夜，捣细，揉搓成香饼。阴干后，用龙脑制成香衣，放在枕间，芬芳袭人，可解酒。

衣香

零陵香一斤；甘松十两；檀香十两，丁香皮五两；辛夷二两；茴香二钱，炒制。

将以上原料捣制成粗末，加入少许龙脑，储藏于香囊中佩戴。《洪谱》

蔷薇衣香

茅香一两；丁香皮一两，切碎，微微炒制；零陵香一两；白芷半两；细辛半两；白檀半两；茴香三分，微微炒制。

将以上原料研成粉末，既可用来佩戴，也可用作焚熏。《宣武盛事》

牡丹衣香

丁香一两；牡丹皮一两；甘松一两，制成粉末；龙脑二钱，单独研磨；麝香一钱，单独研磨。

将以上原料一同调和，用花叶纸沾取香末，用于佩戴。

芙蕖衣香（补）

丁香一两；檀香一两；甘松一两；零陵香半两；牡丹皮半两；茴香二分，微微炒制。

将以上原料研成粉末，加入少许麝香，研磨均匀，用薄纸沾取，用新手帕包裹，贴近肌肤。其香气宛如刚刚绽放的莲花。使用时再加入麝香、龙脑各少许，香气更佳，不可用火烘焙。身体出汗后，气息更香。

御爱梅花衣香

零陵香叶四两；藿香叶三两；沉香一两，切细；甘松三两，除去泥土，清洗干净，称重；檀香二两；丁香半两，捣碎；米脑半两，单另研磨；白梅霜一两，捣成细末，称取净重；麝香三钱，单独研磨。

以上各种香料，均须晒干，不能用火烘干。除米脑、麝香、白梅霜以外，将其余香料一同研成粗末，再加入米脑、麝香、白梅霜，搅拌均匀，装入绢袋中佩戴。这一香方，是内侍韩宪所传。《售用录》

梅花衣香

零陵香、甘松、白檀、茴香，各选五钱；丁香、木香各一钱。

将以上原料研成粉末，加入龙脑少许，储藏在囊中。《汉武外传》

梅萼衣香（补）

丁香二钱；零陵香一钱；檀香一钱；舶上茴香五分，微微炒制；木香五分；甘松一钱半；白芷一钱半；脑香、麝香各少许。

将以上原料一同切碎。待到梅花盛开之际，晴明无风雨之日，于黄昏之前择选含苞待放的梅花，用红线系好。到次日清晨，太阳还未出来时，连着梅蒂一同摘下。将此前捣碎的原料一同搅拌，阴干，用纸包裹好，贮藏在纱囊之内，佩戴在身，香气旖旎可爱。

莲蕊衣香

莲蕊一钱（晒干研磨），零陵香半两，甘松四钱，藿香三钱，檀香三钱，丁香三钱，茴香二分（微微炒制），白梅肉三分，龙脑少许。

将以上原料研成细末，加入龙脑，研磨均匀，用薄纸沾取，贮藏于纱囊之内。

浓梅衣香

藿香叶二钱，早春芽茶二钱，丁香十枚，茴香半字，甘松三分，白芷三分，零陵香三分。

将以上原料一同切碎，储藏在绢袋中佩戴。

裛衣香（一）

丁香十两，单独研磨；郁金十两；零陵香六两；藿香四两；白芷四两；苏合油三两；甘松三两；杜蘅三两；麝香少许。

将以上原料研成粉末，盛于香袋中佩戴。《宣武盛事》

裛衣香（二）

零陵香一斤，丁香半斤，苏合油半斤，甘松三两，郁金二两，龙脑二两，麝香半两。

以上原料，均须选取品质精良者，如有一味原料不好，则会损害其他香料的品质。将原料一并捣成麻豆大小，用有夹层的绢袋装好。《琐碎录》

贵人浥汗香

丁香一两，研成粗末；川椒六十粒。

将以上两味原料混合，用绢袋盛放，佩戴在身，可以除汗气。《宣武盛事》

内苑蕊心衣香

藿香半两，益智仁半两，白芷半两，蜘蛛香半两，檀香二钱，丁香三钱，木香二钱。

将以上原料研成粉末，包裹好，放置在衣箱里。《事林广记》

胜兰衣香

零陵香二钱，茅香二钱，藿香二钱，独活一钱，甘松一钱半，大黄一钱，牡丹皮半钱，白芷半钱，丁香半钱，桂皮半钱。

先将以上原料清洗干净，晒干。再将酒略略喷洒在碗上，用这个碗来盛放原料，蒸煮片刻。加入山柰子二钱，用豆浆水蒸煮，用杯盏盖好。将一钱檀香研成细末，切碎，与原料调和均匀，加入麝香少许。

香爨

零陵香、茅香、藿香、甘松、松子（捶碎）、茴香、山柰子（豆腐蒸制）、檀香、木香、白芷、土白芷、桂肉、丁香、牡丹皮、沉香等份，麝香少许。

将以上原料用好酒喷洒过后，晒干，用刀切碎，碾成生料，筛制成粗末，用瓦坛收藏好。

软香十三方

软香（一）

笃耨香半两；檀香末半两；苏合油三两；金颜香五两，选用牙形的；银朱一两；麝香半两；龙脑二钱。

将以上原料研成细末，用银器或瓷器装好，放入沸汤锅中煮一会儿，旋即倒入苏合油内，搅拌均匀，调和停当后取出，倒入冷水中，随意制成香。

软香（二）

沉香十两，金颜香二两，栈香二两，丁香一两，乳香半两，龙脑五钱，麝香六钱。

将以上原料研成细末，用苏合油调和，放置在瓷器中，隔水蒸煮半日，以稀稠得当为度，放入臼中，调成香剂。

软香（三）

金颜香半斤，选品质极好者，在银器内煮化，用细布挤出净汁；苏合油四两，用绢滤过；龙脑一钱，研成细末；心红（纯红色的朱砂），不拘多少，以香品色泽变红为限；麝香半钱，研成细末。

以上原料，先将金颜香挤去水分，在银石器内化开；加入苏合油、麝香，搅拌均匀；再加入龙脑、心红，将铫子从火上移开，搅拌均匀。取出后，依照寻常方法制成香团。

软香（四）

黄蜡半斤，熔成汁液，滤净，倒入干净的铜铫内，放入紫草一同煎制，使之变红，滤去草滓；金颜香三两，拣选干净，称重，单独研成细末，放在一旁待用；檀香一两，碾成细末，筛过；沉香半两，研成极细的粉末；银朱，随意加入，以色泽变红为度；滴乳香三两，挑选透明块状的，用茅香煎水煮过，令其浮成片，熬成膏状，倒入冷水中，取出，待水干后，放入乳钵中研细，如原料黏钵，则将煅醋淬过的赭石二钱一同放入，一起研磨，就不会黏钵了；苏合香油三钱，临到调和时，先用生萝卜擦拭乳钵，使之不黏钵，如果没有苏合香油，可用苏合子代替；生麝香三钱，放入洁净的钵中，滴入茶清，研细，与其他香料拌和在一起。

将以上原料研成细末，用苏合油调和，放入瓷器中，隔水蒸煮半日，以稀稠得当为度，放入臼中，捣制成剂。将蜡放入大瓷碗中，隔水蒸煮，熔成汁，加入苏合油调和停当，加入各种香料，用柳棒快速搅拌均匀，即制成香。如欲制成软香，则用三两松子仁榨汁，倒入香内，即使是在大雪节气，也能制成软香。

软香（五）

檀香一两，研成粉末；沉香半两；丁香三钱；苏合香油半两。

将以上三种香料与苏合油一同搅拌均匀，如果不能融合，再加些苏合油。

软香（六）

上等沉香五两，金颜香二两半，龙脑一两。

将以上原料研成粉末。取苏合油六两半，用绵滤过后，取净油，调和香末。视香剂稀稠程度，加入油，如欲制成黑色香品，则加入少许百草霜。

软香（七）

沉香三两；栈香末三两；檀香三两；亚息香半两，制成粉末；梅花龙脑半两；甲香半两，制过；松子仁半两；金颜香一钱；龙涎一钱；笃耨油随意；麝香一钱；杉木炭，以色黑为选取标准。

以上原料，除龙脑、松仁、麝香、笃耨油以外，其余皆制成极细粉末。用笃耨油将各种原料调和均匀，制成香剂。

软香（八）

金颜香三两，苏合油三两，笃耨油一两二钱，龙脑四钱，麝香一钱。

先将金颜香碾成细末，除去渣滓，用苏合油坐熟。黄蜡一两，熔化，加入金颜香，熔过。加入龙脑、麝香、笃耨油、银朱，打和，用软的箨毛竹笋收好。如果想制成黄色香品，则加入蒲黄；如果想制成绿色香品，则加入石绿；如果想制成黑色香品，则加入墨；如果想制成紫色香品，则加入紫草。各选适量，加入其中，以调和均匀为度。

软香（九）

丁香一两，加木香少许，一同炒制；沉香一两；白檀二两；金颜香二两；黄蜡二两；山柰子二两；心红二两，不用黑色的；龙脑香半两（三钱亦可）；苏合油，不拘多少；生油，不拘多少；白胶香半斤。将灰水倒入沙锅内，煮制香料，待香料浮上水面，捞入凉水中凝结成块，再用皂角水三四碗，煮至香白为限，称取二两香料，待用。

先将蜡放入定瓷碗内，加热熔化，再依次加入白胶香、生油、苏合油，搅拌均匀。将碗从火上移开，放置在地上。待放温后，加入各种原料，制成香品，每一两香品制作成一枚香丸。如加入乌笃耨一两，效果尤妙。如欲制成黑色香品，则不用心红，加入香墨二两，烧红为末，依照寻常方法调和成剂。这种香品，可怀，可佩，置于扇柄中，随时握于手中把玩，效果极佳。《沈谱》

软香（十）

沉香半斤，研成细末；金颜香二两；龙脑一钱，研成细末；苏合油四两。

先将沉香末和苏合油倒入冷水中，揉和成团，挤去水，加入金颜香、龙脑。用水和成团，挤去水，放入臼中，捣制三五千下，随时除去水分，以水分全部除尽且捣制成带有光泽的香团为度。如果想香品变硬，则加入金颜香；如果想香品变软，则加入苏合油。《宣武盛事》

宝梵院主软香

沉香三两，金颜香五钱，龙脑四钱，麝香五钱，苏合油二两半，黄蜡一两半。

将以上香料研成细末。将苏合油与蜡隔水蒸煮，待其熔化后，捣入以上各种香料，加入龙脑，再捣制千余下，即可使用。

广州吴家软香

金颜香半斤，研磨成细末；苏合油二两；沉香一两，研成粉末；脑香、麝香各一钱，单独研磨；黄蜡二钱；芝麻油一钱，经过腊月甚至隔年的最好。

将苏合油、黄蜡一同熔化，放至微温，加入金颜香、沉香末，调和均匀，再加入脑香、麝香与苏合油一同搅拌，放在净石板上，用木槌击打数百下，依照寻常方法使用。

翟仁仲运使软香

金颜香半斤；苏合油，以能拌匀各种香料为限；龙脑、麝香各一字；乌梅肉二钱半，烘干。

先将金颜香、龙脑、麝香、乌梅肉研成细末，再用苏合油调和，随时注意使其软硬合适。如欲香品呈红色，则加入银朱二两半；如欲香品呈黑色，则加入皂荚灰三钱，存性。

熏衣香十方

熏衣香（一）

茅香四两，切碎，用酒洗过，微微蒸煮；零陵香半两；甘松半两；白檀二钱；丁香二钱半；白梅三个，烘干，取其粉末。

将以上原料研成粗末，加入米脑少许，用薄纸沾取香末，佩戴使用。

熏衣香（二）

沉香四两，栈香三两，檀香一两半，龙脑半两，牙硝二钱，麝香二钱。甲香四钱，用灰水浸渍一夜，用清水洗过，再用蜜水炼至黄色。

除龙脑、麝香单独研磨以外，其余原料一并研成粗末，用炼蜜半斤调和均匀，放凉后，加入龙脑、麝香。

蜀主熏御衣香

丁香一两，栈香一两，沉香一两，檀香一两，麝香二钱。甲香一两，已制。

以上原料，研成粉末。把放凉的炼蜜倒入香末中，调和均匀，窖藏月余，即可使用。《洪谱》

南阳公主熏衣香

蜘蛛香一两，白芷半两，零陵香半两，砂仁半两，丁香三钱，麝香五分，当归一钱，豆蔻一钱。

将以上原料研成粉末，用香囊盛好，佩戴使用。《事林广记》

新料熏衣香

沉香一两，栈香七钱，檀香五钱，牙硝一钱，米脑四钱，甲香一钱。

先将沉香、栈香、檀香制成粗粒，再加入麝香，搅拌均匀，依次加入甲香、牙硝及银朱一字，再用炼蜜搅拌调和均匀，掺入脑香，依照寻常方法使用。

千金月令熏衣香

沉香二两；丁香皮二两；郁金香二两，切细；苏合油一两；詹糖香一两，与苏合香油调和，制成饼状。小甲香四两半，放入新牛粪汁三升、水三升中，放到火上煎煮至三分之一分量；取出小甲香，用净水淘洗，刮去上面的肉质，烘干；再放入清酒二升、蜜半盒，用火煮至酒干，捞出放干，用水淘尽甲香上的蜜，晒干，单独研成粉末。

将以上各味香料研成粉末，调和均匀，依照寻常方法烧熏。

熏衣梅花香

甘松一两，木香一两，丁香半两，舶上茴香三钱，龙脑五钱。

将以上原料拌和成粗末，依照寻常方法烧熏。

熏衣芬积香（和剂）

沉香二十五两，切细；栈香二十两；藿香十两；檀香二十两，用腊茶清炒至黄色；零陵香叶十两；丁香十两；牙硝十两；米脑三两，研成粉末；麝香一两五钱；梅花龙脑一两，研成粉末；杉木麸炭二十两；甲香二十两，用炭灰煮两日，用蜂蜜洗去炭灰，与酒一同煮至酒干；蜜，炼制，用来调和香料。

将以上原料研成细末，加入研好的米脑、麝香末，用蜜调和均匀，依照寻常方法烧熏使用。

熏衣衙香

生沉香六两，切细；栈香六两，生牙硝六两；檀香十二两，和腊茶清炒；生龙脑二两，研碎；麝香二两，研碎；蜜比香斤两加倍，炼熟；甲香一两。

将以上香料研成粉末，加入研好的生龙脑、麝香，用蜂蜜调和均匀，依照寻常方法烧熏使用。

熏衣笑兰香

“藿零甘芷木茴香，茅赖芎黄和桂心，檀麝牡皮加减用，酒喷日晒绛囊盛。”

用苏合香油将藿零调和均匀，用松茅酒洗三赖（山柰），用淘米水浸过大黄，用蜜蒸制麝香，随即加入。用作熏衣香，则加入僵蚕；日常佩戴，则加入白梅肉。《事林广记》

涂傅之香七方

傅身香粉

英粉，单独研磨；青木香、麻黄根、附子（制过）、甘松、藿香、零陵香，各取相等分量。

除英粉外，将以上原料一同捣碎、筛制成细末，用生绢袋盛放，沐浴之后，擦在身体上。《洪谱》

和粉香

官粉十两，蜜陀僧一两，白檀香一两，黄连五钱，脑香、麝香各少许，蛤粉五两，轻粉二钱，朱砂二钱，金箔五个，鹰条一钱。

将以上原料研成细末，调和均匀，用来擦脸。

十和香粉

官粉一袋；朱砂三钱；蛤粉，选取白熟者；鹰条二钱；蜜陀僧五钱；檀香五钱；脑香、麝香各少许；紫粉少许；寒水石，与脑香、麝香一同研磨。

将以上原料，各用水飞法制成细末，调和均匀，加入脑香、麝香，调和颜色，以其色如桃花为度。

利汗红粉香

滑石一斤，选用色泽极白、不含石质的，水飞制过；心红三钱，轻粉五钱，麝香少许。

将以上原料研成极细的粉末，用来调粉，以呈肉色为佳。涂擦身体，有香肌利汗的效果。

香身丸

丁香一两半，藿香叶、零陵香、甘松各三两，香附子、白芷、当归、桂心、槟榔、益智仁各一两，麝香二钱，白豆蔻仁二两。

将以上原料研成细末，用炼蜜调和成香剂，捣制千下，制成桐子大小的香丸。含服一丸，五日之内口舌生香，十日之内身体带香，十五日之内，衣裳留有余香，闻到此香者，能治疗周身炽气、恶气及口齿气。

拂手香

白檀三两，选取质地滋润的，切成末，将三钱蜜倒入一盏水中，熬至水干，香稍稍带有湿气，烘干，捣碎，筛制成极细粉末；米脑五钱，研磨；阿胶一片。

将阿胶化成汤，打成糊，加入香末，搅拌均匀，在木臼中捣制三五百下，捏成香饼，或用模子印制成花样，窖藏阴干，在香饼中穿一个孔，用彩线系好，悬挂在胸前。《宣武盛事》

梅真香

零陵香叶半两，甘松半两，白檀香半两，丁香半两，白梅末半两，脑麝少许。

将以上原料研成细末，用来喷洒于衣服上，或涂擦身体。

发香油三方

香发木犀香油

凌晨时分，采摘未开的木犀花，拣去花的茎蒂，选取洁净的花片，高高量取一斗。取清麻油一斤，倒入花，用手轻轻搅拌均匀，放置在瓷罐中，用厚油纸密封罐口。放在锅内，隔水蒸煮一顿饭的时间后取出，安放在平稳、干燥之处。十日后，倒出使用，用手蘸取青液。收藏要诀是封闭紧密。储藏越久，香气越浓。如能在油中加入黄蜡，制成面霜，则尤其馨香。《事林广记》

乌发香油二方

香油二斤；柏油二两，单独存放；诃子皮一两半；没石子六个；五倍子半两；真胆矾一钱；川百药煎三两；酸榴皮半两；猪胆二个，单独放置；旱莲台半两。

以上原料，研成粗末。先将香油熬至数沸，然后将药末倒入油中一同熬制，稍后将油倒入罐内，待油微温，放入柏油搅拌，慢慢放入猪胆，再行搅拌，放凉。然后加入零陵香、藿香叶、香白芷、甘松各三钱，麝香一钱。再搅匀，用厚纸封严罐口。每日早、中、晚各搅一次，仍旧封好，如此十日。晚上将头发洗净，次日早上，将此香油抹在头发上干搽。过不了几天，头发乌黑而富有光泽，香滑而不沾染尘垢。涂抹香油后，不必洗去。使用之后，自见其效，黄发变作黑发。旱莲台，各地都有此物，约一二尺高，花小如菊，折断后有黑汁浸出，名为猢狲头。

又（此油最能黑发）

每香油一斤，枣枝一根，切碎；新竹片一根，截成小片，不拘多少，待用。荷叶四两，放入油中，煎至一半，除去此前加入的原料。在油中加入百药煎四两，再熬，放凉后，加入丁香、排草、檀香、辟尘茄。每净油一斤，大约加入一两多香料。

面脂香两方

合香泽法

用清酒浸香，夏季使用冷酒，春秋两季使用暖酒，冬季则将酒微微加热后使用。将鸡舌香（俗人因其形似丁子，故而称为丁子香）、藿香、苜蓿、兰香四种香料，用新绵包裹，放入酒中浸渍。夏季浸渍一夜，春秋两季浸渍两夜，冬季浸渍三夜。将胡麻油两分、猪胆一分放入铜锅中，调入浸过香的酒，煎煮数沸后，再用小火微微煎煮，然后放入浸过的香料，用微火煎制，直到黄昏。至水烧干，即熟。将火头插入试探，发出声音的，水未熬尽；有烟冒出且不发出声音的，则水已烧干。香泽快要煎熟时，放入少许青蒿上色。将丝绵罩在浅嘴瓶口，倒入香泽。《齐民要术》

头发总是枯黄，就用这种香泽滋润。加入丹砂，即可制成唇脂，能使唇色红润。《释名》

香粉的妙法在于在粉盒中多放入丁香，香气自然芬芳。《释名》

面脂香

牛髓，如果牛髓太少，则用牛脂调和牛髓，如果没有牛髓，则只用牛脂亦可。用温酒浸丁香、藿香两味，浸法如煎淬法，煎法与调和香泽时相同。面脂中也加入青蒿上色，用丝绵过滤，倒入瓷杯中，令其凝固。如果制作唇脂，则用熟朱调和，用青油包裹。《释名》

金章宗宫方三方

八白香（金章宗宫中洗面散）

白丁香、白僵蚕、白附子、白牵牛、白茯苓、白蒺、白芷、白芨，以上八味原料各取相等分量，加入皂角，除去皮弦，一并研成粉末，加入一半绿豆粉。日常使用此粉，面色如玉。

金主绿云香

沉香、蔓荆子、白芷、南没石子、踯躅花、生地黄、苓苓香、附子、防风、覆盆子、诃子肉、莲子草、芒硝、丁皮。

将以上原料各取相等分量，加入卷柏三钱，洗净晒干，分开切细，炒至黑色，用绢袋盛放，加入瓷罐中。每取原料三钱，用清香油浸渍，用厚纸封住罐口，贮藏七日。每次梳头时，洗净手，蘸油，擦在发顶心，使其渗入毛孔。不到十日，发质乌黑如漆。头发偏黄偏红者，能变黑，秃头的则能长出头发。

莲香散（金主宫中方）

丁香三钱，黄丹三钱，枯矾末一两。

以上原料，研成细末。闺阁之中用它来擦脚，时日渐长，香气浸入肤骨。擦脚布虽然经常清洗，但香气依然不减。

金章宗文房用具精鉴，用苏合香油点烟制墨，可谓穷尽心力。他还致力于粉泽、香膏的制作，使嫔妃们发鬓芬芳，莲足生香。遥想当年，人尽如花，花尽皆香，风流旖旎，陈后主、隋炀帝之后，仅此一人。

卷十一·香属

烧香用香饼

大凡烧香所用香饼，必须先将其烧至通红，放在香炉里，待其表面生出黄衣，方可慢慢用香灰覆盖。依旧用手试探炉火大小。《沈谱》

香饼（一）

坚硬羊胫骨炭三斤，制成炭末；黄丹五两；定粉五两；针砂五两；牙硝五两；枣一升，煮烂，除去皮、核。

将以上原料一同捣碎、拌匀，用枣膏调和成剂，随意捏成香饼。

香饼（二）

木炭三斤，制成炭末；定粉三两；黄丹二两。

将以上原料搅拌均匀，用糯米糊调和，倒入铁臼内细细捣制，用模子脱制成香饼，晒干以后，即可使用。

香饼（三）

由栎炭调和柏叶、葵菜、橡实等制成，如果香饼全用栎炭制成，则不仅难熟，且易碎，不硬的石饼，一般不用。

香饼（四）

软炭三斤，制成炭末；蜀葵叶或花一斤半。

将以上原料，一并捣制成黏和均匀的香剂。如果太干，则加入薄糊少许。将香剂搓成弹子大的丸子，捏制成香饼，晒干后储藏在瓷器内，烧香时取出使用。如果没有蜀葵叶或花，也可以在炭末中拌入红花滓一同捣制，用薄糊调和成剂。《沈谱》

耐久香饼

硬炭末五两，胡粉一两，黄丹一两。

将以上原料捣制成细末，煮熬糯米胶，将二者调和均匀，捏制成香饼，晒干。每次用它烧香，炷香经久不灭。也有人用针砂代替胡粉，煮枣子代替糯米胶。

长生香饼

黄丹四两；干蜀葵花二两，烧制成灰；干茄根二两，烧制成灰；枣肉半斤，去核。

以上原料研成粗末，把枣肉研磨成膏状，一并搅拌调和均匀，捏制成香饼，晒干。这种香饼放置在炉内熏燃，十分耐久，不易熄灭。

终日香饼

羊胫炭一斤，制成炭末；黄丹一分，定粉一分；针砂少许，研磨均匀；黑石脂一分。

将以上原料用煮好的枣肉搅拌均匀，捏制成香饼，窖藏二日，放在正午的阳光下晒干。烧香结束后，将香饼放在水中蘸灭，下次可再使用。

丁晋公文房七宝香饼

青州枣一斤，去核；木炭二斤，制成炭末；黄丹半两；铁屑二两；定粉一两；细墨一两；丁香二十粒。

将以上原料捣制成膏，如果膏剂太干，再加入枣。用模子将其脱制成铜钱大小的香饼，一枚香饼，可经一昼夜也不熄灭。

内府香饼

木炭末一斤，黄丹三两，定粉三两，针砂二两，枣半斤。

将以上原料研成粉末，加入熟枣肉捣和，捏制成饼，晒干，依照寻常方法使用即可。一枚香饼可以使用一整天。

贾清泉香饼

羊胫炭一斤，研成粉末；定粉四两，黄丹四两。

将以上原料用糯米粥或枣肉调和，制成香饼，晒干，依照寻常方法使用即可。或者用茄叶烧灰，存性，加入枣肉，一同捣制成香饼，晒干后使用。

用香煤七式

近来，焚香取火，不是用灶里的，就是用脚炉里的。用它来供奉神佛、祭祀祖先，多有不洁。故而用煤来扶接（扶持、帮助）火饼。《香史补遗》

香煤（一）

茄蒂不拘多少，烧存性，取四两；定粉三钱；黄丹二钱；海金砂二钱。

将以上原料一并研成粉末，搅拌均匀，放置在炉内，用纸点燃，可以供一整天使用。

香煤（二）

将枯茄根烧成炭，放在瓶内，晾凉，制成炭末。每一两炭末，加入铅粉二钱、黄丹二钱半，搅拌均匀，装入灰中，混合。

香煤（三）

焰硝，黄丹，杉木炭。

以上原料各取相等分量，加入炉中，用烧着的纸点燃。

香煤（四）

黑石脂，一名石墨，又名石涅。古人将其捣制成香煤。张正见诗云：“香散绮幕室，石墨雕金炉。”

香煤（五）

干竹筒、干柳枝，各二两，烧制成黑灰；铅粉二钱；黄丹三两；焰硝六钱。

以上原料，一并研成粉末。每次使用匕首那么大一点，用灯加热，在上面焚香。《沈谱》

月禅师香煤

杉木烰炭四两，硬羊胫炭二两，竹炭一两，黄丹半两，海金砂半两。

将以上原料一并研成粉末，搅拌均匀。每次使用，取二钱放入炉内，用纸灯点燃，待其通身发红，将冷香灰薄薄覆盖其上。

阎资钦香煤

多采些柏叶，摘去枝梗，清洗干净。放在正午的阳光下暴晒至干，切碎。不要选用长在坟墓间的柏树叶子。将切碎的柏叶放入洁净的罐中，用盐泥封固，炭火加热，再用石磨细细研磨。每次使用，取一二钱香煤，放置在香炉灰上，用纸灯点燃，待其全部烧遍，即可焚香，随时添加，可以使用一整天。

香饼、香煤之类，是好事者所为。要说实用，只须栎炭一块就可以了。

制香灰

香灰（十一法）

将细叶杉木枝烧制成灰，用一两块炭火养着，一夜后筛过，装入炉中。

每年秋天，采摘松须，晒干，烧制成灰，用来养香饼。

将未化的石灰捶碎，筛过，放入锅中炒至红色，放凉之后，再研磨过筛，重复几次，制成养炉灰。香灰洁白可爱，日日夜夜，常用一块炭火养着。仍须用盖子盖好，一旦沾上尘埃，就会变黑。

矿灰六分、炉灰四分，调和均匀，用大火养灰，焚燃炷香。

莆烧灰，装入炉中，其色如雪。

纸石灰、杉木灰各取相等分量，用米汤调和，烧过后使用。

头青、朱红、黑煤、土黄，各取相等分量，混杂在纸内，装入炉中，名叫锦灰。

将纸灰炒至通红，筛过，或将稻秆烧制成灰，皆可用作香灰。

干松花烧制成灰，装入香炉，最为洁净。

茄灰也能藏火，使火经久不息。

蜀葵干枯时，烧制成香灰，效果最妙。

炉灰松散则能养火，炉灰紧实则会退火。如今只用千余张纸烧成灰，最妙，能使炉中之火昼夜不熄。香灰，每月更换一次最佳。

香珠七条

香珠的制作方法，见诸道家的记载，由来已久。至于香茶、香药之类，难道也是汉代人含服鸡舌香的遗制吗？姑且收录于下，以备见闻，或可表达“耻一物不知”之意。

孙功甫廉访木犀香珠

木犀花蓓蕾，选用尚未全部开放者，因为花若开过，则没有了香气。晨露未干时，将布幔铺在地面上，如果没有布幔，则将树下的地面清扫干净。令人登梯上树，打下花蕊，择去梗叶，精拣花蕊，用中等石磨磨制出浆，再用布包裹，榨压去水。将已压去水分的干花料盛放在新瓷器中，随即取出，放在乳钵内研磨，使之变得又细又软。或者用小竹筒盛放花泥，或用滑石将花泥压平，片刻之后，取出花泥，用手搓制成小钱大小的圆珠子，用大竹签穿出孔眼，放置在盘中，用四五张纸包衬好；然后放在阳光边阴干，待稍稍坚硬后，将一百颗香珠串制成串，用山竹弓挂在迎风的地方，吹至八九分干，每次取下十五颗，用洁净清水略略揉洗，洗去皮边青黑色的物质，再用盘子盛放，在太阳阴影下阴干。如遇阴天，用纸衬隔，在慢火上烘干。用新绵包裹收好，时时观赏，香味可数年不失。磨制香泥、洗净香珠之时，忌秽污、妇人、铁器、油盐等物触犯。

《琐碎录》说：“木犀香念珠，须加入少量西木香。”

龙涎香珠

大黄一两半，甘松一两二钱，川芎一两半，牡丹皮一两二钱，藿香一两二钱，柰子一两一钱。

以上六味原料，将酒泼在上面，放置一夜，次日五更，将下面各味原料一并搅拌均匀，放在露天安顿好，晒干。

白芷二两；零陵香一两半；丁皮一两二钱；檀香三两；滑石一两二钱，单独研磨；白芨六两，煮成糊状；均香二两，洗净放干，单独研磨；白矾一两二钱，单独研磨；好栈香二两；春皮一两二钱；樟脑一两；麝香半字。

香珠搓制、晒制之法，与上文相同，还须加入龙涎、脑香、麝香。

香珠（一）

天宝香一两，土光香半两，速香一两，苏合香半两，牡丹皮二两，降真香半两，茅香一钱半，草香一钱。白芷二钱，用豆腐蒸过。山柰二钱，制法同上。丁香半两，藿香五钱，丁皮一两，藁本半两，细辛二分，白檀一两，麝香檀一两，零陵香二两，甘松半两，大黄二两，荔枝壳二钱，麝香一撮，黄蜡一两，滑石适量，石羔五钱，白芨一两。

将以上原料用蜜梅酒、松子、山柰、白芷糊调制。夏季用白芨，春秋两季用琼脂，冬季用阿胶。制作黑色的香珠，加入竹叶灰、石膏；制作黄色香珠，加入檀香、浦黄；制作白色香珠，加入滑石、麝檀；制作菩提色香珠，加入细辛。牡丹皮、檀香、麝檀、大黄、石膏、沉香等原料，湿的用蜡丸打制；干的用水打制。

香珠（二）

零陵香，酒洗；甘松，酒洗；木香少许；茴香相等分量；丁香相等分量；茅香，酒洗；川芎少许；藿香，酒洗（此物能夺香味，宜少用）；桂心少许；等分檀香；白芷，用面粉包裹煨熟，除去面；牡丹皮，用酒浸渍一日，晒干；山柰子少许，照白芷制法；大黄，蒸过，此味既能吸收香味，又能染色，多用无妨。

依照前面介绍的方法制作，晒干，调和成细末，用白芨和面打制成糊，调和成剂。搓制香珠，大小随意，趁着珠体较湿时，穿孔。珠体半干时，将麝香檀用水调成稠液，制成珠衣。

收香珠法

大凡香环、佩戴用香、念珠之类，夏天结束之后，必须用木贼草擦去汗垢，方能使香珠不被汗水蒸坏，若已被汗水蒸损，则用温水洗过，晒干，则其香气如初。

香珠烧之香彻天

将各种香料捣碎，制成梧桐子大小的丸子，用青绳穿好，这就是三皇真元香珠。焚烧此香珠，香气彻天。《三洞珠囊》

交趾香珠

交趾人用泥香捏成小巴豆状，与琉璃珠相间，用彩丝串好，制成道人所用念珠。贩入省城售卖，南方的妇女喜欢将其佩戴在身上。

我曾经见过交趾制作的香珠，其外用朱砂制成珠衣，内用小铜管穿绳，制作极其精严。

香药五剂

丁沉煎圆

丁香二两半，沉香四钱，木香一钱，白豆蔻二两，檀香二两，甘松四两。

将以上原料研成细末，用甘草调和成膏，研磨均匀，搓制成芡实大小的丸子。每次取一丸，含化。常服此种香药，有调顺三焦（六腑之一），和养荣卫(气血、身体），治心胸痞满（心下痞塞、胸膈胀满）之效。

木香饼子

木香、檀香、丁香、甘草、肉桂、甘松、硇砂、丁皮、莪术，取等分。

将莪术用醋煮过，用盐水浸渍，取出后，用醋浆水浸渍三日，制成粉末。用炼蜜调和众香，与甘草膏一同制成饼状，每次服用三五枚。

豆蔻香身丸

丁香、青木香、藿香、甘松，各一两；白芷、香附子、当归、桂心、槟榔、豆蔻，各十两；麝香少许。

将以上原料研成细末，用炼蜜调成药剂，加入少许酥油，制成梧桐子大小的药丸。每次服用二十丸，在口中含化，吞咽津沫。久服此丸，使人身体带香。

透体麝脐丹

川芎、松子仁、柏子仁、菊花、当归、白茯苓、藿香叶，各一两。

将以上原料研成细末，用炼蜜调和，制成桐子大小的药丸。每次服用五七丸，用温酒、茶汤服下。能除去各种风疾，使眼目明亮，身体轻盈，辟除邪恶，减少噩梦，增添神彩，令人身体发香。

独醒香

干葛、乌梅、甘草、硇砂，各二两；枸杞子四两；檀香半两；百药煎半斤。

将以上原料研成极细的粉末，滴入水中，制成鸡头米大小的药丸。取二三丸细细嚼服，可醒酒。

香茶四方

经进龙麝香茶

白豆蔻一两，去皮；白檀末七钱，百药煎五钱；寒水石五钱，用薄荷汁制过；麝香四分；沉香三钱；片脑二钱；甘草末三钱；上等高茶一斤。

将以上原料研成极细的粉末。取洁净的糯米半升，煮成粥，用质地细密的布绞取粥汁，放置在干净的碗中，晾凉，与香末调和成剂，不可稀软，以硬为度。放在石板上捣制一两个时辰，如果太黏，加入二两煎沸的小油、三五片白檀香。从模子里脱制出来后，用小竹刀将茶背刮平。

孩儿香茶

孩儿香一斤；高茶末三两；麝香四钱；片脑二钱五分，或用糠米，不能选用韶脑；薄荷霜五钱；川百药煎一两，研成极细的粉末。

将以上六味原料一并调和均匀。取熟白糯米一升半，淘洗干净，放入锅中，加入冷水，使水高出米四指，煮成糕糜，取出，放至完全冷透。在瓷盆中揉和成剂，在平石砧上捣制千余下，多捣几下更妙。然后在花模中洒上少许油，将香剂制作成饼，在洁净透风的筛子中放好，阴干，储藏在瓷器中，用青纸衬裹，密封。

香茶（一）

上等细茶一斤，片脑半两，檀香三两，沉香一两，硇砂三两，旧龙涎饼一两。

以上原料，研成细末。取半斤甘草，切碎，用一碗半水煎制，取其净汁一碗，加入麝香米三钱，调和均匀，随意制成茶饼。

香茶（二）

龙脑、麝香（雪梨制过）、百药煎、拣草、寒水石，各三钱；高茶一斤；硼砂一钱；白豆蔻二钱。

将以上原料一并碾成细末，将熬过的熟糯米粥倒在净布巾中，绞取浓汁，与原料调和均匀，放在石头上捣制千下，放入模中脱制花样。

卷十二·印篆诸香

香 印

定州公库印香

栈香、檀香、零陵香、藿香、甘松，各一两；大黄半两；茅香半两。用蜂蜜水、酒炒至黄色。

将以上原料捣碎、筛制成粉末，依照寻常方法使用。

大凡制作印篆用香，须加入少许杏仁末，搅拌香料时才不容易掠起香尘，且容易脱制成形。以下香印制作，皆效仿此法。

和州公库印香

沉香十两，切细；檀香八两，切成棋子大小；生结香八两，零陵香四两；藿香叶四两，烘干；甘松四两，除去杂土；草茅香四两，除去尘土；香附二两，选用红色的，除去其黑皮；麻黄二两，除去根部，切细；甘草二两，将较粗的甘草切细；乳香二两，足量称取；龙脑七钱，生龙脑最好；麝香七钱；焰硝半两。

将龙脑、麝香、乳香缠、焰硝四味原料单独研磨，其余十味原料全部烘干，捣碎、筛制成细末，用盒子装好，外面用纸包裹。平常将其放置在暖和的地方，随时取出烧用，万万不可使其泄气阴湿。此香在帏帐中焚熏，香气悠扬。制成香篆，或者用来熏衣，效果也很好。

另有一种配方，与这一配方多数原料分量相同，只有龙脑、麝香、焰硝分量各增一倍，草茅香须选取茅香为好。每一两香品，仍加入制过的甲香半钱。这本来是太守冯公传给其义子宜行的香方。

百刻印香

栈香一两；檀香、沉香、黄熟香、零陵香、藿香、茅香，各二两；土草香半两，除去杂土；盆硝半两；丁香半两；制甲香七钱半（另一种配方中记载为七分半）；龙脑少许；研成细末，制作篆香时即可加入。

以上原料，研成粉末，依寻常方法烧香。

资善堂印香

栈香三两，黄熟香一两，零陵香一两，藿香叶一两，沉香一两，檀香一两，白茅香花一两，丁香半两，制甲香三分，龙脑香三钱，麝香三分。

将以上原料捣碎、筛制成细末，用崭新的瓦罐盛放。昔日由张全真参政传下此香方，张瑞远丞相对此极其喜爱。每日点一盘篆香，香烟不息。

龙麝印香

檀香、沉香、茅香、黄熟香、藿香叶、零陵香，以上原料各取十两。甲香七两半，盆硝二两半，丁香五两半，栈香三十两。

将以上原料研成细末，调和均匀，依照寻常方法烧香。

旁通香图（一）

	四和	降真	百花	百和	花蕊	宝篆	清真
文苑	沉香（一两一分）	檀香（半两）	栈香（一分）	甘松（一分）	玄参（二两）	丁皮（一分）	麝香（二钱）
常料		降真（半两）		檀香（半两）	甘松（半两）	枫香（半两）	茅香（四两）
芬积	檀香（三钱）	栈香（半两）	沉香（一分）	降真（半两）	麝香（一分）	脑香（一分）	甲香（一分）
清速		茅香（半两）	生结（三分）	脑香（半钱）	沉香（一分）	麝香（一分）	檀香（半两）
衣香	脑香（一钱）	零陵（半两）	麝香（一钱）	木香（半钱）	檀香（一分）	藿香（一分）	丁香（半两）
清神		藿香（半两）		麝香（一钱）	脑香（一钱）	栈香（一两）	沉香（半两）
凝香	麝香（一钱）	丁香（半两）	檀香（一两半）	甲香（一钱）	结香（一钱）	甘草（一钱）	脑香（一钱）

旁通香图（二）

	四和	凝香	百花	碎琼	云英	宝篆	清真
文苑	沉香（二两一钱）	檀香（半两）	栈香（一分）	甘松（一分）	玄参（一两）	丁皮（一分）	麝香（一分）
常料		降真（半两）		檀香（半两）	甘松（半两）	白芷（半两）	茅香（四两）
芬积	檀香（三钱）	栈香（半两）	沉香（一分）	降真（半两）	麝香（一分）	脑香（一分）	甲香（一分）
清速		茅香（半两）		生结（三分）	沉香（一分）	麝香（一钱）	檀香（半两）
衣香	脑香（一钱）	零陵（半两）	麝香（一钱）	木香（半钱）	檀香（半分）	藿香（一分）	丁香（半两）
清神	藿香（一分）	麝香（六钱）	脑香（一钱）	栈香（一两）	沉香（半两）	脑香（一钱）	
凝香	麝香（一钱）	丁香（半两）	檀香（半两）	甲香（一钱）	结香（一钱）	甘草（一分）	

将以上原料碾为细末，用少许蜂蜜搅拌均匀，依照寻常方法焚用。其中，只有宝篆香不用蜂蜜调和。
以上两则旁通香图，（一）出于本谱，（二）载于《居家必用》，彼此小有差异，故而两存。

又方

夹栈香半两，白檀香半两，白茅香二两，藿香二钱；甘松半两，除去杂土；甘草半两，乳香半两，丁香半两，麝香四钱，甲香三分，龙脑一钱，沉香半两。

除龙脑、麝香、乳香单独研磨以外，其余原料一并捣碎，筛制成细末，搅拌调和均匀，依照寻常方法使用。《沈谱》

乳檀印香

黄熟香六斤，香附子五两，丁香皮五两，藿香四两，零陵香四两，檀香四两，白芷四两；枣半斤，烘制；茅香二斤，茴香二两，甘松半斤；乳香一两，研成细末；生结香四两。

将以上原料捣碎，筛成细末，依照寻常方法焚烧使用。

大衍篆香图

百刻篆香图

供佛印香

栈香一斤，甘松三两，零陵香三两，檀香一两，藿香一两，白芷半两，茅香五钱，甘草三钱；苍脑三钱，单独研磨。

将以上原料研成细末，依照寻常方法焚烧使用。

无比印香

零陵香一两，甘草一两，藿香一两，香附子一两；茅香二两，用蜂蜜水浸泡一夜，不可加入太多的水，晒干后微微炒过。

以上原料，研成粉末。每次取用时，先在印模中擦上少许紫檀末，再将香末洒在印模中。

梦觉庵妙高印香

沉速、黄檀、降香、乳香、木香，各四两；丁香、捡芸香、姜黄、玄参、牡丹皮、丁皮、辛夷、白芷，各六两；大黄、藁本、独活、藿香、茅香、荔枝壳、马蹄香、官桂，各八两；铁面马牙香一斤。

将以上原料研成粉末，调和好，加入一两官粉、一钱炒硝，这样一来，点燃印香后，就不会有中途间断、熄灭的顾虑了。共二十四味，按二十四气，用以供佛。

水浮印香

紫灰一升，或者选用纸灰；黄蜡两块，荔枝大小。

将以上原料一并倒入锅内，以黄蜡烛燃尽为限。依照寻常方法，将香末脱制成香印，将香灰表面刮平，依照香印大小，剪裁薄纸盖在上面，然后将纸连同香范倒扣过来，将香印敲落到纸上，将纸放到水盆中，纸被水浸湿后，会自然下沉（香印却浮在水面之上），轻轻用纸炷点燃香印。

香 篆

宝篆香

沉香一两，丁香皮一两，藿香叶一两，夹栈香二两，甘松半两，零陵香半两，甘草半两；制甲香半两，制紫檀三两，焰硝三分。

将以上原料研成粉末，调和均匀，制作香印时，加入龙脑、麝香各少许。《洪谱》

香篆（一名寿香）

乳香，干莲草，降真香，沉香，檀香；青皮，切片，烧成灰，制成炷状；贴水荷叶，男孩胎发一个，瓦松，木栎，麝香，龙脑少许；山枣子。用云母石衬底。

以上十四味原料，研成粉末。将枣子掺入，阴干使用。烧香时，用玄参末与蜂蜜调和，放在筷梢上引动香烟，描绘的字画、人物，都不会散去。若要香烟散去，可将车前子末弹在烟上，香烟自会散去。

又方

香方歌谣为："乳旱降沉檀，藿青贴发山，断松雄律字，脑麝馥空间。"

用铜筷子引动香烟，书写成字。一说加入等量的针砂，以筷梢夹取少许磁石，吸引香烟，任意制作香篆。

丁公美香篆

乳香半两（别本也作一两）；水蛭三钱；郁金一钱；壬癸虫（即蝌蚪）二钱；定风草半两，即天麻苗；龙脑少许。

除龙脑、乳香单独研磨以外，其余原料一并研成粉末。然后将二者调和均匀，加水，制成梧桐子大小的丸子。每次使用，先用清水将手沾湿，再焚香。香烟升起时，将湿手按在香烟上，任意形成巧妙的烟形。手要保持湿润。

香方歌谣为："乳蛭壬风龙欲煎，兽炉爇处发祥烟，竹轩清夏寂无事，可爱翛然逐昼眠。"

信灵香（一名三神香）

汉明帝时，真人燕济居住在三公山的石窑中。因有毒蛇猛兽及邪魔侵犯，就下山改居于华阴县庵中。真人在此一住就是三年，忽然有一天，有三名道士投庵借宿，到了夜里，谈及三公山石窑之胜，惋惜有邪魔侵犯。其中一位道士说："我有一种神奇的香，能救世人苦难，焚烧此香，能得自然之玄妙，可以飞升天界。"真人得到此香后，重新进入山中静坐。他将此香焚烧后，毒蛇、猛兽全都静默。忽然有一天，之前的道士披散着头发、背着琴，从空中飞来，将一香方书写在石壁上，遂乘风而去。此香题名为三神香，寓意能开天门地户，通达灵圣。若焚此香，入山可驱猛兽，可免刀兵瘟疫；久旱可降甘霖，渡江可免风波；有火焚烧，无火口嚼，从空中喷出，能得龙神护助，静心修合，无不灵验。

沉香、乳香、丁香、白檀香、香附、藿香、甘松，各二钱；远志一钱，藁本三钱，白芷三钱，玄参二钱；零陵香、大黄、降真、木香、茅香、白芨、柏香、川芎、山柰，各二钱五分。

以上原料，在甲子日混合，丙子日捣制成末，戊子日调和，庚子日印制成饼，壬子日装入盒中收起。用炼蜜调制成香丸，或者刻印成香饼，将寒水石制成香衣，出入携带，最好装在葫芦里。

另有一种香方，减去四味香料，用量稍有差异：沉香、白檀香、降真香、乳香，各一钱；零陵香八钱，大黄二钱，甘松一两，藿香四钱，香附子一钱，玄参二钱，白芷八钱，藁本八钱。

此香制成后，用洁净的容器贮藏。取用时，须在甲子日开启。先烧三饼，供养天地神祇。完毕后，随意焚烧使用。调制此香时，避妇人、鸡、犬。

四时香篆十三图（五夜百刻诸图）

□ 四时香篆十三图

在香文化发展的鼎盛时期宋代，人们还发明了专门用来燃点香粉的模具——香篆（也作香印）。即用模具将合香粉压印成固定字型或花样，然后点燃，使其循序燃尽。除此之外，制香者还将一昼夜划分为一百个刻度，香长二百四十分，每个时辰大约燃烧二尺，共计二百四十寸，即所谓的“百刻香”。与此同时，人们还根据不同的节气以及昼夜长短的变化来调整香径和香长，作四时香篆。以下即为“四时香篆十三图”。

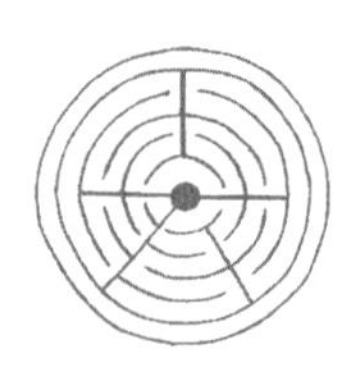 小雪后十日，连同大雪、冬至，以及小寒后三日。 上印：六十刻，径围三寸三分，长二尺七寸五分，无剩余。	 小寒后四日至大寒后二日，小雪前一日以及其后十一日，相同。 甲印：五十九、五十八刻，径围三寸二分，长二尺七寸。 大寒后三日，至十二日后，立冬后四日，至十三日。相同。	 立春前三日、后四日；立春前五日、后三日。相同。 乙印：五十七、五十六刻，径三寸二分，长二尺六寸。 立春后五日至十二日，霜降前四日至后十日，相同。	 雨水前三日至后三日，霜降前二日至后三日以内。 丙印：五十五、五十四刻，径围三寸二分，长二尺五寸。 雨水后四日至九日，寒露后六日至后十二日以内。	 雨水后十日至惊蛰节日，寒露前一日至后五日，相同。 丁印：五十三、五十二刻，径围三寸，长二尺四寸。 惊蛰后一日至六日，秋分八日至十三日。相同。
 惊蛰后七日至十二日，秋分后三日至后八日。相同。 戊印：五十一刻，径围二寸九分，长二尺三寸。	 春分后九日至十二日，白露后一日至六日。相同。 庚印：四十八、四十七刻，径围二寸七分，长二尺一寸五分。 清明前一日至后六日，处暑后十一日至白露节日。相同。	 清明后七日至十二日，处暑四日至十日。相同。 辛印：四十六、四十五刻，径围二寸六分，长二尺五分。 清明后十三日至谷雨后三日，立秋后十二日至处暑后三日。相同。	 惊蛰后十三日至春分后三日，秋分前二日至后二日。相同。 中印：五十刻，径围二寸八分长，二尺二寸五分无余。	 春分后四日至八日，白露后七日至十二日以内。 己印：四十九刻，径围二寸八分，长二尺二寸无余。

谷雨后四日至后十日，立秋后五日至十一日。相同。

壬印：四十四、四十五刻，径围三寸五分，长一尺九寸五分。

谷雨后十一日至立夏后三日，大暑后十二日，至立秋后四日。相同。

立夏后四日至十三日，相同；大暑后二日至十一日，相同。

癸印：四十二、四十一刻，径围二寸四分，长一尺八寸五分。

小满前一日至后十一日，小暑后四日至大暑后一日。相同。

芒种前三日至小暑后三日。

未印：中十刻，径二寸三分，长一尺七寸五分无余。

印篆香图

五夜香刻（宣州石刻）

穴壶为漏，浮木为箭（计时装置），自有熊氏（即黄帝）以来，历史已久。三代两汉至今，也一直遵用。虽然制作有巧拙之分，但方法始终没有改变。国朝（指作者所在的朝代——宋朝）初年，得到一杆制作精巧的唐朝水秤，与杜牧所说的宣润秤漏颇为符合。后燕萧龙图任梓州守官时，曾制作莲花漏进贡给皇帝。近来，又有吴僧瑞新创制杭、湖等州的秤漏，体例都十分疏略。庆历戊子年，初列朝班。十二日，起居郎宣布，准许百官在朝堂内观赏新秤漏，因而得以观赏、识鉴。这才发现，古往今来的制作工艺，都没有精推细究。由于缺少第二级的水壶，导致水漏滴水的时间有迟速的差别。亘古以来的缺憾，由我宋朝构建、推求，直至完备。我曾不避愚笨，效仿成法，在婺、睦二州的鼓角楼上仿造。熙宁癸丑年大旱，夏秋少雨，井泉枯竭，民众饮水困难。是时，我待次（旧时指官吏授职后，依次按照资历补缺）梅溪，制作百刻香印，以核准早晚时间，又增置五夜香刻。

百刻香印引

百刻香印，用坚硬的木材制成，山梨木尤佳，楠木、樟木略次一等。香印厚一寸二分，外径为一尺一寸，中心径一寸。雕刻纹路的地方分为十二个迂回弯曲的格子，纹路为横向二十一层，每层宽一分半，其上削尖，深度也是如此。每刻长二寸四分，共一百刻，总长二百四十分。每个时辰为二尺，合计二百四十寸。分作八刻，作三份雕刻。接近中间狭窄之处，是六晖所属，即亥子、丑寅、卯辰、巳午、未申、酉戌，阴尽至阳（从戌时、未时到亥时，以上称为长晖，外面各自相连）。阳时有六，全部为顺向，从小入大，从微弱至显著，向着戌、亥，阳终入阴（亥时末端，直至子时，以上六个时辰，狭窄之处，内层各自相连）。阴时有六，全部为逆向，从大入小，阴时渐渐减弱，中间不要断开，犹如圆环，没有开端。每次取火，依照当时的时辰点燃印香。大多从正午（第三层，接近中间的地方即是）开始，或者从日出（即卯时）起，断续不定的地方，就是点香的起点。

五更印刻

上印最长：从小雪开始，其后大雪、冬至，小寒后单独使用，其次有甲、乙、丙、丁四种香印，并为两刻使用。中印最平：自惊蛰至春分后单独使用，秋分同，其前后有戊、己香印各一种，一并单用。末印最短：自芒种前及夏至后、小暑后，单独使用。前有庚、辛、壬、癸四种香印，并为两刻使用。

大衍篆香图

大凡调和印篆香末，不使用栈香、乳香、降真香等，因其油脂成分过高，使火不能燃烧。各种香方详列于前卷。

邹象浑传授大衍篆香图。邹象浑名继隆，字绍南，豫章人士，因做官而居住在慈利县，好古博雅，善诗能文，尤善于《易》。贤德的士大夫，大多推重于他。

己巳天历二年十月初一，中齐居士书。

百刻篆香图

百刻香，如果用寻常香料制作，则计时不准。如今用野苏、松球两味原料，调和均匀，储藏于崭新的陶器之内，即可使用。野苏，即荏叶。在秋天到来之前，采摘晒干，制成粉末，每料用十两。松球，即枯松球。秋末，采集从树上自然落下的松球，晒干，切去球心部分，制成粉末，每料用八两。

昔日，我曾著述《香谱》一书，对于百刻香，叙述不是特别详尽。广德吴正仲修制其篆刻及制香之法，承他相赠，两相比较，其制法更为精湛。如果没有高雅的才能与精妙的构思，哪能制得此香？ 因而镌刻于石上，传留给后世喜好香事的人。

熙宁甲寅年，二月二日，右谏议大夫、宣城郡知县沈立题。（此香篆核准十二时辰，分作一百刻，燃烧一昼夜。）

炉中熏香，散发出馥郁的香气。仙灵下降，邪恶隐遁。清修之士，室内座旁，一刻也不能断绝香烟。炉中焚烧的香丸，容易烧尽，而印篆之香绵远悠长，弥漫美妙。适宜寒冷的清宵、漫长的白天，在帐下工于科举制艺之人，心中所思，俱是文章，不在意焚香之事。时时感到香气飘飞，浮于鼻间，足以助养清气，明爽精神。

卷十三·晦斋香谱

序

香大多出产于海外各国，贵贱不一。沉香、檀香、乳香、甲香、脑香、麝香、龙脑、栈香，其名目虽记载于香谱之中，但真伪未辨。一草一木，乃夺乾坤之秀气；一树一花，皆受日月之精华。其根灵结秀，品类不同。但凡焚香，须了解香味之清浊，明辨香气之轻重。香气为近距离传播的，称为香；为远距离传播的，则称为馨。纯真洁净的香气，可上达苍穹；混杂不纯的香气，只可供人玩赏。琴台书案之间，最适合焚烧柏子、沉、檀等香；酒宴花亭之侧，龙涎、栈、乳等香皆可。谚语云："焚香挂画，未宜俗家"，此语果然不差。今年春季，我偶然在湖海之间获得名香新谱一册，其中多有错乱之处，首尾也不能接续。我在读书之暇，比对香谱，修合香品，一一调试，选择其中精美的香品，随笔录成，集成一帙，命名为《晦斋香谱》，以传于雅好香事之人备用。

景泰壬申年，立春月，晦斋述

三 法

香煤

大凡香灰，均使用上等风化石灰，不拘多少，筛过后，用稠米汤调和成剂，制成球状丸子，每丸约拳头大小，晒干，用炭火烧至通红，放凉，碾细，筛过，装炉。其次，亦可用上好青冈炭灰制成香灰。但切不可使用灶灰及积攒的陈灰，因恐其因猫鼠秽污、地气蒸发、焚香秽气混杂，而有损香之真味。

四时烧香炭饼

坚硬黑炭二斤；黄丹、定粉、针砂、软炭，各五两。

先将黑炭碾制成粉末，筛过后，加入黄丹、定粉、砂硝一同碾制均匀。将红枣一升煮过，除去皮、核，与前面炭末等原料调和成剂。如果枣肉太少，就加入煮过枣子的汤，捣制数百下，制成炭饼，大小随意，晒干。使用时，先将炭饼埋在炉中，将小半匙金火引子盖在上面，再用火或灯点着，焚香。

金火引子

定粉、黄丹、柳炭。

将以上原料研成细末，每次取用小半匙，盖在炭饼上，使用时，用火或灯点着。

五方真香

东阁藏春香

东方青气，属木，主春季，适宜在华丽的筵席上焚用，具有百花香气。

沉速香二两；檀香五钱；乳香、丁香、甘松，各取一钱；玄参一两；麝香一分。

将以上原料研成粉末，用炼蜜调和成剂，制成香饼，用青柏香末制成香衣，焚烧。

南极庆寿香

按：南方赤气，属火，主夏季，适宜在寿筵时焚用，此香是南极真人瑶池庆寿香。

沉香、檀香、乳香、金沙降，各取五钱；安息香、玄参，各取一钱；大黄五分，丁香一字，官桂一字，麝香三字；枣肉三个，煮过，除去皮、核。

将以上原料研成细末，用炼蜜调和成剂，脱制成形，用上等黄丹制成香衣，焚烧。

西斋雅意香

西方素气，主秋，适于在书斋、经阁内焚用，亲近灯火、阅览书简时，有潇洒襟怀之意趣。

玄参四钱，酒洗；檀香五钱；大黄一钱；丁香三钱；甘松二钱；麝香少许。

将以上原料研成粉末，用炼蜜调和成剂，制成香饼，用加热过的寒水石制成香衣，焚烧。

北苑名芳香

北方黑气，主冬季，适合在围炉赏雪时焚用，有幽兰之馨香。

枫香二钱半，玄参二钱，檀香二钱，乳香一两五钱。

将以上原料研成粉末，用炼蜜调和成剂，加入柳炭末，以原料变黑为限。用模子脱印成香，焚用。

四时清味香

中央黄气，属土，主四季月份。画堂书馆、酒榭花亭，都适合焚用此香，最能除解污秽。

茴香一钱半、丁香一钱半、零陵香五钱、檀香八钱、甘松一两、脑麝少许，单独研磨。

将以上原料研成粉末，用炼蜜调和成剂，制成香饼，用煅铅、粉黄制成香衣，焚烧。

十方

醍醐香

乳香、沉香，各取二钱半；檀香一两半。

将以上原料研成粉末，加入少许麝香，用炼蜜调和成剂，制成香饼，焚烧使用。

瑞和香

金沙降、檀香、丁香、茅香、零陵香、乳香，各取一两；藿香二钱。

将以上原料研成粉末，用炼蜜调和成剂，制成香饼，焚烧使用。

宝炉香

丁香皮、甘草、藿香、樟脑，各取一钱；香芷五钱；乳香二钱。

将以上原料研成粉末，加入麝香一字，用白芨水调和成剂，制成香饼，焚烧使用。

龙涎香

沉香五钱；檀香、广安息香、苏合香，各取二钱五分。

将以上原料研成粉末，加入白芨末，用炼蜜调和成剂，制成香饼，焚烧使用。

翠屏香

此香适宜在花馆、翠屏之内焚用。

沉香二钱半；檀香五钱；略略炒制过的速香及苏合香各七钱五分。

将以上原料研成粉末，用炼蜜调和成

剂，制成香饼，焚烧使用。

蝴蝶香

春天在花园中焚熏此香，能招引蝴蝶。

檀香、甘松、玄参、大黄（用酒浸过）、金沙降、乳香，各一两；苍术二钱半；丁香三钱。

将以上原料研成粉末，用炼蜜调和成剂，制成香饼，焚烧使用。

金丝香

茅香一两；金沙降、檀香、甘松、白芷，各取一钱。

将以上原料研成粉末，用炼蜜调和成剂，制成香饼，焚烧使用。

代梅香

沉香、藿香各一钱半；丁香三钱；樟脑一分半。

将以上原料研成粉末，用生蜜调和成剂，加入麝香一分，制成香饼，焚烧使用。

三奇香

檀香、沉速香，各取二两；甘松叶一两。

将以上原料研成粉末，用炼蜜调和成剂，制成香饼，焚烧使用。

瑶华清露香

沉香一钱，檀香二钱，速香二钱，熏香二钱半。

将以上原料研成粉末，用炼蜜调和成剂，制成香饼，焚烧使用。

三品清香（以下皆线香）

瑶池清味香

檀香、金沙降、丁香，各取七钱半；沉速香、速香、官桂、藁本、蜘蛛香、羌活，各用一两；山柰、良姜、白芷，各用一两半；甘松、大黄，各用二两；芸香、樟脑，各用二钱；硝六钱；麝香三分。

以上原料中，将芸香、脑香、麝香、硝单独研磨，一并搅拌均匀。每四升香末，兑入柏泥二升，共计六升，加入白芨末一升，用清水调和，捣匀，制成线香。

玉堂清霭香

沉速香、檀香、丁香、藁本、蜘蛛香、樟脑，各取一两；速香、山柰，各用六两；甘松、白芷、大黄、金沙降、玄参，各取四两；羌活、牡丹皮、官桂，各取二两；良姜一两，麝香三钱。

将以上原料研成粉末，加入焰硝七钱，依照前面的方法，制成线香。

璚林清远香

沉速香、甘松、白芷、良姜、大黄、檀香，各取七钱；丁香、丁皮、山柰、藁本，各取五钱；牡丹皮、羌活，各取四钱；蜘蛛香二钱；樟脑、零陵香，各取一钱。

将以上原料研成粉末，依照前面的方法，制成线香。

二洞真香

真品清奇香

芸香、白芷、甘松、山柰、藁本，各二两；降香三两；柏苓一斤；焰硝六钱；麝香五分。

将以上原料研成粉末，依照前面的方法炮制，加入兜娄香、泥白芨。

真和柔远香

速香末二升，柏泥四升，白芨末一升。

将以上原料研成粉末，加入麝香三字，用清水调和成香。

真全嘉瑞香

罗汉香、芸香，各用五钱；柏铃三两。

将以上原料研成粉末，用柳炭末三升，加入柏泥、白芨，依照前面的方法造香。

黑芸香

芸香五两，柏泥二升，柳炭末二升。

将以上原料研成粉末，加入白芨，调和香末，依照前面的方法制香。

石泉香

枫香一两半，罗汉香三两，芸香五钱。

将以上原料研成粉末，加入硝四钱，用白芨、柏泥制香。

紫藤香

降香四两，柏铃三两半。

将以上原料研成粉末，用白芨、柏泥造香。

榄脂香

橄榄脂三两半；木香（用酒浸渍）、沉香，各五钱；檀香一两。排草，酒浸半日，炒干；枫香、广安息；香附子，炒过，去皮，用酒浸渍一日，再炒干。以上香料，各取二两半。麝香少许，柳炭八两。

将以上原料研成粉末，加入柏泥、白芨，红枣煮过，去皮核，使用枣肉，制成香品。

清秽香

苍术八两，速香十两。

将以上原料研成粉末，加入柏泥、白芨，制成香。另一香方中，则须加入麝香少许，因其可解秽避恶气。

清真香

金沙降、安息香、甘香，各六钱；速香、苍术各二两；焰硝一钱。

将以上原料，于甲子日调制，碾成细末，兑入柏泥、白芨造香，放干。择选黄道吉日焚用。此香能清洁宅宇，辟诸恶秽。

编者按：此香谱虽得自湖海，但其中的一些香方是各家香谱所未记载过的，如五方、五清、翠屏、蝴蝶等香，本书都将一一收录，也算是助《香乘》一臂之力了。

卷十四·墨娥小录香谱

四叶饼子香

荔枝壳、松子壳、梨皮、甘蔗渣。

以上原料，各取相等分量，研成细末，用梨汁调和，制成小鸡头大的香丸，捏制成香饼，或搓制成粗灯草状。阴干后焚烧。若加入降真屑、檀香末一同碾制，效果尤佳。

造数珠

徘徊花，除去汁液，称取二十两，捣至烂碎；沉香一两二钱；金颜香半两，细细研磨；龙脑半钱，单独研磨。

将以上原料调和均匀，称取湿润原料一两半，制成数珠二十枚，临时加减大小。合香之时，须在柔和的阳光中晒制，阴天时通过人力制干，尤其美妙。切不可在正午的阳光下晒制。

木犀印香

木犀不论多少，稍稍研磨，一次晒干，制成粉末，每次使用五两；檀香二两；赤苍脑末四钱；金颜香三钱；麝香一钱半。

将以上原料研成粉末，调和均匀，制成印香，烧用。

聚香烟法

艾纳，即大松树上的青苔衣；酸枣仁。

凡修造各种香品，须加入艾纳，调和均匀，焚香时，香烟直上三尺，结聚成球，氤氲不散。再将酸枣仁研成粉末，加入香中，其香烟便不会散去。

分香烟法：枯荷叶

在缸盆内栽种荷花，到了五月时节，荷叶长成之时，将蜂蜜涂抹在荷叶上。日子久了，自然有一群小虫将叶子上的青翠吃光，在叶片上留下枯纱。摘取叶子，除去叶柄，晒干后研成细末。调制香品时，加入少许枯荷末。焚烧时，香烟直上，盘结聚集，用筷子任意分划，或呈云纹状，或作字体状，都可以成形。

赛龙涎饼子

樟脑一两；东壁土三两，捣成粉末；天然薄荷汁。

将东壁土粉末与薄荷汁调和成剂，于日中时分晒干，再捣碎，用薄荷汁浸渍，再行晒干。如此晒制五次，等原料都干透了，研成粉末，加入樟脑末，调和均匀。最后用薄荷汁调和，制成饼状，阴干成香。用香钱隔火焚熏。

出降真油法

将降真香截成两寸长的小段，劈作薄片。用江茶水煮三五次，将香中所含油脂全部除去。

制檀香

将檀香切成麻粒状，用慢火炒制，使其出烟，等到檀香上的紫色去尽，腥气也就消除了。

还有一种方法，将檀香切片，用好酒

浸泡，慢火略略煮制，再炒制。另有一种方法是，在制降真香、檀香时，须用腊茶一同浸泡，滤出茶后，微微炒制。

制茅香

选择品质良好的茅香，切碎，用酒、蜜水浸泡一夜，炒至黄色。

香篆盘

春秋两季，昼夜各五十刻，篆盘径围二寸八分，弯曲长度为二尺五寸五分，不可有多余，以此为标准。样式如欲增减，计量昼夜的刻数也应作相应修改。

取百花香水

采集百花头，放入甑内装满，上面用盆、盒之类盖好，四周封严。将竹筒劈成半截，用来接取甑下倒流的香水，储藏使用，称之为花香。这是广南真法，效果极妙。

蔷薇香

茅香一两；零陵一两；白芷半两；细辛半两；丁皮一两，微微炒过；白檀半两；茴香一钱。

将以上原料研成粉末，可作佩戴用香，也可作烧香之用。

琼心香

白檀三两；梅脑一钱。

将以上原料研成粉末，用面糊调成香饼，焚用。

香煤一字金

羊胫骨、杉木炭，各取半两；韶粉五钱半。

将以上原料调和均匀，每次使用，取一小匙，烧过之后，色泽如金。

香饼

纸钱灰、石灰、杉树皮毛灰。

将以上原料研成粉末，用米汤调和，制成香饼。

又

羊胫骨一斤；红花滓、定粉，各取二两。

将以上原料研成粉末，用面糊调和，制成香饼。

又

炭末五斤；盐、黄丹、针砂，各取半斤。

将以上原料用面糊调和，捏制成香饼。用捣过的蜀葵调和，效果尤佳。

又

硬木炭十斤，盐十两，石灰一斤，干葵花一斤四两，红花十二两，焰硝十二两。

将以上原料研成粉末，用糯米糊调和均匀，用模子脱制，烧香时使用，炉火不绝。

驾头香

上好栈香五两，檀香一两，乳香半两，甘松一两，松纳衣一两，麝香五分。

将以上原料研成粉末，用一斤炼蜜调和，制成香饼，阴干。

线香二方

甘松、大黄、柏子、北枣、山柰、藿香、零陵、檀香、土花、金颜香、薰花、荔枝壳、佛泥降真，各取五钱；暂香二两；麝香少许。

将以上原料依法制成线香。

又

檀香、藿香、白芷、樟脑、马蹄香、荆皮、牡丹皮、丁皮，各取半两；玄参、零陵、大黄，各一两；甘松、山奈、辛夷花，各取一两半；芸香、茅香二两；甘菊花四两。

将以上原料研成极细的粉末，放在合香石上敲打，使其变得稠密细腻，依法制造成香。在以上原料中加入蚯蚓粪，则线香灰烬连绵不断；如果加入松树上铜钱状的成窠苔藓，或带柄的小莲蓬，则香烟又直又圆。

飞樟脑

樟脑不论多少，研成细末，一同筛过，用细壁土搅拌均匀，摊在碗内，转薄，将荷汁洒在土上。再拿一个碗盖好，用湿纸条封固缝隙，蒸制片刻，樟脑飞上碗底，全都制成了冰片脑子。

此前第十六卷中，已载有制作飞樟脑的各种方法。此处记载的制法稍有不同，故存记于此。

熏衣笑兰梅花香

白芷四两，切碎；甘松、零陵一两；三赖（山柰）、檀香片、丁皮、丁枝半两；望春花（即辛夷）、金丝茆香各三两；马蹄细辛二钱；川芎两块；麝香少许；千斤草二钱；粞脑少许，单另研磨。

将以上原料分别碾碎，筛制成屑末状。将粞脑、麝香研磨成极细的粉末，加入屑末中，调和均匀，单独放置于锡盒之中，密封盖好。以上各项香药，随意计量制作成贴后，放一小撮粞脑、麝香屑末在其中，其香妙不可言。如今市场中所售卖的香，并未加入这两味原料，所以效果不佳。

红绿软香

金颜香牙子四两，檀香末半两，苏合油半两，麝香五分。

将以上原料调和均匀。若制造红色香品，则加入板朱；若制造绿色香品，则加入砂绿，约用三钱。将黄蜡熔化，调和原料，制成香品。古代只有红色的软香，是因为香方中用了辰砂。不管是闻其香气，还是食用香品，都可以辟除秽气。

合木犀香珠器物

木犀一斤，须选浸渍过一年且压干的；锦纹大黄半两；黄檀香一两，炒过；白墡土，折合二钱那么大的一块。

将以上原料一起敲碎，任意制造成香。

藏春不下阁香

栈香二十两，速香三两，黄檀、麝檀各五两，乳香二钱，金颜香二钱，麝香一钱，脑香一钱，白芨二十两。

将以上原料研成极细的粉末，用水调和，印制成香饼。将香饼一个个摊放在漆桌上，放在有风的地方阴干。然后轻轻用手推动至竹筛中，不要揭起来，否则香饼会破碎不全。

藏木犀花

木犀花半开之时，趁着露水将其打下。事先在树根下四周先用被袱之类铺好，用来接花。取得花后，拣去枝叶、虫蚁之类。在洁净的桌面上，用竹篦将花一朵朵剔择，将花蒂及不好的花朵全部除去，然后在石盆中将其略略舂扁，但不能舂制太细。装入崭新的瓶内，按压得十分紧实，再将数层干荷叶盖在上面，用木条或者枯竹片压好。切忌使用青竹，否则必定带有臭气。最后依法将花装好，用井水浸渍。冬季五日换一次水，春秋三两日换一次水，夏季一日换一次水。值得注意的是，装花时须以瓶腹三分为率，三分之二装花，三分之一加水。使用前，滗去水，除去竹木及荷叶，随意取用。用后，仍旧如前法收藏，经年不坏，色泽如金。

长春香

川芎、辛夷、大黄、江黄、乳香、檀香、甘松（除去杂土），各取半两；丁皮、丁香、广芸香、山柰，各取一两；千金草一两；茅香、玄参、牡丹皮，各取二两；藁本、白芷、独活、马蹄香（除去杂土），各取二两；藿香一两五钱；新荔枝壳一两。

将以上原料研成粉末，加入白芨末四两，调成香剂，阴干，不能暴露在太强烈的阳光下。

太膳香面

木香、沉香，各取一两；丁香、甘草、砂仁、藿香，各取五两；白芷、干桂花、茯苓，各取二两半；白术一两；白莲花一百朵，取其须，待用；甜瓜五十个，捣取汁液。

以上原料，研成细末。用面粉六十斤、糯米粉四十斤，将其与原料细末调和均匀，加入甜瓜汁搅拌，制成饼。每用米一斗，用面十两，加入八升水。

制香薄荷

将寒水石研磨成极细的粉末，筛过，再选薄荷二斤，一齐放入锅内，加入两碗水。用瓦盆将锅盖好，用湿纸封好锅边，用文、武火蒸熏两顿饭的时间，蒸汽散尽，方才开启，香薄荷即可制成。原料微微带有黄色，品尝时有清凉之意。使用时，加入龙脑少许。（扬州崔家方）

卷十五·猎香新谱

宣庙御衣攒香

玫瑰花四钱；檀香二两，切成细片，用茶叶煮过；木香花四两；沉香二两，切片，用蜜水煮过；茅香一两，用酒、蜜煮过，炒至黄色；茴香五分，炒至黄色；丁香五钱，木香一两；倭草四两，除去杂土；零陵叶三两，用茶水卤洗过；甘松一两，用蜜水蒸过；藿香叶五钱；白芷五钱，一并切片；麝香二钱；片脑五分；苏合油一两；榄油二两。

将以上原料一并研成细末，搅拌均匀。（秘传）

御前香

沉香三两五钱，片脑二钱四分，檀香一钱，龙涎五分，排草须二钱，唵叭五钱，麝香五分，苏合油一钱，榆面二钱，花露四两。

印制成香饼使用。

内甜香

檀香四两，沉香四两，乳香二两，丁香一两，木香一两，黑香二两，郎苔六钱，黑速四两，片香、麝香各三钱，排草三两，合油五两，大黄五钱，官桂五钱，金颜香二两，陵叶二两。

将以上原料加入油，调和均匀。加入炼蜜，调和成泥状。用瓷罐封好，一次选用二分。

内府香衣香牌

檀香八两，沉香四两，速香六两，排香一两，倭草二两，苓香三两，丁香二两，木香三两，官桂二两，桂花二两，玫瑰四两，麝香五钱，片脑五钱，合油四两，甘松六两，榆末六两。

将以上原料用滚烫的热水调和均匀，放入石碾，碾至极细，窨藏阴干，雕花成形。如果想制成黑色的香品，则加入木炭末。

世庙枕顶香

栈香八两；檀香、藿香、丁香、沉香、白芷，以上各四两；锦纹大黄、茅山苍术、桂皮、大附子（极大的，研成细末）、辽细辛、排草、广零陵香、排草须，以上各二两；甘松、山桼、金颜香、黑香、辛夷，以上各三两；龙脑一两；麝香五钱；龙涎五钱；安息香一两；茴香一两。

将以上二十四味原料研成粉末，用白芨糊调和，加入血结五钱，杵捣千余下，印制成枕顶式样，阴干后制成枕。

我屡屡见到从大内流传出来的枕板香块，旁边有“嘉靖某年造”的填金字样。将其锯开，制成扇牌等用品，非常香。也有不怎么香的，应该是用料的等级不同之故。皇上所用枕顶香原料珍稀，至于供给宫中嫔妃的，则使用平常的原料。

香牌扇

檀香一斤，大黄半斤，广木香半斤，官桂四两，甘松四两，官粉一斤，麝五钱，片脑八钱，白芨面一斤。

将其印造成各种式样。

玉华香

沉香四两；速香四两，选用黑色的；檀香四两；乳香二两；木香一两；丁香一两；郎苔六钱；唵叭香三两；麝香三钱；龙脑三钱；广排草三两，须选择出产于交趾的；苏合油、大黄、官桂五钱；金颜香二两；广零陵叶一两。

将以上香料研成粉末，倒入苏合油，揉匀，加入炼好的蜂蜜，再和制成湿泥状，倒入瓷瓶中，用锡盖盖好，用蜡封固瓶口。每次使用，取二三分。

庆真香

沉香一两，檀香五钱，唵叭一钱，樟脑一钱，金颜香三钱，排香一钱五分。

用白芨末调制成糊，脱制成香饼，焚烧使用。

万春香

沉香、结香、零陵香、藿香、茅香、甘松，以上各十二两；甲香、龙脑、麝香各三钱；檀香十八两；山柰五两；丁香三两。

用炼蜜将原料调制成湿膏，倒入瓷瓶中，封严，取出后方可焚烧使用。

龙楼香

沉香一两二钱，檀香一两五钱，片速二两，排草二两，丁香五钱，龙脑一钱半，金颜香二钱，唵叭一钱，藿香五分，撒馥兰五分，零陵香一钱，樟脑一钱，降香五分，白豆蔻一钱，大黄一钱，乳香一钱，硝一钱，榆面一两二钱。

制成散剂使用。如果要印成香饼，则用蜂蜜调和，不用榆面这一味原料。

恭顺寿香饼

檀香四两，沉香二两，速香四两，黄脂一两，郎苔一两，零陵二两，丁香五钱，乳香五钱，藿香三钱，黑香五钱，肉桂五钱，木香五钱，甲香一两，苏合一两五钱，大黄二钱，山柰一钱，官桂一钱，片脑一钱，麝香一钱五分，龙涎一钱五分，撒馥兰五钱。

将以上原料加入白芨，研成粉末，印制香饼。

臞仙神隐香

沉香、檀香，各一两；龙脑、麝香，各一钱；棋楠香、罗合、榄子、滴乳香，各五钱。

将以上原料研成粉末，用炼蔗浆调和成香饼，焚烧使用。

西洋片香

黄脂一两，龙涎二钱，安息一钱，黑香二两，乳香二两，官桂五钱，绿芸香三钱，丁香一两，沉香二两，檀香二两，酥油一两，麝香一钱，片脑五分，炭末六两，花露一两。

将以上原料用炼蜜调和均匀，趁热制成片状，印制成形。

越邻香

檀香六两，沉香四两，黑香四两，丁香二两五钱，木香一两，黄脂一两，乳香一两，藿香二两，郎苔二两，速香六两，麝香五钱，片脑一钱，广零陵二两，榄油一两五钱，甲香五钱。

用白芨汁混合，放在竹篾上。

芙蓉香

龙脑三钱，苏合油五钱，撒馥兰三分，沉香一两五钱，檀香一两二钱，片速三钱，生结香一钱，排草五钱，芸香一钱，甘麻然五分，唵叭五分，丁香一钱，郎苔三分，藿香三分，零陵香三分，乳香二分，山柰二分，榄油二分，榆面八钱，硝一钱。

将以上原料调和，印制成香，或者散烧。

黄香饼

沉速香六两，檀香三两，丁香一两，木香一两，乳香二两，金颜香一两，唵叭香三两，郎苔五钱，苏合油二两，麝香三钱，龙脑一钱，白芨末八两，炼蜜四两。

以上原料调和成剂，印制成香饼。

黑香饼

用料四十两，加入炭末一斤。蜜四斤，苏合油六两，麝香一两，白芨半斤，榄油四斤，唵叭四两。

先将蜂蜜炼熟，下入榄油，化开，再下入唵叭。既而下入一半原料，加入白芨糊和炭末，再下入一半原料，然后加入苏合、麝香，揉匀，印制成香饼。

撒馥兰香

沉香三两五钱，龙脑二钱四分，龙涎五分，檀香二钱，唵叭三分，麝香五分，撒馥兰一钱，排草须二钱，苏合油一钱，甘麻然三分，蔷薇露四两，榆面六钱。

将以上原料印制成香饼焚烧，效果尤佳。

玫瑰香

玫瑰花一斤，入丸三两，磨取汁液，放入绢袋中，烤干。大凡香花，皆可以这样制作。

聚仙香

麝香一两；苏合油八两；丁香四两；金颜香六两，单独研磨；郎苔二两；榄油一斤；排草十二两；沉香六两；速香六两；黄檀香一斤；乳香四两，单另研磨；白芨面十二两；蜜一斤。

以上原料，研成粉末，用来制成香骨。先将它糊在竹芯子上，制成第一层。趁原料未干时，又滚上檀香二斤、排草八两、沉香八两、速香八两所制成的香，制成第二层，香品就此制成，然后用纱筛晾干。（聚仙香又叫安席香，俗名棒儿香。）

沉速棒香

沉香二斤，速香一斤，唵叭香三两，麝香五钱，金颜香四两，乳香二两，苏合油六两，檀香一斤，白芨末一斤八两，炼蜜一斤八两。

将以上调料调和后，依照上面的方法滚制成棒香。

黄龙挂香

檀香六两，沉香二两，速香六两，丁香一两，黑香三两，黄胭二两，乳香一两，木香一两，山柰五两，郎苔五钱，麝香一钱，苏合五钱，片脑五分，硝二钱，炭末四两。

将以上原料用炼蜜随意调和均匀，内芯用线，制成炷香，银丝做钩。

黑龙挂香

檀香六两，速香四两，黄熟二两，丁香五钱，黑香四钱，乳香六钱，芸香一两，山柰三钱，良姜一钱，细辛一钱，川芎二钱，甘松一两，榄油二两，硝二钱，炭末四两。

依照前面介绍的方法，用蜂蜜随意调和成香，铜丝做钩。

清道引路香

檀香六两，芸香四两，速香二两，黑香四两，大黄五钱，甘松六两，麝香壳两个，飞樟脑二钱，硝一两，炭末四两。

将以上原料用炼蜜调和均匀，用竹子作香芯。此香制成后形似安息香，蜡烛那么大。

合香

檀香六两，速香六两，沉香二两，排草六两，倭草三两，零陵香四两，丁香二两，木香一两，桂花二两，玫瑰一两，甘松二两；茴香五分，炒黄；乳香二两，广蜜六两；片香、麝香各二钱；银朱五分，官粉四两。

将以上原料研成极细粉末。香皂的制作方法与合香相同，只是要去除银朱这一味原料，加入石膏灰六两，用炼蜜调和均匀。

卷灰寿带香

檀香六两，速香四两，片脑三分，茅香一两，降香一钱，丁香二钱，木香一两，大黄五钱，桂枝三钱，硝二钱，连翘五钱，柏铃三钱，荔枝核五钱，蚯蚓粪八钱，榆面六钱。

将以上原料研成极细的粉末，用滚水调和，制成极细的线香。

金猊玉兔香

用杉木烧炭，取六两，配以栎炭四两，捣制成末，加入炒硝一钱，用米糊调和，揉制成剂。先用木头刻成狻猊、兔子两个塑模，圆混肖形，像墨印法一样，任意大小。从兽口打开一条线，穿入小孔，要诀是兽形头昂尾低，将炭剂的一半加入塑模中，制成一处凹陷，加入香剂一段，再加入炭剂。筑造完成后，将铁丝从兽口孔中穿入，到接近尾部才取出，随后将其晒干。狻猊用官粉涂抹身体，周围抹上黑墨；兔子则用极细的云母粉，用胶调和，涂抹身体，周围亦涂上黑墨。两种兽形外为黑色，内里则分为黄白两色。每次取用一枚，将尾部在灯火上烧灼，置于炉中。兽口中吐出香烟，色彩随之从尾部开始发生变化。金猊从尾部开始变成黄色，焚尽后，形如金妆，蹲踞于炉内，经月不散，一旦接触，则化成灰消失。玉兔形如银色，也很好看。虽非雅供之物，亦可作游戏。其中所填香料的精粗，根据各人的喜恶取用。取香料，用榆面调和成剂，捏制成小拇指粗的香段，长约八九寸，依照兽腹的大小放入，以香料不露出炭外为佳。

金龟香灯（新）

香皮：选用上好烰炭，研磨成细末，用纱筛过，加入黄丹少许，调和均匀，将白芨研细，用米汤调成胶状，不能太湿。香心：茅香、藿香、零陵香、山柰子、柏香、印香、白胶香，各取等分（白胶香为1/2分），依法用水煮制，用白芨末加水调和，捻制成一指大小的橄榄状，将用烰炭制成的香皮包裹在外，形如枣馒头，放入龟印中，用针从龟口穿进，从龟尾穿出。脱制出龟印，将香龟尾捻合，焙干。烧用时，从尾部开始，可从龟头吐出烟来，灯明且香。每次用油灯心或油纸捻点灯。

金龟延寿香（新）

定粉半钱，黄丹一钱，烰炭一两。

将以上原料研磨、调和成薄糊，制成料剂。雕刻出两片龟形印模，将料剂脱制成形。将其他香料包裹在腹内，用针从口中穿到腹部，使香烟能从龟嘴内吐出。焚烧后，香灰冷却，龟色如金。

窗前省读香

菖蒲根、当归、梓脑、杏仁、桃仁，各取五钱；芸香二钱。

将以上原料研成粉末，用酒调和，搓制成丸，或者捏成条状，阴干。读书时若产生倦意，焚烧此香，则神情清爽，不思睡眠。

刘真人幻烟瑞球香

白檀香、降香、马牙香、芦香、甘松、山柰、辽细辛、香白芷、金毛狗脊、茅香、广零陵、沉香，各取一钱；黄卢干、官粉、铁皮、云母石、磁石，各取五分；水秀才一个，即水面写字虫；小儿胎毛一具，烧灰，存性。

将以上原料研成细末，用白芨水调和，制作成块。房内炉中焚香，香烟宛如垂云。如果用瓶子接取将要开放的花根下的液体，调制入香，则香烟如同云垂天花。如果用猿毛灰、桃毛调制香品，则香烟呈现出猿猴、毛桃影像。如果用葡萄根下的液体调制香品，则香烟呈现出葡萄形象。如果在帘外焚香，则香烟高达丈余，久不散去，如果将水喷在烟上，香烟就会凝结成海市蜃楼、人物车马等幻象，大为奇异，妙不可言。

香烟奇妙

沉香、藿香、乳香、檀香、锡灰、金晶石。

以上原料各取相等分量，研成粉末，制成香丸。焚烧此香，整个房间都会生出香云。

窨酒香丸

龙脑、麝香、丁香、木香、官桂、胡椒、红荳、缩砂、白芷，以上各取一分；马峠少许。

除龙脑、麝香单独研磨外，其余原料一并捣成细末，用蜜调和，制成樱桃大小的香丸。每一斗酒中放入一丸，将装酒的容器封固严密，三五日后打开饮用，味道特别香美。

香饼

柳木灰七钱，炭末三钱。

加入红葵花，捣烂后，制成香丸。这种制法最为巧妙，不损伤炉灰，烧过后，色泽莹白，如同银丝数条。

又

槿木灰一两五钱，杭粉六钱，榆树皮六钱，硝四分。

将以上原料一并研成极细的粉末，用滚水调好，制成香丸。

烧香难消炭

窖中烧柴，火灭取出，障闭成炭，不

拘多少，捣制为末。将块状的石灰化开，在浓灰、炭末中加水，调和均匀。把一筒猫竹（即南竹）劈作两半，用它将原料脱制成饼，晒干。用此炭烧香，终日不熄。

烧香留宿火

选上好胡桃一枚，烧至半红，埋入热灰中，则炉火一夜不减。

香饼，古人多有使用。蔡忠惠（即蔡襄）对于没能得到欧阳公的清泉香饼一事，始终耿耿于怀。各家香谱中记载的香饼制作方法颇多，一并收录在“香属”一节。近来，雅好香事的人士称，香饼容易损坏炉灰，无须制作，只用一块坚实的大栎炭为好。大炉可以历经昼夜，小炉也可永日炉火荧荧。权且收录一二种制作方法，以备新谱之用。

煮香

烧香，以无烟为好。沉水香隔火焚熏尚可，用于煮香则更妙。方法为：用小银鼎装水，安置在炉火上面，放入一块沉香，香气幽微，倏然有致。

面香药

白芷、藁本、川椒、檀香、丁香、山柰、鹰粪、白藓皮、苦参、防风、木通，各取等分。

将以上原料研成粉末，作为洗面汤用，可除雀斑、酒刺。

头油香（内府秘传第一妙方）

黄檀香五两，槌碎；广排草（除去杂土）五两，切细；甘松二两，除去杂土，切碎；茅山草二两，切碎；山柰一两，切细；辽细辛一两，研碎；广零陵三两，切碎；紫草三两，切碎；白芷二两，切碎；干丁香花一两，选用紫心白花的；干桂花一两。

以上原料，择净，混合待用。屋顶上的瓦花，除去泥根，称取四斤；刮去皮的老生姜二斤。将瓦花、老生姜倒入十斤新菜油中煎数十沸，以呈碧绿色为好，滤去其渣，将油倒入坛中，冷却，加入前面各味香料，封固严密。七日后，加入苏合油三两。日晒夜露四十九日后，方可打开使用，坛子用铅锡的最妙。

又方

丁香三两，研成粉末；檀香二两，研成粉末；锦纹大黄一两；辟尘茄三两；辽细辛一两；辛夷一两；广排草二两。

将茶子油六斤，隔水微火煮制一炷香的时间，取出放冷。丁香、檀香及辟尘茄，制成粉末，用纱袋装盛，其余切片加入，封固，再晒一月，即可使用。

两朝取龙涎香

嘉靖三十四年三月，司礼监传谕户部，取龙涎香一百斤，诏令下达各个藩国，悬价每斤一千二百两，往香山澳访求购买，但仅仅购得十一两归国，内验不同，姑且收存。此时急需取用真品龙涎香。恰逢广州狱中有一夷人囚犯，名马那别，储存有一两三钱，进献上来，为黑褐色。密也都密地山的夷人，继而献上六两白褐色的。问其缘何颜色不同，进献者说：“黑褐色者是从水中采得，白褐色者则是从山中采得，都是真品，而非赝品。”密地山商人周鸣和等，又进献了与之相同的香品十七两二钱五分，飞马送入宫中辨别。万历二十一年十二月，太监孙顺预备东宫出讲题，买入五斤，司札负责验香，把总（明清时期的陆军基层军官）蒋俊访买。二十四年正月，进献四十六两；再取用，于二十六年十二月买进四十八两五钱一分，二十八年八月买进九十七两六钱二分。自嘉靖朝至今，外国商船听说龙涎香有上供之用，便贩运少数龙涎香来卖，并定下买解事例，每一两价值百金。然而，要得到此香，终究很难。《广东通志》

龙涎香（补遗）

海边生长着一种像木芙蓉一样的花，花朵落下，被海中的大鱼吞入腹中，花朵咽下的时间长了，大鱼感觉胀闷，便昂头向石上吐出涎沫，涎沫干枯后，即为龙涎香。混在粪便中的涎沫不佳。如果是散碎的，则是从沙里取出的，香力薄弱。若要辨识真伪，只需将其投入水中，真者须臾间突起，直浮水面。或者取一钱香品，含入口中，微有腥气，经一宿，细沫已咽尽，其余的结成胶状黏在舌上，取出，趁着湿润称量，依然一钱重，乃真品。因为若是真的龙涎香，将湿的放干，其重量前后一样。龙涎香虽然极其干枯，若用银簪烧热，钻入干枯的香中，抽出簪子引出涎丝，涎丝不断。经过这样检验的，不分白褐色、黑褐色，都是真品。《东西洋考》

丁香（补遗）

丁香，东洋只有美洛居（古国名，今印度尼西亚境内）出产，当地夷人用来辟除邪恶，说是多多置备此物，则国有王气。丁香也因此成为两族必争之物。《东西洋考》

又

丁香，生长在深山之中，其树气味极其辛烈，不能接近。丁香成熟之后，自然落下，大雨之后，随着山中洪涧涌出。人们捞取采拾，拾之不尽。宋代时，丁香被充作贡品。《东西洋考》

香山

雨后，丁香从树上落下，随着山洪满山涌动，采拾不完，故而常常带有泥沙的色泽。由于此香常常被充当贡品，所以平日都有大量的储备，也因此经常放坏。出售给民间时，往往直接取贡后所剩下的丁香。《东西洋考》

龙脑（补遗）

龙脑树出产于东洋文莱国，生长在深山之中。此树老而中空，内生龙脑。生有龙脑的树，即使没有被风吹，也会自己摇动。到了夜里，龙脑向上行进，发出瑟瑟的声响，在枝叶间露出，承接露水；到了白天，则隐藏在根柢间。因轻易不能得到，故被视作神物。当地居民等到夜深人静之时，手持皮绳，在树底下捆绑树身，使劲摇动，使龙脑自然落下。《东西洋考》

税 香

万历十七年，提督军门周详允陆饷香物税例：

檀香成器者每百斤税银五钱，不成器者，每百斤税银二钱四分；

奇楠香每斤税银二钱四分；

沉香每十斤税银一钱六分；

龙脑每十斤，上等者税银三两二钱，中等者税银一两六钱，下等者税银八钱；

降真香每百斤税银四分；
束香每百斤税银二钱一分；
乳香每百斤税银二钱；
木香每百斤税银一钱八分；
丁香每百斤税银一钱八分；
苏合油每十斤税银一钱；
安息香每十斤税银一钱二分；
丁香枝每百斤税银二分；
楪草每百斤税银二钱。

万历四十三年，恩诏酌情减少各种香料课税。

作者按：我从少年时代开始，就留意香事，立志著成此书。如今有幸纂成，不胜种松成林之感。各家香谱，皆随朝代先后，见闻采录。此书将国朝宫中、权贵、外洋用香，以及市井时尚的神奇秘方，略略收备于此，且附有两朝取香、税香及补遗数则，题为《猎香新谱》。雅好香事的人士可试取一二，按法修制，当能尽知其妙。

卷十六・香诗文汇

沉香

北宋・苏轼

壁立孤峰倚砚长，共疑沉水得顽苍。
欲随楚客纫兰佩，谁信吴儿是木肠。
山下曾逢化松石，玉中还有辟邪香。
早知百和皆灰烬，未信人间弱胜刚。

香界

宋・朱熹

幽兴年来莫与同，滋兰聊欲泛光风。
真成佛国香云界，不数淮山桂树丛。
花气无边熏欲醉，灵芬一点静还通。
何须楚客纫秋佩，坐卧经行向此中。

凝斋香

宋・曾巩

每觉西斋景最幽，不知官是古诸侯。
一尊风月身无事，千里耕桑岁有秋。
云水醒心鸣好鸟，玉沙清耳漱寒流。
沉心细细临黄卷，疑在香炉最上头。

龙涎香・天香

宋・王沂孙

孤峤蟠烟，层涛蜕月，骊宫夜采铅水。汛远槎风，梦深薇露，化作断魂心字。红瓷候火，还乍识，冰环玉指。一缕萦帘翠影，依稀海天云气。

几回殢娇半醉。剪青灯，夜寒花碎。更好故溪飞雪，小窗深闭。荀令如今顿老，总忘却，樽前旧风味，漫惜余熏，空篝素被。

鹧鸪天・木犀

金・元好问

桂子纷翻浥露黄，桂花高韵静年芳。
蔷薇水润宫衣软，婆律膏清月殿凉。
云岫句，海仙方，情缘心事两难忘。
衰莲枉误秋风客，可是无尘袖里香。

香

唐・罗隐

沈水良材食柏珍，博山烟暖玉楼春。
怜君亦是无端物，贪作馨香忘却身。

博山炉铭

刘向

这件器物极为标致、美观，形如高峻的山岩一般。其上贯以太华，其下承以铜盘。其中有兰绮之香，朱红的火光，袅袅的青烟。

香炉铭

梁元帝

苏合香气息馥郁，香烟飞腾，宛如云彩，时而浓厚，时而稀薄，刚刚聚拢，转又分离。炉火微弱，难以烧尽；风大之时，易于闻香。谁说这是道力所为，是慈悲之心所熏染的啊。

上香偈

（道书）

恭谨焚熏道香、德香、无为香、无为清洁自然香、妙洞真香、灵宝惠香、朝三界香。香气远飘，满溢于琼楼玉境之中，遍布于诸天法界之内。此真香，飞腾空中，上达天庭。焚香有偈：“返生宝木，沉水奇材。瑞气氤氲，祥云缭绕。上通金阙（仙人或天帝所居），下入幽冥。”

修香

（陆放翁《义方训》）

空庭之中，燃香一炷，向上通达神明。家庙之内，点香一炷，告慰祖先英灵。一面拜谢，一面祈祷，如此甚好。若不能如此，便惟余叹息了。

天香传

丁谓

香被使用，自上古以来就开始了。用它来敬奉神明，可以达到除秽清洁的目的。夏、商、周三代祭祀，首推馨香之草，而沉水、熏陆则没有听说过。百家传记中，荟萃了各种芬芳美物，而萧芗、郁鬯皆排不上位次。

《礼记》中说：“最高的敬奉不在享受其味，而重在闻其气息。”由此可知，香的使用是极其重要的。粗略搜集采录，其名目实在繁多，其品类也很繁杂。阅览上古帝王的书籍、佛道经典的学说，关于香的记录，历史悠久，赞颂庄重，品色名目很多，法度也相当绝妙。西方圣人说：“大小世界，上下内外，有各式各样的香料。”又说，“有千万种调制香品的方法，如香、丸、末、涂，以及香花、香果、香树，诸天合和之香。”还说：“天上有诸天之香，还有佛国各种名香，这些香与天上人间的种种香品比较起来，可以称得上是第一了。”

《尚书》（此处疑有误。诸家香谱记录《天香传》时记载不同，有“尚书”“仙书”“道书”之说）上说：“皇上焚烧百宝香，天真皇人焚烧千和香，黄帝则将沉榆、蓂荚作为香料。”又说：“真仙所焚烧的香，都能在百里范围之内被闻到，积烟成云，积云成雨。但是，天上人间都视为珍贵香物的，是沉香、熏陆香。”故而《经》说：“沉香坚株。”又说：“沉水坚香，佛降在傍晚，在尊位上手捧的炉香，香烟高达一丈多，其色泽正红，难道不是天上诸天之香吗？”三皇宝斋香珠法，其具体制法是把各种香料掺杂到一起，研成粉末，每一种原料都要研磨得很细。然后将它们聚合到一处，用杵舂制无数下，再用银器装好，严封起来，反复蒸制，反复调和，分成豆子状，制成香丸。像串珠子那样将香丸串起来，晒制。次日，就可以焚烧此香，香气可直达天上。细数天上香料，大概以沉香为主，以熏陆香为辅。从这里，就可以了解古代圣贤对香品钦佩推崇的程度了。所以世间置备的香物，实在是妙极。世人皆称它为供奉神明的最好贡品，很少有反对者。但是，萧茅之类的香物，随便怎么置备，也不值得看重。

宋真宗祥符初年，皇帝下诏书，大做道场，举行醮礼，一日不停。从清晨到黄昏，宝香不断。乘车拜谒，奉行五上香之礼。真宗皇帝每次到玉皇真圣、圣祖位前，都行五上香之礼。香气之馥郁浓烈，不是世上素日所能闻到的。大约以沉香、乳香为主，加入龙脑，调和成香剂。这种方法，确曾向圣祖禀告，但宫中很少有人知道，更何况外边负责掌管香料的官吏呢？我掌管国家要事长达八年，镇服三军，四度身居相位，领受的俸禄与颁赐，日渐隆显，因而所享受到的香品，也与昔日大为不同了。世袭的庆奉祭祀日，皇上赐给供宫中所使用的乳香一百二十斤（派遣内侍右班副都知张继能为赐香使），在宫观中，密赐的新香，动辄就以百斤计算，多为沉香、乳香、降真、沉速香。因此，我家私门之中，沉香、乳香，足够使用。《唐杂记》说："唐明皇时，有一位高人异士说，打醮时，每每在席上点燃乳香都可达到通灵的效果。"人们至今感到困惑。真宗时，新禀圣训。沉香、乳香，之所以用来供奉高天上圣，是因为百灵不敢抵挡它们，除此之外，没有其他的说法。仁宗皇上接政的六月，颁下诏令，将我罢相，分务西雒，后来又迁居海南。忧患之中，没有一丝尘世俗虑，只是越发没日没夜地沉浸于炉香之趣，一天比一天更甚。素来听说，海南产香最多，才下令从乡下采买。十种之中，无一有假。洪刍《香谱》中，有记载为：刚批准乡间可以自由买卖香料，集市就十分热闹，连续营业十天而不休息。有个叫裴鹗的板官，是唐代宰相晋公中令的后裔子孙。他到达此地后，对土地全都要探究其本末。并且还说，琼管之地，黎母山四周都是山麓，香料大多出自此山，为天下第一。但是，采香料要遵循时机，收香料要有组织。因为黎族人都致力于耕种田地、治理家业，不专门靠采香谋利。

闽越海上的商人，只把船开到余杭地区去开辟香料市场。每年冬季，黎峒人待余杭船到达，才进山采香，州府只用香品充役，贩卖的香则全都归入船商之手。因此，不到这个时候，是买不到香的。

香的品类有四种：沉、栈、生结、黄熟。它们的产量，占全部香料的十分之二，沉香又占其中的十分之八，沉香中有一种叫乌文格的，人们用它做成香用木格，其色泽像乌文木。而且它质地坚硬，美到极致。还有一种叫黄蜡的，表面如同蜡一般，稍稍刮削一点，就可以看到黑紫两种颜色，此香仅次于乌木格。叫牛眼、牛角、牛蹄、鸡头、鸡腿、鸡骨的，是因其形状而得名。还有一种香叫昆仑梅格，有人说是栈香，形似梅树，黄黑各半，而稍稍坚硬，本地人将它与栈香相比。还有一种称为虫镂的。凡是叫虫镂的，其香气尤为美好。因为这种香兼有黄熟的成分，它被虫蛀、蛇咬，腐朽的木质全部被去除，只留下精华。还有一种叫伞竹格，是黄熟香，色泽像竹子，黄白而略带黑色，有些像栈香。还有一种叫茅叶香的，像茅叶一样，很轻，入水而沉，是得沉香之余气，但却是最好的。当地人认为它不坚实，将它贬为黄熟香。还有一种叫鹧鸪斑，色泽驳杂，像鹧鸪的羽毛。

生结香，有的是不能沉入水的栈香，有的是未成栈香的黄熟香，共有四十二种，都出自同一棵树。其树体像白杨，叶子像冬青，叶面较小，长在树梢上。其中质地轻散、肌理疏粗的，叫黄熟。黄熟之中黑色而坚劲的，叫栈香。栈香之名，相传甚远，世人不知道它的主要特征，只能以沉到水底作为它的辨识特征。这种香骨肉颖脱，角刺锐利，无论大小厚薄，用手掌握住它，即可感觉像金玉一样重。它需要用工具打磨，因为它像犀角一样坚硬，纵然分裂成碎片，但由于气脉滋润，使用起来，仍像金属片一样。裴鹗说："香不须大，径围一尺以上的，恐怕被水泡过。如果是一斤以上的香，中间含有两个孔，放入水中就不会沉。"还说："有的附着于柏、桦之上，隐藏在弯曲的枝干中，或堵在深根里，或依存于树干。有的挺然结实、浑然成形，有的嵌入穴谷，有的屹若归云；还有的像昂首的龙、峨冠的凤，像麒麟的足趾，像鸿雁的羽翼，像弯曲的手肘，像并在一起的指头。但文彩致密，光彩照人，完全没有刀斧砍劈的痕迹。放到容器中检验，像把石头投入水中一样，这就是宝贵的香，千百香中只得其一了。像这样宝贵的香，如果不是一气粹和凝结而成，不是百神祥异含育而生，怎么会在众木之中独得灵气，从各种香物之中脱颖而出，得以供奉天地神灵呢？占城国所出产的，以栈香、沉香居多。那里精选出售的，或是卖到番禺，或是进入大食国。贵重的沉香、栈香，与黄金同价。乡间老者说："那一年，有大食国的船，被飓风所阻，停泊在此地，船上的首领仗恃其富有，大肆举办筵席，极其傲慢自夸。当地人私下讨论说，用金钱与大食人较量高下，怕是敌不过他。但是，看他香炉中的烟虽然浓郁，却不挺拔，又干又轻，又薄又焦，不算上品。于是，就取当地海北岸所产的香，在酒席上焚烧，香烟缭缭，宛如从东海引来，浓郁绵长，像丝绸，像凝脂。时间越长，其芳香之气越好。大食国船上的那些家伙，因此再也得意不起来了。

采摘生结香，不必等它成熟，因此生结香不是自然生成的。生结沉香与栈香品第相等。生结栈香的品质与黄熟香一样。生结黄熟香，品质低劣，色泽虚浮，且肌质散缓，焚烧起来，气息辛烈，缺少柔和气息。时间长了，就会变质，若尽快使用，则气息尚佳。此香入水不沉。栈香成香之后，就永远不会再腐朽了。雷化、高窦，也是中原出产香料的地方，与南海所产的香相比，差距较大。香本身的禀性如此不同，是因为胶太多的缘故。取香太早，则黄熟香还未变成栈香，栈香还未变成沉香，这都是谋利者为了谋利才强行采香的。不像琼管，都是资深的峒黎人，不到季节，不会随便采香，所以香树没有夭折的隐患，采到的香料必定都是珍异的。叫熟香、脱落香的，都是自然结成的香。余杭等地售香的商户，纵有万斤黄熟香，能从中择选出真栈香一百斤，就是很稀罕的事儿了。而一百斤的真栈香，从中择选上等沉香几十斤，也是很难得到的。

熏陆、乳香，个体长大而晶莹剔透的，出自大食国。大食这个国家，香树漫山遍野，像桃胶、松脂一样，坠落在地上，被人们捡拾、聚集起来。像京城的香山，多石而少雨（陈敬之《陈氏香谱》与此相同，但洪刍之《香谱》却为"少石而多雨"）。向外国商船上的人打听，他们说："过去曾经过乳香山，那里的人说，这里已经下了三十年的雨了。"香中带有的石末，不是造假掺入的。山地上没有土，但是这种香树如果生长在泥里，则无法结成香（洪刍之《香谱》中，此处记载为"沉则无香，遂不得香矣"，讲的是乳香而非沉香，故有误）。天地万物，有自然的法则吗？赞语说："百昌之首，备物之先。于以相禋，于以告虔。孰歆至荐，孰享芳焰。上圣之圣，高天之天。"

铜博山香炉赋

（昭明太子）

仿照夏鼎奇异的环饰，模仿《山海经》中奇特的形制，制造一个器物，备采各种器物的特质，可以推想此物的奢侈了。青女（掌管霜雪的女神）司寒之时，炉中红光闪闪，掩盖日月之光，在东岳舒放圆月之光，在西岭藏匿红日之亮。蕙帷已低垂，兰膏未摒弃。点起松柏之火，焚熏兰麝之香，炉内火光荧荧，炉外香气芬芬。色如彩云，光如明星。齐国的美姬欢聚顾盼，燕国的美女笑弯了蛾眉，超公见了，激动抓狂；粤文仿佛留香。由此才知名字美好、器用精美者，永远都是华堂上玩赏的器物。

博山香炉赋

（傅　縡）

焚香之器，形如南山；所焚之香，传自西域。丁缓巧手而铸，又用匠心雕刻。麝火埋朱，兰烟毁黑。结构像险峻的山峰，上面矗立着各种树木。寒冷的夜里，含着暖意；清冷的良宵，吐露雾气。制作巧妙，堪称珍品。景象澄明，香气袅袅，气息氤氲，总有春意。随风传播的香味，胜过千年酿造的美酒；散布的香气，如同绝代佳人。

宋·洪刍 撰

香谱

Xiang Pu

宋代是中国香文化的鼎盛时期，此时香文化已从宫廷内院、文人士大夫阶层扩展到普通百姓中。洪刍所编《香谱》为现今所存的最早，也是保存较完善的香药谱录类著作。此香谱是真实反映宋代香事高度发展状况的专业图书。全书收录历代用香史料、用香方法以及各种合香配方，并将用香诸事项分成香之品、香之异、香之事、香之法四大类别。以后各家香谱分类多遵循此法。

卷 一　香之品与香之异

香之品

龙脑香

《酉阳杂俎》载，龙脑香出产于婆律国。有一种高八九丈的树，直径有六七尺粗，树叶形状呈圆形，背面呈白色，树干粗细不一。这种树分泌一种类似松脂的树脂，散发出杉木的气味，干脂被称为龙脑香，清脂被称为婆律膏。这种树的果实形状像豆蔻，树皮如同交错分布的甲壳。《海药本草》上说："龙脑香味道苦辣，性微温，没有毒性，可主治白内障、毒虫叮咬、痔疮等疾病，还有明目、镇心、秘精的功效。"还有一种苍龙脑，主治风疹，一般都被制成药膏使用，但不可用来点眼。苍龙脑以质地明净，像雪花一样的为上品，久经风吹日晒，或者质地像麦麸的则质量不好。与黑豆、糯米、红豆一起贮藏，就不会挥发。现在又有生熟的差别，上面所说的这种就是生龙脑，其中质量最好的被称为梅花龙脑。也有经过火烤后结成块的，称为熟龙脑，它与生龙脑气味有一定的差别，这是因为混入了其他材料的缘故。

麝 香

《唐本草》载，麝生长在中台低而平坦的山谷之中，雍州、益州也都有麝出没。陶隐居（陶弘景）说："麝形体像獐，常吃柏叶和蛇。"在五月捕获的麝，往往能在其腹中找到蛇皮、蛇骨。麝香能辟邪、杀鬼精，治中恶、风毒。人们制作麝香的时候，大多将原有的一块香料分揉成三四块，刮取血膜，掺杂其他的一些香料，有粗有精。如果有零碎皮毛一起裹在里面的，可能就是质量好的。偶尔有夏季吃蛇、虫多的麝，它们分泌的麝香到了寒冬还非常香。麝到了春天常有急痛发生，它自己用蹄子把香踢下来，有人得到过。这种香绝顶好。身上佩带麝香，能辟恶，将一块纯正的麝香放在枕边，还能辟噩梦及尸鬼气。传说有一种水麝脐的麝香，其香气更绝妙。

沉水香

《唐本草》注释说："沉水香"出自天竺、单于两国，与青桂、鸡骨、栈香同是一种树。叶子似橘叶，经寒冬也不凋落。夏天开花，花白而形状圆细；秋天结出槟榔一样的果实，颜色如桑葚一样呈紫色，但味苦，能治疗风水毒肿，祛恶气。树皮呈青色，木质类似于榉树和柳树，质地沉重密实，颜色发黑，放在水中能沉下去的，就是真正的沉水香了。现在又有一种颜色发黄，也能沉到水中的，叫作"蜡沉"，而不能沉下去的，叫"生结"。《拾遗解纷》中记载，沉水香的树形像椿树，通常用水来测试就能辨别真伪了。其他的记载，见下卷《天香传》中。

白檀香

陈藏器《本草拾遗》说："有一种树形状像檀木，产自海南，主治心腹痛、霍乱、中恶、鬼气，也能杀虫。"《唐本草》上说："白檀香味咸、性微寒，主治恶风毒，出自昆仑盘盘国，主要用于消风积、水肿。"还有一种紫真檀，人们把它磨成粉末，用来涂在风肿上，虽然它的原产地不在中国，但它在中国使用得也十分广泛。

苏合香

《神农本草》说："苏合香产于中台低而平坦的山谷之中"。陶隐居说："俗传苏合香是狮子粪，外国却没有这样的说法。如今的苏合香都是从西域传入中国的，真伪很难识别。如果有种树脂颜色呈红紫色，质地像紫檀木一样坚实，气味极其芬芳，像石头一样重，烧后成灰白色的，就是上好的苏合香了。苏合香可辟邪，用于治疗疟疾、癫痫、中恶、寄生虫这样的病症。"

安息香

《本草》载，安息香的原产地在西戎，外形像柏树的树脂，为黄黑色的块状物。如果是当年新出产的安息香，质地就比较柔软，味道辛辣苦涩，没有毒性。主治心腹恶气、鬼疰等疾病。《酉阳杂俎》上说："安息香出产自波斯国，生长的树被称为'辟邪'，树高三丈左右，皮色黄黑，叶子呈四角形，到了冬天也不凋零。二月的时候开花，花呈黄色，花蕊呈浅青色，不结果实。如果用尖锐的物品划树皮，就会流出饴糖一样的胶汁，这种胶汁就被称为安息香。"

郁金香

《魏略》说："郁金香产自大秦国，二三月开出红、蓝色的花朵，四五月即可采摘，一般生有十二片叶子，香味即出自叶子中间，是百草中的精英。"《本草拾遗》上记载，郁金香味道苦涩，没有毒性，主治虫毒、鬼疰、狐臭等恶症；能除去心腹间的恶气，也可以作为各种香料的添加剂。《说文》上也记载，郁金，是一种有芳香气息的植物，煮了来酿酒，用在降神的典礼上进行祭祀。

鸡舌香

《唐本草》载，鸡舌香产于昆仑以及交州、爱州以南的地区，树分为雌雄两种，皮和叶外形都像栗树，花像梅花的形状。雌树结出的果实有像枣一样的果核的，不能用来做香料；而不结果的是雄树。人们采集这种树上的花酿成香料，此种香料性微温，既可主治心痛、恶疮，又可用于治疗风毒、祛毒气。

熏陆香

《广志》载，熏陆香出产于海南。《僻方注》上记载，熏陆香，就是罗香。《海药本草》上说："熏陆香，味道平温，无毒，能使人神清气爽。这种香树又名马尾树，树上覆盖着鳞甲般的树皮。采摘过后，又能重新长出来。"还有《唐本草》注释说："熏陆香出产自天竺国及邯郸，像枫树、松树的树脂，呈黄白色。天竺出产白色的熏陆香较多，而邯祁产的熏陆香略带绿色，其香味不够浓厚。性微温，主要用于治疗伏尸（中医术语，指病隐伏在人体五脏内，积年不除）、恶气、肿毒、恶疮等症状。”

蒼糖香

《本草》载，蒼糖香出产于晋安、岑州及交州、广州以南，这些地方有一种树的外形像橘树，蒼糖香则是这些树的枝叶加以煎制而成的，其质地像糖，颜色黝黑。市面上多用这种香的表皮以及蠹粪掺杂混合而成，故而难得有纯正的，只有质地柔软的才是这类香料的佳品。

丁 香

《山海经》载，丁香产自东海及昆仑国，二三月间开花，七月才结果。《开宝本草》注说：“丁香产自广州，该地有一种树，树高一丈多，树叶到了冬天也不凋落。叶子类似栎树一样，而花形圆细，呈黄色。结出的果实形状像钉子，长四五分，呈紫色。其中有长一寸左右的，俗名叫作母丁香。如果击打它，就顺着纹理折断了。味道辛辣。主治风毒等各种肿病，能诱发各种香味，以及止住霍乱呕吐，很有效验。”

婆律香

《本草拾遗》说：“婆律香出产于婆律国，与龙脑同属一种香树，不过干脂称龙脑香，清脂称婆律香。此香能够除恶气，杀虫疰。”前面所讲“龙脑香”中曾提到制作婆律膏的方法。

乳 香

《广志》载，南海波斯国松树树脂中呈红紫色、樱桃色的，叫作乳香，与熏陆香是一类的香料。仙方多用它辟邪，它性温，可以治疗耳聋、中风、口吃、妇女血风等，也能与酒共同作用，治疗风冷，止腹泻，治疗各种疮疖，使其从内部消炎。如今以质地通明透亮的为佳品，香目上叫作乳香，次等的叫作拣香，再其次的叫作瓶香。然而这种香多夹杂有杂质形成的大块，像沥青一样。另外，还有一种细小的乳香，称为香缠。

青桂香

《本草拾遗》说：“青桂香就是沉香树上的细枝，质地紧实不易烂。”

鸡骨香

《本草拾遗》载，鸡骨香也就是栈香中形状像鸡骨的。

木 香

《本草》载，木香，一名蜜香，是从国外传到中国的舶来品。其叶形状像薯叶，根部粗大，花呈紫色，功效极多。味道辛温而无毒，主要用于避瘟疫，治疗气弱、气虚，还可以消毒、杀寄生虫。如今认为，像鸡骨一样坚实，嚼起来黏牙齿的为上品。还有一种马兜苓根，也称为青木香，和这里说的木香并不一样。有人说两者是不同的类别，这种青木香也叫作云南根。

降真香

《南州记》上说：“降真香，出产于海南各山上。”又记载，降真香，生在大秦国。”《海药本草》上说：“降真香，味温平，没有毒性，主治流行疫症。如果宅舍出现了怪异之事，烧这种香祛邪非常灵验。”《仙传》记载，烧这种香能够感应引导仙鹤降落；醮祭星辰烧这种香最好，小孩佩带这种香也能避邪气。它的香气像苏方木，烧起来开始并不怎么香，但与其他各种香料混合起来，其香味就会十分美妙。

艾纳香

《广志》上记载，艾纳香出自西域国家，形状像纤细的艾草。又记载，松树皮呈绿色的，也叫作艾纳，可以合以各种香一起烧，其烟呈青白色，能聚集到一起，而不会很快消散。《本草拾遗》中说：“艾纳香味温无毒，主治恶气，能杀蛀虫，主治腹部受凉引起的泻痢。”

甘松香

《本草拾遗》上说：“甘松香味道温和，没有毒性，可以用来辟邪，治疗心腹猝痛、胀满；用来洗浴，可以令人肌肤生香。这种香料是丛生植物，叶子细小。”《广志》上也说：“甘松香原产于凉州。”

零陵香

《南越志》上记载，零陵香一名燕草，又名薰草，生长在零陵地区的山谷之中，叶子像罗勒草。《山海经》上说：“薰草与麻叶形状类似，茎呈方形，气味如蘼芜一样芬芳，可以用来止住痢疾。”这里记载的薰草就是零陵香，其味道苦涩，没有毒性，主要用来治疗恶气胀满、心腹痛，其芬芳的气息可以令人肌肤生香，和着各种香料，可以用来做汤丸，最好和酒一起使用。

茅香花

《唐本草》上记载，茅香花生长在剑南各州县，它的茎叶是黑褐色的，花呈白色，与白茅花不一样。味道苦涩，性温、无毒，主治恶心，也可以暖胃、止呕吐。它的叶苗可以煮成药汤用来洗浴，可辟邪，令人肌肤生香。

栈 香

《本草拾遗》上说：“栈香和沉香是同一种树，因为这种香肌理中有黑脉，所以称为栈香。”黄熟香，也属于栈香一类，是轻虚、枯朽不堪的那种。如今，制作香料时都用它来调和。

水盘香

此香类似于黄熟香，而形状较大，多用它雕成香山佛像，但都是从国外传来的舶来品。

白眼香

白眼香也是黄熟香的别名。它的颜色不白，不入药品，有时制作香料会用到它。

叶子香

叶子香就是薄的栈香，它的香气更胜于栈香，又叫龙鳞香。

雀头香

《本草》上记载，雀头香就是香附子，四处可见。它的叶茎都是三棱形，其根与附子根一样，周围有很多根毛。交州出的雀头香质量最好，大如枣核；生长在道路两旁的则像杏仁大小，荆襄人叫它莎草。根能用于通气，祛除胸腹中的烦闷。制作香料时与其他香杂合使用，效果更好。

芸 香

《仓颉解诂》说："芸蒿类似于邪蒿，可以食用。"鱼豢《典略》上说："芸香可以防止纸被蠹虫所侵蚀。因此，藏书台被称为芸台。"

兰 香

《川本草》说："兰香味道辛辣，没有毒性，主要用于利尿、杀虫毒、辟邪。"兰香又名水香，生长在吴地的沼泽中，叶子像兰草一样，尖长而有分杈；花呈红白色，有芳香的味道，煮水洗澡可以用来治疗风寒。

芳 香

《本草》载，芳香就是白芷，一名茝，又名虈，又叫莞，又叫苻离，又叫泽芬，生长在低下潮湿的地方。河东川谷一带所出产的芳香质量最佳，中原附近也有，道家用这种香沐浴以祛除尸虫。

蘹 香

《本草》说："蘹香就是杜蘅，叶子像葵花叶子，果实形状如同马蹄，俗名叫马蹄香，药中很少用，只有道家服用它，用来使人肌肤生香。"

蕙 香

《广志》载，蕙草长着绿叶，开着红花，魏武帝把它当香焚烧。

白胶香

《唐本草》注释说："白胶香树形高大，其木质的纹理细密，茎叶都呈三角形，商洛一带出产较多。五月间，在树干上砍上一些沟壑，十一月就可以收获香脂了。"《开宝本草》载，白胶香味道辛辣苦涩，没有毒性，主要用来治疗习惯性皮疹、风痒、浮肿，也就是常说的枫香脂。

都梁香

《荆州记》说："都梁县有山，山上有溪水，其中生长着兰草，因此命名为都梁香，形态像藿香。"古诗有云："博山炉中百和香，郁金苏合及都梁。"《广志》也记载，产自淮南地区的都梁香，又叫煎泽草。

甲 香

《唐本草》载，产自云南的蠡类，大如手掌，呈青黄色，长四五寸，它的甲可烧灰制成甲香，南方人也煮它的肉吃。现在世上多用它来调制香料，据说能使得香气更浓郁，还能产生香烟。但需要用酒和蜜煮制才能使用，方法后文有记载。

白茅香

《本草拾遗》载，白茅香味道甘平，没有毒性；主治恶气；令人肌肤生香；煮汁服用，能主治腹内冷痛；生长在安南地区，形状像茅根，道家用它煮汤沐浴。

必栗香

《内典》载，必栗香又名化木香，树的形状像老椿树。《海药本草》上说："必栗香味道辛温，没有毒性，主治中恶，能祛除一切恶气，如果必栗香的叶子落到水中，水中的鱼就会暴死。它的木头可做书轴，有避蠹虫的效果，使得蠹虫不会损伤书。"

兜娄香

《异物志》说："兜娄香出自海边国家，形状像都梁香。"《本草》载，兜娄香性微温，能治疗霍乱、心痛病，主治风水毒肿恶心，能止住呕吐。也用来调和其他香料使用，茎叶类似于水苏的茎叶。

藒车香

《本草拾遗》说："藒车香味辛、性温，主要用来祛除鬼气，另外还可去臭以及防蠹虫等。出产于彭城，树高几尺，开白色的花。"《尔雅》上曾有"藒车，乞舆"的句子，注释说："藒车，就是香草。"

兜纳香

《广志》载，兜纳香产于剽国。《魏略》说："兜纳香产自大秦国。"《本草拾遗》记载，兜纳香味甘性温，没有毒性，能祛除恶气，温中除冷。

耕 香

《南方草木状》载，耕香茎上生有细叶。《本草拾遗》上说："耕香味道辛辣，性温，没有毒性，主要用来辟邪、调整中气，出产自乌浒国。"

木蜜香

《内典》记载，木蜜香树形状像槐树。《异物志》上说："它的叶子像椿树叶。"《交州记》说："木蜜香树形状像沉香树。"《本草拾遗》上记载，木蜜香味道甘甜，性温，没有毒性，主要用来辟邪祛恶，产自南海各山之中（种五六年，就有香气产生）。

迷迭香

《广志》上记载，迷迭香出产自西域地区，魏文帝曹丕曾经有赋吟诵它，也曾经用过这种香。《本草拾遗》记载，迷迭香味道辛辣，性温，没有毒性，主治恶气，使人的衣服散发香气，烧这种香能够祛除邪气。

香之异

都夷香

《洞冥记》中有这样的记载，都夷香形状像枣核，吃一颗，一个月都不会感到饥饿。如果把它投到水中，一会儿就能涨满整个大盆。

荼芜香

王子年在《拾遗记》中记载，燕昭王聘请国内两个善舞的人，然后用荼芜香屑铺地四五寸，让跳舞的人站在上面，跳了一天舞，香屑上都没有留下印迹。荼芜香出产于波弋国，如果浸到地下，则土石皆有香味，即使是朽木腐草也没有不茂盛的；用它熏枯骨，连枯骨都会长出肌肉。这一记载又见于《独异志》。

辟寒香 辟邪香 瑞麟香 金凤香

辟寒香、辟邪香、瑞麟香、金凤香都是别的国家进贡的。《杜阳杂编》说："从两汉至唐朝，皇后、公主乘七宝辇，四面缀五色玉香囊，囊中装着这四种香，每次出游，芬芳的气息就溢满道路。"

月支香

《瑞应图》记载，天汉二年，月支国进贡神香，汉武帝发现其形状像燕子的蛋，一共三枚，如枣般大小。汉武帝没有烧这种香，而是交给外库保存。后来长安闹传染病，宫中有人被传染，月支国的使者请求烧一枚月支香来辟疫气，武帝答应了。后来，宫中生病的人都好了，长安城百里之内都能闻到此香味，九个月后香味还久久不散。

振灵香

《十洲记》中记载，聚窟洲有一种大树，形如枫树，名叫返魂树，其叶子的香味几百里外都能闻到。把它的树根放在玉锅里煮，煮出的汁水像糖水一样，名叫惊精香，又叫振灵香，又叫返生香，又叫马精香，又叫却死香，一种东西有五个名字，真是世间的灵物。它的香味能弥漫几百里，传说死尸在地下闻到这种香味都能复活。

千亩香

《述异记》中记载，日南郡有千亩香林，世间名贵的香料往往出自那里。

十里香

《述异记》中记载，千年的松香在十里路之内都可以闻到它的香气。

䆅齐香

《酉阳杂俎》上记载，䆅齐香出自波斯国拂林，当地人叫它"顶勃梨他"。高一丈多，直径有一尺左右，树皮呈青色，很薄，极为光洁，叶子像阿魏，每三片叶子生在枝条顶端，不开花也不结果实。西域人常在八月砍伐这种树，到了冬天，树又能抽出新的枝条。要是不予以剪除枝条，反倒会枯萎而死。七月时，如果砍断它的枝条，其断处会流出黄色的汁液，形如蜜，稍微有些香气，用来入药，可治百病。

龟甲香

《述异记》说："龟甲香就是桂香中比较好的一种。"

兜末香

《本草拾遗》中记载，烧兜末香，能祛除恶气，除去病疫。《汉武帝故事》记载，西王母降临，皇上特意焚烧兜末香，这种香乃是兜渠国所献，形状像大豆，如果将它涂在宫门上，其香味在百里之外都能闻见。据说关中地区曾出现了大规模的传染病，很多人死去，焚烧了这种香料后，传染病就不再蔓延了。《内传》也记载说："死去的人闻到这种香都会复活。"这就是所谓的灵香，不是中国本土所出产的。

沉光香

《洞冥记》记载，沉光香为涂魂国的贡品，点燃时会发出光亮。但这种香坚硬，难以碎裂，因此太医用铁杵把它舂成粉末，再焚烧它。

沉榆香

《封禅记》记载，黄帝曾经把珪玉陈列在兰蒲编制的席子上，再焚烧沉榆香。把各种宝石舂为粉末，与沉榆香混合成泥状，用来涂地，以分别尊卑、华夷之位。

茵墀香

《拾遗记》记载，汉灵帝熹平三年，西域向中国进献茵墀香。用它煮汤能够治疗瘵疬；宫中人都用这种香汤洗头发。

石叶香

《拾遗记》说："石叶香层层叠叠，状如云母，它的气味能治疗瘵疬。魏文帝时，题腹国曾经进献这种香料。"

凤脑香

《杜阳杂编》记载，唐穆宗曾经在藏真岛前焚烧过凤脑香，以此表现他的敬意。

柴木香

《述异记》记载，柴木香也叫红蓝香，又叫金香，又叫麝香草香，出自苍梧、桂林两郡交界一带。

威　香

孙氏《瑞应图》称威香为瑞草，记载，又名葳蕤，如果君王足够重视各方面的道义礼仪，它就会出现在宫殿前面。又说："做君王的爱惜百姓，瑞草自然而生。"

百濯香

《拾遗记》记载，三国时东吴孙亮为他宠爱的姬妾四人调和四气香，这些香都是外邦国家进献的。凡是她们走过和休息的地方，香气都弥漫在衣服上，经过多年都不散去。因此这种香称为百濯香，她们的居室也叫作思香媚寝。

龙文香

《杜阳杂编》记载，龙文香是汉武帝时期由其他国进献到中国的，但进献国的国名已不可考了。

千步香

《述异记》记载，南海出产千步香，人一旦佩带着它，香气在千步之外都能闻到。这种香其实是草类，现在海边有一种千步草，就是它的同类。这种香叶子像杜若，而颜色红绿相间。《贡籍》上记载，南郡曾经进贡千步香。

薰肌香

《洞冥记》记载，用薰肌香来熏人的肌骨，人一生到老也不生病。

蘅芜香

《拾遗记》记载，汉武帝梦见李夫人给他蘅芜香，从梦中惊醒时，香气还附着在衣服和枕头上，一个月都没有消散。

九和香

《三洞珠囊》上说："天上的玉女捣筛天香，手持玉炉，焚烧九和香。"

九真雄麝香

《西京杂记》上说："汉代的赵昭仪曾经进献给她的姐姐赵飞燕三十五种礼物，其中有青木香、沉水香、九真雄麝香。"

罽宾国香

《卢氏杂说》中记载，杨收曾经请崔安石吃饭，盘子前面放了一炉香，冒出的烟仿佛楼台的形状。崔安石另外又闻到一种特殊的香味，却不像是炉子里冒出的香味，正在寻思此香来自何物，杨收吩咐左右，取出白角碟子，盛了一颗漆球一样的东西呈现到崔安石面前，说："这是罽宾国的香，你刚才所闻到的，就是这种香。"

拘物头花香

《唐太宗实录》上记载，罽宾国进贡的拘物头花香，香味在几里之外都可以闻见。

升霄灵香

《杜阳杂编》记载，同昌公主去世了，皇上十分哀痛，常常让人恩赐尼姑和女道士焚烧升霄灵香，敲击归天紫金磬，用来引导公主的灵魂升天。

祇精香

《洞冥记》记载，祇精香出自涂魂国，焚烧这种香，魑魅精灵都会因为害怕而避走。

飞气香

《三洞珠囊隐诀》记载，真檀香、夜泉玄脂朱陵、飞气香、返生香，都是真人所烧的香。

金磾香

《洞冥记》记载，汉代的金日磾入宫侍奉皇帝后，想要自己的衣服芳香洁净，以改变自己的胡虏气，于是自己合成了金磾香，其效果让皇帝非常高兴。金日磾常常用这种香熏衣物，宫中的宫女看到后，也用这种香来薰衣物以增加自己的魅力，从而达到向皇帝邀宠的目的。

五　香

《三洞珠囊》上说："五香植株上长有五棵茎，一棵茎上生有五条枝，一条枝上生有五片叶子，一片叶子上生有五个结节。五五相对，因此从前的贤人将它命名为五香，又称为青木香。五香的茎，烧上十天，香气在九天之外都能闻到。"

千和香

《三洞珠囊》上说："峨眉山的孙真人烧的就是千和之香。"

兜娄婆香

《楞严经》上记载，在法坛前另外放置一具小的香炉，把用兜娄婆香煎取的香水，浇到炉中的炭上，能够让炉火烧得更旺盛。

多伽罗香

《释氏会要》上记载，多伽罗香，就是云根香。多摩罗跋香，就是云藿香、旃檀。此书的注释说："与乐，就是白檀，能够治疗热病。赤檀能够治疗风肿。"

大象藏香

《释氏会要》记载，大象藏香因为两龙相争斗而生，如果烧一粒这样的香，天地都会明亮起来，有祥云笼罩在上空。这种香味道如同甘露，烧七个日夜，天上就会降下甘雨。

牛头旃檀香

《华严经》记载，牛头旃檀香产自离垢地，如果用它涂在身上，火焰就不会伤害到身体。

羯布罗香

《西域记》记载，羯布罗香的树干像松树，叶子的形状很奇特，开的花、结的果实也和松树不一样。刚采下来的时候，还是湿漉漉的，没有香味产生。等木头干燥以后，顺着它的纹理斫下来，木中会有香味。木头干燥以后，色泽如同冰雪般洁白，也称为龙脑香。

薝葡花香

《法华经》上记载，须曼那华香、阇提花香、末利华香、罗罗华香、青赤白莲华香、华树香、果树香、旃檀香、沉水香、多摩罗跋香、多伽罗香、象香、马香、男香、女香、拘鞞陀罗树香、曼陀罗花香、殊沙华香。

辟寒香

《述异记》记载，丹丹国出产一种辟寒香，汉武帝时期被进贡到中国。每到天气十分寒冷的时候，如果室内焚烧这种香，暖气就悠然进入室内，人们就可以把厚重的衣服脱掉了。

卷二　香之事与香之法

香之事

述香

《说文解字》记载，香，就是芳的意思。篆体字从黍从甘，隶书简写为‘香’。《春秋传》说：“黍稷馨香。”凡是香一类的物品，都以“香”为偏旁。远远闻到的香气叫“馨”，美好的香气叫“䭯”。香的气息叫馦，叫馣，叫馧，叫馥，叫馤，叫馪，叫馩，叫馢，叫馛，叫馟，叫馝，叫馞，叫馠，叫馩，叫馚，叫馡，叫馪，叫馞，叫馤，叫馜，叫馧，叫馟，叫馪，叫馤，叫馫。

至治馨香：《尚书》说：“至治馨香，天上的神明都能感应到。”

有飶其香：《毛诗》说：“有飶其香，是国家的光彩。”

其香始升：《毛诗》说：“其香始升，天帝就住在那里。”

昭其馨香：《国语》说：“其品德足以昭彰其馨香。”

国香：《左传》说：“兰花具有‘国香’。”

久而不闻其香：《家语》说：“进入芝兰之室，久了就闻不到它的香气了。”

香序

南朝刘宋时期的范晔，字蔚宗，撰写了《和香方》一书，其序说：“麝香的使用方法本来有很多忌讳，用多了必然造成危害。沉香则易于调和，使用超过一斤也没有什么伤害。零陵香、藿香性惨虐，糖香性黏湿。甘松、苏合、安息、郁金、㮈多、和罗等香料，都是产自国外，没有从中国本土弄到的。还有枣膏性昏蒙，甲煎香性浅俗，不止是无助于浓烈的馨香，反而增加了病患。”这个序言所说的，都是用来类比朝廷中官吏的作用。“麝本多忌”比喻的是庾景之，“枣膏昏蒙”比喻的是羊玄保，“甲煎浅俗”比喻的是徐湛之，“甘松苏合”比喻的是惠休道人，“沉实易和”是他的自比。

香尉

《述异记》记载，汉代的雍仲子向朝廷进献南海的香料，因此被封为涪阳尉，世人都称他为“香尉”。

香市

《述异记》记载，日南郡有香市，是商人进行香料交易的市场。

熏炉

应劭《汉官仪》记载，尚书郎进尚书台当值，按例派给他女侍史二人。女侍史都选择相貌端正的女子，跟从他当值。女侍史拿着香炉烧熏着香料，跟从尚书郎进入尚书台，使他的衣服上沾染香气。

怀香

《汉官典职》上说：“尚书郎怀香握

兰，走在红色的台阶上。”

香户

《述异记》记载，南海郡有采集香料的专业户。

香洲

《述异记》记载，朱崖郡洲中，出产各种异香，往往有世人不知道名字的。

披香殿

披香殿是汉代的宫阁名，长安有合欢殿、披香殿。

采香径

《郡国志》记载，春秋时期的吴王阖闾，修建了一条响屧廊，还独辟种花之处，称为采香径。

啖香

《杜阳编》说：“元载有一宠姬，名为薛瑶英。其母赵娟，从小就让女儿吃香花瓣，因此，薛瑶英肌肤都有香味。

爱香

《襄阳记》记载，刘季和生性爱香，有一次他到厕所去，回来后就凑到香炉上。主簿张坦说：“有人说你是个俗人，果然不假。刘季和答道：“荀令君到了别人家做客，他坐过的席子在他走后的三天内还香呢，与我相比怎么样？”张坦说：“丑女效颦，看到的人一定会逃避，你也想让我逃走吗？”刘季和大笑。

含香

应劭《汉官》记载，侍中刁存，年纪大了，患有口臭病，皇帝赐给他鸡舌香让他含着。

窃香

《晋书》记载，韩寿，字法真，是贾充司空府的属员。贾充的女儿偷看到韩寿，喜欢上他，于是就让婢女向韩寿表达自己的爱慕之意，之后韩寿翻过矮墙，到了贾充女儿的闺阁与其幽会。当时西域进贡一种奇香，一旦接触到人，香味一个月之后都不会消散，皇帝把香赐给了贾充，贾充之女便拿了香暗中赠给韩寿。后来韩寿与贾充一同饮酒，贾充闻到韩寿身上的芳香，知道女儿与他私通了，但他并没有声张此事，反而还把女儿许配给韩寿为妻。

香囊

东晋时的谢玄喜欢佩戴紫罗香囊，但谢安不喜欢他这么做，可又不想伤了叔侄之间的感情，于是有一次开玩笑与他打赌。谢玄打赌输了，就把紫罗香囊取下来烧掉了。谢玄从此不再佩戴紫罗香囊。又有古诗说：“香囊悬肘后。”

沉香床

《异苑》记载，沙门支法，有八尺沉香床。

金炉

魏武《上杂物疏》上记载，皇帝御用的物品有三十种，其中有纯金香炉一个。

博山香炉

《晋东宫旧事》记载，皇太子册立的

典礼上，设有一尊铜博山香炉。《西京杂记》中记载，丁缓又制作过一尊九层博山香炉。

被中香炉

《西京杂记》中记载，被中香炉本来是一个叫房风的人首创的，制作方法后来失传了。长安的巧手工匠丁缓后来再次找到并作了一些创新，机环运转四周，而炉体一直平衡，可以放在被褥里熏香，因此而得名。

沉香火山

《杜阳杂编》记载，隋炀帝每逢除夕之夜，会在殿前设置数十堆由沉香木树根堆成的火山。每一堆火山都要焚烧几车的沉香木，当火焰渐渐小了的时候，就用甲煎助燃，其香味在几十里外都能闻到。

檀香亭

《杜阳杂编》记载，宣州观察使杨牧，建造过一座檀香亭，刚落成，就命令宾相作乐庆贺。

沉香亭

《李白后集序》说："开元年间，皇帝居住的地方特别看重木芍药的栽种，木芍药也就是现在所说的牡丹花。有四个品种尤为珍贵：红色、紫色、浅红色和通体白色的，皇帝将这几个品种的牡丹花移植到兴庆池东，位于沉香亭前。"

五色香烟

《三洞珠囊》记载，许远游烧香，冒出的都是五色香烟。

香 珠

《三洞珠囊》记载，用杂香捣碎，做成梧桐子大小的药丸，用青绳子穿起来，这就是三皇真元的香珠，焚烧它的时候，香气冲天。

金 香

传说中的右司命君王易度，云游到东坂广昌之城，长乐之乡，天女给他喝平露金香八会之汤，食用凤鸟的肉脯。

鹊尾香炉

略。

按：此香事收录于《香乘》"香绪余"之"香炉"卷。

百刻香

近世崇尚奇特的人，制作了一种香篆，它上面标着十二个时辰，分成一百刻，共烧一天一宿才结束。

水浮香

燃烧出纸灰，将其压印制成香篆，浮于水面上点燃，竟可以不沉没。把熏香的香炉做成狮子、麒麟、野鸭等形状，再涂上金粉。香炉里面是空的，可以用来燃烧香料，香烟就从兽口中冒出，作为日常玩赏的东西。也有用雕木、黏土制作香炉的。

香 篆

香篆是用镂刻的木头制作的，用一个模具做成篆文，在酒宴和佛像前焚烧，往往有直径达到二三尺的香篆。

焚香读《孝经》

《陈书》记载，岑之敬，字思礼，为人敦厚谨慎，多有孝行。五岁的时候读《孝经》，一定要焚香正坐而读。

防蠹

徐陵《玉台新咏·序》说："辟恶生香，可以预防绸缎被蠹虫蛀坏。"

香溪

吴宫从前有一条香溪，相传是西施洗澡的地方，又叫脂粉溪水。

床畔香童

《天宝遗事》记载，王元宝喜好宴请宾客，凡事一定要豪华奢侈，器物摆设、服装用度都超过王公，四方的贤士都拥戴敬仰他。他经常在寝帐前，放置木刻的矮童二人，捧七宝博山香炉，从晚上焚香到天明，他的骄贵已到了这种程度。

四香阁

《天宝遗事》记载，杨国忠曾用沉香木造楼阁，用檀香做栏槛，把麝香、乳香等筛土和为泥粉，装饰阁壁。每当春季木芍药盛开的时候，聚集宾客在这阁上赏花。即便是宫内的沉香阁，也比不上他的四香阁华丽。

香界

《楞严经》说："因香而生，就以香为界。"

香严童子

《楞严经》记载，香严童子对佛祖说："我看见众比丘焚烧沉水香，香气悄悄潜入鼻中，不是木，不是空，不是烟，不是火，来无影，去无踪；由此得到启发，体悟到什么是无明漏，从而修得了阿罗汉果位。

天香传

略。

按：《天香传》亦收录于《香乘》中，文意大体一致，有个别差异及考证处已在《香乘》中附加以说明。

古诗咏香炉

四座且莫喧，愿听歌一言。请说铜香炉，崔嵬象南山。上枝似松柏，下根据铜盘。雕文各异类，离娄自相连。谁能为此器，公输与鲁般。朱火燃其中，青烟飏其间，顺风入君怀，四座莫不欢。香风难久居，空令蕙草残。

齐　刘绘咏博山香炉诗

参差郁佳丽，合沓纷可怜。蔽亏千种树，出没万重山。上镂秦王子，驾鹤乘紫烟。下刻盘龙势，矫首半衔莲。傍为伊水丽，芝盖出岩间。复有汉游女，拾翠弄余妍。荣色何杂糅，褥绣更相鲜。麋麚或腾倚，林薄杳芊眠。掩华如不发，含熏未肯然。风生玉阶树，灵湛曲池莲。寒虫飞夜室，秋虚漫晓天。

梁　昭明太子铜博山香炉赋

香炉里燃着的香，禀性至精而品质纯正，产自灵岳幽深之处。只有运用般倕（鲁班与舜臣倕的并称，泛指巧匠）的独具匠心才能制作出来。那香气犹如丛生的兰蕙在山岩间隐现，又如披着霓裳的仙女飞向天空。如同嵩山的威严气象，又像平静的桃林。这一时刻，青烟仿佛带来了寒意，晚霞增添了美景的魅力，翠绿的帷幕低低地垂下，屏风挡不住浓郁的香气。香气在炉内蒸腾，芬芳在室内洋溢。犹如祥云呈现瑞色，又像星辰展现光芒。我现在相信了世间真有名字和质地都美妙的事物，我将永远在华堂之中赏玩、欣赏它。

汉　刘向熏炉铭

略。

按：此铭文收录于《香乘》中。

梁　孝元帝香炉铭

苏合香氤氲芬芳，燃起的青烟如云一样升起。时而浓郁，时而稀薄，时而聚集，时而消散。火焰微弱的时候，香就难以焚尽；风大的时候，芬芳之气在很远的地方都能闻到。谁说是“道”的力量所致呢？熏染的实在是慈悲之心啊！

古诗

“博山炉中百和香，郁金苏合及都梁”，“红罗复斗帐，四角垂香囊”，“开奁集香苏”，“金炉绝沉燎”，“金泥苏合香”，“熏炉杂枣香”，“丹毂七车香”，“百和浥衣香”。

香之法

蜀王熏御衣法

丁香、栈香、沉香、檀香、麝香，以上各一两；甲香三两，用常法炮制。把这些香捣为末，用白沙蜜轻炼过，不得热用，合和均匀后使用。

江南李王帐中香法

炮制这种香，用沉香一两，细锉，加入鹅梨十枚，研取汁水，盛于银器之中，蒸三次，梨汁干后即可使用。

唐化度寺衙香法

沉香一两半，白檀香五两，苏合香一两，煮过的甲香一两，龙脑半两，麝香半两。以上这些香细锉捣为末，用马尾筛子筛过，炼蜜调和后用。

雍文彻郎中衙香法

沉香、檀香、甲香、栈香各一两，黄熟香一两，龙脑、麝香各半两。以上这些香捣碎，用罗筛为末，用炼蜜拌和均匀，放进新瓷器里贮存，密封起来，埋到地里，一个月后取出即可使用。

延安郡公蕊香法

玄参半斤，清洗干净，去尘土，放在银器里用水煮熟，控干，切细，放入锅中，用慢火炒，使它冒出微微的烟；甘松四两，择去杂草尘土，之后再称好分量，细锉成末；白檀香，也锉成末；麝香，要用颗粒状的，等别的药成了末后再放进去研；白乳香细研，同麝香一起加入，以上三味各二钱。这些香都要又新又好的，捣碎，再用罗筛成末，炼蜜和匀，做成鸡头大的丸。每个用药末一两，用熟蜜一两，未制丸前，再入臼捣一百多下，用油纸密封，贮存在瓷器中，用时取出来烧。

供佛湿香法

檀香二两；零陵香、栈香、藿香、白芷、丁香皮、甜参各一两；甘松、乳香各半两；硝石一分。这些香用常规方法炮制，锉碎，然后焙干，捣为细末。另用白茅香八两，锉碎，去泥焙干，用火烧，等火焰将熄灭的时候，迅速用盆盖上并用手巾围住盆口，不要让它透气。放冷，取茅香灰捣为末，与前面的各种香一起加入已经炼好的蜜中，几者相和，再重新放入药臼，捣得软硬合适后，贮存到不吸水分的容器中，用时就取出来焚烧。

衙香法

沉香、白檀香、乳香、青桂香、降真香、甲香灰汁煮一会儿，取出放冷，用甘水浸泡一宿，取出焙干，再加上龙脑、麝香。以上八味，各半两，捣碎，用罗筛成末，加入炼蜜调匀。这些完成之后，另外将龙脑、麝香在干净的器皿中研细，拌匀然后使用。

又

黄熟香、栈香、沉香各五两；檀香、零陵香、藿香、甘松、丁香皮各三两；麝香、甲香各三两，黄泥浆煮一日后，用酒煮一天；硝石、龙脑各三分，乳香半两，以上这些，除了硝石、龙脑、乳香、麝香必须一同研细外，其他的香都捣碎，用罗筛散。先用苏合油大约一茶杯那么多，再加入炼好的蜜两斤，搅和均匀，用瓷盒盛放，埋在地里一个月后就可取出使用了。

又

生结香、栈香、零陵香、甘松各三两，藿香、丁香皮、甲香各一两，麝香一钱，这些都碾成粗末。炼制蜂蜜，放冷后与这些香和匀，用一般的方法熏香焚烧。

又

檀香、玄参各三两，甘松二两，乳香、龙脑、麝香各半两，研细，这些香中，先将檀香、玄参锉细，盛放到银器之中，用水浸泡，慢火煮，水干后取出焙干，与甘松一起捣碎，用罗筛成细末，再加入乳香末等，一起用生蜜和匀，在地下室贮藏较长时间后方可使用。

又

白檀香八两，细劈成片，用腊茶清浸一宿，控干拿出来，然后焙干，用蜜酒拌得合适后，再浸泡一夜，用火焙干；沉香三两；生结香四两；龙脑、麝香各半两；甲香一两，先用灰煮，再用生土煮，再次用酒和蜜煮，滤出使用。以上这些，除了将龙脑和麝香分别研末以外，其他各种香一起捣碎，加入生蜜拌匀，用瓷罐贮放在地窖中，一个多月后就可以取用了。

印香法

夹栈香、白檀香各半两，白茅香二两，藿香一分，甘松、甘草、乳香各半两，栈香二两，麝香四钱，甲香一分，龙脑一钱，沉香半两。以上这些，除了龙脑、麝香、乳香分别研以外，都捣筛为末，拌匀后即可使用。

又

黄熟香六斤；香附子、丁香皮五两；藿香、零陵香、檀香、白芷各四两；枣半斤，焙干；茅香二斤；茴香二两；甘松半斤；乳香一两，研细；生结香四两。以上这些都捣碎，用罗筛为末，按一般方法使用。

傅身香粉法

英粉（研开）、青木香、麻黄根、附子（炮制）、甘松、藿香、零陵香，以上香料各等分。除英粉外，其他香料一同捣碎，用罗筛为细末，用夹绢袋装着，洗浴后敷到身上。

梅花香法

甘松、零陵香各一两；檀香、茴香各半两；丁香一百枚；龙脑少许，另外研。以上这些都研为细末，炼蜜和匀，无论是干的还是湿的，都很好用。

衣香法

零陵香一斤，甘松、檀香各十两，丁香皮半两，辛夷半两，茴香一分，以上这些捣碎，用罗筛为末，加入龙脑、麝香少许，一起使用。

窨酒龙脑丸法

龙脑、麝香二味，研细；丁香、木香、官桂、胡椒、红豆、宿砂、白芷各一分；马勃少许。以上这些除龙脑、麝香需研外，都一同捣碎，用罗筛为细末，用蜜调和，制成樱桃大的丸子，一斗酒放入一丸，密封严实，三五天后开坛饮用，味道特别香美。

球子香法

艾纳，也就是松树皮上绿色的莓苔一两；酸枣一升，加入水少许，研取汁一碗，日煎或膏用；丁香、檀香、茅香、香附子、白芷五味，各半两；草豆蔻一枚，去皮；龙脑少许，研碎。以上除了龙脑研碎外，全都捣碎，用罗筛成末，把枣膏与熟蜜混合好了，放入臼中杵，一直杵到不黏杵时停止。制成梧桐子大小的丸子。每一丸快烧完的时候，其青烟直上，像一个球一样，短时间内不会消散。

窨香法

凡是制作合香，都要入窨，这是为了让它干湿度合适。每当合香制作完成后，大约估计一下有多少，用不吸水的容器贮存，用蜡纸封口，在静室中入地三五寸掩埋。一个多月后，在白天取出，慢慢打开后取出焚烧，那么它的香气就特别醉人。

熏香法

凡是要熏衣服，就把一大锅开水放到蒸笼下面，把要熏的衣服盖上，让热气通彻（这样做是让香气进入衣服之后久久不散），然后在香炉中放上烧香饼子一枚，放在灰盖或者薄银碟子内尤其好。把香放在上面熏，使烟充分发挥作用。熏完后，把衣服叠起来，隔夜后再穿，香气几天都不散。

造香饼子法

软灰三斤，蜀葵叶或花一斤半（用它的黏性），一起捣碎，和匀，用这些细末就可以制成丸子了，再加入薄浆糊少许，每个丸子像弹子大小，捏成饼子，晒干，贮在瓷瓶里，逐渐烧用。如果没有蜀葵，就在炭中拌入红花碎末一起捣碎，再用薄浆糊和匀也可以。

宋·陈敬 撰

陈氏香谱

Chen Shi Xiang Pu

《陈氏香谱》是一部记录日常生活用香与烧香器用的谱录类图书。宋代用香蔚然成风，香药谱录众多，多以各家姓氏为名，此谱即以作者姓氏为名。《四库总目提要》曾评《陈氏香谱》："集沈立、洪刍以下十一家之香谱汇成一书"，可谓是宋代诸多香谱的集大成者。《陈氏香谱》原为六卷，前四卷为全卷，后二卷有残缺，后人又将二残卷抄之，名为《新纂香谱》。此译本仅收录《陈氏香谱》前四卷，以通俗易懂的形式展示中国民间的香药谱，推动中国香文化的传承与发展。

提要

臣等谨慎查考：《香谱》四卷，宋人陈敬撰。陈敬，字子中，河南人，其仕履未详。其书卷首有元代至治壬戌年间文人熊朋来序文，也未曾记载陈敬生平。此书集沈立、洪刍以下十一家《香谱》，汇成一书。征引既然繁杂，不免以广博为长，稍稍超出限制。如香名、香品、历代合香配方，宜于收录。至于经传中字句偶有涉及香的，实则并非龙涎香、迷迭香之类，如卷首引《左传》“黍稷馨香”等寥寥数则，用以溯源经传，其实没有必要。这是效仿《齐民要术》篇首援引经典的体例，而失其本真。那些确实出自经书典籍之事，则往往缺失遗漏，如“郁金香”一则，载录《说文》中的说法，而《周礼》“郁人”条目下郑康成的注，偏偏遗漏，则又是标举远例，忽略近典了。然而，十一家《香谱》，现今不能全部传世，陈敬能荟萃各家著述，总汇一书，佚文遗事，托赖此书得以传其梗概，对于考证，不能说全无益处。

乾隆四十五年十二月，恭敬校订呈上。
总纂官臣纪昀，臣陆锡熊，臣孙士毅；总校官臣陆费墀。

原序

香，是五臭（膻、熏、香、腥、腐）之一，人们平日喜爱佩带它。至于为香作谱，如果不是世代为官、博知事物，曾有乘船出海经历的人，定不能详尽地完成。河南陈氏《香谱》，自子中至浩卿父子两代人才得以脱稿，洪、颜、沈、叶各家香谱，汇于一编，集其大成。

诗书中说："香，不过是黍稷（泛指五谷）、萧脂（蒿的油脂）之类，故而香字从黍，作甘。"古代，在黍稷以外，可以燃烧的有艾蒿，可以佩带的有兰，可以酿酒的有郁金草。以香草为名的，几乎没有。这一时期，可以不予记谱。《楚辞》中所载录的名物渐渐多起来。自汉唐以来，被称为香的，必然是南洋出产之物，故而不可无谱。

浩卿来到彭蠡（今鄱阳湖），将《香谱》送给我这个垂钓之人阅读，请求为他作序。我惊呼道：难道缺少可以作序的人，竟而轮到我了？君家两代人方得修成此谱，也是不容易啊！应当谨慎遴选作序之人。难道没有蓬莱玉署中怀香握兰的仙儒，难道没有世家高门内芝芳兰馥的世卿，难道没有南洋岛国夸耀香品宝物的洋商，难道没有神州赤县进香受爵的少府，难道没有宝梵琳房（佛寺、炼丹房）、闲思道韵的高人，难道没有瑶英玉蕊、罗衣香泽的淑女？但凡熟知香品之人，都可以请来为此谱作序。像我这样的人，等死之心早有，熏香之习也中断很久。空有庐山香炉峰一座，以山顶片片白雪为香品，被人们一并收入谱中。

每每回忆，当日刘季和好香成癖，到炉边香熏身体，主簿张坦认为他俗。张坦可以称得上是直谏之友了。刘季和能笑着领受他的劝告，也算得上是善于弥补过错的人了。天下间，像刘季和这样的雅士大有人在，如荀令君，他每到别人家去，坐过的地方都会三日留香，又如梅学士，他每天清晨将衣袖盖在香炉上，捏着袖子出来，坐定后才放出袖内的香气。这是以富贵自好者的行为，没听说圣贤们有这样的行为。不过，只可惜他们没有遇上像张坦这样的直谏之人啊。查考《礼经》，香包是孩童所佩带的东西，茝兰是妇人配饰上的物件。大丈夫在世，自有藉以流芳百世的功业，故而，魏武帝曹操下令家中不准熏香。而谢玄佩带香囊的行为，亦令谢安颇为鄙薄。然而，琴窗书室之中，没有这《香谱》，则无法修治炉熏之香。至于从熏香中增长识见，或许也大有其人。我就长揖谢客，鼓棹（划桨）拒客，追录为《香谱序》。

至治壬戌年，兰秋彭蠡钓徒熊朋来序

卷一

许慎《说文解字》中说："香，芳也，篆文从黍从甘，隶省作香。"《春秋左氏传》中说："黍稷馨香。"大凡与香有关的字，都从香。香中远闻的称馨，香中美妙的称䭲。香之气息，称为馦、馣、馧、馥、馤、𩡖、馪、馢、馛、𩡶、馝、馞、䭴、馩、馚、𩡺、䭹、𩡧、馟、𩡳、𩡷、馜、𩡦、𩡗、𩡵、𩡿、馠、𩡣、馡等。

《香品举要》中说："香的品类最为繁多，出产于广州、崖州及南海各国。在秦汉以前未有所闻。当时，人们所称赏的不过是兰、蕙、椒、桂而已。到汉武帝时，用度奢广，尚书郎奏事才开始有含鸡舌香的，其他的皆不曾听说。直到晋武帝时，外国进贡异香自此而始。到了隋代，除夕之夜设火山，焚烧沉香、甲煎等香料不计其数，南洋诸国的各种香料全都进贡到中国来。唐明皇君臣多有沉香、檀香、瑞脑、麝香，用来修建亭台楼阁的例子何其多。后周显德年间，昆明国又进贡了蔷薇水。过去所不曾有的香如今都有了。然而香都是一样的，或者出自草，或者出自木，或是花，或是果，或是节，或是皮，或是液态的，或由人力煎熬调和而成；有用来焚烧的，有可以佩带在身上的，还有可以入药的。"

德政的馨香，上达神明。《尚书·君陈》

不只是德于馨香。《尚书·酒诰》

香气向上升腾，天帝享受供奉。《诗·生民》

祭祀的饮食香气浓郁，这是我国的光荣啊！《诗·载芟》

黍稷馨香。《春秋左氏传》

兰有国香。《春秋左氏传》

其德政，足以昭其馨香，上达神明。《国语》

如同进入芝兰之室，时间长了，就闻不到香味了。《家语》

香品

龙脑香

《唐本草》说："出产于婆律国，树形与杉木相似，树子与豆蔻相似，外皮有甲错。波律膏是树根下液态的树脂，龙脑则是树根中固态的树脂，味道辛香。"段成式说："也出产于波斯国，树高八九丈，周长有六七围。叶子为圆形，叶背呈白色，没有花、果。其树干有粗有细，树干较细的出产龙脑香，树干较粗的则出产波律膏香，香生在木心之中。砍断树，劈开树材，香膏从树端流出。"

《圆经》中说："南海的山中，也有此树。唐代天宝年间，交趾进贡龙脑，形状如同蝉翼一般。当地人说："只有老根树节，方才有这样的香。然而，极难得到。宫中称其为瑞龙脑，将它佩带在衣服里，香气远闻，达十余步。现今海南龙脑，多用火煨制成片，内中有伪造的。"

陶隐居说："产于西海婆律国，是树中的膏脂，形状像白胶香。味道苦而辛，性微温，无毒，主治内外障眼，可驱除三虫（人体内的寄生虫），治疗五痔（五种痔疮），有明目、镇心、秘精之效。还有一种苍龙脑，主治风疹袭面。制成煎剂，使用效果较好，不能用来点眼。其中质地明净，状如雪花的，是佳品。久经风吹日晒，或者掺入了麦麸的，品质不好。适宜与黑豆、糯米、相思子一同贮藏在瓷器之中，这样不会挥发散失。现今的龙脑香，又有生熟之分，被称作生龙脑香的，就是方才所介绍的这种。其中的绝妙佳品，称为梅花龙脑。还有一种用火飞制而凝结成块的，称为熟龙脑，气味略略淡薄，但有其他的妙处。”

叶廷珪说：“渤泥三佛齐国，也有龙脑香，是深山幽谷里千年老杉树中枝干不曾受损的。若是枝干受损的，真气外泄，则没有龙脑香。当地人将此树截为板材，板材旁有裂缝，龙脑从缝中生出，劈开木板取出龙脑香。大的成片状，称之为梅花脑；比它略次一等的称为速脑，速脑里又有金脚，其中碎的称之为米脑；锯下的杉树屑与碎脑相混杂的，称之为苍脑。取净香脑的杉木板材，称之为脑本，将其与锯屑一同捣碎，混合放置在瓷盆里，上面用斗笠覆盖，封严缝隙，用热灰煨烤，逼迫其烟气上升，凝结成块，称之为熟脑，可用来制作面花、耳环、佩带等。还有一种像油的，称之为油脑，其香气比龙脑更强劲，可以用来浸泡各种香。”

陈正敏说：“龙脑出产于南天竺，木本植物，像松树。最初采伐的时候，木头还是湿的，断成数十块后，里面还有香。时间长了，等到木材变干燥之后，循着纹理剖开，木中有香，形状像云母一样。这与中原人取樟脑的方法大不相同。”现在，我查考段成式所述，与此不同，故而一并记录于此。

婆律香

略。

按：详见《香谱》之“卷一”。

沉水香

《唐本草》中说：“沉水香出于天竺、单于两国，与青桂、鸡骨、栈香等同出于一树。叶子像橘树叶，经冬也不凋谢。夏天开白花，花片又圆又细。秋天结果，果实如同槟榔，像桑葚一样呈紫色，气味辛香。能治疗风水毒肿，祛除恶气。树皮呈青色，木质像榉柳一样重。里面黑色的部分，就是沉水香。现在有一种能沉入水中的生黄熟香，称为蜡沉；还有一种不沉的，称为生结，就是栈香。”

《拾遗解纷》中说：“其树形似椿树，常常用沉入水中的方法来验证真假。”

叶廷珪说：“沉香的产地不只一处。其中真腊所产的为上品，占城所产的次之，而渤泥所产的最差。真腊出产的香又分为三个品类，其中绿洋所产的香最好，三泺所产的香次之，而勃罗间所产的比较差。香大概的品级，以生结为上品，熟结次之；质地坚硬而呈黑色的香是上品，黄色的次之。然则各种沉水香的形态多不相同，其名称也不一样。有形状像犀牛角的，有像燕子口的，有像附子的，有像梭子的，这些香都依照它们的形状来定名，其中坚硬细致而有纵横纹理的，称之为横隔沉。一般以香所产生的气味色泽作为品评高下的标准，而不是以形体来定其优劣。绿洋、三泺、勃罗间，都是真腊的属国。”

《谈苑》中说：“一树之上，出三种香，即沉香、栈香、黄熟香。”

《倦游录》中说：“沉水香木，岭南各郡靠海的地方尤其多。树形较大的，需数人合抱。山民有的用香木来构建茅庐，修建桥梁，有的将香木制成饭甑。然而，一百棵香木中，难得有一两棵结香。这是因为香木遇水才能结香，大多在断枝枯干之中，或有沉香，或有栈香，或有黄熟香。已枯死而结出的香，是水盘香。高州、窦州等地方，出产生结香。因为山民看到那些弯曲的树干和倾斜的枝杈，必定用刀砍去，砍斫处经过雨水多年的浸渍，就凝结成香。锯取下来，刮去上面的白木，香结成斑点状，称之为鹧鸪斑，能在水中沉很久。这种香在琼州、崖州等地，俗称角沉，是从生木中取得的，适宜用于熏香、制成香囊。黄沉是从枯木中取得的，宜于入药使用。黄蜡沉，尤其难以获得。”考《南史》中说：“放入水中则下沉的，名为沉香；浮着的，是栈香。”

陈正敏说：“水沉香产于南海。香木外层所结的香是断白，次外层的是栈香，最中间的是沉香。现今，在岭南崇山峻岭之中也有此香，只是不如海南所产的香气清婉罢了。南洋各国用香木制作食槽来饲养鸡犬。故而郑文宝的诗里说：“沉檀香植在天涯，贱等荆衡水面槎。未必为槽饲鸡犬，不如煨烬向豪家。”

现今，经考证：用刀削后能自然卷起，咀嚼时感觉柔韧的，就是黄腊沉。其余论述，详见第四卷丁晋公《天香传》中。

生沉香

一名蓬莱香。叶廷珪说：“这种香出产于海南山的西边，最开始的时候呈连木状，像尖刺密生的板栗总苞。当地土著称之为刺香，用刀刮去上面所附木质成分，香结就会露出。这种香质地坚实密致而富有光泽，士大夫们称之为蓬莱香；其香气清正绵长，虽然品质与真腊所出产的香相当，但因为当地出产本来就比较少，又被在此地为官做宦的人据为己有，一般商船很少能获得。因此，其价格常常是真腊所出产的其他香的两倍。”

番香

又名番沉。叶廷珪说：“这种香出产于勃泥三佛齐国，香气粗犷而热烈，其价钱比真腊、绿洋所产的要少三分之二，较之占城所产则少一半。此香能治冷气（因寒冷搏于气所致的病症），医家多有采用。”

青桂香

《本草拾遗》中说：“青桂香与沉香同树，枝杈细弱紧实而未腐烂的，是青桂香。”

《谈苑》中说：“依着树皮而结成的沉香，称为青桂香。”

栈 香

《本草拾遗》中说："栈香与沉香生于同一香木之上，依据纹理中的黑色脉络与沉香相区别。"

叶廷珪说："栈香是沉香中较次的一等，出产于占城国，气味与沉香相类似。但因其杂有木质成分，质地不很坚实，故而其品第不如沉香，比熟速要差一些。"

黄熟香

黄熟香也属栈香一类，但质地轻虚、枯朽不堪，现在制作合香时，都要使用到它。

叶廷珪说："黄熟香夹杂着栈香，产于南洋各国，真腊所产为上品，因其是黄色且是熟生香料，所以人们才这么称呼它。这种香外皮异常坚实而腐朽中空，形状像桶一样，所以称之为黄熟桶。夹杂有栈香而通身全黑的，其香气没有朦胧之韵，故而称为夹栈。这种香，虽然是泉州人日用之物，但在杂有栈香的黄熟香中居于上品。"

叶子香

这种香又叫龙鳞香，是栈香中最薄的，其香气比栈香更好。

《谈苑》中说："叶子香是沉香在土中的时间长了，不等到剜剔，自然而成的精品。"

鸡骨香

《本草拾遗》中说："鸡骨香也属于栈香，是其中形似鸡骨的。"

水盘香

这种香与黄熟香类似，雕刻为香山、佛像，都来自于西洋商船。

白眼香

这也是黄熟香的别名，略带些白色，不能入药。调制合香使用。

檀 香

《本草拾遗》中说："檀香有三种：白檀、紫檀、黄檀。白檀树生长在海南，主治心腹痛、霍乱、中恶鬼之气，还能杀虫。"

《唐本草》中说："檀香出产于昆仑盘盘国，味道略咸，药性微寒，主治恶风毒，能消除风肿。还有一种紫檀香，人们将其磨碎，涂在风肿上。这种香虽然中原没有出产，但人们偶尔也能得到。"

叶廷珪说："檀香出产于三佛齐国，气息清劲且容易发散。焚烧此香，能夺众香之气。其中，表皮尚存且为黄色的，被称为黄檀；表皮腐烂且呈紫色的，被称为紫檀。二者气味大体相似，只是紫檀的气味略略优胜些。檀香中质地轻脆的，被称为沙檀，药方中常常用到这种檀香。但是檀香材质过长，商人为了贩运的便利而将其截成短节，为了防止香气外泄，就用纸将其封好，以保持湿润。"

陈正敏说："檀香也出产于南天竺末耶山的崖谷之间，因为山中也生长着其他的树种，有很多与白檀相似，所以难以区分。檀木性温凉，盛夏季节，多有大蛇缠绕其上。人们远远看过去，只要有蛇盘踞在上的，就射箭作为记号。等到冬季，蛇冬眠之后，才去采伐取香。”

木 香

略。

按：详见《香谱》之“卷一”。

降真香

《南州记》中说：“降真香生长在南海的山中，大秦国也有。”

《海药本草》中说：“性味温平，无毒。占卜天行时气、住宅怪异之事，焚烧此香，较为灵验。”

《列仙传》中说：“焚烧降真香，能感引仙鹤降临。祭祀星辰时，焚烧这种香最妙。小孩子佩带这种香，能辟除邪气。其形如苏枋木。初燃此香，不怎么香，与各种香料调和后，香气特别美好。”

叶廷珪说：“三佛齐国及海南出产，其香气劲健而幽远，能辟除邪气。泉州人每年除夕之夜，不论家中贫富，都像古代燔柴仪式那样焚烧降真香。各地所出的降真香，都不如三佛齐国的好，此香又名紫藤香。如今的降真香，有番降、广降之别。”

生熟速香

叶廷珪说：“生速香出产于真腊国，熟速香的产地不一，而真腊所出产的尤其好，占城所产的次一等，渤泥所产的最下等。砍伐树木，除去木质而取得的香，称为生速香。香木倒在地上，腐朽而生的香，称为熟速香。生速香气味绵长，熟速香气味易带焦气。故而，生速香算是上品，熟速香略次一等。”

暂 香

叶廷珪说：“暂香属熟速香一类。这种香所产地域、优劣与熟速香相同。只是，香块从木质中脱落出来的，叫熟速；木质半存的，称为暂香，其香半生半熟。商人用刀剜去木质成分，取出香来，从中择选出上好的香料，掺杂到熟速香中出售，买香的人也不能辨别。”

鹧鸪斑香

叶廷珪说：“鹧鸪斑香出自海南与真腊，与生速香差不多，只是气味短促而浅薄，易于在炉中熏焚。其中质地厚实而能沉入水中的，略差一些。因其纹理如同鹧鸪斑点，故而得名，也称为细冒头。最薄的鹧鸪斑也能沉入水中。”

乌里香

叶廷珪说：“这种香出自占城国乌里城。当地人砍伐这种香树，劈开树干，取得香木，用火烘焙，使香脂溢出来，用它来交纳地租、徭役。商人用刀剖开香木，取得香脂，故而其品级比其他香料要略次一等。”

生 香

叶廷珪说：“交趾香、生香并非出自一树。采伐小树、老树，故而所得香料较少，其价值也在乌里香之下，然而削去木质后取得的香料，则远胜于它。”

交趾香

叶廷珪说：“交趾香出产于交趾国，微泛黑色，质地光滑。气味与占城栈香相似。只因当地不通商船，此香多被贩卖到广西钦州，钦州人称之为光香。”

乳香

《广志》中说：“南海波斯国的松树，树脂像樱桃一样，呈紫红色，名为乳香。其实就是熏陆香之类，仙方中多用它来辟邪。其性温和，可治疗耳聋及各种疮疥，使用它则病症自然消解。现今以通体透明的为上品，称为滴乳；次一等的叫拣香；又次一等的叫瓶香，其中大多夹有杂质，成大块，状如沥青；还有一种细的，叫香缠。”

沈存中说：“乳香本名熏陆香，以其下呈乳头状的称为乳头香。”

叶廷珪说：“乳香又名熏陆香，出产于大食国南面数千里的深山幽谷之中，其树大概与松树差不多。用斧子斫破树皮，树脂溢出，凝结成香，聚积成块。用大象驮着，运到大食国，大食国又用船将其运载到三佛齐国，与之交换其他货品，故而，这种香常常聚集在三佛齐国。三佛齐国每年用大船将其运到广州、泉州，广州、泉州两地的商船，以香料多少品评高下。其香分为十三个品类：其中最上品的为拣香，又圆又大，形如乳头，就是如今世人所谓的滴乳香；次一品的叫瓶乳，其色泽亚于拣香；又次一品的叫瓶香，意思是说采收时，量取重量，放入瓶中，在瓶香之中，又有上中下之别；又次一品的叫袋香，意思是说采收时，只放置在袋中，其品类也有三等；又次一品的叫乳塌，因香在船上时，溶化在地面上，杂有沙石；又次一品的叫黑塌，是黑色的香；又次一品的叫水湿黑塌，因为香在舟船之中，被水浸渍，香气改变、香色败坏；品质混杂且香品破碎的叫砍硝；簸扬为尘末的，叫缠香。以上，就是熏陆香的类别。”

温子皮说：“广州的西洋香药多有仿造的。伪造的乳香，是用白胶香搅入糖制成的。烧香时香烟较散，多有‘叱叱’声的，就是伪造的。真正的乳香，与茯苓一同咀嚼，就会变成水。”又说：“皖山石乳香，形态玲珑而有蜂窝的是真品。每次焚香时，先焚乳香，再焚沉香、檀香之类，则香气为乳香；香烟稳定，难以消散的是乳香，否则，是白胶香。”

熏陆香

《广志》上说：“出产于南海偏僻地方的，就是罗香。”

《海药本草》上说：“性味平温，有毒性，能清神，又名马尾香，就是树皮上鳞甲状的物质，采香之后，能再生长出来。”

《唐本草》上说：“出产于天竺国及邯郸，像枫树脂，呈黄白色。天竺的熏陆香多为白色，邯郸的则夹有绿色。香气不怎么炽烈，药性微温，能祛除尸体恶气，治疗风水肿毒。”

安息香

《本草》上说：“安息香出产于西戎。树形类似松柏，树脂为黄黑色，呈块状，新生的安息香质地柔韧。味辛苦，无毒，主治心腹恶气。”

《后汉书·西域传》中说：“安息国，距离洛阳有两万五千里，往北直至康居，出产安息香。此香乃是树皮胶，焚烧此香，能通达神明，辟除各种邪恶。”

《酉阳杂俎》上说：“安息香树，出产于波斯国。波斯人称之为辟邪。树长二三丈，皮色黄黑，叶片有四角，经冬不凋。每年二月开花，花朵为黄色，花心微微带碧色，不结果实。割破其树皮，树胶像饴糖一般，名为安息香。”

叶廷珪：“安息香出产于三佛齐国，是安息香树脂。其形状、颜色类似核桃瓤，不适宜作为焚烧用香，但它能诱发众香，人们用它来合香。”

温子皮说：“要辨别真品的安息香，可在焚香时，将厚纸覆盖在上面，香烟能透过纸浸散而出的，是真正的安息香。否则，就是伪造的。”

笃耨香

叶廷珪说：“笃耨香出产于真腊国，是树脂。树形与松树相似，也有人说像杉桧。香藏在树皮内，长老了，就会溢出。白色而透明的，叫作白笃耨，盛夏时也不融化，香气清远。当地人摘到香后，夏季用火烤树，使液态的香脂再溢出来，到了冬天凝结成形，又收取一次香脂。这种香夏季融化，冬季凝结。用瓠瓢（葫芦）之类的容器装盛，到了夏季，将瓠瓢钻孔，藏入水中，使之保持阴凉，气息通畅，泄出汗气，就不会融化了。商船上的人用瓷器来贮藏，不如用瓠瓢好。这种香，气息清远绵长。有人将树皮掺杂在里面，则色泽发黑，品第低下。这种香的特性是易于融化，夏季融化时，多渗入瓠瓢里。因而，敲碎瓠瓢焚烧，也有此香之气，这就是如今所谓笃耨瓢香。”

瓢香

《琐碎录》中说：“三佛齐国，用瓠瓢装蔷薇水，运到中国，敲碎瓢焚熏，与笃耨瓢大略相同，又叫干葫芦片，用来蒸香，效果最妙。”

金颜香

《西域传》中说：“金颜香与熏陆香类似，呈紫红色，香烟像是将凝固的油漆煮沸，不是特别香，还有些许酸气。将金颜香与沉香、檀香调合在一起，焚烧时，香气极其清婉。”

叶廷珪说：“金颜香出产于大食国与真腊国。所谓三佛齐国出产的金颜香，都是由上述两国贩运到三佛齐国，再由该国贩运到中国来的。金颜香是树木的油脂，颜色较黄，香气劲健。因为它能聚集众香，现今制作佩带在身上的龙涎软香时，大多使用这种香料。当地土著也用它调和香气，涂抹身体。”

蒼糖香

《本草》说：“蒼糖香，出自晋安、岑州以及交州、广州以南地区。此香树树形像橘树。煎其枝叶所制成的香料，像糖一样，且呈黑色。如今的蒼糖，多有树皮、虫粪混杂其中，难以得到纯正的。惟有质地柔软的，是佳品。”

苏合香

《神农本草》中说：“苏合香出自中台山的川谷之中。”

陶隐君说："苏合香是狮子粪"，外国却说不是。现今，苏合香都从西域来，真品难以辨别。苏合香中呈紫红色、像紫檀那么坚实的，极其芬芳；像石头那么重，烧出的灰呈白色的，是佳品。苏合香能辟邪驱鬼，除去三虫。

《西域传》说："大秦国，又名犁犍，因为国在大海之西，所以也叫海西国。该国方圆数千里，有四百多座城池。其人文风俗与中国相似，所以称之为大秦国。当地人调和各种香料，称之为香，煎其汁水制成苏合油，煎熬所剩下的渣滓是苏合油香。"

叶廷珪说："苏合香油，也出自大食国，气味类似笃耨香，以油质浓厚纯净且没有渣滓的为佳品，当地人多用来涂抹身体，而闽中之地患麻风病的人，也效仿这种做法来治病。苏合香油还可以调和软香，也可以入药。"

亚湿香

叶廷珪说："亚湿香，出产于占城国。这种香不是自然生成的，乃是当地土著用十种香料捣碎混合而成的。亚湿香质地湿润而呈黑色，香气温和而绵长，焚烧起来胜过其他香料。"

涂肌、拂手香

叶廷珪说："这两种香品均产自真腊国、占城国，是当地土人用脑香、麝香等各种香料捣碎混合而成的香品。此香或者用来涂抹肌肤，或者用来搽手。其香气经历数日，也不会消散。现在，只有广州还在使用这两种香品，其他国家都不时兴了。"

鸡舌香

《唐本草》说："出产于昆仑国及交州、广州以南地区。树有雌雄之分，树皮、树叶都像栗，花朵形似梅花。结的果像枣核的，是雌树，不能作为香品使用。不结果的，是雄树，采摘其花，酿制成香。香品性质微温，主治心痛、恶疮、风毒等症，能祛除恶气。"

丁香

《山海经》中说："丁香生长在东海及昆仑国，二三月开花，七月方才结果。"

《开宝本草》注说："生长在广州，树高一丈多，经冬不凋。叶子像栎叶，花片圆细，呈黄色。丁香子形状像钉子，长约四五分，呈紫色，其中粗大的，有一寸多长，俗称为母丁香，敲击它，则会顺着纹理裂开。叶子辛香，主治风毒、各种肿症，能发引众香，也能止心疼，治霍乱、呕吐，极为灵验。"

叶廷珪说："丁香，一名丁子香，因其形状像钉子而得名。鸡舌香，是丁香中较大的一种，就是如今所谓的母丁香。"

《日华子》说："丁香，可治疗口气。"所以，三省（中书省、门下省、尚书省）旧例，郎官每天都口含鸡舌香，使其在奏事对答时，口气芬芳。直到现在，书中仍这样记载。出产于大食国。

郁金香

《魏略》说："郁金生长在大秦国，

二月、三月开花，花朵的形状如同红蓝花，四月、五月采摘花朵，非常香，郁金十二叶，为百草之英。”

《本草拾遗》中说：“味苦无毒，主治虫毒、鬼疰（痨病）、鸦鹘等臭，除心腹内恶气，可入香品使用。”

许慎《说文》中说：“郁金香，是芳草，十叶成串，将一百二十串捣碎煮制，就是郁鬯（古祭祀用酒）。”也有人说：“郁鬯，是百草之英。乃是远方进贡的宝物，调酿成酒，以延请神明降临。”

《物类相感志》中说：“出产于伽毗国，开花而不结果，取其根使用。”

迷迭香

《广志》上说：“迷迭香，出产于西域。”魏文帝曾写赋歌咏它，也曾使用过它。

《本草拾遗》中说：“味辛温，无毒，主治恶气，能使人衣裳带香。焚烧此香，能除去臭气。”

木蜜香

《内典》中说：“状如槐树。”

《异物志》中说：“叶子像椿树叶。”

《交州记》中说：“树形像沉香。”

《本草拾遗》中说：“味甘温，无毒，能辟除恶气，驱邪鬼，生长在南海群山之中。种植五六年之后，才有香。”

藒车香

《本草拾遗》中说：“味辛温，主治鬼气，去臭驱虫。生长在彭城，高达数尺，生有黄色的叶子、白色的花朵。”

《尔雅》中说：“藒车乞舆。”注释说：“藒车香就是香草。”

必栗香

《内典》中说：“又叫化木香，像老椿。”

《海药本草》：“味辛温，无毒，主治鬼疰、心气痛，能祛除一切恶气。叶子落入水中，水里的鱼儿会立刻死去。必栗木能制成书轴，保护书籍，使之不受虫蛀的侵害。”

艾纳香

《广志》中说：“艾纳香，出自西域，外形像是细艾。松树皮上附着的绿衣，也叫艾纳，可以用来调和各种香品，焚烧时，能聚集香烟，香烟为青白色，不散失。”

《本草拾遗》上说：“味混无毒，主治恶气，驱杀蛀虫，主治腹内冷泄（伤于寒邪所致的泄泻）、痢疾。一名石芝。”

《字统》说：“香草也。”

《异物志》上说：“艾纳香的叶子像栟榈而略小些，所结果实像槟榔，可以食用。”

兜娄香

《异物志》上说：“兜娄香出产于海边的国家，像都梁香一样。”

《本草》上说：“性微温，治疗霍乱、风水肿毒、恶气，止咳。也可用来制作合香，其茎叶像水苏。”

按：此香与现在的兜娄香不一样。

白茅香

《本草拾遗》说："味甘平，无毒，主治恶气，令人身体带香。煮汁服用，主治腹内冷痛。生长在安南，像茅根，道家常用来煮汤沐浴。"

茅香花

《唐本草》中说："茅香生长在剑南道各州，其茎叶为黑褐色，花朵为白色，但不是白茅香。味苦温，无毒，主治中恶（冒犯不正之气所引起）、反胃，止呕吐，其叶苗可煮汤沐浴，辟除邪气，令人身体带香。"

兜纳香

《广志》上说："兜纳香出产于南海剽国。"

《魏略》上说："兜纳香出产于大秦国。"

《本草拾遗》中说："味甘温，无毒，祛除恶气，温中除冷。"

耕 香

《南方草木状》中说："耕香，是茎生植物，叶子很细。"

《本草拾遗》中说："味辛性温，无毒，主治臭鬼气，调中。出产于乌浒国。"

雀头香

《本草》中说："雀头香，就是香附子。其叶子与茎干都呈三棱形，根部像附子，周围生长着很多毛。这种香以出产于交州的为最好，大的像枣核，生长在道路两旁的，像杏仁那么大。生于荆襄的，称之为莎草。其根能下气，除脑腹中热，用来合香最好。"

芸 香

《仓颉解诂》中说："芸蒿，叶子像邪蒿，可以食用。"

《鱼豢典略》中说："芸香能驱除书中蛀虫，故而藏书台称芸台。"

《物类相感志》中说："是香草。"

《说文》中说："像苜蓿。"

《杂礼图》中说："芸，就是蒿，味道香美，可以食用。如今，江东之人用来生吃。"

零陵香

《南越志》上说："零陵香，一名燕草，又叫熏草，生长在零陵山谷之中，叶子像罗勒。"

《山海经》中说："薰草的叶子像麻叶，却长着方方的茎干，绽开红色的花朵，结黑色的果实，气味像蘼芜。把它插在身上，可以治疗麻风病。它就是零陵香。"

《本草》中说："味苦，无毒，主治恶气注心、腹痛下气。可以用来调和众香，或制成汤，炮制的酒也很好。"

都梁香

略。

按：详见《香谱》之"都梁香"。

白胶香

《唐本草》中说："树形高大，木纹较细。神农鞭药之处，商山、洛水之间多有生长。五月在树上斫出坎，十二月收取香脂。”《经史类证备集本草》中说：“枫树，我所在的地方有，南方及关陕之地尤其多。树形似白杨，叶片圆而呈分裂状，每年二月开白花，花簇生，其后结果，果实有鸟蛋那么大，八九月份成熟，晒干以后，就可当香来烧。”

《开宝本草》中说：“味辛苦，无毒，主治风疹、风痒、浮肿，就是枫香脂。”

芳草

《本草》中说：“芳草，就是白芷，也叫白茝，又名苻离、泽芬。生长在低凹湿润的地方，河东州山谷之中尤其茂盛，邻近的道路边也有。道家用此香来洗去尸虫。”

龙涎香

叶廷珪说：“龙簇香，出产于大食国。当地有许多抹香鲸，它们枕着礁石睡觉，所吐出的涎沫飘浮在水面之上。人们只要看到乌林之上有珍异飞禽翔集，各种鱼类游戏其间，就前往取香。但是，龙涎本来没有香，它的气息近于臊味。白色的龙涎香，像白药煎，肌理极其细腻。黑色的略次一等，像五灵脂，而富有光泽，能发引众香，故而多用来调制合香。”

潜斋说：“龙涎香像胶，每一两龙涎香，价格与黄金相等。海上船民得到此香，则成巨富。”

温子皮说：“真龙涎香，焚香时放一杯水在旁边，烟入水中。假的龙涎香，香烟则会散去。”我曾试过这个方法，很灵验。

甲香

《唐本草》中说：“甲香，螺类生物。生活在云南的甲香，有手掌那么大，呈青黄色，长约四五寸。一般取其壳烧灰，用作香品。南方人也把它的肉煮着吃。”现在，合香时经常用到它，因为它能发引香味，又能聚集香烟。必须用酒、蜜来煮制，才能使用，具体的方法参见后文。

温子皮说：“真正的甲香，本来是海螺，只有广南出产的，色泽青黄，长约三寸。河中府出产的只有一寸来宽。嘉州也产这种香，大约像铜钱那么大。把它在木材上摩擦热了，放入味道醇厚的浓酒之中，二者自然靠近的就是。如果合香时偶然手头上没有甲香，则用鲎鱼腹部的甲壳来代替，其作用与甲香差不多，尾部尤其好。”

麝香

《唐本草》中说：“麝香生于中台山的山谷之中，雍州、益州山中也有。”

陶弘景说：“香麝外形像獐子，常常食用柏树叶子，还吃蛇。五月取得的香，其内往往有蛇皮、蛇骨。能辟邪，驱杀鬼怪妖精。可治恶风毒，疗蛇伤，多用当门子（麝香的种类）。

将真正的整香，一份分成三四份，刮取血膜，掺杂进其他东西，有用鹿皮一并包裹在内的比较好。麝在夏天吃蛇和虫子比较多，到了最寒冷的时候，香囊就积满了。开春以后，其脐内会急剧疼痛，它自己便用爪子剔出香。人们如能得到这样的香，最好。佩带麝香，不仅是取其香气，也是为了辟除邪恶。将一枚真品的麝香放在枕头边上，能辟除恶梦、鬼疰、鬼气。人们传说："有一种水麝，其香气尤其美好。"

洪刍说："唐代天宝初年，广中曾经捕获水麝，脐中的香呈液态，每次用针去刺它，其香气是肉麝的几倍。"

《仙游录》中说："商汝山中，有很多麝群遗留的粪便。麝常在一个地方排粪，即使远走捕食，也要回来排粪，不敢在其他地方留下痕迹，怕被人捕获。人们反而因此找到它，成群取香。麝本性极其爱惜自己的香囊，被人追逐得急了，就投岩而死，举起爪子剔裂自己的香，死后还拱着四条腿保护着自己脐下的香囊。李商隐有诗云：'投岩麝自香。'"

麝香木

叶廷珪说："麝香木出产于占城国，树木老死而仆倒在地，渐渐腐烂，外层呈黑色，内层呈黄赤之色。因其香气类似麝香，故而得名。麝香木中较次一等的品类，是砍伐活树而取得的香，故而其香气低劣而劲健。这种麝香木，宾童龙国尤其多，南方人多用来制造器皿，就像花梨木之类一样。"

麝香草

《述异记》中说："麝香草，又叫红兰香，也叫金桂香，还叫紫述香，出产于苍梧、郁林二郡。如今吴中也有麝香草，与红兰相类似，非常香，最适合用来制作合香。"

麝香檀

《琐碎录》中说："麝香檀，一名麝檀香，是西山的桦树根。焚烧时气息如同煎香。也有人说："衡山也有这种香，只是不如海南的好。"

栀子香

叶廷珪说："栀子香，出自大食国，形状像红花，而呈浅紫色，其香气清越而蕴藉，就是佛书中所谓的薝蔔花。"

段成式说："西域薝蔔就是南方的栀子花。众花中少有六瓣的，只有栀子花是六瓣。"

苏颂说："栀子开白花，有六片花瓣，极其芳香。果实（呈卵状）有七至九条翅形直棱的，是佳品。"

野悉蜜香

潜斋说："这种香出产于拂林国，波斯国也有出产。其苗茎长达七八尺，叶片像梅树叶子，四季茂盛，其花片为五瓣，白色，不结果实。花开之时，遍野芳香。与岭南的詹糖相类似。西域人常常将采摘的野悉蜜花压制出油，这种香油非常的香滑，唐朝的人用它来合香，仿佛蔷薇水一样。这就是花油。"这一记载也见于《杂俎》。

蔷薇水

叶廷珪说："蔷薇水是大食国的花露。五代时，番将蒲诃散将五十瓶蔷薇露贡献朝廷，此后，则极少有蔷薇露入贡。现在一般将茉莉花蒸制成的香水作为替代品。伪造的蔷薇水特别多，辨别真假时，将蔷薇水装在琉璃瓶中，翻滚摇动数下，上上下下都能生成泡沫的才是真品。后周显德五年，昆明国贡献蔷薇水十五瓶入朝，据说是从西域得来的。将这种蔷薇水洒在衣服上，直到将衣服穿破了，香气也不会减弱。”

甘松香

《广志》上说：“甘松香出产于凉州。”

《本草拾遗》上说：“味温，无毒，主治鬼气，卒心腹痛、胀满。待其生出细长的叶子，用来煮汤沐浴，可使人身体带香。”

兰 香

《川本草》中说：“味辛平，无毒，主要用于利水道，杀毒虫，辟除不祥。又名水香，生长在吴国的湿地，叶子像兰草一样，长而分裂。花朵有红色和白色两种，带有香味，俗称鼠尾香。用这种香草煮水沐浴，能治疗风病。”

木犀香

向余在《异苑图》中说：“岩桂，一名七里香，生长在匡山、庐山等山谷之中，八九月间开花，花形如同枣花，香气溢满整个山谷。采摘此花，阴干后，用来制作合香，香气十分奇妙。其树木质坚韧，可以制成茶具。因其形如犀角，故而称为木犀。”

马蹄香

《本草》中说：“马蹄香就是杜蘅，叶子似葵，形状像马蹄，俗称为马蹄香。这种香很少作为药用，只有道家服食它，可使人身体带香。”

蘹 香

《本草》中说：“这种香就是茴香，叶子细长，茎条粗大，高的有五六尺，丛生于居家庭院之中。茴香子可以治疗风病。”

蕙 香

《广志》中说：“蕙草，绿叶紫花，魏武帝曹操将它当做香品来焚烧。”

蘼芜香

《本草》中说：“蘼芜，又名薇芜，魏武帝曾把它放在衣服里熏香。”

荔枝香

《通志・草木略》中说：“荔枝，也叫离枝，始传于汉代，最早出自岭南，后出产于蜀中。现在，以闽中所产的荔枝最繁盛。”

《南海药谱》中说：“荔枝与人相熟。未采时，各种虫子都不敢靠近它；一旦采摘，则乌鸟（乌鸦之属）、蝙蝠之类，无不残害于它。现在，以形状像丁香、像盐梅的品种为最好。用它的壳子合香，香气极其清新馥郁。”

木兰香

《类证本草》中说：“这种香生长在零陵山谷及泰山中，又叫林兰，也叫杜兰。表皮像桂树，香味苦寒，无毒，能明耳目，去臭气。”

陶隐居说：“现今各处都有，树形如

同楠树，树皮很薄，而气味辛香。生长在益州的，则皮较厚，像厚朴（我国特有的珍贵树种）一样，香气更浓。如今，山东人把它当山桂皮，二者也很相似。道家常用它来制作合香。”

《通志·草木略》中说：“世人传说：“鲁班雕刻的木兰舟，在七里洲中，至今尚存。大凡诗中所说的木兰，就是指的它。”

玄台香

一名玄参。

《本草》中说：“味苦寒，无毒，能明目、定五脏，生长在河南州山谷中的冤句县，三四月间采摘其根，暴晒。”

陶隐君说：“这种香道路两旁就有生长，茎条像人参，根部发黑，微微带有香味，道家用来制作合香。”

《圆经》说：“二月生出新苗，叶子像芝麻，又像柳叶，茎条纤细，呈青紫色。”

颤风香

据考证，颤风香是占城国所出产的香品中最好的。颤风香的生成，是由于香树之间枝条交连，枝干间两两相磨，日积月累，树木浸生的液体精华，凝结成香品。砍伐香树，采得香料，香节油脂透亮，也很好。颤风香质地润泽，像是用蜜浸渍过一样，最适宜用来熏衣服。经过数日之久，衣服上的香气也不断绝。现今，江西道临江路清江镇，将此香视作众香之中最佳的品种，其价格往往是其他香品的几倍。

伽阑木

一作伽蓝木。据考证，此香出产于迦阑国，也属于占香一类。也有人说：“伽阑木出产于南海普陀山，是香中至宝，其价格与金子相等。

排 香

《安南志》上说：“喜好香事的人种植它，五六年以后，就能结香了。”

按：这种香也是占香中外形较大片的，又被称为寿香，因为它常被用于向人祝寿。

红兜娄香

据考证，此香就是麝檀香的别名。

大食水

据考证，此香就是大食国的蔷薇露。当地人每天清晨起床后，用指甲在蔷薇花上沾取一滴香露，擦在耳朵上的耳轮内，则口眼耳鼻都带有香气，终日不散。

孩儿香

一名孩儿土、孩儿泥、乌爹泥。据考证，这种香是乌爹国蔷薇树下的土。本国人称之为海，今人讹传为孩儿。蔷薇开花的时候，为雨水所滋润，花香滴在土上，凝结成菱角块状的最佳。今人调制茶饼时，往往要用到它。

紫茸香

一名绒香。据考证，这种香也出自沉香、速香之中，质地非常薄，纹理滑腻，呈纯正的紫黑色。焚香时，在几十步以外的距离，也能闻到它的香气。也有人说：“它是沉香中品质最精良的一种。近来，有人得到这种香，用它祭祀鬼神，在山上焚烧此香，山上山下，数里之内，都能闻到四溢的芬芳气息。

珠子散香

这种香，就是滴乳香中最为晶莹纯净的那一种。

喃吺哩香

喃吺哩国出产的降真香即为喃吺哩香。

熏华香

据考证，这种香，是将海南的降真香劈成薄片，用大食国的蔷薇水浸渍在甑内，再将它蒸干，用文火煨制。这种香的气息最为清绝，以樟镇所售卖的最好。

榄子香

据考证，榄子香出产于占城国中。占城国中的香树被虫蛇蛀咬镂空，香脂精华凝结在树心之中，虫类不能腐蚀，形状像橄榄核一样，因而得名。

南方花

余向说："南方的花都可以用来调配香品。如茉莉、阇提、佛桑、渠那等花，本来生长在西域，佛经中都有记载。后来，这些花传入福建北部的山岭一带，传至今日，花开繁盛。还有大含笑花、素馨花之类，其中以小含笑花的香气尤为酷烈。其花朵常常如同未开放的荷花一般，故而有含笑之名。还有麝香花，在夏季开放，气息与真正的麝香毫无差异。还有一种麝香木，香气也与麝香的气息相近。以上这些花都畏惧寒冷，故而在北方无法种植。也有传说："吴家香是用以上各种花朵调制合成的。"

温子皮说："将素馨茉莉的花蕊摘下，香气已经失去，将酒喷在上面，就重新有了香气。大凡生香，以蒸过的为佳。一年四季之中，但凡遇到能制成香料的花朵，依照其开放的时间顺次蒸制，如梅花、瑞香、荼蘼、栀子、茉莉、木犀及橙橘花之类，都可以蒸制。日后焚熏香品时，各种花制成的香品就都齐备了。"

花熏香诀

选取质地坚实、品质上乘的降真香，将其截成约一寸长短的小段，再用锋利的小刀劈成薄片；将其放入豆浆中煎煮，等到豆浆发出香味后，倒去豆浆，再加入水煮，直至香味全部消除，将降真香取出来；再用末茶或者是叶茶煎煮，使之多次沸腾，滤出降真香，阴干，随意用各种花来熏制。具体方法为：取一个干净的瓦罐，先在内摆放一层花片，在其上铺一层香片；再铺一层花片后，在其上又铺一层香片。如此重重铺盖，用油纸将口封严，在饭甑上蒸一会儿，拿起来之后，不能解开密封的油纸，放置几天之后，拿出来焚烧，则香气十分美妙。

或者用编织用的旧竹片代替降真，依照以上的方法煮制。采摘橘树叶子捣烂，代替各种花朵。熏焚此香，气息清古，仿佛是春天的早晨行进在山间小路上的感觉。所谓的"草木真天香"，说的大概就是它吧。

香草名释

略。

按：此内容为各家对“香草”的议论，均收录于《香乘》中“香绪余”部分。

香 异

都夷香

《洞冥记》中说：“这种香，外形像枣核。每吃一颗，一个月都不感到饥饿。在水中投入一颗，过一会儿，就会装满一大盆。”

荼芜香

又名荼芜香。王子年在《拾遗记》中说：“燕昭王二年，广延国进贡了两名舞女，昭王用荼芜香屑铺撒地面，约四五寸厚，让舞女站在上面一整天，地上也没有留下痕迹。这种香出自波弋国。此香浸染地面，泥土、石块皆带上香味；遇到朽木腐草，无不茂蔚；用来熏枯骨，肌肉立即生出。”此记载也见于《独异志》。

辟寒香

辟寒香、辟邪香、瑞麒香、金凤香，都是外国所献。《杜阳杂编》中说：“从两汉至大唐，皇后、公主所乘七宝辇，四面缀有五色玉香囊，囊中贮藏着这四种香。每次出游，香气馥郁，弥漫在道路之上。”

月支香

《瑞应图》说：“天汉二年，月支国进献神香，武帝取香来看，是三枚燕卵那么大的香，形状与枣相似。武帝不打算烧这种香，交给外库收藏。后来，长安城中流行疫病，宫中的人也纷纷染病。月支国使者请求焚烧一枚他所进献的香料，用来辟除疫气。武帝依法而行，宫中患病的人即日痊愈；长安城中，方圆百里以内，都能闻到浓厚的香气，数月之内，香气犹不减退。”

振灵香

《十洲记》中说：“这种香生长在西海聚窟洲，树形像枫树，叶子所散发出来的香气，几百里以外还能闻到，名为返魂树。伐取树根，放入玉釜中煎煮出饴状的汁液，名为惊精香、振灵香、返生香、马精香、却死香。一种香，有五种名字，这实在是灵异之物啊。人死不满三月的，闻到此香，即能复活。延和年间，月氏国派遣使者进献四两，有雀卵那么大，像桑葚那么黑。”

神精香

《洞冥记》中说：“波岐国进献神精香，一名荃蘼草，又叫春芜草。这种香一根而有百条，其枝干有竹节一样的间隔，十分柔软。其皮如丝，可以织成布，就是所谓的春芜布，又叫白香荃布。这种布质地坚实，如同冰纨。在手中握上一片，满身带香。”

齐 香

齐香，出产于波斯国。拂林国称为顶勃梨他。长约一丈，径围有一尺多。树皮呈青色，比较薄，又极其光亮洁净，叶子形似阿魏，每三片叶子，生长在一根茎条底端，不开花也不结果。西域人常常在八月砍伐，到了腊月，又生长出新的枝条，极其繁茂。如果不加以修剪，反而会枯死。七月，砍断枝条，内有黄色的汁液，呈蜜状，微微带有香气。入药，能治疗百病。

兜末香

《本草拾遗》中说："焚烧此香，能祛恶气、除疫病。汉武帝时，西王母降临，武帝烧此香。此香是兜渠国所进献，形状像大豆，涂抹在宫门上，香气远闻，达百里之遥。关中爆发大疫病，染病而死的人很多，尸横遍野。焚烧此香，疫病就止住了。"

《内传》中说："死者皆复活，此乃灵异之香，非中原所有。"

沉榆香

《封禅记》中说："黄帝将珪玉排列在兰蒲席上，熏燃沉榆香，将杂宝舂制成屑状，用沉榆胶粘成泥，用来涂地，以分别尊卑、华夷之位。"

千亩香

《述异记》中说："日南郡境内有一千亩香林，名贵的香品往往由香林中出产。"

沉光香

《洞冥记》中说："沉光香，是由涂魂国所进献的贡品。在黑暗的地方焚烧此香，有光亮，因而得名。此香性质坚实，难以切碎。太医院用铁杵舂制成粉状，用作焚烧。"

十里香

《述异记》中说："千年松香，香闻十里。"

威 香

孙氏《瑞应图》中说："威香，是祥瑞的芳草，又叫葳蕤。王者礼仪周备之时，它便生长在宫殿的前面。也有一种说法认为，只有当王者爱惜人民时，这种草才会生长。"

返魂香

洪刍说："司天监主簿徐肇，遇到过苏氏之子，名叫德哥。自称善制返魂香，手持香炉，从怀中取出一点像白檀香末的东西，撮入香炉中，烟气袅袅直上，比龙脑还要好。德哥低吟道：'东海徐肇，想见到先人的魂灵，愿用此香烟引导，尽见其父母、曾祖、高祖。'德哥还说：'但是，死了有八十年以上的人，则不能返生。'"

茵墀香

《拾遗记》中说："汉灵帝熹平三年，西域国进献茵墀香，煮制成汤，可以辟除疠病。宫人用这种汤来沐浴，将剩余的汤汁倒入渠中，名为流香渠。"

千步香

《述异记》中说："千步香出产于海南，将它佩带在身上，香气在千步之外也能闻到。如今海边生长着的千步草，就是这一品种。叶子像杜若，红色与绿色间杂。"

《贡籍》中说："日南郡（中国古代

行政区划，仅存在于公元前2世纪末至公元2世纪末）进贡过千步香。”

飞气香

《三洞珠囊隐诀》中说：“真檀之香、夜泉玄脂朱陵飞气之香、返生之香，都是真人所焚烧的香。”

五 香

《三洞珠囊》中说：“五香树，一株有五条根系，每根茎条上分五个枝条，一条枝子上有五片叶子，每片叶子裂为五个部分。因其各部分之间五五相对，所以称之为五香。焚烧此香十日，能上达九皇之天。这就是青木香。”

《杂修养方》说：“五月一日，取五木煮汤沐浴，令人至老鬓发乌黑。”徐楷注云：“道家将青木香称为五香，也叫五木。”

石叶香

《拾遗记》中说：“石叶香层层叠叠，像云母一样。其香气能辟除恶疠之疾。这种香，是魏文帝时腹题国进献来的。”

祇精香

《洞冥记》中说：“祇精香出产于涂魂国，焚烧此香，魑魅精祇皆行畏避。”

雄麝香

《西京杂记》中说：“赵昭仪（赵合德）进献给姐姐赵飞燕的三十五件宝物中，有青木香、沉木香、九真香、雄麝香。”

蘅薇香

贾善翔在《高道传》中说：“张道陵的母亲，因梦到北魁星将蘅薇香赠送给她，有所感应，才怀上身孕。”

文石香

洪刍说：“卞山位于潮州，山下出产无价香品。有一名老妇曾拾到了一块文石，石头光亮多彩而可爱，老人偶尔将石头掉进了火中，石头发出了奇异的香气，远近都能闻到。老妇把香石当做宝贝一般收藏起来。每次将它放进火里，异香还是和原来一样。”

金 香

《三洞珠囊》：“右司命君王易度游历东坂广昌之城、长乐之乡，天女请他享受平露金香，八会之汤，琼凤玄脯。”

百和香

《汉武帝内传》中说：“武帝于七月七日端坐于殿上，焚熏百和香，张开云锦帷幕。西王母乘着紫云车飘然而至。”

金磾香

《洞冥记》中说：“金日磾要入宫侍候，想要衣服清香洁净，以变更胡人膻酪之气，于是自己合成一香，用以熏衣。武帝也很喜欢这种香。”

百濯香

《拾遗记》中说：“孙亮为他所宠爱的四名姬妾调和四气香，此香是异国所进献的特殊香方。四姬凡经过及休息之处，香气沾衣，虽经多年洗涤，香气不散，因而名为‘百濯香’。四人所居之室，也因而名为‘思香媚寝　’。”

芸辉香

《杜阳杂编》中说：“元载在私宅修造了一座芸辉堂。芸辉，是香草的名字，出产于阗国。这种香，色泽洁白如玉，入土不会朽烂。将芸辉香研成粉屑，用来涂抹堂壁。”

九和香

《三洞珠囊》中说：“天人玉女捣筛天香，手持玉炉，焚烧九和香。”

千和香

《三洞珠囊》中说：“峨眉山孙真人，熏燃千和之香　。”

罽宾国香

《卢氏杂记》中说：“杨收曾召请崔安石来宴饮。在食盘前放置一尊香炉，香烟幻化成楼台形状。崔安石闻到一种特别的香气，似乎不是香炉中的烟气，心中思量不已。杨收环顾左右，令人取来一个白角碟子，盛放着一枚漆球子，送到崔安石面前，说：‘这就是罽宾国香，您所闻到的就是此香。’”

拘物头花香

《唐太宗实录》中说：“太宗朝，罽宾国进献拘物头花，香气在很远的地方就能闻到。”

龙文香

《杜阳杂编》中说：“汉武帝时，外国进献龙文香，其国名被遗忘。”

凤脑香

《杜阳杂编》中说：“唐穆宗曾在藏真岛前焚燃凤脑香，以表达推崇礼敬之意。”

一木五香

《酉阳杂俎》中说：“海南有木：根为旃檀，节为沉香，花为鸡舌香，叶为藿香，树胶为熏陆香，因此又名众木香。”

升霄灵香

《杜阳杂编》中说：“同昌公主薨逝，唐懿宗十分哀痛，下令赏赐尼姑升霄灵香，并于女道观焚烧，敲击归天紫金之磬，以引导公主的灵魂飞升。”

区拨香

《通典》中说：“顿逊国出产藿香，插下枝条就能生长。叶子像都梁香，可以用来熏衣服。该国有区拨等花，无论冬夏，花开不歇。花蕊更为芬芳馥郁，也可磨成粉，用来涂抹身体。”

象藏香

《释氏会要》中说：“此香因龙斗而生。如果焚烧一丸象藏香，就能兴起大光明，细腻的香云覆盖在上面，气味仿佛甘露。一连烧七天七夜，天上就会播降甘雨。”

兜娄婆香

《楞严经》中说：“祭坛前另外安放一尊小炉子，用这种香所煎取出的香水来洗沐炭块，燃烧时能使炭火猛烈勃发。”

多伽罗香

《释氏会要》中说："多伽罗香，又叫根香。多摩罗跋香，又叫藿香、旃檀香。佛说：'与乐，就是白檀香，能治疗热病。赤檀香，能治风肿之症。'"

按：《香谱》记载此香时，"根香"写作"云根香"。

法华诸香

《法华经》中记载有说："须曼那华香、阇提华香、波罗罗华香、青赤白莲华香、华树香、果树香、栴檀香、沉水香、多摩罗跋香、多伽罗香、拘鞞陀罗树香、曼陀罗华香、殊沙华香、曼殊沙华香。"

牛头旃檀香

《华严经》中说："这种香从离垢地中生出，如果用它来涂抹身体，火不能烧伤身体。"

熏肌香

《洞冥记》说："此香熏人肌骨，直至年老，也不感染疾病。"

香 石

《物类相感志》中说："员峤山有一种烂石，石头的颜色像肺一样。这种石头燃烧的时候会产生香烟，香气在数百里以内都能够闻到。香烟上升到天空中，就会变成香云，等香云彻底湿润了，就会形成香雨。"《拾遗记》

怀梦草

《洞冥记》中说："钟火山有一种香草，汉武帝思念李夫人时，东方朔献上此草。武帝怀揣着这种草入眠，梦见了李夫人。因而得名怀梦草。"

一国香

《诸番记》中说："赤土国在海南，出产奇异的香料，每次烧一丸，香气远闻，达到数百里，号称一国香。"

中 香

《述异记》中说："中香就是青桂香中上佳的品种。"

羯布罗香

《西域记》中说："羯布罗香树，树干像松树，叶子却不像，花果也与松树有别。这种香木最初采伐的时候是湿的，还没有香。等到木材干燥之后，顺着木材的纹理剖开，木中有香，形状像云母一样，色泽如冰雪一般，也叫龙脑香。"

逆风香

波利质国拥有许多香树，其香气逆风也能闻到，故名逆风香。

灵犀香

选取通天犀的角，切削少许粉末，将其与沉香一同焚熏，烟气袅袅直上，能驱走眼前的阴云，使人看到青天，故而得名。《抱朴子》里说："通天犀角有线条状的白色纹理。把米放置在鸡群之中，鸡群纷纷去啄食米粒，一旦见到犀角，就会受惊而退却，所以南方人称之为骇鸡犀。"

玉蕤香

《好事集》中说："柳宗元得到韩愈寄来的诗，先用蔷薇露洗手，焚熏玉蕤香，然后才打开诗来读。"

修制诸香

略。

按：此"修制诸香"内容，共包括"修制诸香""修制过程七章""用香两则"，均收录于《香乘》中"香绪余"部分。

卷二

印 篆

五夜香刻（宣州石刻）

略。

百刻香印

略。

五更印刻

略。

百刻篆香图

百刻香，如果用寻常香料制作，则计时不准。如今用野苏、松球两味原料，调和均匀，贮藏于崭新的陶器之内，即可使用。野苏，即荏叶，在秋天到来之前，采摘晒干，制成粉末，每料用十两。松球，也就是枯松球，秋末，采集从树上自然落下的松球，晒干、切去球心部分，制成粉末，每料用八两。

按：以上四香均收录于《香乘》中“香方”之“印篆诸香”。此外《香乘》又融合其他香谱，对“百刻篆香图”加以补充说明，详见《香乘》卷二十三。

定州公库印香

略。

和州公库印香

略。

百刻印香

栈香三两；檀香二两；沉香二两；黄熟香二两；零陵香二两；藿香二两；土草香半两（除去杂土）；茅香二两；盆硝半两；丁香半两；制过的甲香七钱半（另一种配方为七分半）；龙脑少许。

将以上原料一并研成粉末，依寻常方法烧香。

按：《香乘》收录此方时，栈香为一两。

资善堂印香

栈香三两；黄熟香一两；零陵香一两；藿香叶一两；沉香一两；檀香一两；白茅花香一两；丁香半两；制过的甲香三分；龙脑香三钱；麝香三钱。

将以上原料捣碎、筛制成细末，用崭新的瓦罐盛放。昔日由张全真参政传下此香方，张德远丞相极其喜爱此香，每日焚香一盘，香烟不息。

按：《香乘》收录此方时，麝香为三分。

龙脑印香

按：此香方收录于《香乘》中“香方”之“印篆诸香”，但更名为“龙麝印香”。

又方

夹栈香半两；白檀香半两；白茅香二两；藿香一钱；甘松半两；乳香半两；栈香二两；麝香四钱；甲香一钱；龙脑一钱；沉香半两。《沈谱》

以上原料，除龙脑、麝香、乳香单另研磨以外，其余原料一并捣碎、筛制成细末，搅拌调和均匀，依照寻常方法使用。

按：此又方与《香乘》收录时有所不同，《香乘》中藿香为二钱，甲香为三分，又有栈香半两。

乳檀印香

略。

供佛印香

栈香一斤；甘松三两；零陵香三两；檀香一两；藿香一两；白芷半两；茅香三钱；甘草三钱；苍脑三钱。

将以上原料研成细末，依照寻常方法点香焚烧。

按：《香乘》收录此香方时，茅香为五钱。

无比印香

略。

水浮印香

略。

宝篆香

沉香一两；丁香皮一两；藿香一两；夹栈香二两；甘松半两；零陵香半两；甘草半两；甲香半两（制过）；紫檀三两；焰硝二分。

将以上原料研成粉末，调和均匀，制作香印时，加入龙脑、麝香各少许。

按：《香乘》收录此香时，焰硝为三分。

香篆（一名寿香）

乳香、旱莲草、降真香、沉香、檀香、青布片烧成灰，存性；贴水荷叶、瓦松、男孩胎发一束、木栎、野蕀、龙脑少许；麝香少许；山枣子。

将以上十四味原料研成粉末，将枣子掺入揉和，阴干使用。烧香时，将玄参末用蜜调制，沾在筷梢上，用来引烟，书写字画人物，皆能不散。如果想让它散去，将车前子末弹在烟上，香烟就会散去。

又方

香方歌谣为："乳旱降沉香，檀青贴发山，断松椎栎蕀，脑麝腹空间。"

每次用铜筷子引香烟，写成文字。也有人说："加入等量的针砂，用筷子头夹取少许磁石，吸引香烟，任意制成香篆（焚香时所起的烟缕）。

按：《香乘》收录此香方时，未有野蕀，且在香方歌谣中，"檀青"为"藿青"，"断松椎栎蕀"为"断松雄律字"。

丁公美香篆

略。

凝合诸香

麝香一钱，丁香半两，檀香两半，甲香一钱，结香一钱，甘草一分，龙脑一钱。

将以上原料碾成细末，用少许蜂蜜搅拌均匀，依照寻常方法焚用。

汉建宁宫中香

略。

唐开元宫中香

略。

宫中香

略。

宫中香

略。

按：以上四则香方收录于《香乘》中“香方”之“法和众妙香·1”，总名为“宫中香四方”。

江南李王帐中香

略。

按：此香方收录于《香乘》中“香方”之“法和众妙香·1”，名为“江南李王帐中香四方”。

宣和御制香

略。

御炉香

略。

李次公香

略。

赵清献公香

略。

苏州王氏幛中香

略。

按：以上五香收录于《香乘》中“香方”之“法和众妙香·1”，名为“五方”。

唐化度寺衙香

略。

开元帏中衙香

略。

按：此香收录于《香乘》时更名为“杨贵妃帏中衙香”。

后蜀孟主衙香

略。

按：此香收录于《香乘》时，更名为“花蕊夫人衙香”。

雍文徹郎中衙香

略。

苏内翰贫衙香

白檀四两，切成薄片，用蜂蜜搅拌，放入干净的容器内炒干，随即加入蜂蜜，不停搅拌，直至黑褐色，不能炒焦；乳香五粒，用生绢包裹，加入一盏好酒，一同煮制，直到酒还剩五七分时，取出；麝香一字；玄参一钱。

以上原料，先将檀香捣成粗末，再将麝香研成细末，加入檀香，既而加入木炭细末一两，上色，与初乳一同研磨，调和均匀，加入炼蜜，制成香剂。放入瓷器，密封窖藏一月。

按：此香在《香乘》中也有收录，但配方略有差异。麝香计量，《香乘》计为一钱，此处计为一字，即一钱匕的四分之一。另外，《香乘》中并未有玄参。

钱塘僧日休衙香

略。

金粟衙香

梅蜡香一两；檀香一两，用腊茶煮至五七沸。将以上两种香料一并研取粉末。黄丹一两；乳香三钱；片脑一钱；麝香一字，研碎；杉木炭二两半，制成炭末后再称取；净蜜二斤半。

将净蜜放入容器密封，隔水蒸煮熬制，直至滴入水中能形成蜜珠，方可使用。将炼蜜与香末搅拌均匀，放入臼中，捣数百下，制成香剂，窨藏月余，分次焚烧。

按：此香在《香乘》中也有收录，但在计量上有不同。《香乘》中，杉木炭的计量为五钱，净蜜的计量为二两半。因传世版本较多，以及各代计量单位有所不同，故出现此种差异。

衙香

沉香半两；白檀香半两；乳香半两；青桂香半两；降真香半两；甲香半两；龙脑香半两；麝香半两，单另研磨。

将以上香料捣碎，筛成细末，加入炼蜜，搅拌均匀，依次放入龙脑、麝香，搅拌停当，照寻常方法焚烧。

按：《香乘》中，关于此香的调制方法中，龙脑香为一钱，麝香为一钱。

衙香

略。

衙香

檀香五两；沉香、结香、藿香、零陵香、茅香（烧灰，存性）、甘松各四两；丁香皮、甲香各二钱；脑香、麝香各三分。

将以上原料研成细末，加入炼蜜，调和均匀。依寻常方法焚烧。

按：《香乘》中，关于此香的调制方法中，丁香皮为一两。

衙香

略。

衙香

檀香、玄参各三两；甘松二两；乳香半两，单另研磨；龙脑、麝香各半两。

先将檀香、玄参切成细块，盛入银器之中，加水浸泡，用火煎至水干，取出原料，烘干。再与甘松一同捣碎、筛成细末，加入乳香末等原料，用生蜜调和均匀，放入地窖中久藏，然后方能焚烧。

按：《香乘》中，关于此香的调制方法中，乳香为半斤。

衙香

茅香二两，除去杂草、尘土；玄参一两，选取根部较大的；黄丹十两。将以上三味原料细细研磨，一并捣碎、筛过，加入烧过的炭末半斤，用油纸包裹，贮藏三夜。上等的夹沉栈香四两，紫檀香四两；上好的丁香五分，除去硬块，捣成粉末。滴乳香一钱半，研成细末；真麝香一钱半，研成细末。

用蜜四斤，春夏两季，煮炼十五沸；秋冬两季，煮炼十沸。取出放凉，再将栈香等五味原料放入，搅拌调和。加入硬炭末二斤，拌好，放入臼中捣匀。窨藏一段时间后，分次取出焚烧。

按：《香乘》中，关于此香的调制方法中，玄参为二两，黄丹为四两，丁香为一两五钱，蜜为二斤。

衙香

檀香十三两，切碎，用腊茶清炒；沉香六两；栈香六两；马牙硝六钱；龙脑三钱；麝香一钱；甲香一钱，用炭灰煮两日，洗净，再用蜂蜜水煮干。

将以上原料研成粉末，研入龙脑、麝香，加入蜜，搅拌均匀，即可焚烧。

按：《香乘》中，关于此香的调制方法中，加入蜜比香，且檀香为十二两，甲香为六钱。

衙香

略。

按：以上十五香的香方均收录于《香乘》中“香方”之“法和众妙香·1”中，总名为“衙香十六方”。

延安郡公蕊香

略。

婴香

略

金粟衙香

略。

按：《香乘》中将此香名改为“道香”。

韵香

略。

不下阁新香

栈香一两一钱；丁香一分；檀香一分；降真香一分；甲香一字；零陵香一字；苏合油半字。

将以上原料研成细末，加入白芨末四钱，随意加减清水，调和制成香饼。这种香大多被制成柱香。

按：《香乘》收录此配方时将栈香计量写作一两，丁香一钱，檀香一钱，降真香一钱。

宣和贵妃黄氏金香

略。

压香

略。

古香

柏子仁二两，每个分作四片，剥去仁；用腊茶二钱煎成半盏汤剂，将柏子仁浸泡在汤中，过一夜之后，隔水蒸煮、烘干；甘松蕊一两；檀香半两；金颜香二两；龙脑二钱。

将以上原料研成粉末，加入枫香脂少许，用蜂蜜调和。依照寻常方法，阴干、焚烧。

按：《香乘》收录此配方时，将龙脑改为韶脑。韶脑，即樟脑，因出产于韶州、漳州，状似龙脑，故而出现此差异。

神仙合香

略。

僧惠深温香

略。

按：以上十香方均收录于《香乘》中“香方”之“法和众妙香·1”中，总名为“十方”。

供佛温香

略。

久窨湿香

栈香四斤（取生栈香）；乳香七斤；甘松二斤半；茅香六斤（切碎）；香附子一斤；檀香十两；丁香皮十两；黄熟香十两（切碎）。

将以上原料研成细末。取大丁香两个，捣碎、煎汁。浮萍草一把，择洗去须，研细、滤汁。将浮萍汁与丁香汁调和均匀，拌入各种香末，搅匀后，放入臼中，捣数百下，捏成小饼子，阴干。依照寻常方法焚烧。

按：《香乘》中，此香的调配方法中，增加了藿香、零陵香、玄参，且在此原料计量上减轻，详见《香乘》内配方。

清神香

玄参一个；腊茶四胯。

将以上原料研成粉末，用冰糖拌好，放入地下久藏，方可焚烧。

清远香（局方）

略。

清远香

略。

清远香

略。

清远香

略。

汴梁太乙宫清远香

略。

清远膏子香

略。

刑太尉韵胜清远香

略。

按：以上七种香方收录于《香乘》中“香方”之“法和众妙香·2”，位于“清香十四方”中。

内府龙涎香

沉香、檀香、乳香、丁香、甘松、零陵香、丁皮香、白芷，各取相等分量；藿香、玄参二斤，择净。

将以上原料一并研成粗末，用炼蜜调和均匀，照寻常之法焚烧使用。

按：《香乘》中收录的“内府龙涎香”配方，未对藿香、玄参计量，且调制方法更为具体。

湿 香

檀香一两一钱；乳香一两一钱；沉香半两；龙脑一钱；麝香一钱；桑炭灰一斤。

将以上原料研成粉末。用竹筒盛蜂蜜，放入锅内，煮至红色，再与香末调和均匀。在石板上槌三五十下。用少许熟麻油调制，制成香丸或香饼，焚熏使用。

按：此香方收录于《香乘》中“香方”之“法和众妙香·1”之“湿香六方”，但《香乘》中桑炭灰为二两。

清神湿香

略。

按：此香方收录于《香乘》中“湿香六方”。

清远湿香

甘松（去除枝茎）、茅香（与枣肉一同研磨成膏状，浸泡烘干）各二两；玄参（取黑细的，炒制）、降真香、山柰子、香附子（除去须，微微炒制）各半两；韶脑半两；丁香一两；麝香三百文。

将以上原料研成细末，与炼蜜一同调和均匀，用瓷器装好，密封窖藏一月，取出后，捏成香饼，焚烧。

按：此香方收录于《香乘》中“湿香六方”，但《香乘》配方中无香附子，却有白檀香半两，且麝香的计量为二钱。

日用供神湿香

略。

按：此香方收录于《香乘》中“湿香六方”。

丁晋公清真香

略。

清真香

略。

清真香

沉香二两；栈香、零陵香各三两，藿香、玄参、甘草各一两；黄熟香四两；甘松一两半；脑香、麝香各一钱；甲香一两半，用淘米水浸渍两夜后一同煮制，以油尽水清为限，然后泼在地上，用器皿盖上，放置一夜。

以上原料，研成粉末。加入龙脑香、麝香，搅拌均匀。白蜜六两，炼去沫，加入少许焰硝，与各种香料搅拌调和，制成鸡头米大小的香丸。依寻常方法焚烧。久经窖藏，效果更好。

按：《香乘》中收录的此香配方中，藿香为三两。

黄太史清真香

略。

清妙香

略。

清神香

青木香半两，生切，用蜜浸渍；降真香一两；香檀香一两；香白芷一两；龙脑、麝香各少许。

将以上原料研成细末。用热汤化成膏状，调和成小饼。傍晚时分，依照寻常方法迎风烧香。

按：以上六种香方均收录于《香乘》中“香方”之“法和众妙香·2”，位于“清香十四方”中。在香料剂量上有所增减，且制作方法更为讲究。

王将明太宰龙涎香

略。

杨古老龙涎香

略。

亚里木吃兰脾龙涎香

略。

龙涎香

略。

龙涎香

紫檀一两半，用建茶浸泡三日，在银器中炒制，至炒碎且呈紫色时，即取出；栈香三钱，切细，加入一盏蜜、半盏酒，放入沙盒中，蒸制，取出烘干；甲香半两，加入一盘浸泡三日而成的泥浆水，煮干，在银器中炒黄；龙脑二钱，单另研磨；玄参半两，切片，加入焰硝一分，蜂蜜和酒各一盏，煮干，再加入一碗酒煮干，炒干，不能接触铁器；麝香二字；当门子，单另用器皿研磨。

将以上原料研成细末。先将甘草半两捣碎，浸于一升沸汤中，放冷后，将甘草取出，不用。白蜜半斤，煎去浮蜡。将蜜与甘草汤一同熬制，放冷后，加入香末，再加入龙脑、麝香及杉树油节炭一两，调和均匀，捏成香饼。用瓷器贮藏，窖藏一月。

龙涎香

略。

龙涎香

略。

龙涎香

略。

南蕃龙涎香（又名胜芬积）

略。

又方（与前小有异同，今两存之）

木香、丁香各二钱半；藿香、零陵香，各半两；槟榔、香附子、白芷，各一钱半；官桂、麝香、沉香、当归各一钱；甘松半两；肉豆蔻一个。

将以上原料研成粉末，用炼蜜调和均匀，用模子脱制成花样，或者捏成香饼。用慢火烘制，待其略干而又带些湿润，放入瓷盒中，入窖久藏，香气绝妙。还可以服用三两枚香饼，随意用茶、酒送服，能治疗心腹痛，理气宽中。

按：此香方收录于《香乘》中，但《香乘》中所记槟榔为二钱半。

龙涎香

略。

龙涎香

略。

龙涎香

略。

智月龙涎香

略。

龙涎香

略。

龙涎香

沉香六钱；白檀、金颜香、苏合油各二钱；麝香半钱，单另研磨；龙脑三字；浮萍半字，阴干；青苔半字，阴干，去除杂土。

按：调制方法略。此香方收录于《香乘》中时，白檀的计量为三钱。

古龙涎香

略。

古龙涎香

沉香半两；檀香、丁香、金颜香、素馨花（广南有素馨花，气息最为清奇）各半两；木香、黑笃耨、麝香各一分；龙脑二钱；苏合油一字多。

按：调制方法略。《香乘》中收录有此方，但木香为三分，黑笃耨为三分，且苏合油为一匙。

古龙涎香

占蜡（即前文中的“真蜡”，今柬埔寨境内）所产沉香十两；拂手香三两；金颜香三两；蕃栀子二两；梅花脑一两半，单另研磨；龙涎二两。

以上原料，研成细末，放入麝香二两，与炼蜜调和均匀，捏制成香饼，焚烧使用。

按：《香乘》中收录的此香配方中，龙涎香为一两。

白龙涎香

略。

小龙涎香

略。

小龙涎香

略。

小龙涎香

略。

小龙涎香

沉香一两；乳香一分；龙脑半钱；麝香半钱，用腊茶水研磨。

按：调制方法略。《香乘》收录此方时将乳香写作一钱，龙脑为五分，麝香为五分。

吴侍中龙津香

略。

龙泉香

甘松四两；玄参二两；大黄一两半；麝香半钱；龙脑二钱。

将以上原料捣碎、筛成细末。加入炼蜜，制成香饼，依寻常方法焚烧。

按：以上二十六香方中，除第五则龙涎香外，其余均收录《香乘》中“香方”之“法和众妙香・2”，位于“龙涎香二十六方”中。收录时香方个别有异议处在此保留。

清心降真香（局方）

略。

宣和内府降真香

略。

降真香

略。

降真香

略。

按：以上四香均收录于《香乘》中“香方”之“法和众妙香・3”，总名“降真香四方”。

胜笃耨香

栈香半两；黄连香三钱；檀香三分；降真香五分；龙脑一字；麝香一钱。

将以上原料用蜂蜜调和均匀，制成粗末，焚烧使用。

按：此香收录于《香乘》中，但《香乘》记载檀香一钱，龙脑一字半。

假笃耨香

略。

假笃耨香

略。

假笃耨香

略。

冯仲柔假笃耨香

略。

按：以上四种“假笃耨香”均收录于《香乘》中“香方”之“法和众妙香・3”，位于“笃耨香六方”之中。

假笃耨香

枫香乳、栈香、檀香、生香各一两；

官桂、丁香，随意加入。

将以上原料研成粗末，用蜂蜜调和均匀，保持冷湿，放入瓷盒，窖藏一个多月，即可焚烧使用。

江南李王煎沉

略。

按：《香乘》中更名为“李玉煎沉香”。

李王花浸沉

略。

华盖香

略。

宝球香

略。

香 球

略。

芬积香

沉香、栈香、藿香、零陵香各一两；丁香一分；木香四分半；甲香一分，制过，捣碎。

按：调制方法略。此香方收录于《香乘》中时，丁香为三钱，甲香为五分。

小芬积香

略。

芬馥香

略。

藏春香

沉香、檀香，用酒浸渍一夜；乳香、丁香、真腊香、占城香各二两；龙脑、麝香各一分。

将以上原料研成细末，与切碎的黄甘菊一两四钱、玄参三分及蜂蜜一同倒入瓶中，隔水蒸煮半日后，滤去黄甘菊、玄参不用。取白梅二十个，加水，煮至浮起。将白梅去核取肉，研磨，加入熟蜜，与香末搅拌均匀，放入瓶内。久经窖藏，可取出烧用。

按：此香方收录于《香乘》时，沉香、檀香各为二两，又添入橄榄油三钱，但并未提及真腊香、占城香。

藏春香

略。

出尘香

略。

出尘香

略。

四和香

略。

四和香（补）

略。

冯仲柔四和香

略。

加减四和香

沉香一分，丁香皮一分，檀香半分，以上三味，单另研成粉末；龙脑半分，单另研成粉末；麝香半分；木香不拘多少，捣制成末，沸水浸渍。

将其余原料研成细末，加入木香水，

调和、捏制成香饼，依照寻常方法焚香。

按：《香乘》中收录有“加减四和香”，其调制方法与此一致，但配料上有所不同。详见《香乘》中“三十方”。

夹栈香

夹栈香、甘松、甘草、沉香，各半两；白茅香二两；檀香二两；藿香一分；甲香二钱，制过；梅花龙脑二钱，单另研磨；麝香四钱。

将以上原料研成细末，用炼蜜搅拌调和均匀，贮藏在瓷器中，密封窖藏一月，即可取出，捏制成香饼，依照寻常方法烧香。

按：《香乘》中收录有“夹栈香”，调制方法与此一致，但配料上有所不同，《香乘》所引为《沈谱》内香方。

闻思香

玄参、荔枝皮、松子仁、檀香、香附子各二钱；甘草、丁香各一钱。

将以上原料一并研成粉末，用查子（即子，又有木桃、狭叶木瓜之名，和圆子，色微黄）汁调和成剂，依照寻常方法窖藏、焚烧。

按：《香乘》所收录的“闻思香”中，丁香为二钱。

闻思香

略。

按：以上二十香均收录于《香乘》中“香方”之“法和众妙香·3”，位于“三十方”中。

寿阳公主梅花香

略。

李王帐中梅花香

丁香一两一分，选用新鲜上好者；沉香一两；檀香半两；甘松半两；樟脑四钱；零陵香半两；麝香四钱；制过的甲香三分；杉松炭四两。

将以上原料研成细末，用炼蜜调和均匀，制成香丸。窖藏半月，焚烧使用。

按：《香乘》中收录此香方时，樟脑换作龙脑，且松炭末一两，丁香一两。

梅花香

苦参四两；甘松四钱；甲香三钱，制过；麝香少许。

将以上原料研成细末，用炼蜜调和，搓制成丸。依照寻常方法焚烧。

梅花香

丁香一两；沉香一两；甘松一两；檀香一两；丁香皮半两；牡丹皮半两；零陵香二两；辛夷一分；樟脑一钱。

将以上原料研成粉末，依照寻常方法使用，尤其适用于佩带。

梅花香

甘松一两；零陵香一两；沉香半两；檀香半两；丁香一百枚；龙脑少许，单另研磨。

将以上原料研成细末，与炼蜜调和，干湿皆可，用于焚烧。

按：《香乘》中收录有此方，但加入了茴香半两。

梅花香

沉香、檀香、丁香各一分；丁香皮三分；龙脑三分；麝香少许。

以上原料，除脑香、麝香两味以外，其余均投入乳钵中，细细研磨。加入杉木炭煤二两，与香末调和均匀，用炼白蜜拌匀，揉成香饼。放入不渗漏的瓷瓶中，久经窨藏。烧香时，用银叶或者云母衬隔。

梅花香

略。

梅英香

拣丁香三钱；梅末三钱；

按：零陵香叶二钱；木香一钱；甘松半钱。以上原料研成细末，加入炼蜜，调制成香剂，窨藏后用于焚烧。

梅英香

略。

按：《香乘》中“香方”之“凝合花香”收录以上二“梅英香”。

梅蕊香（又名一枝梅）

略。

按：此方收录于《香乘》中“香方”之“熏佩之香”。

卷三

凝合诸香

韩魏公浓梅香

黑角沉半两；丁香一分；郁金半分，用小麦麸炒至红色；腊茶末一钱；麝香一字；定粉一米粒（即韶粉）；白蜜一盏。

按：调制方法略。《香乘》中“香方”之“凝合花香”里收录此香，但丁香为一钱，郁金五分，调制方法与此同，详见《香乘》十九卷。

嵩州副官李元老笑梅香

沉香、檀香、白豆蔻仁、香附子、肉桂、龙脑、麝香、金颜香各一钱，白芨二钱，马牙硝二字，荔枝皮半钱。

以上原料，先将金颜香放入乳钵内细细研磨，再加入牙硝及龙脑、麝香，研细。将其余原料单另放入杵臼内，捣碎筛制成粉末，与前面研好的原料再放入钵内研磨，滴入清水，调和成剂，制成饼子，阴干使用。或者用小印雕印香，用乾、元、亨、利、贞等字印最佳。

笑梅香

榅孛二个，檀香半两，沉香三钱，金颜香四钱，麝香二钱半。

按：调制方法略。《香乘》中收录此香，但麝香记载为一钱。

笑梅香

略。

笑梅香

栈香、丁香、甘松、零陵香各二钱，一并研成粗末；朴硝四两；脑香、麝香各半钱。

按：调制方法略。《香乘》中收录此香，但朴硝为一两，脑香、麝香各五分。

笑梅香

丁香百粒，茴香一两，檀香、甘松、零陵香、麝香各二钱。

将以上原料研成细末，用蜂蜜调和成剂，分次焚烧。

按：《香乘》中收录此方时，檀香、甘松、零陵香各为五钱，麝香五分。

肖梅香

略。

胜梅香

略。

鄙梅香

沉香一两；丁香、檀香、麝香各二钱；浮萍草。

以上原料，研成粉末。加入浮萍草汁，再加入少许蜂蜜，揉制成香饼，焚烧。

按：《香乘》收录此香方时，麝香为五分。

梅林香

沉香、檀香各一两；丁香枝杖、樟脑

各三两；麝香一钱。

以上原料，除樟脑、麝香分用器具细细研磨外，将另外三味原料擦干，制成末，用加热过的硬炭末二十两，与香末调和均匀。将白蜜四十两，隔水蒸煮，除去浮蜡，放凉。旋即与香末一并放入臼中，捣软，阴干。焚香时，用银叶衬隔。

按：《香乘》收录此香时未提及硬炭末与白蜜的计量。

淡梅香

略。

笑兰香

白檀香、丁香、栈香、玄参各一两；甘松半两；黄熟香二两；麝香一分。

以上原料，除麝香单独研磨以外，其余六味一同捣制成末，用炼蜜搅拌成膏状。焚香、窖藏之法如常。

笑兰香

沉香、檀香、白梅肉各一两；丁香八钱，木香七钱；牙硝半两，研过；丁香皮，除去粗皮，一钱　；麝香少许，白芨末。

将以上原料研成细末，白芨煮成糊，加入原料细末，调和均匀，倒入模子里，印成花样，阴干，焚烧。

李元老笑兰香

略。

靖老笑兰香

零陵香、藿香、甘松各七钱半，当归一条，豆蔻一个，麝香半分，槟榔一个，木香、丁香各半两，香附子、白芷各二钱半。

将以上原料研成细末，用炼蜜搅拌调和，放入臼中，捣制数百下，贮藏于瓷盒中，埋入地坑中，窖藏一月，制成香饼，依照寻常之法焚烧。

笑兰香

略。

肖兰香

紫檀五两，白色的最好，切成小片，用炼白蜜一斤，加入少许水，浸渍一夜后取出，在银器内炒至生出微烟；麝香、乳香各一钱，烰炭一两。

以上原料，先将麝香在乳钵内研至细末，再用上好腊茶一钱，煮成沸汤，点至澄清；再将底部的沉淀物与麝香一同研磨，待研磨均匀后，与以上各味香料混和，放入臼内，捣制停当。如果太干，可稍稍加入檀蜜水搅拌均匀，放入新容器中，用纸封十数层，放入地坑中，窖藏月余，可以焚熏。

肖兰香

零陵香、藿香、甘松各七钱；母丁香、官桂、白芷、木香、香附子各二钱；玄参三两；沉香、麝香各少许，单另研磨。

将以上原料用炼蜜调和均匀，揉制成香饼，焚烧。

胜肖兰香

沉香拇指大那么一点儿；檀香拇指大那么一点儿；丁香一分；丁香皮三两；茴

香三钱；甲香二十片；制过的檀脑半两；麝香半钱；煤末五两；白蜜半斤。

将以上原料研成细末，用炼蜜调和均匀，放入瓷器内，密封窖藏。旋即取出制成香丸，用于焚烧。

胜兰香

略。

秀兰香

略。

兰蕊香（补）

栈香、檀香各三钱；乳香一钱；丁香三十粒；麝香半钱。

将以上原料研成细末，加入蒸制的鹅梨汁，调制成香饼，窖藏阴干，依照寻常之法焚烧。

兰远香

略。

按：以上十二则有关兰香的香方中，除第二则“笑兰香”与第六则“肖兰香”外，其余十则均收录《香乘》中“香方”之“凝合花香”，位于“兰十一方”中。

吴彦庄木犀香

略。

吴彦庄木犀香

沉香一两半；檀香二钱半；丁香五十粒，分别研成粉末；金颜香三钱，单另研磨，也可以不用此味；麝香少许，用建茶清研磨至极细；脑子少许，加入其中，一同研磨；木犀花五盏，选用已开花而尚未凋零者，再吹入脑香、麝香，一同研磨成泥状。

将少许薄面糊加入所研磨的沉香、檀香、丁香三味原料中，与其他四味原料调和成香剂，用模子制成小饼，窖藏阴干，依照寻常方法焚香。

智月木犀香

略。

木犀香

略。

木犀香

略。

木犀香

略。

木犀香

略。

按：以上七则木犀香除第二则外，其余六则均收录于《香乘》中“香方”之“凝合花香”，位于“木犀七方”中。

桂花香

冬青树子、桂花香（即木犀）。

将冬青树子捣烂取汁，与桂花一同蒸制，阴干，用香炉焚熏。

桂枝香

略。

杏花香

附子、沉香、紫檀香、栈香、降真香各十两；甲香（制过）、熏陆香、笃耨香、塌乳香各五两；丁香、木香各二两；麝香半两，梅花脑二钱。

将以上原料捣成粉末，加入蔷薇水，调匀，制成香饼，用琉璃瓶贮藏，窖藏一月。焚香时，有杏花韵味。

杏花香

略。

吴顾道侍郎花

略。

百花香

甘松，除去杂土；栈香一两，切碎成米状；沉香，与腊茶一同煮制半天；玄参，选取筋脉较少的，洗净、槌碎、炒焦。以上各一两；檀香半两，切碎成豆子状，选两个鹅梨，取其汁液浸渍檀香，放在银器内蒸制三五次，以汁蒸干为限；丁香，用腊茶半钱，一同煮制半天；麝香，单另研磨；缩砂仁、肉豆蔻，各一钱；龙脑半钱，研磨。

将以上原料研成细末，筛匀，用生蜜搅拌调和。捣制百余下，揉搓成香饼，放入瓷盒中，密封窖藏。依照寻常方法焚熏。

百花香

略。

野花香

略。

野花香

栈香、檀香、降真香各一钱；舶上丁皮三分，龙脑一钱，麝香半字，炭灰半两。

将以上原料研成细末，加入炭末，拌匀。用炼蜜调和成剂，捏成香饼。窖藏后可烧用。如要香烟聚集，加入制过的甲香一字，香烟就不会弥散。

野花香

略。

野花香

略。

后庭花香

略。

洪驹父荔枝香

荔枝壳，不拘多少；麝皮一个。

用酒将以上原料浸渍两夜，密封盖好，放在饭甑上蒸至酒干。在干燥的石臼中捣成粉末，每十两原料，加入真麝香一字，用蜂蜜调和，制成香丸，依照寻常方法烧香。

荔枝香

沉香、檀香、白豆蔻仁、西香附子、肉桂、金颜香各一两；马牙硝、龙脑、麝香各半钱；白芨、新荔枝皮各二钱。

以上原料，先将金颜香放入乳钵内，细细研磨，再加入马牙硝、龙脑、麝香，一并研磨。将各种香料分别研磨成粉末，加入金颜香，研磨均匀。加入清水，调和成剂。用模子脱制成花样，焚烧使用。

柏子香

略。

荼蘼香

香方歌谣为：“三两玄参二两松，一

枝楦子蜜和同，少加真麝并龙脑，一架荼蘼落晚风。”

黄亚夫野梅香

略。

江梅香

零陵香、藿香、丁香（怀干）各半两；茴香半钱，龙脑少许；麝香少许，在钵内研磨，用建茶汤调和洗净。

将以上原料研成粉末，用炼蜜调和均匀，捏成香饼。焚香时，用银叶衬隔。

江梅香

略。

蜡梅香

略。

雪中春信

略。

雪中春信

略。

雪中春信

略。

春消息

丁香百粒；茴香半盒；沉香、檀香、零陵香、藿香各半两。

将以上原料研成粉末，加入少许龙脑香、麝香调和，依前法窖藏。这种香也可佩带。

春消息

甘松一两；零陵香、檀香各半两；丁香百颗，茴香一撮；脑香、麝香各少许。

依照前面介绍的方法调和、窖藏。

按：以上二十五则香方，除第二十四方外，其余均收录于《香乘》中“香方”之“凝合花香”，位于“诸花香二十七方”中。

洪驹父百步香

略。

百里香

略。

按：以上两种香方均收录于《香乘》中“香方”之“法和众妙香·3”，位于“三十方”中。

黄太史四香

略。

按：此香收录于《香乘》，名为“意和香”，此处的“黄太史四香”应包含下面四香，故此处应是遗漏“意和香”之名。

意 可

略。

按：此香收录于《香乘》，名为“意可香”。

深 静

略。

按：此香收录于《香乘》，名为“深静香”。

小 宗

略。

按：此香收录于《香乘》，名为“小宗香”。

蓝成叔知府韵胜香

沉香、檀香、麝香各一钱；香梅肉

（烘干后再称重）、丁香皮各半钱；拣丁香五粒；木香一字；朴硝半两，单另研磨。

按：调制方法略。此香收录于《香乘》中“香方”之“法和众妙香·4”，位于“三十三方”中。在《香乘》的配方中未记“丁香五粒”，调制方法可参看《香乘》。

元御带清观香

略。

脱俗香

略。

文英香

略。

心清香

略。

琼心香

略。

大真香

乳香一两半；白檀一两，切细，用半盏白蜜调和、蒸干；栈香二两，甲香一两，制过；脑香、麝香各一钱。

将以上原料研成细末，用蜂蜜隔水蒸煮成膏，制成香饼，窖藏一月，焚烧使用。

按：《香乘》中收录有此香，但香方中又添有沉香一两，调制方法与此一致。

大洞真香

乳香、白檀、栈香、丁香皮、沉香各一两；甘松半两；零陵香二两。

将以上原料研成细末，用炼蜜调和成膏，焚烧使用。

按：《香乘》中收录有此香，但香方中又添有藿香叶二两，调制方法与此一致。

天真香

略。

玉蕊香

略。

玉蕊香

略。

庐陵香

略。

康漕紫瑞香

略。

灵犀香

略。

仙萸香

略。

降仙香

略。

可人香

香方歌谣为：“丁香一分沉檀半，脑麝二钱中半良，二两乌香杉炭是，蜜丸焚处可人香。”

按：《香乘》中也收录有此歌谣，但前两句有不同，《香乘》载，丁香沉檀各两半，脑麝三钱中半良。”

禁中非烟

略。

禁中非烟

沉香半两；白檀四两，切成十块，用腊茶清浸片刻；丁香、降真香、郁金香、制过的甲香各二两。

将以上原料研成细末，加入少许麝香，用白芨末滴水调和成剂，捏制成香饼，窖藏后即可焚烧。

按：《香乘》收录此香方时，计量不同：丁香二两，降真香三两，郁金香二两，制过的甲香三两。

复古东阁云头香

占腊沉香十两；金颜香、拂手香各二两；蕃栀子（单另研磨）、石芝各一两。梅花片脑一两半；龙涎香、麝香各一两；制过的甲香半两。

将以上原料研成粉末，用蔷薇水调和均匀，如果没有蔷薇水，用淡水调和也可以。用石碾碾制，用模子脱制成花样，依照寻常方法焚烧使用。

按：《香乘》收录此香方时，金颜香、拂手香各三两，龙涎香、麝香各二两，梅花片脑二两半。

崔贤妃瑶英胜

沉香四两，金颜香二两半，拂手香、麝香、石芝各半两。

将以上原料研成细末，用石碾碾和，制作成香饼，排列在银盆或盘内。在盛夏烈日下晒干，用崭新的软刷子刷出光亮，贮藏在锡盆内，依照寻常方法焚烧使用。

按：《香乘》收录此香方时，金颜香为三两半。

元若虚总管瑶英胜

略。

韩钤辖正德香

略。

滁州公库天花香

略。

玉春新科香

略。

辛押陀罗亚悉香

沉香、兜娄香各五两；檀香、制过的甲香各二两；丁香、大石芎、降真香各半两；鉴临二钱，单另研磨，此种原料不详，也许是异名；米脑白、麝香各二钱；安息香三钱。

将以上原料研成细末，用蔷薇水、苏合油调和成剂，制成香丸或香饼，焚烧。

按：《香乘》收录的此香方中，檀香、制过的甲香均为三两。

金龟香灯

略。

金龟延寿香

略。

按："金龟香灯"与"金龟延寿香"一并出现于《猎香新谱》，后收录于《香乘》中。

瑞龙香

略。

华盖香

略。

宝林香

略。

巡筵香

略。

宝金香

沉香、檀香，各一两；乳香（单另研磨）、紫矿、郁金颜香（单另研磨）、安息香（单另研磨）、甲香，各一钱；麝香半两，单另研磨；石芝（选用洁净的）、白豆蔻，各二钱；川芎、木香，各半钱；龙脑三钱，单另研磨；排香四钱。

将以上原料研成粗末，搅拌均匀，用炼蜜调成香剂，捏制成香饼，将金箔包制成香衣，依照寻常方法使用。

按：《香乘》所收录的宝金香方中，麝香为二钱，川芎、木香各一钱，龙脑二钱。

云盖香

略。

按：以上三十四香中，除金龟香灯与金龟延寿香外，其余三十二香方均收入《香乘》中“香方”之“法和众妙香·4”，位于“三十三方”中。

佩熏诸香

笃耨佩香

略。

梅蕊香

丁香、甘松、藿香叶、白芷各半两；牡丹皮一钱；零陵香一两半；舶上茴香一钱。

一起切碎，用绢袋贮藏，佩带。

荀令十里香

略。

洗衣香

略。

假蔷薇面花

甘松、檀香、零陵香、丁香各一两；藿香叶、黄丹、白芷、香墨、茴香各一钱。用脑香、麝香制成香衣。

将以上原料研成细末，用熟蜜调和至稀稠得当，随意用模子脱制花样，依照寻常方法使用。

玉华醒醉香

略。

衣　香

零陵香一斤；甘松、檀香各十两；丁香皮、辛夷各半两；茴香六分。

将以上原料捣制成粗末，加入少许龙脑，贮藏于香囊中佩带。香气沾染在衣服上。越是出汗，衣服越香。

蔷薇衣香

略。

牡丹衣香

丁香、牡丹皮、甘松各一两，制成粉末；龙脑、麝香各一钱，单另研磨。

将以上原料一同调和，用花叶纸沾取香末佩带，或装在新绢袋中，贴身佩带，香气如同牡丹。

芙蕖香

丁香、檀香、甘松各一两；零陵香、

牡丹皮各半两；茴香一分。

将以上原料研成粉末，加入少许麝香，研磨均匀，用薄纸沾取香末，用新手帕包裹，挨近肌肤。其香气宛如刚刚绽放的莲花。使用时再加入茶末、龙脑各少许，不可用火烘焙。身体出汗后，气息更香。

御爱梅花衣香

零陵叶四两；藿香叶、檀香各二两；甘松三两，清洗干净，除去泥土，晾干称重；白梅霜（捣碎，筛过，称其净重）、沉香各一两；丁香（捣制）、米脑各半两；麝香一钱半，单另研磨。

以上各种香料，均须晒干，不能用火烘干。除米脑、麝香、白梅霜以外，将其余香料一同研成粗末，再加入米脑、麝香、白梅霜，搅拌均匀，装入绢袋中佩带。这一香方，是内侍韩宪所传。

梅花衣香

零陵香、甘松、白檀、茴香各半两；丁香一分，木香一钱。

将以上原料研成粉末，加入龙脑少许，贮藏在囊中。

梅萼衣香

略。

莲蕊衣香

莲花蕊一钱，晒干研磨；零陵香半两，甘松四钱；藿香、檀香、丁香，各三钱；茴香、白梅肉，各一分；龙脑少许。

将以上原料研成细末，加入龙脑，研磨均匀，用薄纸贴衬，贮藏于纱囊之内。

浓梅衣香

藿香叶、早春茶芽，各二钱；丁香十枚，茴香半字；甘松、白芷、零陵香，各三钱。

将以上原料一并切碎，贮藏在绢袋中，佩带。

裛衣香

略。

裛衣香

略。

贵人浥汗香

略。

内苑蕊心衣香

藿香、益智仁、白芷、蜘蛛香各半两；檀香、丁香、木香各一钱。

将以上原料研成粗末，包裹好，放置于衣箱之中。

胜兰衣香

略。

香 爨

略。

按：以上各佩香收录于《香乘》中“香方”之“熏佩之香”，位于“二十一方”中，由于在计量上有所不同，故在编排时，相同者在此略去，有异者则保留，以备读者参考。

软 香

略。

软 香

笃耨香、檀香末、麝香各半两；金颜

香五两，即牙子香，研成粉末；苏合油三两，银朱一两，龙脑三钱。

将以上原料研成细末，用银器或瓷器装好，放入沸汤锅内煮一会儿，旋即倒入苏合油内搅拌均匀，调和停当后取出，倒入冷水中，随意制成香剂。

按：《香乘》收录此香方时，龙脑香为二钱。

软香

沉香十两，金颜香、栈香各二两，丁香一两，乳香半两，龙脑一两半，麝香三两。

将以上原料研成细末，用苏合油调和，放置在瓷器中，隔水蒸煮半日，以稀稠得当为限，放入臼中，杵成香剂。

软香

沉香（研成细末）、金颜香各半斤；苏合油四两；龙脑一钱，研成细末。

先将沉香末和苏合油用冷水揉和成团，挤去水分，加入金颜香、龙脑，再用水和成团，再挤去水，加入臼中，捣制三五千下，随时除去水分，以水分全部除尽，捣制成带有光泽的香团为度。如欲香品变硬，则加入金颜香；如欲香品变软，则加入苏合油。

软香

略。

按：见《香乘》中软香（六）。

软香

略。

按：见《香乘》中软香（七）。

广州吴家软香

略。

翟仁仲运使软香

金颜香半两，苏合油三钱；龙脑、麝香各一匙；乌梅肉二钱半，烘干。

先将金颜香、龙脑、麝香、乌梅肉研成细末，再用苏合油调和，随时注意使其软硬合适。如欲香品呈红色，则加入银朱二两半；如欲香品呈黑色，则加入皂荚灰三钱，存性。

宝梵院主软香

沉香二两；金颜香半斤，研成细末；龙脑四钱；麝香二钱；苏合油二两半；黄蜡一两半。

以上原料，研成细末。将苏合油与蜡隔水蒸煮，待其溶化后，捣入以上各种香料，加入龙脑，再捣制千余下。

软香

略。

按：见《香乘》中软香（三）。

软香

略。

按：此内容收录于《香乘》，见软香（四），但二者在描述檀香计量上有所不同，《香乘》中记檀香为一两，此香谱记檀香为二两。

软香

檀香一两，用白梅煮过，切成碎末；沉香半两；丁香三钱；苏合香油半两；金颜香二两，蒸过，如果没有此味原料，则选取上好的枫滴乳香一两，用酒煮过，作为替代品。

以上各种香料，皆不能经火烘烤。将其研成细末，调和，在甑上蒸过，碾成香，加入脑香、麝香，也可先将金颜香碾成细末，除去杂滓。

软 香

金颜香、苏合油各三两；笃耨油一两二钱，龙脑四钱，麝香一钱，银朱四两。

先将金颜香碾成细末，除去杂滓，用苏合油坐熟，加入黄蜡一两，坐化。再加入金颜坐过了，加入龙脑、麝香、笃耨油、银朱调和，用软的箨毛竹笋包裹收好。如欲制成黄色香品，则加入蒲黄二两；如欲制成绿色香品，则加入石绿二两；如欲制成黑色香品，则加入墨一二两；如欲制成紫色香品，则加入紫草。各选适量，加入其中，以调和均匀为限。

按：以上软香香方均收录于《香乘》中“香方”之“佩熏之香”，位于“软香十三方”中。收录时与此香谱完全相同者在此略去，与此有异者则保留。

熏衣香

茅香四两，切细，用酒洗过，微微蒸煮；零陵香、甘松各半两；白檀二钱，锉成粉末；丁香二钱；白乾三个，烘干，取其粉末。

将以上原料研成粗末，加入米脑少许，用薄纸贴衬，用于佩带。

蜀主熏御衣香

丁香、栈香、沉香、檀香、麝香各一两；甲香三两，制过。

以上原料，研成粉末。将炼蜜放冷，倒入香末，调和均匀，窖藏月余。用法参见此前第一卷。

南阳公主熏衣香

蜘蛛香一两；香白芷、零陵香、缩砂仁各半两；丁香、麝香、当归、豆蔻各一分。

将以上原料研成粉末，装入香囊中佩带使用。

熏衣香

沉香四两；栈香三两；檀香一两半；龙脑、牙硝、甲香（用灰水浸渍一夜，用新水洗过，再用蜜水除去黄色待用）各半两；麝香一钱。

以上原料，除龙脑、麝香单另研磨以外，其余原料一同研成粗末，用炼蜜半斤调和均匀、放凉后，加入龙脑、麝香。

新料熏衣香

沉香一两，栈香七钱，檀香半钱，牙硝一钱；甲香一钱，依照前面的方法制过；豆蔻一钱，米脑一钱，麝香半钱。

以上原料，先将沉香、栈香、檀香制成粗末，再加入麝香，搅拌均匀；再依次加入甲香、牙硝及银朱一字，再拌入炼蜜，调和均匀，上面掺入脑香，依照寻常方法使用。

千金月令熏衣香

略。

熏衣梅花香

甘松、舶上茴香、木香、龙脑各一两；丁香半两；麝香一钱。

将以上原料捣成粗末，依照寻常方法烧熏。

熏衣芬积香

沉香二十五两，切细；栈香（切碎）、檀香（切碎，用腊茶清炒至黄色）、甲香（制法如前）、杉木麸炭各二十两；零陵叶、藿香叶、丁香、牙硝各十两；米脑三两，研成粉末；梅花龙脑二两，研成粉末；麝香五两，研磨；蜜十斤，炼过，用来调和香料。

按：《香乘》收录此香方时，梅花龙脑为一两。

熏衣衙香

生沉香（切细）、栈香（切细）各六两；檀香（切细，用腊茶清炒）、生牙硝各十二两；生龙脑（研碎）、麝香（研碎）各九两；甲香六两，用炭灰煮制两日，洗净，再加入酒、蜜，一同煮干；白蜜，比香料的分量加倍，炼熟。

将以上香料研成粉末，加入研好的生龙脑、麝香，用蜂蜜调和均匀，依照寻常方法烧熏使用。

熏衣笑兰香

“藿零甘芷木茴丁，茅赖芎黄和桂心，檀麝牡皮加减用，酒喷日晒绛囊盛。”

用苏合香油调和均匀，用松茅酒洗三赖（三柰），淘米水浸渍大黄，用蜂蜜蒸制麝香，随即加入。用作熏衣香，则加入僵蚕；日常佩带，则加入白梅肉。

按：以上十种熏香均收录于《香乘》中“香方”之“熏佩之香”，位于“熏衣香十方”中，录入时与此香谱完全相同者，则在此略去，有异者则在此保留。

涂傅诸香

傅身香粉

略。

拂手香

白檀香三两，选取质地滋润的，切成末，与三钱蜜一并化入一盏水中。炒至水干，香稍稍带有湿气，烘干、捣碎、筛制成极细的粉末；米脑一两，研磨；阿胶一片。

将阿胶化成汤，打成糊，加入香末，搅拌均匀，在木臼中捣制三五百下，捏成香饼，或用模子印制成花样，窖藏阴干。在香饼中穿一个孔，用线穿好，悬挂在胸前。

按：《香乘》中，拂手香的配方中，米脑为五钱。

梅真香

略。

按：以上三种香收录于《香乘》中“香方”之“熏佩之香”，位于“涂傅之香七方”中，一、三则相同，故略去，第二则因略有不同，故保留，以备参考。

香发木犀油

略。

按：见《香乘》中“发香油三方”中。

香饼

略。

按：见《香乘》中“香方”之“香属”，属“烧香用香饼”。

香饼

略。

按：见《香乘》中“烧香用香饼”。

香饼

略。

按：见《香乘》中“烧香用香饼”之香饼（一）。

香饼

木炭三斤，制成炭末；定粉、黄丹各二钱。

将以上原料搅拌均匀，用糯米糊调和，倒入铁臼内细细捣制，用模子脱制成香饼。晒干后，即可使用。

按：《香乘》收录此香饼配方时，定粉三两、黄丹二两。

香饼

略。

按：见《香乘》中“烧香用香饼”之香饼（三）。

耐久香饼

略。

长生香饼

略。

终日香饼

羊胫炭一斤，制成炭末；黄丹、定粉各一分；针砂少许，研磨均匀。

以上原料，用煮好的枣肉搅拌均匀，捏制成香饼，窖藏二日，放在正午的阳光下晒干。烧香结束后，将香饼放在水中蘸灭，下次可再使用。

按：《香乘》中收录此香饼配方时，加入黑石脂一份。

丁晋公文房七宝香饼

略。

内府香饼

木炭末一斤；黄丹、定粉各三两；针砂三两，枣半升。

将以上原料研成粉末，加入熟枣肉捣制，捏制成饼，晒干。一枚香饼，可以使用一整天。

按：《香乘》中收录此香饼香方时，针砂为二两。

贾清泉香饼

略。

按：以上香饼均收录于《香乘》中“香方”之“香属”，属“烧香用香饼”。收录时与此香谱记述相同者则在此略去；若有不同者，在此保留，并附加说明。

香煤

略。

香煤

干竹筒、干柳枝，烧制成黑灰各二两；铅粉三钱，黄丹三两，焰硝二钱。

将以上原料一并研成粉末，每次使用匕（古代勺、匙之类的取食工具）首那么大一点，用灯点着，在上面焚香。

按：《香乘》中，此香煤配方中铅粉为二钱，焰硝为六钱。

香煤

略。

香煤

竹烰炭、柳木炭各四两；黄丹、粉各二钱；海金沙一钱，研成粉末。

将以上原料一同研成粉末，搅拌均匀，捏成香饼。放入炉中，用灯点着，烧香。

香煤

略。

香煤

略。

日禅师香煤

杉木烰炭四两；竹夫炭、硬羊胫炭各二两；黄丹、海金砂各半两。

将以上原料一并研成粉末，搅拌均匀。每次使用，取二钱香煤放入炉内，用纸灯点燃，待其通身发红，将冷香灰薄薄覆盖在上面。

按：《香乘》中收录一香方为"月禅师香煤"，配方与此类似，但竹炭一两，疑为同一香煤，传载中出现此差异。

阎资钦香煤

略。

按：以上香煤均收录于《香乘》中，相同之处则略去，有异处保留，并附说明。

香灰

略。

按：此内容同收录于《香乘》中"香方"之"香属"，更名为"香灰（十一法）"。

香品器

香炉

香炉不论金、银、铜、玉、锡、瓦、石所制，各取其便，拿来使用。有做成狻猊、獬、象、凫鸭之类形象的，随使用者的喜好来制作。炉顶最好穿有窟窿，可以泄出炉火之气，开设的孔窍不要太大，才能使香气在炉内回环往复，绵长耐久。

香盛

盛，就是盒子。盛香之物的选择，与香炉差不多。只要是不生枯燥之气的都可以。但不能使用生铜器皿，因其易生腥渍之气。

香匙

如果是要平放在火上烤炙香品，则必须选用圆的香匙。若需将各种香料切成细末的，则必须选用尖锐的香匙。

香箸

和香与取香，使用筷子比较好。

香壶

香壶多用金属浇铸或用陶土烧制而成，主要用来收藏香匙、香箸。

香罂

窖藏香品的时候会使用香罂，其构造是中间较深，上面有盖。

卷四

香珠

孙廉访木犀香珠

略。

按：此内容收录于《香乘》中“香方”之“香属”，位于“香珠七条”中，更名为“孙功甫廉访木犀香珠”。此香谱中记录清洗香珠时忌讳银器，而《香乘》中忌讳铁器。

龙涎香珠

略。

香珠

略。

按：详见《香乘》中“香珠七条”之香珠（一）。

香珠

略。

按：详见《香乘》中“香珠七条”之香珠（二）。

收香珠法

略。

按：以上五则香珠均收录于《香乘》中“香方”之“香属”，位于“香珠七条”之中。

香药

丁沉煎圆

略。

木香饼子

略

按：以上两方均收录于《香乘》中“香方”之“香属”，位于“香药五剂”中。

香茶

经进龙麝香茶

白豆蔻一两，去皮；白檀末七钱，百药煎五钱；寒水石五分，用薄荷汁制过；麝香四分，沉香三钱，片脑二钱半，甘草末三钱，上等高茶一斤。

以上原料，研成极细的粉末。取洁净的糯米半升，煮成粥，用质地细密的布绞取粥汁，放置在干净的碗中，晾凉，调和成剂，不可太稀软。放在石板上捣制一两个时辰，如果太黏，加入二两煎沸的小油、三五片白檀香。从模子里脱制出来后，用小竹刀将茶背刮平。

按：《香乘》收录此方时，寒水石为五钱，片脑为二钱。

孩儿香茶

略。

按：“孩儿香茶”收录于《香乘》中“香方”之“香之属”，位于“香茶四方”中。《香乘》中未收录制造薄荷霜的方法，故列于此。

制造薄荷霜的方法：将寒水石研成极细的粉末，筛过，加入薄荷二斤，倒入锅内，加入水一碗。用瓦盆盖好，用湿纸封闭四周，用文武火蒸熏两顿饭的时间，等到热气散尽以后，方可打开盖子。见微微带有黄色，尝一尝它的味道，是凉凉的，就好了。

香茶

略。

按：见《香乘》中“香茶四方”之香茶（一）。

香茶

龙脑、麝香（雪梨制过）、百药煎、楝草、寒水石（飞过，制成粉末）、白豆蔻各三钱；高茶一斤，硼砂一钱。

以上原料，一并碾成细末。将熬过的熟糯米粥倒在洁净布巾中，绞取浓汁。将粥与原料调和均匀，放在石头上捣制千下，倒入模中，脱制花样。

事类

香尉

汉代雍仲子，因为进献南海香物，而被拜为雒阳尉，人们称之为香尉。《述异记》

香户

南海郡有采香户。《述异记》

海南当地风俗，以买卖香品为业。《东坡集》

香市

日南郡有香市，是商人们交易各种香品的地方。《述异记》

香洲

香洲朱崖郡，洲中出产各种异样香料，往往有不知其名目的。《述异记》

香溪

吴国故宫有一条香水溪，民间传说是美女西施沐浴之处，又称为脂粉塘。吴王宫中的女子在这条溪水上游源头的地方卸妆，溪水至今仍然馨香。

香界

因香所生，以香为界。《楞严经》

香篆

将木料雕刻成篆纹，用来规范香尘，多在饮宴或佛像前焚香时使用，有直径达到二三尺的香篆。《香谱》

“香蔼雕盘”。（苏东坡词）

香珠

将各种香料捣碎，制成梧桐子大小的丸子，用青绳穿好。这就是三皇真元香珠。焚烧这种香珠，可香气彻天。《三洞珠囊》

香缨

《诗》云：“亲结其缡。”注解说：“缡就是香缨，女子即将出嫁时，其母将五彩丝绳和佩巾系在她身上，以示对她的教训。”

紫罗香囊

晋代谢玄常常佩带紫罗香囊，谢安很讨厌他这样，但又不想伤他的心，就假装与他打赌，将香囊赢过来，把它烧掉了。谢玄也就停止了这种爱好。

又有古诗云：“香囊悬肘后。”

后蜀文澹，五岁时，对其母说：“在杏林之下，有五色香囊。”其母前去，果然找到。原来，文澹前生五岁时失足落井，如今再生。《本传》

香兽

香兽外表鎏金，制成狻猊（狮子）、麒麟、野鸭的形状，腹内中空，以作焚香之用。使香烟自香兽口中吐出，以此为趣。也有木雕和陶瓷制成的香兽。《香谱》

《北里志书》说：“新制的香兽，不用来烧香。”

香童

略。

按：详见《香乘》中“香事别录·1”。

香严童子

香严童子对佛祖说：我看见众比丘焚烧沉香，香气静静地飘入鼻中。我观察思考此香，它不是从木中来的，不是从空中来的，也不是从烟中来的，更不是从火中来的。香气去的时候无所执著，来的时候无所从来。因为这个思考，我发现了什么是无明漏。由此印证我已经悟得佛性，我得到“香严”的称号。《楞严经》

宗超香

宗超曾在露坛施行道术，奁中香已燃尽，还能自然溢满香烟；炉中无火，但烟气还能自己冒出来。《香谱》

南蛮香

略。

按：详见《香乘》中“香事别录·2”。

栈槎

略。

按：详见《香乘》中“香事别录·2”，更名为“香槎”。

披香殿

披香殿，是汉代的宫阙名称。当时，长安城中有合欢殿、披香殿。《郡国志》

采香径

吴王阖闾建起了响屧廊和采香径。《郡国志》

柏香台

汉武帝时，建造柏香台，柏香之气，数里之外就能闻到。《本纪》

三清台

略。

按：详见《香乘》中“香事”部分，更名为“三清台焚香”。

沉香床

沙门支法有八尺沉香床。《异苑》

沉香亭

开元年间，宫中开始种植木芍药，就是现在的牡丹，有红、紫、浅红、纯白四种，皇上令人将其移植到兴庆池东边的沉香亭前。《李白集》

敬宗时，波斯国进献沉香亭子。拾遗李汉谏言劝阻说：“用沉香木来做亭子，不异于天上的瑶台琼室。”《本传》

沉香堂

隋朝越国公杨素大肆营造宅第，建有一座沉香堂。

沉香火山

隋炀帝时，每到除夕之夜，便在殿前设数十座火山。每座火山焚烧几车沉香，

又将甲煎浇在上面，几十里之外都能闻到香气。《续世说》

沉香山

华清池温泉汤中，用沉香垒成方丈、瀛州等仙山的样子。《明皇杂录》

沉香泥壁

唐代宗楚客建造了一座新宅，用沉香、红粉来糊墙壁，开门的时候，香气蓬勃。《香谱》

檀香亭

宣州观察使杨牧建造檀香亭，亭子刚刚建成时，曾大肆宴请宾客。《杜阳杂编》

檀槽

天宝年间，中官白秀贞自蜀地出使归来，将所得的琵琶献上，琵琶槽用沙檀制成，温润如玉，光耀可鉴。李宣诗云："琵琶声亮紫檀槽。"

麝壁

南齐废帝东昏侯（中国历代上有名的荒唐君主），涂墙壁全用麝香。《杂石集》

麝枕

将真麝香放入枕中，可以免除恶梦。《续博物志》

龙香拨

贵妃琵琶，用龙香板制成拨。《外传》

龙香剂

玄宗御案上所用之墨，名为龙香剂。一天，玄宗看到有个道士像苍蝇一样在墨上行走。玄宗喝叱他，他就高呼万岁，并且说："微臣是松墨使者"。玄宗感到十分惊奇。《陶家余事》

香阁

后主起造临春、结绮、望春三座阁子，用沉香、檀香木制成。《陈书》

杨国忠曾用沉香修造楼阁，用檀香制作围栏，将麝香、乳香和筛土混合成香泥来装饰墙壁。每年春天，木芍药花盛开的时候，杨国忠都要与宾客、亲友在这座四香阁上聚会，观赏木芍药花。宫中的沉香亭，远远不如杨家的四香阁壮丽。《天宝遗事》

香床

隋炀帝在观文殿前，将两厢设为堂室，各有十二间房。在十二间堂室之中，每间房内摆放有十二宝橱，前面设置有五方香床，上面缀贴着金玉珠翠之类。炀帝圣驾到来之时，宫人手持香炉，在御辇前导引行进。《隋书》

香殿

《大明赋》说："香殿上聚集着沉香、檀香，哪里用得着焚熏椒兰。"（黄萃卿）

"水殿风来暗香满"。（苏东坡词）

五香席

石崇制席，用锦绢包好五种香料，杂有五色彩线，编织成蒲席边缘。

七香车

梁简文帝诗云："凡毂七香车。"

椒殿

《唐宫室志》有椒殿之名。

椒 房

应邵《汉宫仪》中说："后宫称为椒房，是因为用椒涂抹墙壁。"

椒浆

"桂醑（桂花酒）兮椒浆（用有香味的椒浸泡过的美酒）"。《离骚》

元旦之日，为一家之长献上椒酒，并举杯祝福。元旦所敬奉的椒酒，椒是玉衡之精，服用此酒，可使人不老。《崔月令》

兰 汤

五月五日，用兰汤来沐浴。《大戴礼》

"浴兰汤兮沐芳"，即用菊科的佩兰煎水，用于沐浴。《楚辞》注说："是芳芷。"

兰 佩

"纫秋兰以为佩"，《楚辞》注说："佩也。"《礼记》说："佩帨、茝兰。"

兰 畹

"既滋兰之九畹兮，又树蕙之百亩 。"《楚辞》

兰 操

孔子从卫国返回鲁国，曾在隐谷之中，见到香兰最为茂盛，喟叹着说："兰应当是香之王者，如今虽然最为繁茂，却与众草为伍。"于是停住车驾，抚琴弹奏，自伤生不逢时，托辞于幽兰，抒发自己的感叹。《琴操》

兰 亭

暮春之初，在会稽山阴的兰亭中聚会。（王羲之叙）

兰 室

黄帝传给岐伯的医术，被书写在玉版之上，藏于灵兰之室。《素问》

兰 台

"楚襄王游于兰台之宫"。《风赋》

龙朔年间，将秘书省改名为"兰台"。

椒兰养鼻

椒和兰气息芬芳，所以能滋养人的鼻子。前文还介绍了泽芷能滋养鼻子；兰槐的根，被称为芷。注解说："兰槐是香草，它的根部，名为芷。"《荀子》

焚椒兰

"烟斜雾横，焚椒兰也。"《阿房宫赋》

怀 香

尚书省官员怀香握兰，趋走于丹墀（宫殿前的红色台阶及空地）之前。《汉官仪》

含 香

汉桓帝时，侍中刁存年老口臭，皇上拿出鸡舌香赐给他，让他含在口中。鸡舌香颇有些辛烈刺口，刁存不敢咀嚼吞咽，怀疑自己因犯有过错，被赐给毒药。回到家中与家人辞诀，准备一死。人们要求观

看毒药，他吐出了口中的香，众人纷纷笑他，他就又含入口中，打消了疑虑。《汉官仪》

吃香

唐代元载有宠姬薛瑶英。瑶英之母赵娟，从小便给瑶英吃香，故而瑶英肌肤生香。《杜阳杂编》

饭香

略。

按：此内容收录于《香乘》中“香事分类”部分，位于“香饭（三则）”中。

贡香

唐代贞观年间，太宗李世民敕令度支征收杜若，省郎以谢晖诗句上奏说：“芳洲生杜若。”于是就责令坊州贡奉杜若。《通志》

按：《香乘》中收录此事，记为“敕贡杜若”。

分香

魏王曹操临终之际，遗言说：“我剩余的香料可以分赠给诸位夫人。各房平日没什么事情习学，不妨做些鞋拿去卖。”（《三国志》及文选）

赐香

略。

按：此内容收录于《香乘》中，更名为“赐龙脑香”。

窃香

略。

按：此内容详见《香乘》中“香事别录”。

刘季和爱香

略。

按：此内容详见《香乘》中“香事别录”。

性喜焚香

略。

按：此内容详见《香乘》中“香事别录”。

天女擎香

略。

按：此内容收录于《香乘》中“香事分类”，更名为“神女擎香露”。

三班吃香

略。

按：此内容收录于《香乘》中“香事别录”，更名为“香钱”。

露香告天

略。

按：此内容收录于《香乘》中“香事别录”，更名为“焚香告天”。

焚香祝天

后唐明宗李嗣源每天晚上在宫内焚香，向上天祝告道：“我被众人推选拥戴为君，只愿上天早日降生圣人，主宰黎民。”《五代史·帝记》

最初，废帝入主皇位，打算在左右近臣中择选宰相，身边的人都说：“卢文纪和姚觊素有人望，废帝就将重臣的姓名写在纸上，投入琉璃瓶中，到了夜里，焚香祝天，用筷子挟取，首先得到的是卢文纪的名字，后来得到的是姚觊的名字。于

是，就让二人并为宰相。《五代史·本传》

焚香读章奏

唐宣宗每当收到大臣的章奏之时，必要洗手焚香，然后才打开来阅读。《本纪》

焚香读《孝经》

略。

按：此内容收录于《香乘》中“香事别录”。

焚香读《易》

王禹偁在被贬官后的闲暇时间，头戴华阳巾，身披鹤氅衣，手执《周易》一卷，焚香静坐，消除世俗之虑。《竹楼记》

焚香致水

襄国护城河水源枯竭，石勒向西域僧人图澄请教，图澄说：“今当敕龙取水”。于是，他前往河水源头，坐在绳床上，焚烧安息香，发咒许愿数百言，继而河水奔涌，护城河都满了。《高僧传》

烧香礼神

《汉武故事》上说：“昆邪王杀了休屠王，前来归降大汉，休屠王的金人神像也为汉武帝所得，武帝将其供奉在甘泉宫里。这些金人都有一丈多长，祭祀时不使用牛羊，只用烧香礼拜。

于吉在僧舍烧香读道书。《三国志》

降香岳渎

大宋每年分别派遣驿使，用御用香料来祭祀五岳、四渎等名山大川，这是遵循上古的礼法。距离广州南面八十里路程，位于扶胥之口、黄木之湾的，是南海祝融的庙宇。每年二月，朝廷派遣使者驾乘驿马疾行，前往祭祀，向海神求福。祭祀香品选用沉香、檀香，陈列牲畜、币帛等祭品。初献、亚献、终献，各有官员主持。三献、三奏乐，由主持祭祀的人在神前念诵祝告的文章。祭礼结束以后，剩余的香品分给前往祭祀的人。

焚香静坐

略。

按：此内容收录于《香乘》中“香事别录”。

焚香勿返顾

南岳夫人说：“烧香时不要回头看。否则，会忤逆真神，招致邪气。”《真诰》

烧香辟瘟

枢密使王博文，每到正月初一四更天，都要焚烧丁香，以辟除瘟气。《琐碎录》

烧香引鼠

印香五文，狼粪少许，研成细碎的粉末，混和搅匀。在净室之内，用香炉焚烧此香。老鼠自然而来，但不能杀它。《戏术》

求名如烧香

人们追随世俗求取名声，就像是烧香一样，众人都能闻到香味，却不知香自焚殆尽之后则香气灭绝；当人的名声显赫后，身体一样会死。《真诰》

五色香烟

许远游烧香，冒出的都是五色香烟。

《三洞珠囊》

香奁

韩偓《香奁集》自叙说："咀嚼五色灵芝，香生九窍，饮用三清瑞露，美动七情 。"古诗说："开奁集香苏。"

防蠹

辟恶生香，聊防羽陵蛀虫。《玉台新咏序》

烧香拒邪

地上有魔邪之气，直冲青天，高达四十里。人们在寝室中焚烧青木香、熏陆香、安息香、胶香，以拒阻浊臭之气、抵挡邪秽之雾，故而天人、玉女、太乙追随着香气而来。《香谱》

香玉辟邪

唐肃宗赐给李辅国两尊香玉辟邪，其香气在数里之外就能闻到。李辅国曾将两尊香玉放置于座位两侧。一天，他刚刚梳洗，两尊辟邪玉忽然一个大笑，一个大声悲号。李辅国将其打碎。没过多长时间，李辅国事败，被刺客杀死。《杜阳杂编》

香中忌麝

唐代郑注前往河中任职，姬妾一百多人，都熏有麝香，其香气远达数里，扑人口鼻。这一年，从京城到河中，郑氏所经过的路上，瓜类植物全都枯死，一个果实也没能收获。《香谱》

被草负笈

略。

按：此内容收录于《香乘》中"香事别录"，更名为"烧异香被草负笈而进"。

异香成穗

二十二祖摩拏罗到西天印度焚香祝告，月氏国王忽然看到异样的香结成穗状。《传灯录》

逆风香

略。

按：此内容收录于《香乘》中"香事别录"。

古殿炉香

有人问："如何是古殿一炉香？"宝盖纳师回答道："香气广大，却不入鼻。"那人又问："嗅到香味的人又如何？"宝盖纳师回答道："六根都接触不到。"

买佛香

有人问："'动容沈古路，身没乃方知。'这句话什么意思？"法师回答道："就好比是偷佛祖的钱，去购买佛香。"那人又说："学人不会。"法师回答道："不会的话，就烧香供养你的父母。"《敕潭师话》

戒定香

佛家有定香、戒香。韩侍郎《赠僧》诗中说："一灵今用戒香熏。"《戒香薰》

结愿香

省郎到华岩寺游玩，见岩下有一位老僧人，面前有一尊香炉，散发出的香烟非常微弱。僧人对他说："这是檀越您的结愿香，香烟尚还存在，表明檀越您已历经三世了。” 陈去非有诗云：“再烧结愿香。”

香偈

恭谨焚熏道香、德香、无为香、无为清洁自然香、妙洞真香、灵宝惠香、朝三界香。香气远飘，满溢于琼楼玉境之中，遍布于诸天法界之内。以此真香，飞腾空中，上达天听。焚香有偈云：“返生宝木，沉水奇材。瑞气氤氲，祥云缭绕。上通金阙，下入幽冥。”

香光

《楞严经》上说：“大势至法王子说：“如同染香，人身上有香气，这就叫香光。”

香炉

香炉之名，最早出现在《周礼·天官冢宰》，宫人寝室之内，供应炉炭。

博山香炉

略。

按：此内容收录于《香乘》中“香炉卷”。

被中香炉

略。

按：此内容收录于《香乘》中“香炉卷”。

熏炉

略。

按：此内容收录于《香乘》中“香炉卷”。

金银铜香炉

魏武帝曹操所进献的御用之物有三十种，其中有纯金香炉一座。《杂物疏》

麒麟

略。

按：此内容收录于《香乘》中“香绪余”之“香炉”卷。

帐角香炉

略。

按：此内容收录于《香乘》中“香炉卷”，更为名“凿镂香炉”。

鹊屋香炉

略。

按：此内容收录于《香乘》中“香绪余”之“香炉”卷。

百宝炉

略。

按：此内容收录于《香乘》中“香绪余”之“香炉”卷。

香炉为宝子

略。

按：此内容收录于《香乘》中“香绪余”之“香炉”卷，更为名“迦业香炉”。

贪得铜炉

略。

按：此内容收录于《香乘》中“香绪余”之“香炉”卷。

母梦香炉

略。

按：此内容收录于《香乘》中“香绪余”

之“香炉”卷。

失炉筮卦

略。

按：此内容收录于《香乘》中“香绪余”之“香炉”卷，更名为“筮香炉”。

香炉堕地

略。

按：此内容收录于《香乘》中“香绪余”之“香炉”卷。

覆炉示兆

略。

按：此内容收录于《香乘》中“香绪余”之“香炉”卷。

香炉峰

庐山有一座香炉峰，李太白诗云：“日照香炉生紫烟。”来鹏诗云：“云起炉峰一炷烟。”

熏笼

略。

按：此内容收录于《香乘》中“香绪余”之“香炉”卷。

编者按

此香谱另有“传”“说”“铭”“颂”“赋”等文，均收录于《香乘》中，文中所涉香方，与《香乘》中相同者在此略去，有异者留存，以备查考。

古今常用度量衡对照表

1.十六进位制与公制重量单位对照

一厘：约等于十毫（0.03125克）。

一分：约等于十厘（0.3125克）。

一钱：约等于十分（3.125克）。

一两：约等于十钱（31.25克）。

一斤：约等于十六两（500克）。

2.剂量对照

一方寸匕：约等于2.74毫升，或金石类药末约2克，草木类药末约1克。

一钱匕：约等于五分六厘，或2克强。

一刀圭：约等于一方寸匕的十分之一。

一撮：约等于四圭。

一勺：约等于十撮。

一合：约等于十勺。

一升：约等于十合。

一斗：约等于十升。

一斛：约等于五斗。

一石：约等于二斛或十斗。

一铢：一两等于二十四铢，十六两为一斤。

一枚：以铜钱中较大者为标准计算。

一束：以拳尽量握足，去除多余部分为标准计算。

一片：以一钱重量作为一片计算。

一字：古铜钱面有四字，将药末填去钱面一字的量。

一茶匙：约等于4毫升。

一汤匙：约等于15毫升。

一茶杯：约等于120毫升。

一饭碗：约等于240毫升。

文化伟人代表作图释书系全系列

第一辑

《自然史》〔法〕乔治·布封／著
《草原帝国》〔法〕勒内·格鲁塞／著
《几何原本》〔古希腊〕欧几里得／著
《物种起源》〔英〕查尔斯·达尔文／著
《相对论》〔美〕阿尔伯特·爱因斯坦／著
《资本论》〔德〕卡尔·马克思／著

第二辑

《源氏物语》〔日〕紫式部／著
《国富论》〔英〕亚当·斯密／著
《自然哲学的数学原理》〔英〕艾萨克·牛顿／著
《九章算术》〔汉〕张 苍 等／辑撰
《美学》〔德〕弗里德里希·黑格尔／著
《西方哲学史》〔英〕伯特兰·罗素／著

第三辑

《金枝》〔英〕J. G. 弗雷泽／著
《名人传》〔法〕罗曼·罗兰／著
《天演论》〔英〕托马斯·赫胥黎／著
《艺术哲学》〔法〕丹 纳／著
《性心理学》〔英〕哈夫洛克·霭理士／著
《战争论》〔德〕卡尔·冯·克劳塞维茨／著

第四辑

《天体运行论》〔波兰〕尼古拉·哥白尼／著
《远大前程》〔英〕查尔斯·狄更斯／著
《形而上学》〔古希腊〕亚里士多德／著
《工具论》〔古希腊〕亚里士多德／著
《柏拉图对话录》〔古希腊〕柏拉图／著
《算术研究》〔德〕卡尔·弗里德里希·高斯／著

第五辑

《菊与刀》〔美〕鲁思·本尼迪克特／著
《沙乡年鉴》〔美〕奥尔多·利奥波德／著
《东方的文明》〔法〕勒内·格鲁塞／著
《悲剧的诞生》〔德〕弗里德里希·尼采／著
《政府论》〔英〕约翰·洛克／著
《货币论》〔英〕凯恩斯 ／著

第六辑

《数书九章》〔宋〕秦九韶／著
《利维坦》〔英〕霍布斯／著
《动物志》〔古希腊〕亚里士多德／著
《柳如是别传》 陈寅恪／著
《基因论》〔美〕托马斯·亨特·摩尔根／著
《笛卡尔几何》〔法〕勒内·笛卡尔 ／著

第七辑

《蜜蜂的寓言》〔荷〕伯纳德·曼德维尔／著
《宇宙体系》〔英〕艾萨克·牛顿／著
《周髀算经》〔汉〕佚 名／著 赵 爽／注
《化学基础论》〔法〕安托万-洛朗·拉瓦锡／著
《控制论》〔美〕诺伯特·维纳／著
《月亮与六便士》〔英〕威廉·毛姆／著

第八辑

《人的行为》〔奥〕路德维希·冯·米塞斯／著
《纯数学教程》〔英〕戈弗雷·哈罗德·哈代／著
《福利经济学》〔英〕阿瑟·赛西尔·庇古／著
《量子力学》〔美〕恩利克·费米／著
《量子力学的数学基础》〔美〕约翰·冯·诺依曼／著
《数沙者》〔古希腊〕阿基米德／著

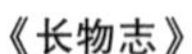

中国古代物质文化丛书

《长物志》
〔明〕文震亨 / 撰

《园冶》
〔明〕计　成 / 撰

《香典》
〔明〕周嘉胄 / 撰
〔宋〕洪　刍　陈　敬 / 撰

《雪宧绣谱》
〔清〕沈　寿 / 口述
〔清〕张　謇 / 整理

《营造法式》
〔宋〕李　诫 / 撰

《海错图》
〔清〕聂　璜 / 著

《天工开物》
〔明〕宋应星 / 著

《髹饰录》
〔明〕黄　成 / 著　扬　明 / 注

《工程做法则例》
〔清〕工　部 / 颁布

《清式营造则例》
梁思成 / 著

《中国建筑史》
梁思成 / 著

《文房》
〔宋〕苏易简　〔清〕唐秉钧 / 撰

《斫琴法》
〔北宋〕石汝砺　崔遵度　〔明〕蒋克谦 / 撰

《山家清供》
〔宋〕林　洪 / 著

《鲁班经》
〔明〕午　荣 / 编

“锦瑟”书系

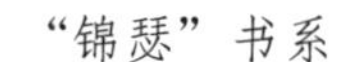

《浮生六记》
〔清〕沈　复 / 著　刘太亨 / 译注

《老残游记》
〔清〕刘　鹗 / 著　李海洲 / 注

《影梅庵忆语》
〔清〕冒　襄 / 著　龚静染 / 译注

《生命是什么？》
〔奥〕薛定谔 / 著　何　滟 / 译

《对称》
〔德〕赫尔曼・外尔 / 著　曾　怡 / 译

《智慧树》
〔瑞士〕荣　格 / 著　乌　蒙 / 译

《蒙田随笔》
〔法〕蒙　田 / 著　霍文智 / 译

《叔本华随笔》
〔德〕叔本华 / 著　衣巫虞 / 译

《尼采随笔》
〔德〕尼　采 / 著　梵　君 / 译

《乌合之众》
〔法〕古斯塔夫・勒庞 / 著　范　雅 / 译

《自卑与超越》
〔奥〕阿尔弗雷德・阿德勒 / 著　刘思慧 / 译